高磁晶各向异性磁记录薄膜材料

李宝河　冯　春　于广华　著

北　京
冶 金 工 业 出 版 社
2012

内 容 提 要

本书主要介绍了高磁晶各向异性薄膜的制备方法、磁性和微结构的表征以及国际上的研究进展，包括 $L1_0$-FePt 有序薄膜的有序化转变温度或 SmCo 薄膜的晶化温度的控制、薄膜垂直磁各向异性的实现和提高以及磁性颗粒之间的磁耦合作用和矫顽力的调控等。本书重点介绍了作者近些年来在上述磁性薄膜的制备工艺、性能和微结构表征、综合性能的调控和薄膜结构设计思路以及理论研究方面的成果。

本书可供从事磁性薄膜材料的研究学者和学生参考使用。

图书在版编目（CIP）数据

高磁晶各向异性磁记录薄膜材料/李宝河，冯春，于广华著.—北京：冶金工业出版社，2012.6

ISBN 978-7-5024-5934-5

Ⅰ.①高… Ⅱ.①李… ②冯… ③于… Ⅲ.①磁膜 Ⅳ.①TM271

中国版本图书馆 CIP 数据核字（2012）第 094451 号

出 版 人 曹胜利

地　　址 北京北河沿大街嵩祝院北巷 39 号，邮编 100009

电　　话 (010)64027926 电子信箱 yjcbs@cnmip.com.cn

责任编辑 于昕蕾 美术编辑 李 新 版式设计 孙跃红

责任校对 王永欣 责任印制 张祺鑫

ISBN 978-7-5024-5934-5

北京百善印刷厂印刷；冶金工业出版社出版发行；各地新华书店经销

2012 年 6 月第 1 版，2012 年 6 月第 1 次印刷

148mm×210mm；11.25 印张；333 千字；347 页

40.00 元

冶金工业出版社投稿电话：(010)64027932 投稿信箱：tougao@cnmip.com.cn

冶金工业出版社发行部 电话：(010)64044283 传真：(010)64027893

冶金书店 地址：北京东四西大街 46 号(100010) 电话：(010)65289081(兼传真)

（本书如有印装质量问题，本社发行部负责退换）

前　言

信息技术包括信息的获取、传输及处理等几个环节，在每一个环节，都离不开信息的存储，可以说信息的存储是信息技术的立足点。随着多媒体和网络技术的发展、图像及声信息的数字化，对信息的存储密度和稳定性均提出了越来越高的要求。在各种存储方式中，硬磁盘驱动器（HDD）以其大容量、高读写速度及可擦写等特点，在以计算机为代表的信息处理设备中占据了主流地位。在硬磁盘驱动器中，利用磁记录介质中微小磁区的两个相反的磁化取向来表示二进制的“1”和“0”，以此进行信息的记录。由于强大的市场需求，硬磁盘技术近些年来得到飞速的发展，尤其是记录介质材料的更替和性能改善、巨磁电阻磁读头的应用和写头技术的改善，使得存储密度和容量随年呈指数形式增加。

要实现超高密度磁存储，磁性记录单元的晶粒尺寸应尽可能小，通常是几个纳米。在这样小的晶粒尺寸时，热扰动引起的超顺磁行为将成为影响磁记录介质稳定性的一个重要因素。研究指出：当磁记录介质材料的热稳定性因子（K_uV/k_BT，K_u 是磁晶各向异性常数，V 是磁性晶粒体积，k_B 是玻耳兹曼常数，T 是环境温度）高于 60 时，介质材料才能稳定地保持 10 年以上。超高密度磁记录技术要求晶粒尺寸尽可能小，所以相应地就要求介质材料具有很高的 K_u 值，才能保证上述的热稳定性要求。因此，超高密度磁记录技术需要采用高磁晶各向异性的材料作为介质材料，如何将其应用于超高密度磁记录中也成为近些年来磁记录技术的一个研究热点。

目前，磁硬盘驱动器上使用的磁记录介质材料为 CoCr 基合金薄膜。由于其磁晶各向异性较低，难以满足超高密度磁记录技术的要求，目前也基本发展到其“瓶颈”阶段。$L1_0$-FePt 有序合金和 SmCo 合金具有非常高的磁晶各向异性能（$7 \times 10^6\ J/m^3$），可以在极小的晶粒尺寸（3 ~5nm）时仍能具有很好的热稳定性，因此成为新一代超高密度磁记录介质材料。然而，要想将这些新型薄膜材料应用于磁硬盘上，必须解决很多实用性的问题。例如，FePt 合金必须具有 $L1_0$ 相，才能应用于磁记录介质，因此必须在较低的温度时实现 $L1_0$ 有序相转变，以减少晶粒的过分长大和成本；SmCo 薄膜必须具有晶化的 $SmCo_5$ 相，才能应用于磁记录介质，因此必须在较低的退火温度时制备晶化的单相 $SmCo_5$ 薄膜，以获得磁性能高的 SmCo 薄膜。另外，为了能够应用于垂直磁记录技术中，$L1_0$-FePt 薄膜和 SmCo 薄膜必须具有垂直磁各向异性，因此，还必须实现这些材料的垂直取向。此外，磁性材料的晶粒尺寸和颗粒间磁耦合作用是决定磁记录介质的信噪比的一个重要因素，因此应该尽量减小 $L1_0$-FePt 薄膜的晶粒尺寸和颗粒间的磁耦合作用，以降低介质的噪声。当然，这些高磁晶各向异性材料通常也具有非常高的矫顽场，超出目前磁头的写入场范围，因此，必须调控薄膜的矫顽场至目前的磁头写入场范围内，以实现材料的充磁。

本书较为详细地综述了上述高磁晶各向异性薄膜的制备方法、磁性和微结构的表征手段以及国际上的研究进展，包括 $L1_0$-FePt 有序薄膜的有序化转变温度或 SmCo 薄膜的晶化温度的控制、薄膜垂直磁各向异性的实现和提高以及磁性颗粒之间的磁耦合作用和矫顽力的调控等；并且，重点介绍了作者近些年来在上述磁性薄膜的制备工艺、性能和微结构表征、综合性能的调控和薄膜结构设计思路以及理论研究方面的成果，可供从事磁性薄膜材料的研究学者和学生参考使用。

本书内容分为8章。第1章综述了磁记录原理和磁记录技术的发展简史。第2章介绍磁记录薄膜材料的制备方法。第3章介绍了磁性薄膜材料性能测试和微结构的表征方法。第4章综述了高磁晶各向异性FePt薄膜材料研究的现状。第5章介绍低温有序FePt薄膜材料的制备和原理。第6章介绍具有垂直磁各向异性FePt薄膜材料的合成与表征。第7章介绍弱磁耦合FePt纳米复合薄膜的设计与合成。第8章介绍磁记录薄膜的磁学性能和微结构调控。

参加本书编著工作的人员有李宝河、冯春、于广华、丁雷、皇甫加顺。李宝河和于广华主要负责第1章的撰写，丁雷和皇甫加顺负责第2章的撰写，丁雷负责第3章的撰写，冯春负责第4~8章的撰写。最后李宝河负责全书的统稿工作。

本书的主体内容来源于著者李宝河和冯春的博士论文及博士后出站报告，因此对著者博士和博士后研究期间给予帮助的姜勇教授、刘泉林教授、詹倩教授、张宏伟副研究员、张建教授、滕蛟副教授、李明华副教授、王立锦副教授、翟中海副教授、王海成副教授、黄阀博士、张辉博士、韩刚硕士等师友表示衷心感谢。另外，马廷钧教授审阅了初稿，指出了部分错误并提出许多有益的建议，博士研究生李宁和硕士研究生徐川川在本书的撰写过程中提供了部分素材；硕士研究生花雪、刘倩倩、曹易以及马琳在文字编辑方面做了很多工作，在这里对他们一并表示衷心感谢。

编入本书的部分研究工作受到北京市属高等学校人才强教计划项目（项目号：PHR201007122）、国家自然科学基金项目（项目号：50901007、51101047、11174020）、北京市自然科学基金（项目号：2102014）、清华大学先进成形制造教育部重点实验室开放基金资助项目（项目号：2010001）、博士后特别资助基金项目（项目号：201003049）和北京市材料物理科研创新平台建设项目（项目代码：19005118028）的资助。

由于水平有限，且磁记录技术及磁记录材料还在高速发展中，本书难免有不足之处，我们衷心希望得到同行和读者的批评指正。

著 者

2012 年 5 月

目　录

1 磁记录物理概论

任何利用材料的磁性作为信息存储和读出手段的记录方式均可称为磁记录。人类研究和应用磁记录技术已经有100多年的历史，现在磁记录技术已经广泛用于数字信息的记录和存储领域，其中最具代表性的就是计算机和各类音像设备的存储硬盘。近年来硬盘磁存储的记录密度不断被刷新，目前报道的最新记录是2011年希捷公司推出的全球首款单碟容量为1TB的硬盘产品，存储密度也达到了96.8Gb/cm^2[1]。

但是随着记录密度的提高，磁记录对磁头和磁记录介质都提出了新的要求，为了避免由于记录颗粒的减小而产生的超顺磁效应，高磁晶各向异性的材料作为磁记录介质成为必然的选择。

本章主要是介绍磁记录的基本原理、磁记录材料的物理性能和磁记录技术的发展简史。

1.1 磁记录的基本原理

按照记录时磁性介质的磁化方向磁记录可以分为纵向磁记录和垂直磁记录两种记录方式。图1-1所示为数字信号纵向记录模式，被记录的微小磁体磁矩平行膜面，相邻被记录的微小磁体的磁化方向相同或相反，通过磁头就能够读出高低电平，从而可以进行数字信号记录。

图1-2显示了利用垂直磁记录方式记录的介质内的磁化情况。其中δ为薄膜厚度。磁化方向与膜面垂直，相邻磁区间由于退磁场作用很小，因此可以大大减小记录磁区尺寸b的大小。

磁记录过程包含信息记录过程和信息读出过程。图1-3以磁带录音机为例来说明记录的写入和读出两个过程，磁带录音采用纵向磁记录方式。声音信号通过声电转换装置（麦克）转变成电信号后，通过环形磁头的线圈转化成磁头间隙处的磁场信号，当磁头相对于磁带表面移动时，就会使涂布在塑料带基上的磁粉磁化，随时间的推移，

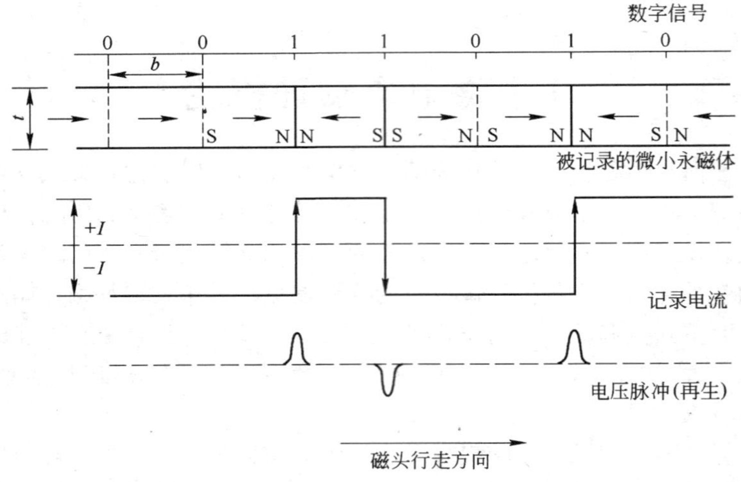

图 1-1 数字信号纵向记录模式[2]

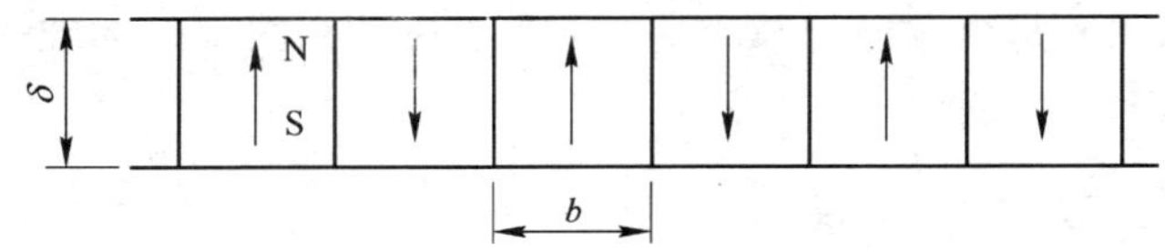

图 1-2 利用垂直磁记录方式记录的介质内的磁化情况[2]

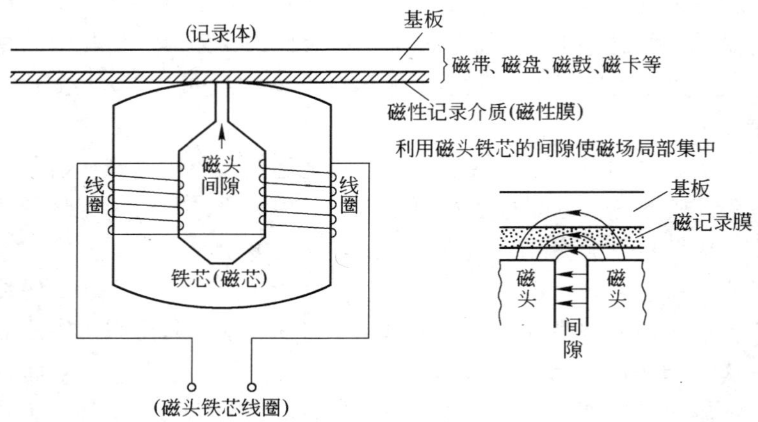

图 1-3 磁记录的构成要素及记录读出的原理[2]

在记录介质不同位置就产生了不同方向磁化的微小磁体，从而使随时间变化的信号记录在磁介质上。读出过程是写入过程的逆过程，磁带上载有信息的不同磁化的微小磁体在与磁头相对运动时，在磁头间隙处产生变化的磁场，由于电磁感应，就会在环形线圈中产生感应电流，通过电声转换装置（喇叭），还原出原来记录在磁带上的声音，这样就完成了声音的记录和再生的整个磁记录过程。但现在硬盘纵向磁记录在记录和读出两个过程中使用不同的磁头来完成，如图1-4所示，磁盘写入时采用薄膜磁头，读出时使用巨磁电阻（GMR）单元，采用这样的复合磁头可以大幅提高灵敏度和读出速度。硬盘磁头写入过程与传统的环形磁头相似，利用磁性薄膜材料代替原来的块状铁芯可以减小磁头到磁介质的间隙，从而提高写入磁场强度。信息读出过程与环形磁头的读出过程完全不同，采用GMR自旋阀单元，由于GMR自旋阀有很强的磁电阻效应，可以直接将磁介质中的磁化信息转变为高低电平的电信号，从而读出记录在磁介质薄膜中的数字信息。

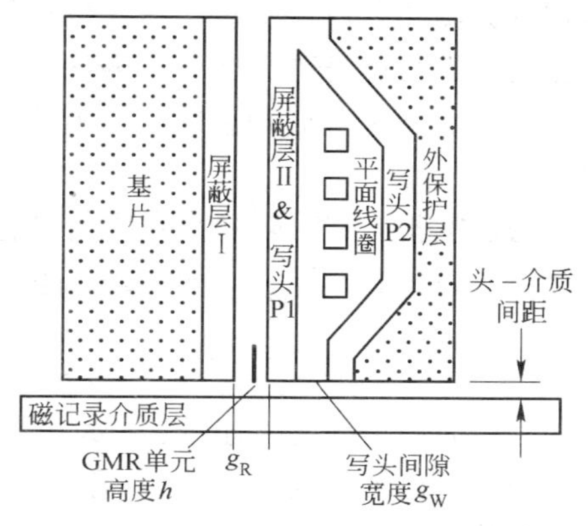

图1-4 薄膜复合磁头[3]

1.2 磁记录介质

磁记录的载体为磁记录介质，从最早的钢丝录音机采用钢丝作为磁记录介质到现在计算机硬盘采用CoCr基磁性金属薄膜作为磁记录介质，随着磁记录密度的飞速提高，磁记录介质也在不断发展之中。能够作为磁记录介质应用的磁性材料均为铁磁质材料或主体由其构成的复合材料，现代硬盘磁记录要求材料具有尽量高的磁晶各向异性和一定的矫顽力，因此多采用永磁性材料。本节主要介绍与磁记录介质相关的磁性物理知识。

1.2.1 铁磁质材料的磁化特性[3,4]

把某种材料放到磁场中，磁场会与材料相互作用，从而改变了材料的内部状态，反过来材料状态的改变又影响了原来的磁场，这样的过程称为磁化。广义上讲，一切物质均可称之为磁介质。按照磁介质磁化的特性可以把磁介质分成弱磁质和铁磁质两大类，弱磁质按照磁化率的正负又可分成顺磁质、抗磁质两类。下面主要讨论铁磁质的磁化特性。

通过实验的方法研究铁磁质的磁化特性，可以用铁磁质为芯制成螺绕环，如图 1-5 所示，当线圈中通以电流 I 时，环内的磁场强度为：

$$H = \frac{N}{2\pi r} I = nI \tag{1-1}$$

式中，N 为螺绕环的总匝数；n 为单位长度螺绕环所绕的匝数。通过实验测得环内的磁化强度 M，就可画出 M-H 曲线，如图 1-6 所示，它反映了铁磁质的磁化规律，称为磁化曲线。原来没有磁性的铁磁质，其磁化曲线称为起始磁化曲线。铁磁质开始磁化时 M 增加较慢，如 oa 段，接着 M 很快增加，如 ab 段，过了 b 点后，M 的增加减慢了，过了 c 点后 M 几乎不再增加，达到饱和磁化状态，磁化达到饱和时的磁化强度称为饱和磁化强度 M_s。

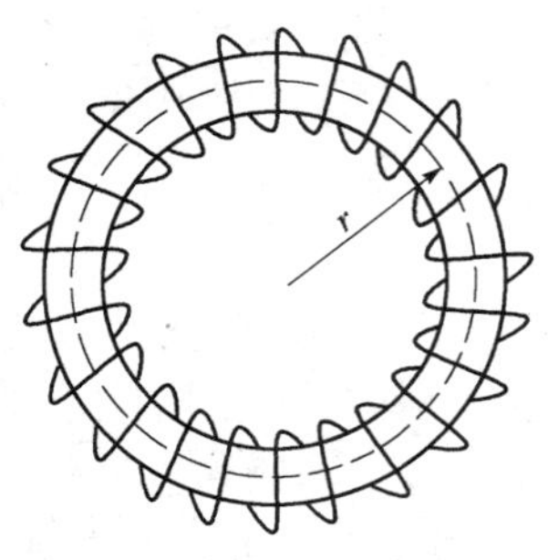

图 1-5 螺绕环结构示意图

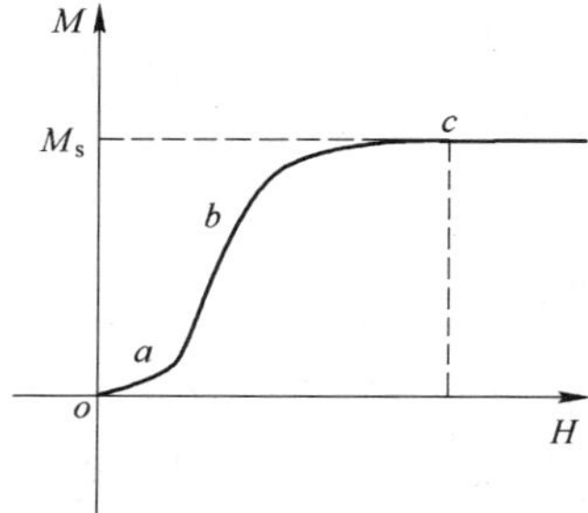

图 1-6 铁磁质起始磁化曲线（M-H 曲线）

有的时候我们用材料的磁感应强度与磁场的关系来反映铁磁质的磁化曲线（B-H 曲线），如图 1-7 中实线所示。它的外形和 M-H 曲线相似，只是没有水平部分。磁化强度和磁感应强度之间有如下关系：

$$M = \frac{B}{\mu_0} - H \qquad (1\text{-}2)$$

式中，μ_0 为真空磁导率。由式 1-2 可知，当磁化饱和时，磁化强度不变，而磁感应强度会随着外场的增加而增大，因此 B-H 曲线没有水平部分。

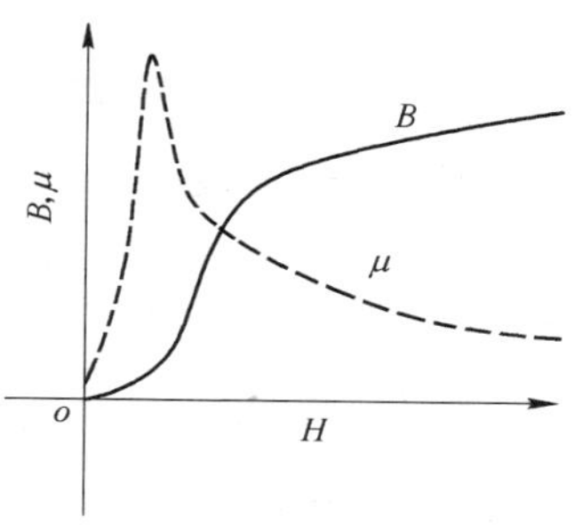

图 1-7 B-H 曲线和 μ-H 曲线

铁磁质的磁化曲线是一个非线性曲线，定义磁介质磁导率：

$$\mu = \frac{B}{H} \qquad (1\text{-}3)$$

由式 1-3 计算磁导率，如图 1-7 中虚线所示，开始时磁导率 μ 随外场的增加而迅速增大，可以远大于真空磁导率 μ_0，而当 H 趋于无穷大时，磁导率又减小到 μ_0。

在饱和磁化后，再往返磁化一周时，M-H 曲线将构成一闭合回路，称为磁滞回线，如图 1-8 所示。

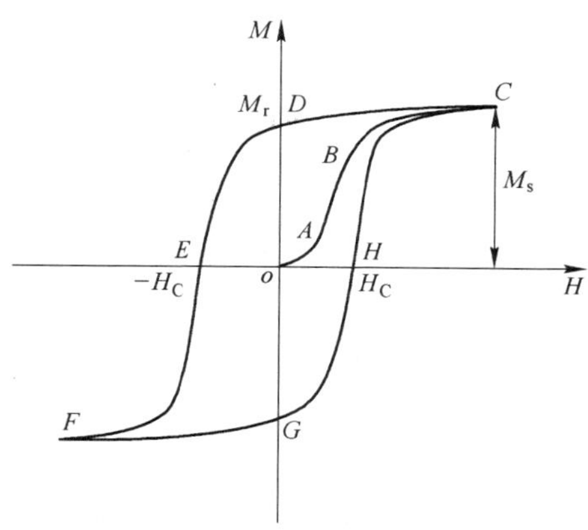

图 1-8 铁磁质磁滞回线

其中，$OABC$ 曲线为起始磁化曲线；$CDEFGHC$ 曲线为饱和磁滞回线。由磁滞回线我们可以得到许多磁性参数，如矫顽力 H_C、饱和磁化强度 M_s、剩余磁化强度 M_r、剩磁比 S 和取向度 OR 等。下面对相关名词分别进行解释。

H_C：矫顽力，磁性材料磁化到饱和后再完全退磁时对应的外磁场的大小。对于饱和 M-H 曲线，磁化强度完全为零时对应的矫顽力又称为内禀矫顽力。按照矫顽力的相对大小，可以大致将铁磁性材料分成软磁性材料和永磁性材料。我们熟知的电磁铁里面的软铁芯、变压器里面的硅钢片、坡莫合金等都是软磁性材料，其矫顽力一般很小（$H_C < 10^2 \mathrm{A/m}$），软磁性材料容易磁化，也容易退磁，磁滞损耗较小，适合于交变磁场应用。另一类为永磁性材料，如铁氧体、钕铁硼等材料，其矫顽力较大（$H_C > 10^2 \mathrm{A/m}$），剩磁较大，磁滞回线面积较大，不容易退磁，适合于做永久磁体。

M_s：饱和磁化强度，外磁场足够大时，磁记录介质内所有磁畴磁化方向相同，此时介质单位体积的总磁矩值称为饱和磁化强度。M_s 取决于组成介质的磁性原子数、原子磁矩和温度。

M_r：剩余磁化强度，当介质磁化到饱和后，减小磁场到零，在原磁化方向上仍保留的磁化强度称为剩余磁化强度。剩余磁化强度的大小取决于介质的微结构和结晶各向异性。例如单轴无织构的多晶体的剩磁，理论上为饱和磁化强度的1/2。

S：剩磁比，其定义为

$$S = \frac{M_r}{M_s} \tag{1-4}$$

超高密度磁记录要求介质的剩磁比尽量接近1。

OR：取向度，对于纵向磁记录介质，其定义为：

$$OR = \frac{M_r(/\!/)}{M_r(\perp)} \tag{1-5}$$

$M_r(/\!/)$ 表示沿介质膜面方向磁化到饱和后的剩余磁化强度，$M_r(\perp)$ 表示沿介质膜面的垂直方向磁化到饱和后的剩余磁化强度。取向度 OR 越大，则由于磁易轴取向不一致引起的记录噪声就越小。

SFD：开关场分布，描述磁记录材料的磁滞回线在第二象限的陡度。可以通过求退磁曲线的微分曲线，得到微分曲线峰的半高宽 ΔH，如图1-9所示，则开关场分布 SFD 按下式计算：

$$SFD = \frac{\Delta H}{H_C} \tag{1-6}$$

对于磁记录介质来说，开关场越小越好，可以防止磁带的复印和磁盘读写时重写，特别是在高密度磁记录时，磁介质的开关场对信噪比的影响更为重要。另外一种定义方法：做 H_C 点的切线与过 M_r 点的水平线的交点，交点到 M_r 点的距离为 A，则：

$$S^* = \frac{A}{H_C} \text{（若 } S^* \text{ 大，则 } SFD \text{ 小）} \tag{1-7}$$

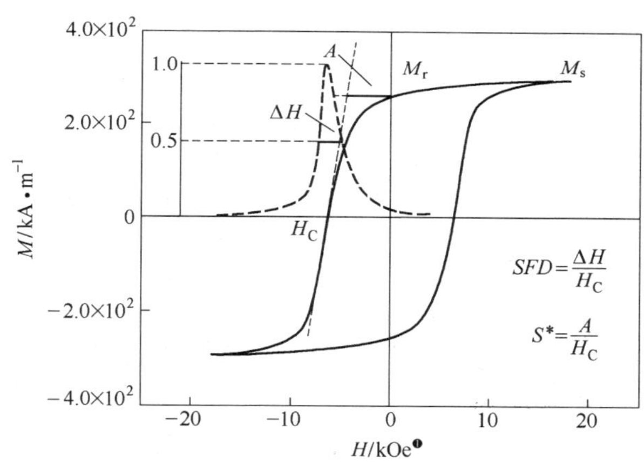

图 1-9 磁滞回线及开关场分布的计算

剩磁比 S 和开关场分布 S^* 都接近于 1，而且矫顽力很小的铁磁质材料称为矩磁材料。其磁滞回线类似于矩形，如图 1-10 所示。矩磁材料在不同方向的磁场中磁化，总是处于两种剩磁状态（$+M_s$ 或 $-M_s$），矩磁材料适合于做磁场开关元件。

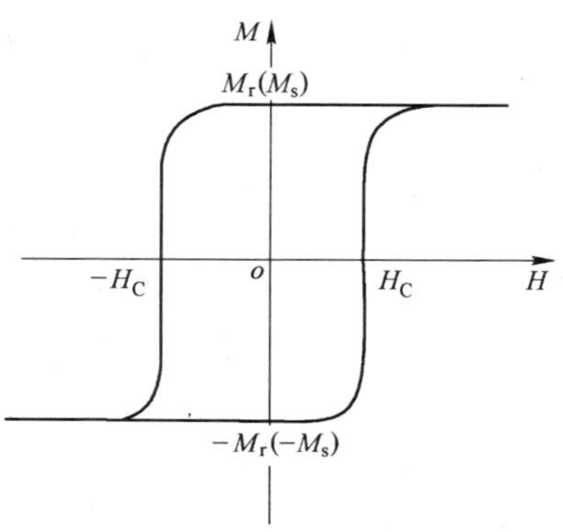

图 1-10 矩磁材料磁滞回线

1.2.2 磁畴

在铁磁质中，相邻的原子中

❶ 1Oe = 79.6A/m。

的电子存在很强的交换耦合作用，这个相互作用促使相邻原子中电子的自旋磁矩平行排列，形成自发饱和磁化的小区域，这些微小区域称为磁畴。由于磁介质中除交换耦合能量外还有其他相互作用能，并且实际的磁介质总有一定几何尺寸，因此在表面或界面处会产生退磁场能，材料要处于稳定的磁结构状态，要求在材料中总自由能最小，因此在没有外磁场作用下，材料内部会形成许多磁畴，不同的磁畴具有不同的磁化取向，相邻的磁畴之间由畴壁相隔，磁畴的大小和形状就是由退磁场能和畴壁能的平衡条件所决定的。图 1-11 给出了单晶和多晶磁畴结构示意图。

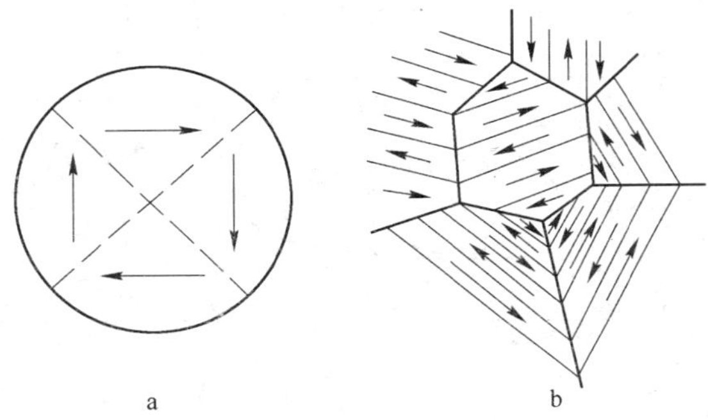

图 1-11 磁畴结构示意图

a—铁磁单晶颗粒；b—铁磁多晶颗粒[4]

铁磁质材料在退磁状态，其内部磁畴取向分布均匀，因此整个铁磁质平均磁矩为零，宏观上物体不显示磁性。在外磁场的作用下，磁畴磁矩会发生转动，另外畴壁也会发生移动，导致和外磁场方向相同或相近的磁畴增多、增大，显示出材料被磁化，当外磁场继续增加时，整个材料内所有磁畴都沿外磁场方向整齐排列，这时磁化达到饱和。这时如果撤去外磁场，磁畴状态不会回到磁化前的状态了，而是多数磁畴取向仍与饱和磁化时外场方向相同或相近，因此显示出很强的磁性，这就是剩磁。图 1-12 给出永磁材料 $L1_0$-FePt 薄膜的磁性、结构和磁畴结构图。原子力显微镜照片（AFM）可以反映薄膜表面微结构，图中用灰色的线显示出薄膜表面的岛状结构。磁力显微镜照片（MFM）可以反映薄膜表面的磁畴结构，其中用黑白颜色反映畴的磁化方向。图 1-12a 显示薄膜磁化易轴沿垂直膜面方向，平行膜面的方向为难磁化方向。图 1-12b 显示磁化前黑白区域较均匀，磁畴较小，明显的择优取向。此时的状态对应了磁滞回线上原点 O。但当垂直膜面正向加 55kOe 磁场，使材料在外场方向磁化达饱和，撤去外场后测量 MFM，如图 1-12c 所示，比未磁化时黑颜色的磁畴尺寸变大。黑色的畴占据了大部分面积，大部分磁畴的方向指向原来所加的外磁场方向，说明材料有很强的剩磁，对应磁滞回线上饱和磁化后，

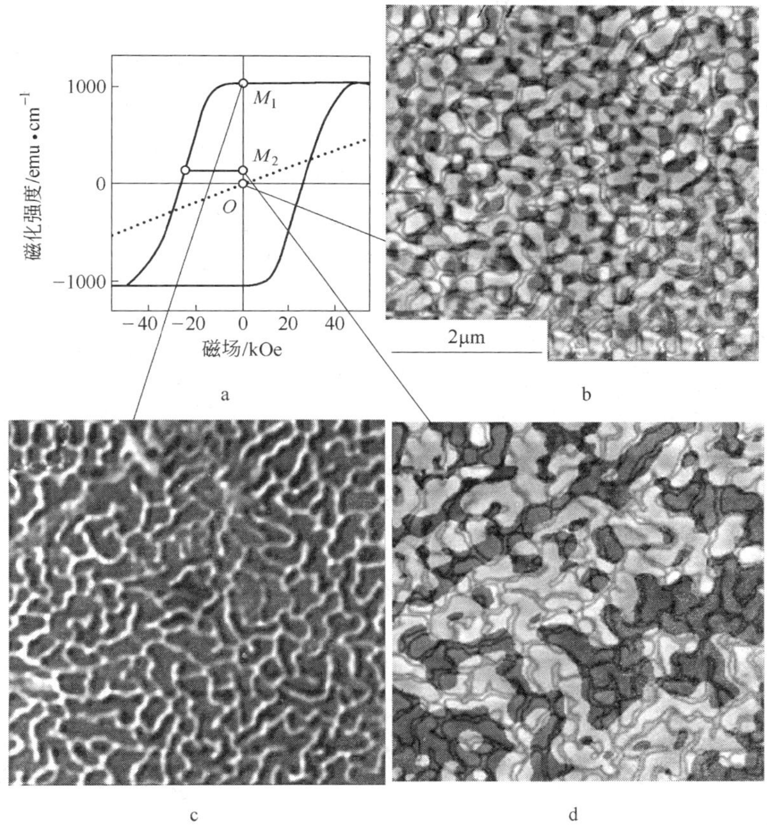

图 1-12 $L1_0$-FePt 薄膜的磁性、结构和磁畴结构图

a—磁滞回线，实线为垂直膜面加磁场，虚线为平行膜面加磁场；

b—磁化前溅射态原子力显微图（AFM 图）和磁力显微图（MFM 图）；

c—正向加 55kOe（1Oe = 79.6A/m）饱和后剩磁态的磁力显微图（MFM 图）；

d—反向加 −23kOe 磁场后剩磁态的原子力显微图（AFM 图）和磁力显微图（MFM 图）[5]

撤去外磁场的剩磁点 M_1。图 1-12d 显示了若加反向外场（-23kOe，1Oe=79.6A/m），但没有达到矫顽力，这时撤去外场后的状态对应磁滞回线上剩磁点 M_2，可以看到黑色畴所占的面积减小，白色畴的区域增加，说明材料中部分磁畴的磁化方向发生了反转，因此 M_2 点的剩磁较小。

1.2.3 矫顽力的形成机制[6]

磁记录介质属于永磁材料。对于磁记录薄膜，必须要有较大的矫顽力，才能使记录畴稳定存在。记录畴尺寸越小，周围退磁场的影响就越大，相应地就需要较大的矫顽力来保持畴的稳定。但矫顽力的大小应与所用的磁头所能产生的磁场大小相匹配。

对于多磁畴材料，矫顽力的大小与反磁化过程的难易程度有关，磁体的反磁化过程包括畴壁位移和磁矩转动两个基本方式。

如图 1-13 所示，在反磁化过程中，首先在正向畴附近出现反向畴，随着磁场的增加，反向畴壁移动，使反向畴体积逐渐增加，在开始阶段是可逆的畴壁移动过程，随后畴壁移动为不可逆的。当反向畴体积长大到与正向畴一样大时，$M=0$，这时反向场就是矫顽力。对于单轴晶体，畴壁位移的单轴单晶晶粒矫顽力可以表示为：

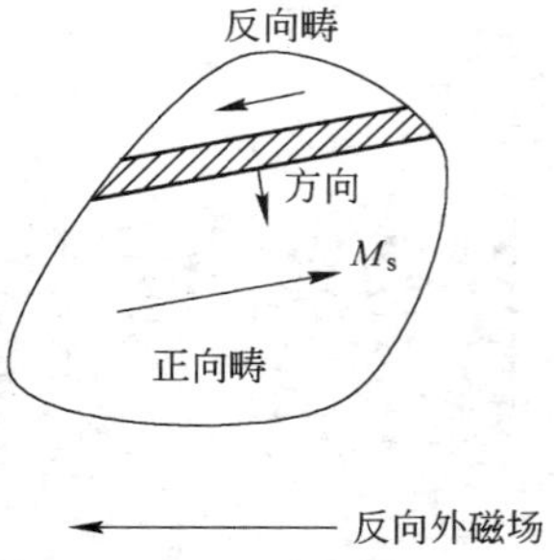

图 1-13 反磁化过程中反向畴的形成

$$H_C=\frac{1}{2M_s\mu_0\cos\theta}\left(\frac{d\gamma_W}{dx}\right)_{max} \quad (1\text{-}8)$$

式中，θ 是反向畴磁矩与反向外场方向的夹角；$\left(\frac{d\gamma_W}{dx}\right)_{max}$ 为畴壁能密度梯度的最大值。

对于多晶体，如果晶粒取向是任意的，则其矫顽力为每个晶粒矫顽力的平均结果。

畴壁能密度梯度与铁磁体的内应力、掺杂物和缺陷的大小、数量与分布密切相关。

对于实际的多畴永磁材料，其矫顽力理论主要有形核场理论和钉扎场理论。

（1）形核场决定的矫顽力。在某些单相的多畴永磁材料中，如果畴壁位移遇到的阻力十分小，很容易磁化到饱和；同时如果材料的磁晶各向异性常数很大，那么在反磁化过程中形成一个临界大小的反磁化畴核就十分困难。而一旦形成一个临界大小的反磁化畴核，它就会迅速长大，实现反磁化。形成一个临界大小的反磁化畴核所需要的反磁化场（称为形核场 H_N），即材料的矫顽力。

如图 1-14 所示，由形核场决定矫顽力的永磁材料中，磁化与反磁化过程的特点是：起始磁化曲线十分陡，随磁化场的增加，反磁化场也增大，矫顽力随之提高。当磁化场增加到等于矫顽力的最大值，磁化场继续增加而矫顽力不再增加。如图 1-14a 所示，等磁场间隔测量的微磁滞回线表现为随每次所加的最大外磁场的增加，磁滞回线变化较均匀，没有大的突变。图 1-14b 给出了每条微磁滞回线的矫顽力与所加的最大外磁场的关系，可以看出矫顽力均匀增加，直到达到饱和磁化后，矫顽力的数值不再变化。

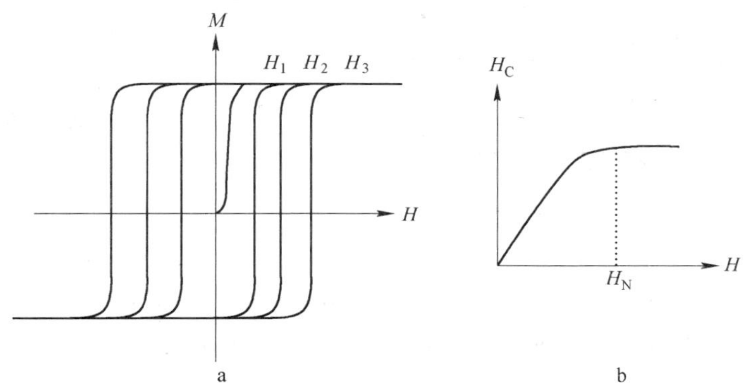

图 1-14 形核场理论给出的起始磁化曲线及等磁场间隔测量的微磁滞回线（a），微磁滞回线的矫顽力与外场的关系（b）

（2）钉扎场决定的矫顽力。在某些复相多畴的永磁材料中，其成分、结构都是十分不均匀的，畴壁能密度也是起伏不均匀的。热退磁状态的畴壁一般都处于畴壁能最低处。在施加外磁场使之磁化时，使畴壁离开最低能量位置很困难，即畴壁被钉扎住了。这种磁体磁化和反磁化过程的特点是：热退磁状态样品随磁化场的增加，起初磁化强度增加十分缓慢，当磁场增加到一个临界场（H_P）时，磁化强度急剧增加，直到饱和。H_P 称为钉扎场，其大小就等于矫顽力（图 1-15）。由图 1-15a 所示，等磁场间隔测量的微磁滞回线表现为随每次所加的最大外磁场的增加，变化不均匀，在矫顽力附近有一个大的突变。图 1-15b 显示微磁滞回线的矫顽力随最大外磁场的变化有一个突变的过程。

在晶体中存在的各种缺陷，如点缺陷、位错、面缺陷等都可能成为反向磁畴的钉扎中心，从而提高材料的矫顽力。在有序晶体中，两个位相不同的有序畴界为反相畴边界。材料的矫顽力还与反相畴边界、堆垛层错和孪晶界面等缺陷对畴壁的钉扎作用有关。

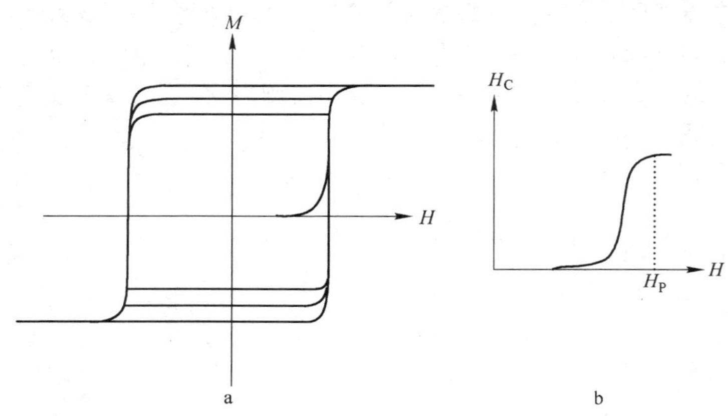

图 1-15 钉扎场理论给出的起始磁化曲线及等磁场间隔测量的微磁滞回线（a），微磁滞回线的矫顽力与外场的关系（b）

1.2.4 磁晶各向异性

实验表明磁性介质磁化时，外磁场沿某些方向，磁介质容易磁化，而沿另外一些方向磁介质很难磁化到饱和，这种磁介质在某些特殊的方向上容易磁化的性质，称为磁各向异性，下面以 Fe 单晶为例，分析 Fe 单晶的磁各向异性。

Fe 单晶属于立方晶系，分别沿 Fe 单晶的［100］、［110］和［111］晶轴方向加外场，磁化曲线如图 1-16 所示。可见，Fe 单晶沿［100］晶轴最容易磁化，而沿［111］晶轴最难磁化，显示出 Fe 单晶具有磁各向异性，其中［100］晶轴方向称为易磁化方向，对应的［100］晶轴为易磁化轴。［111］晶轴方向为难磁化方向，对应的［111］晶轴为难磁化轴。不同的铁磁质晶体往往具有不同的易磁化轴，有的晶体只有一个方向的晶轴为易磁化轴，称之为单轴晶体，如果晶体有两个或更多方向的易磁化轴，则称为多轴晶体。如果外磁场的方向是沿着易磁化方向，磁化达到饱和后，再减小磁场到零，则将在该方向保留较多的磁化强度。在没有外磁场时，磁化强度将沿着易磁化方向。

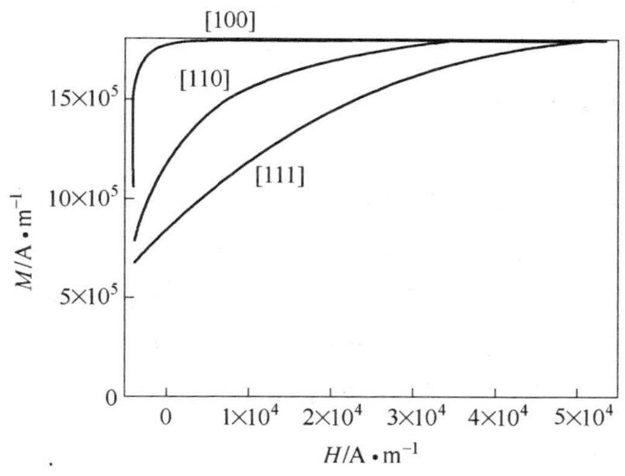

图 1-16 Fe 单晶的磁化曲线

磁各向异性按照来源可以分成以下几类：

（1）磁晶各向异性：是与磁介质晶轴方向相关的磁各向异性，它是晶体各向异性在磁性上的反映。

（2）形状磁各向异性：是反映磁体沿不同方向磁化与磁体的几何形状有关的特性。

（3）应力磁各向异性：是磁体内磁化强度矢量与磁体内部应力方向相关的特性。

（4）感生磁各向异性：是指由于磁场热处理、电场作用、辐照作用、弹性变形、晶体生长等感生出的磁各向异性。

(5) 交换磁各向异性：是材料内部不同磁性原子或原子层之间由于存在铁磁或反铁磁交换作用而产生的磁各向异性。

铁磁体由退磁状态磁化到饱和状态，磁场所做的功

$$W = \int_{0}^{M_s} H\mathrm{d}M \tag{1-9}$$

这就是铁磁体磁化时所需的磁化能，它可以通过测量磁化曲线与 M 轴所包围的面积来计算，如图 1-17 所示，阴影部分的面积就表示磁化能。显然，对于铁磁体沿易磁化轴和难磁化轴磁化到饱和所需的磁化能不同，铁磁体沿易磁化轴磁化所需要的磁化能最小，而沿难磁化轴磁化所需要的磁化能最大。

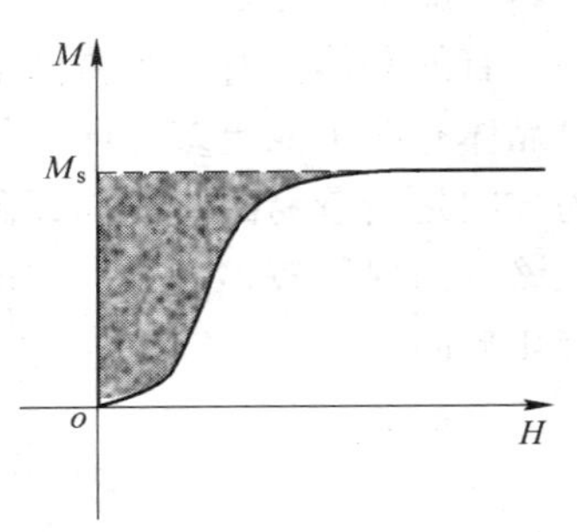

图 1-17 铁磁体磁化能示意图

磁晶各向异性能是指铁磁体的饱和磁化强度沿不同方向时能量的变化值，当饱和磁化强度沿铁磁体的易磁化轴时具有最低的磁晶各向异性能，而当饱和磁化强度指向难磁化轴时具有最高的磁晶各向异性能。因此铁磁体内部磁畴的取向和分布不是任意的，在没有其他能量因素的影响下，总是趋于磁晶各向异性能最小的各个易磁化轴的方向上。

磁晶各向异性的大小通常用磁晶各向异性常数 K 来衡量，它可以定义为单位体积的铁磁体沿难易磁化轴磁化能的差值。具体计算要根据铁磁体所属的晶体类型和难易轴的情况而定。

如果铁磁体的易磁化方向只平行于一条晶轴，则称这种磁体为单轴磁体，称其具有单轴磁各向异性。例如：Co 单晶具有六角晶体结构，它只有一个易磁化轴为［0001］，是一种典型的单轴晶体。

单轴磁各向异性能密度可以表示为：

$$E_K = E_0 + K_{u1}\sin^2\theta + K_{u2}\sin^4\theta + \cdots \tag{1-10}$$

式中，E_0 为常数；θ 为磁化强度与易磁化轴的夹角；K_{u1}、K_{u2} 为单轴晶体磁各向异性常数，表达式后面略去了更高阶项。

并不是所有磁体都具有单轴磁晶各向异性，例如 Fe、Ni 等立方晶体，它们的磁晶各向异性能密度可以表示为：

$$E_K = E_0 + K_1(\alpha_1^2\alpha_2^2 + \alpha_2^2\alpha_3^2 + \alpha_3^2\alpha_1^2) + K_2(\alpha_1^2\alpha_2^2\alpha_3^2) + \cdots \quad (1\text{-}11)$$

式中，α_1、α_2、α_3 为磁化强度矢量对于立方晶体三个直角边的方向余弦；K_1、K_2 为立方晶体磁各向异性常数，表达式后面略去了更高阶项。

表 1-1 给出常见的磁性材料的各向异性常数，对于单轴晶体 K_{u1}、K_{u2} 也用 K_1、K_2 表示。从表 1-1 中可以发现室温下稀土永磁 $SmCo_5$ 和 $Fe_{14}Nd_2B$ 以及 $L1_0$ 有序合金 FePt 和 CoPt 等都具有极高的磁晶各向异性常数，可应用于未来超高密度磁记录介质。

表 1-1　几种材料的磁各向异性常数[6,7]

材料类属	材 料	T=4.2K		室 温	
		K_1/J·m^{-3}	K_2/J·m^{-3}	K_1/J·m^{-3}	K_2/J·m^{-3}
3d 金属	Fe	5.2×10^4	-1.8×10^4	4.8×10^4	-1.0×10^4
	Co^u	7.0×10^5	1.8×10^5	4.1×10^5	1.5×10^5
	Ni	-1.2×10^4	3.0×10^4	-4.5×10^3	-2.3×10^3
	$Ni_{80}Fe_{20}$	—	—	-3×10^2	—
	$Fe_{50}Co_{50}$	—	—	1.5×10^4	—
4f 金属	Gd^u	-1.2×10^5	8×10^4	1.3×10^4	—
	Tb^u	-5.65×10^7	-4.6×10^6	—	—
	Dy^u	-5.5×10^7	-5.4×10^6	—	—
	Er^u	1.2×10^7	-3.9×10^6	—	—
尖晶石型铁氧体	Fe_3O_4	-2×10^4	—	-0.9×10^4	—
	$NiFe_2O_4$	-1.2×10^4	—	-0.7×10^4	—
	$MnFe_2O_4$	-4×10^4	-3×10^4	-3×10^3	—
	$CoFe_2O_4$	1×10^6	—	2.6×10^5	—
石榴石	YIG	-2.5×10^3	—	1×10^3	—
	GdIG	-2.3×10^4	—	—	—

续表 1-1

材料类属	材料	$T=4.2\mathrm{K}$		室温	
		$K_1/\mathrm{J\cdot m^{-3}}$	$K_2/\mathrm{J\cdot m^{-3}}$	$K_1/\mathrm{J\cdot m^{-3}}$	$K_2/\mathrm{J\cdot m^{-3}}$
永磁体	$BaO\cdot 6Fe_2O_3^u$	4.4×10^5	—	3.2×10^5	—
	$SmCo_5^u$	7×10^6	—	$(1.1\sim2.0)\times10^7$	—
	$NdCo_5^u$	-4.0×10^7	—	1.5×10^7	—
	$Fe_{14}Nd_2B^u$	-1.25×10^7	—	5×10^6	—
	$Sm_2Co_{17}^u$	—	—	3.2×10^6	—
	$TbFe_2$	—	—	-7.6×10^6	—
Co 基合金	CoPtCr	—	—	2×10^5	—
	Co_3Pt	—	—	2×10^6	—
$L1_0$ 有序相	FePd	—	—	1.8×10^6	—
	FePt	—	—	$(6.6\sim10)\times10^6$	—
	CoPt	—	—	4.9×10^6	—
	MnAl	—	—	1.7×10^6	—

注：上标“u”表示材料具有单轴磁各向异性；“—”表示数据不存在或没有测量。

在理想铁磁晶体内部，由于各向异性能的存在，无外磁场时，磁化强度矢量受到一个使其向易轴偏转的力矩，这个力矩可以等效为一个外磁场施加的结果，称这个场为磁晶各向异性等效场，或称为磁晶各向异性场。磁晶各向异性场不是一个实际的磁场，它只是把磁晶各向异性能的作用等效为一个磁场的作用。铁磁体最大磁晶各向异性场相当于沿难轴方向将样品磁化到饱和需要施加的外场。

单轴磁体的各向异性场 H_K 可以表示为

$$H_K=\frac{2K_{u1}}{\mu_0 M_s} \tag{1-12}$$

对于铁磁立方晶体，其磁各向异性场也可以用各向异性常数 K_1 和饱和磁化强度 M_s 来表示，若磁易轴沿［100］方向（如 Fe 单晶），

$$H_K=\frac{2K_1}{\mu_0 M_s}\ (K_1>0) \tag{1-13}$$

若磁易轴沿［111］方向（如 Ni 单晶），

$$H_K = -\frac{4}{3}\frac{K_1}{\mu_0 M_s} \quad (K_1 < 0) \tag{1-14}$$

测量各向异性常数的方法通常有单晶磁化曲线法、磁转矩法、铁磁共振法、多晶体趋近饱和定律法等。

对于单轴晶体，在加外磁场的情况下，外场与易轴方向夹角为 θ_0，磁化强度与外场夹角为 θ，如图 1-18 所示，则总能：

$$E = K_u \sin^2(\theta_0 - \theta) - \mu_0 HM\cos\theta \tag{1-15}$$

沿与磁化易轴垂直方向加磁场（$\theta_0 = \pi/2$），由 $\delta E = 0$，得到 $M = M_s\cos\theta$ 与外场有线性关系：

$$M = \frac{\mu_0 M_s^2}{2K_u}H \tag{1-16}$$

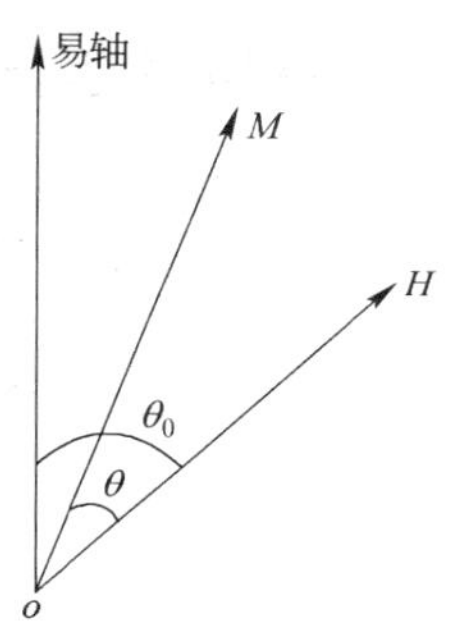

图 1-18 磁化强度与外场的方位

这是一种直线型磁化曲线，通过计算磁化曲线的斜率及饱和磁化强度 M_s 就可以得到单轴各向异性常数 K_u。也可以通过测得磁化到饱和时的磁场 H_K（各向异性场）及饱和磁化强度 M_s，由式 1-16 可以得到：

$$K_u = \frac{\mu_0 M_s}{2}H_K \tag{1-17}$$

这与式 1-12 给出的结果一致。

对于多晶磁性材料，可以利用趋近饱和定律来测量各向异性常数。实验发现磁性材料磁化趋近饱和时，磁化强度：

$$M = M_s\left(1 - \frac{a}{H} - \frac{b}{H^2} - \frac{c}{H^3} - \cdots\right) + \chi_P H \tag{1-18}$$

此式称为趋近饱和定律，式中，a、b、c 是与材料磁晶各向异性、磁致伸缩、内应力等因素相关的常数，χ_P 是自旋平行（顺磁）过程的磁化率。通过测量趋近饱和时多晶材料的磁化曲线或磁化率曲线，利用趋近饱和定律进行拟合，就可以得到饱和磁化强度和各常数的值，再根据系数 b 与磁晶各向异性常数的关系：

$$b = \frac{8}{105}\frac{K_1^2}{\mu_0^2 M_s^2} \tag{1-19}$$

就可以计算得到磁各向异性常数 K_1。

随着记录密度的不断提高，磁性记录的单畴颗粒尺寸越来越小，由超顺磁效应引起的热退磁就不能忽视，为了提高热稳定性的需要，应该选用具有更高磁晶各向异性的磁记录介质。

1.2.5　晶粒间相互作用[8,9]

磁性晶粒间的相互作用，一般用 Henkel 曲线来表征，又称为 δM 曲线，其定义为：

$$\delta M = \frac{M_d(H)}{M_r(\infty)} - \left[1 - 2\frac{M_r(H)}{M_r(\infty)}\right] \tag{1-20}$$

其中，$M_r(H)$ 为等温剩磁曲线（IRM），其测量方法如图 1-19 所示，从退磁状态开始，加一小外磁场 H 撤掉外场后测量剩磁 $M(H)$，再将所加外场逐渐增加，测得对应的剩磁，重复以上过程，得到剩磁随所加外场的变化关系 $M_r(H)$。$M_d(H)$ 为直流退磁曲线（DCD）。它的测量方法与上述过程相似，如图 1-20 所示，初始态为饱和磁化态，外加磁场方向相反，首先施加一个小的反向场，撤去外场后测量剩磁 $M_d(H_i)$，然后等间隔地增加所施加的反向场的值，测量每次撤去外场后对应的剩磁，重复以上过程，就可以得到剩磁随所加外场的变化关系 $M_d(H)$。$M_r(\infty)$ 为饱和磁化后的剩余磁化强度。图 1-21 给出了纳米钡铁氧体的等温剩磁曲线（IRM）和直流退磁曲线（DCD）。根据式 1-18 可以计算纳米钡铁氧体的 δM 曲线，如图1-22所示。磁性晶粒间的相互作用主要表现为晶粒间的磁交换耦合作用和偶极作用。可

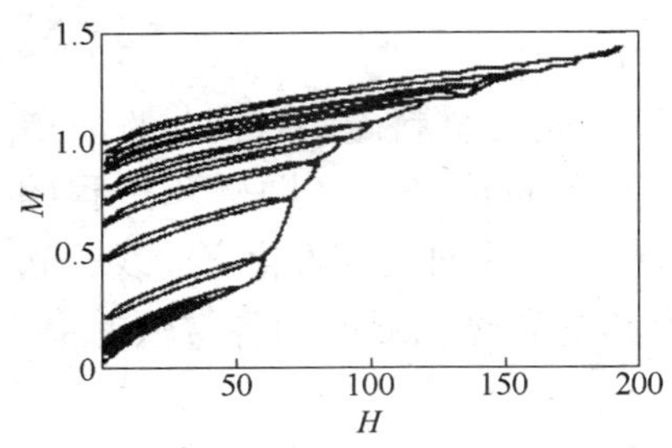

图 1-19　等温剩磁曲线的测量

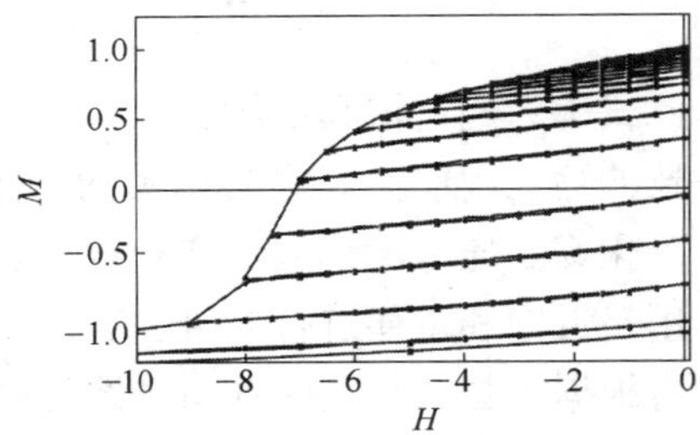

图 1-20　直流退磁曲线的测量

以根据 δM 曲线形状来判断晶粒间是否有相互作用，另外还可定性地判断相互作用的类型和大小。一般情况下，$\delta M>0$ 表明磁性晶粒间有磁交换耦合作用；$\delta M=0$ 则晶粒间无相互作用；$\delta M<0$ 说明晶粒间存在偶极作用。根据 δM 曲线曲线峰的相对高度，可以比较各个样品中磁性晶粒间相互作用的强弱。

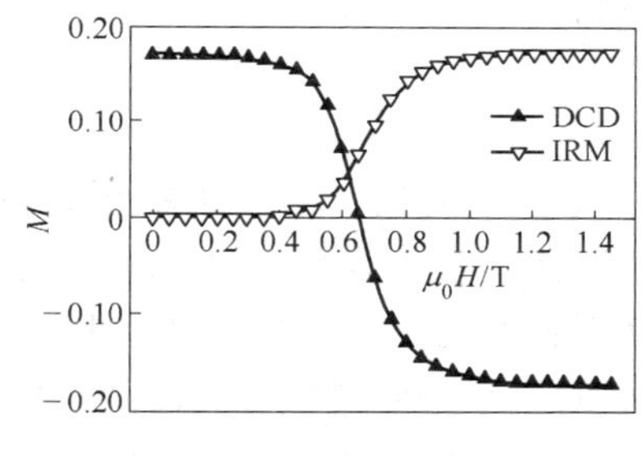

图 1-21 纳米钡铁氧体的 IRM 曲线和 DCD 曲线[10]

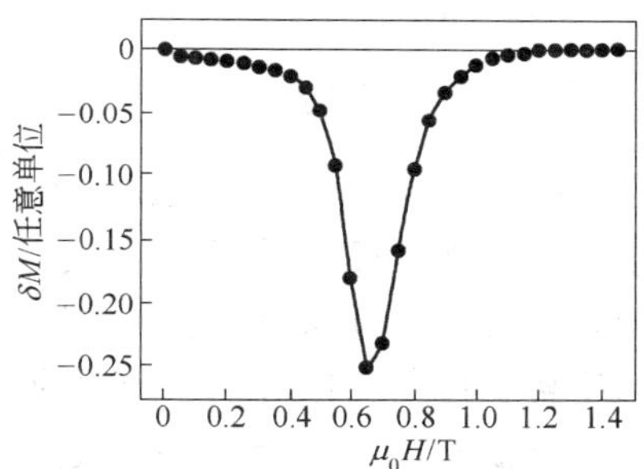

图 1-22 纳米钡铁氧体的 δM 曲线[10]

磁激活体积是指在磁化反转过程中使磁化连续反转的最小体积，它可以表示为：

$$V_{act}=\frac{k_B T\chi_{irr}}{M_s S} \tag{1-21}$$

式中，k_B 为玻耳兹曼常数；S 称为磁黏滞系数；χ_{irr} 称为不可逆磁化系数。

χ_{irr} 可以通过测量等温退磁曲线（DCD），然后将 DCD 曲线微分，微分曲线的极大值就是 χ_{irr}：

$$\chi_{irr}=\left[\frac{dM_{DCD}(H)}{dH}\right]_{max} \tag{1-22}$$

S 可以这样来测量，首先把样品磁化到饱和，然后撤去外场并施加反向的矫顽力场（$-H_C$），磁场稳定后，测量样品磁化强度随时间的衰减曲线（M-t 曲线），并转换成 M-$\ln t$ 曲线，M 与 $\ln t$ 符合线性关系，

$$M(t)=M(0)-S\ln t \tag{1-23}$$

计算 M- ln$t$ 直线的斜率就是 S。将测量得到的 M_s、χ_{irr} 和 S 代入式 1-21,即可计算得到磁激活体积。

磁性晶粒间交换耦合作用会导致磁激活体积的增加,即多个晶粒通过交换耦合作用而发生一致磁化反转,相当于记录最小位信息的介质体积增大,不利于超高密度磁记录。因此在高密度磁记录中,要求晶粒间尽量减少磁相互作用,这样可以减小磁激活体积,从而提高记录密度。

1.2.6 超顺磁效应

磁性颗粒不可能无限减小而仍保持原有的磁性。当磁性颗粒尺寸小于某一临界尺寸时,剩余磁化强度不再固定在由颗粒形状和磁晶各向异性决定的方向上,热扰动就足以使磁性颗粒的磁矩方向发生随机的反转。自发磁化对于一个大的系统或对于一个磁性颗粒的时间平均都互相抵消了,这种状态称为超顺磁态。处于超顺磁态的颗粒随外场的磁化曲线如图 1-23 所示,图 1-23a 为室温下 10nm 大小球形 Fe_3O_4 颗粒的磁滞回线,图 1-23b 为局部放大图,可见超顺磁颗粒没有剩磁也没有磁滞。

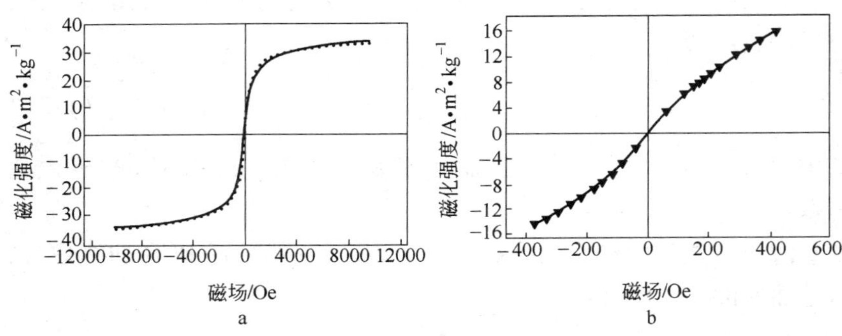

图 1-23 Fe_3O_4 超顺磁颗粒的磁化曲线[11]

设有一组大小相等,体积为 V,位置固定、彼此隔离、无相互作用的单轴各向异性的单畴晶粒。若只考虑磁晶各向异性常数 $K = K_{u1}$,其各向异性能能量密度可表示为:

$$E_K = K\sin^2\theta \tag{1-24}$$

如通过一致转动反磁化,则需克服势垒 $\Delta E = KV$,因此当 $T = 0$

时,需要有外磁场才能使其反磁化,但若温度不为零,由于热涨落运动,晶粒的磁化向量亦能以和 $\exp(-KV/kT)$ 成比例的几率超过势垒 $\Delta E = KV$,而自发地改变磁化方向。

当加外磁场使晶粒集合体饱和磁化后撤掉外场,则剩余磁化强度随时间 t 的变化关系为:

$$M_r(t) = M_r(0)\exp(-t/\tau_0) \tag{1-25}$$

奈耳(Néel)给出弛豫时间的表达式:

$$\tau_0^{-1} = f_0\exp(-KV/kT) \tag{1-26}$$

f_0 是一个变化很小的频率因子,约为 $10^9\mathrm{s}^{-1}$。k 为玻耳兹曼常数。若 $\tau_0 \geqslant 10^9\mathrm{s}$(即每 30 年磁化强度降低为 1/e),则 $\Delta E = KV \geqslant 40kT$。为了保证磁记录信息在长时间(10 年以上)不丢失,通常满足热稳定性的临界尺寸 D_p 由 $KV = 60kT$ 决定。

估算超顺磁晶粒的上限尺寸 D_m 的方法是:取 $\tau_0 = 1\mathrm{s}$,则 $\Delta E = KV = 20kT$,此时 $M_r = 0$,$H_C = 0$,体系处于超顺磁态。当铁磁性颗粒的直径小于临界尺寸 D_m 时,会表现出超顺磁性。

根据铁磁材料的各向异性常数估算用于磁记录应满足热稳定性的临界尺寸 D_p 和超顺磁临界尺寸 D_m。表 1-2 给出了目前高密度磁记录应用的磁性材料及未来可能应用于磁记录领域的永磁材料的临界尺寸。

表 1-2 各种磁性介质的临界尺寸[7]

体系	材料	$K_u/\mathrm{J\cdot m^{-3}}$	磁记录的临界尺寸① $D_p \approx (60kT/K_u)^{1/3}/\mathrm{nm}$	超顺磁临界尺寸 $D_m \approx (20kT/K_u)^{1/3}/\mathrm{nm}$
Co合金	CoPtCr	0.20×10^6	10.4	7.2
	Co	0.45×10^6	8.0	5.5
	Co_3Pt	2.0×10^6	4.8	3.3
$L1_0$ 相	FePd	1.8×10^6	5.0	3.5
	FePt	$6.6\times10^6 \sim 10\times10^6$	2.8	1.9
	CoPt	4.9×10^6	3.6	2.5
	MnAl	1.7×10^6	5.1	3.5
稀土合金	$Fe_{14}Nd_2B$	4.6×10^6	3.8	2.6
	$SmCo_5$	$11\times10^6 \sim 20\times10^6$	2.7~2.2	1.9~1.5

①温度取 300K。

在超高密度磁记录时，磁性颗粒尺寸必然减小，若保证热稳定性必须选择高各向异性的材料。

1.2.7 纵向磁记录介质的过渡区和退磁场

在纵向磁记录方式中，总存在一个磁化翻转的范围称为过渡区，它的长度称为过渡区长度。如图 1-24 所示，理想情况下，数字磁记录相当于条形磁铁的连续排列，由于相邻两磁极的极性相反，在磁化跃迁断面上的面磁荷密度 $\sigma = 2M_r$，由此计算出自退磁场。对于纵向磁记录方式，当记录介质膜较厚时，退磁场作用很强。

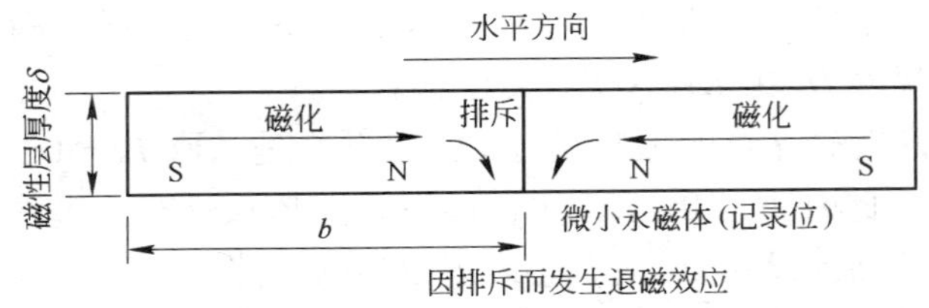

图 1-24　纵向磁记录的过渡区

过渡区会引起磁记录噪声，因此在高密度磁记录中要求过渡区长度尽量小。纵向磁记录自退磁场非常强，它等于矫顽力时给出过渡区长度：

$$a_d \propto \frac{M_r \delta}{H_C} \tag{1-27}$$

要减小过渡区，可以通过减小膜厚 δ、增大矫顽力 H_C、减小剩磁 M_r、提高矩形比 $S = M_r/M_s$ 等方法。

另外，过渡区的宽度与晶粒大小和晶粒间的耦合作用相关，如图 1-25 所示，当记录介质的晶粒较大时，如果假定晶粒间无交换耦合作用，每个晶粒可以看成一个单畴，则晶粒越大，过渡区的宽度则会相应增大。如果晶粒间存在较强的交换耦合作用，则相邻晶粒的行为类似于一个大晶粒，过渡区的宽度也会增大。在水平方向的磁化模式中，为了避免退磁效应，膜厚必须非常薄，而这将以牺牲输出功率所必需的残留磁化为前提。相比之下，垂直磁化模式在实现高密度记录的同时可消除退磁作用，因此膜厚没必要一定很薄。早在1976年，日本东北大学的岩崎俊一教授就提出垂直磁记录在高密度记录方面更有优势，理论分析垂直磁记录可使记录密度提高一个量级[12]。

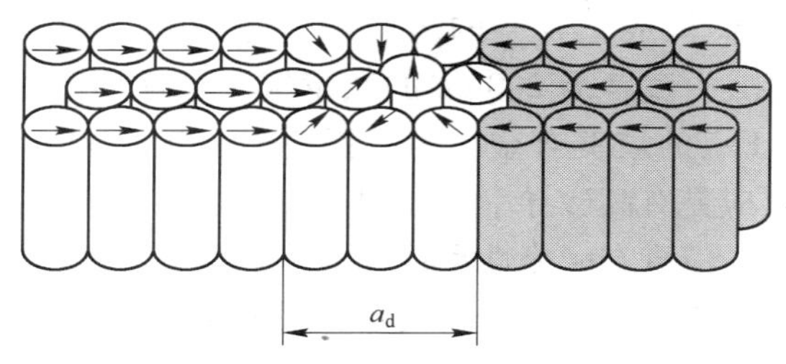

图1-25 过渡区示意图

1.3 磁记录磁头

磁记录的写入和读出过程都离不开磁头，它一方面可以将载有信息的电信号转换成磁记录介质中的磁化信息；另一方面它还可以将磁记录介质中储存的磁化信息转换成电信号，从而还原出信息本来的面貌。一般情况下信息的记录和读出是由同一磁头完成的，但在高密度磁记录的硬盘中，信息的写入和读出是采用不同的机理来完成的，因此所采用的是复合磁头。如图1-11所示，其为感应式环状磁头和磁电阻（MR）磁头的复合磁头，环状感应式磁头用来写入信号，MR磁头用来读出信号。

1.3.1 感应磁头

感应磁头可以是环状磁头或单极磁头。早期感应磁头由块状磁性材料制造，例如磁带录音机中的磁头，其主体为Mn-Zn铁氧体磁芯，在磁芯的周围绕有导体线圈。将声音信号转变为高频载波信号，在线圈中产生变化的磁场，根据法拉第电磁感应定律，在磁头铁芯的中间缝隙就会有变化的磁场，从而当磁带以匀速率通过磁头间隙时，磁带被磁头间隙磁场磁化，声音信息就以磁信号的形式储存在了磁带中。环状磁头的读取过程和记录过程采用同一线圈进行。

块状记录磁头因不能达到高密度记录所需要的尺寸精度，因此在目前的硬盘磁记录中已经不再使用，现在广泛用于硬盘磁记录的感应式磁头均为薄膜磁头，如图 1-26 所示。薄膜磁头主要由磁性薄膜或磁性多层膜材料构成，典型的薄膜磁头中磁性薄膜的厚度为 2 ~ 3μm，磁头间隙的宽度为 200nm 的数量级。最常用的薄膜磁头材料是成分为 $Ni_{81}Fe_{19}$ 的坡莫合金。为了提高磁头记录的密度和灵敏度，薄膜磁头材料应具有高磁导率和高饱和磁化强度，应具有低的矫顽力和高的电阻率，应具有耐磨性和很好的加工性。因此现在用于感应式薄膜磁头的材料往往是复合材料或是多层膜材料。

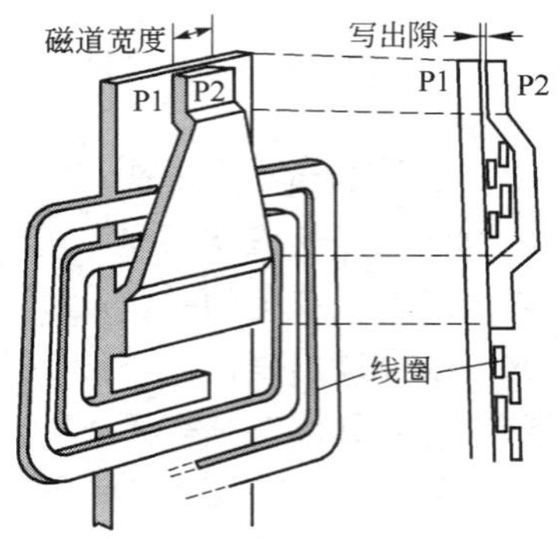

图 1-26 薄膜记录磁头示意图

（左：磁极和线圈的布置图；右：磁极的放大和剖面图）[6]

1.3.2 磁电阻（MR）读出磁头

某些物质在外加磁场时，电阻率发生变化 $\Delta\rho=\rho(H)-\rho(0)$，把这种效应叫做磁电阻（magnetoresistance，缩写为 MR）效应，也称为磁阻效应。为了与磁路定律中的磁阻（reluctance）相区别，本书一律使用磁电阻这一名称。在磁场作用下材料的电阻率增大，称为正的磁电阻效应，反之，磁场作用下材料的电阻率减小，则称为负的磁电阻效应。

磁电阻效应与材料、外磁场（**H**）、材料内电流密度（**J**）等密切相关。而且磁电阻效应大小还与测量时外磁场与材料内电流密度的方向有关。外磁场方向与电流密度方向垂直（**H**⊥**J**）时，称为横向磁电阻效应；当外磁场方向与电流密度方向平行（**H**//**J**）时，称为纵向磁电阻效应。对于各向异性材料和薄膜材料，外磁场方向与材料晶向或膜面方向的关系也影响它的磁电阻效应。

反映磁电阻效应大小的量一般用 *MR*（%）来表示，*MR* 可表示为[13]

$$MR = \frac{\Delta\rho}{\rho(0,T)} = \frac{\rho(H,T) - \rho(0,T)}{\rho(0,T)} \times 100\% \tag{1-28}$$

某些磁性金属与合金，当外加一个与材料中电流密度垂直的磁场（**H**⊥**J**）时，其电阻率减小，发生负的磁电阻效应；当外加一个与材料中电流密度平行的磁场（**H**//**J**）时，其电阻率增加，发生正的磁电阻效应。因此，把它称为各向异性磁电阻（AMR）。

在磁性金属（合金）中，磁电阻效应与畴壁位移、磁化矢量的方向有关，其电阻率可表示为

$$\rho = \rho_0 + \Delta\rho\cos^2\theta \tag{1-29}$$

式中，θ 为磁化矢量与电流方向的夹角；ρ_0 为与 θ 无关的各向同性的电阻率，$\Delta\rho = \rho_s - \rho_0$，其中 ρ_s 为磁化矢量平行于电流方向被饱和磁化时的电阻率。AMR 材料的磁电阻效应很小，金属 Fe、Co 的 *MR* 在 5K 时约为 1%，坡莫合金（$Ni_{81}Fe_{19}$）的 *MR* 在室温约为 2% ~5%，其饱和磁场小于 10Oe（1Oe =79.6A/m）。

图 1-27 给出了感应式环形写头和磁电阻读头的复合磁头示意图。其中最常用的各向异性磁电阻读头材料就是坡莫合金。用磁电阻材料制成计算机读出磁头，与现有的感应式磁头相比有如下几个优点：感应式磁头的读出信号取决于线圈中感应电动势的大小，而感应电动势与磁通量的变化率成正比，当前磁盘的发展趋势是日渐小型化，要求单位盘片面积存储量更大，而且磁盘面积减小，其运行时磁道的线速度必然减小，感应式磁头信号减小，信噪比降低，因此感应式磁头无法用于读出高密度记录磁盘。磁电阻材料制成的读出磁头，磁通量直

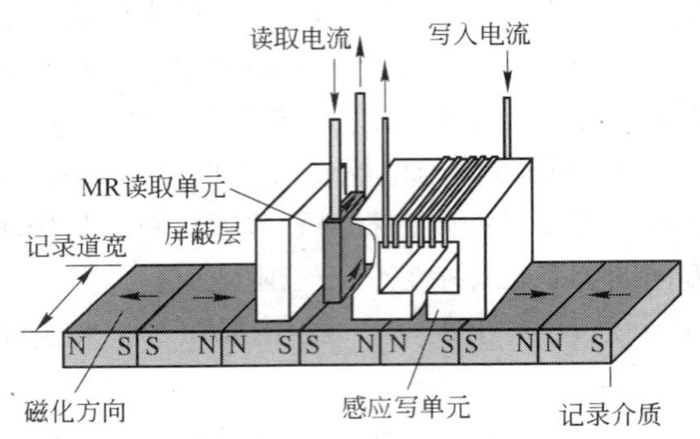

图 1-27 由感应式环形写头和磁电阻读头组成的复合磁头[3]

接影响磁头材料的电阻率，其信号输出仅与磁通量有关，与磁盘相对于磁头的运动速度无关，因此可用于高密度记录磁盘的读出磁头，而且其高频特性也比感应式磁头好得多。

MR 磁头设计时需要一个较大的偏置场，这样可以使坡莫合金工作在 MR 效应最大的区间，从而得到最大的读出灵敏度。MR 磁头的灵敏度通常由每单位磁道宽度的输出电压表示，但随着记录密度的提高，磁道的宽度下降时，MR 磁头的信号将减弱，这促进了自旋阀读出磁头的开发。

1.3.3 自旋阀读出磁头

巨磁电阻（GMR）效应是凝聚态物理的一个划时代的发现。正是由于这一效应的发现，极大地促进了电子自旋极化输送过程的研究，开创了磁学研究的最新前沿——自旋电子学。1986 年，德国科学家 Grunberg 等人在对 Fe/Cr/Fe 磁性多层膜的研究中，利用布里渊散射实验方法，发现两个 Fe 层之间可以通过 Cr 层进行耦合，当 Cr 的厚度合适时，两个 Fe 层之间存在反铁磁耦合作用，并且耦合强度随着 Cr 层厚度的增加而单调减弱[14]。1988 年 Baibich 等人在 GaAs（001）取向的基片上利用分子束外延（MBE）生长了具有（001）方向 Fe/Cr 超晶格体系。发现当 Cr 的厚度很薄的情况下，磁电阻变化非常大，并称之为 GMR，其磁电阻的变化如图 1-28 所示，由图可以看出，（Fe3nm/Cr 0～9nm）$_{60}$多层薄膜在外磁场作用下，在4.2K的温度下测量的电阻变化率达到50%[15]。

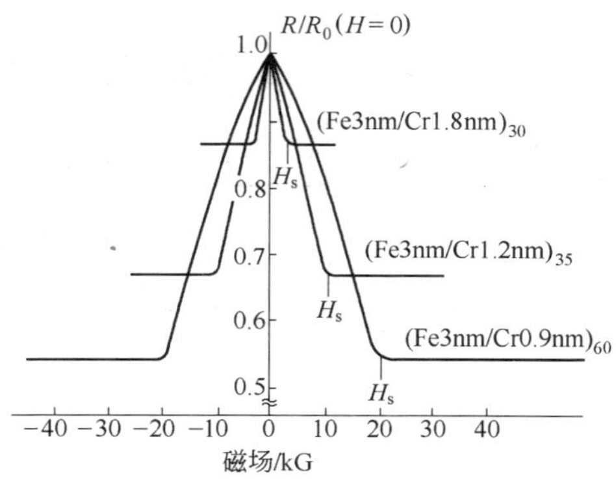

图1-28 在温度 $T=4.2$K 时，Fe/Cr 超晶格磁电阻的变化
（电流和外场沿 Fe/Cr 超晶格平面的［110］方向[15]）

一些具有强反铁磁耦合的多层膜巨磁电阻可达到很高，但强反铁磁耦合使饱和场 H_s 增高，从而使其磁场传感灵敏度 $S=(\Delta R/R)/H_s$ 比较低。为了使磁场传感灵敏度 S 增高，人们寻求降低 H_s 的方法。GMR效应的产生，最重要的是能够获得平行和反平行的自旋结构，而与薄膜之间是否存在耦合无关。1991年，Dieny首次提出了非耦合型夹层结构，称为自旋阀（Spin-Valve，SV），并发现在多层膜结构中具有低饱和场的巨磁电阻效应[16]。其结构为 FM_1（自由层）/N（非磁性层）/FM_2（被钉扎层）/AFM（钉扎层），两个铁磁层 FM_1 及 FM_2 被较厚的非铁磁层N隔开，因而使 FM_1 与 FM_2 间几乎没有层间耦合。FM_2 的自旋则被与相邻反铁磁层的交换耦合所引起的偏置场所钉扎，当 FM_1 为优质软磁层时，它的自旋可在很弱的磁场作用下相对于 FM_2 改变方向。未加磁场时，由于在制备自旋阀时，一般会在基片上加一磁场以诱导铁磁层的易磁化方向，所以两磁性层磁矩近似平行排列，这时自旋阀电阻小。在外加相反方向磁场的作用下，自由层首先发生磁化反转，两磁性层磁矩反平行排列，自旋阀电阻大。自旋阀电阻大小取决于两铁磁层磁矩（自旋）的相对取向，故称为自旋阀。图1-29为自旋阀 $Ni_{80}Fe_{20}$/

Cu/$Ni_{80}Fe_{20}$/FeMn 中的 FM_1 及 FM_2 的自旋结构，及相应的磁滞回线和磁电阻的变化。

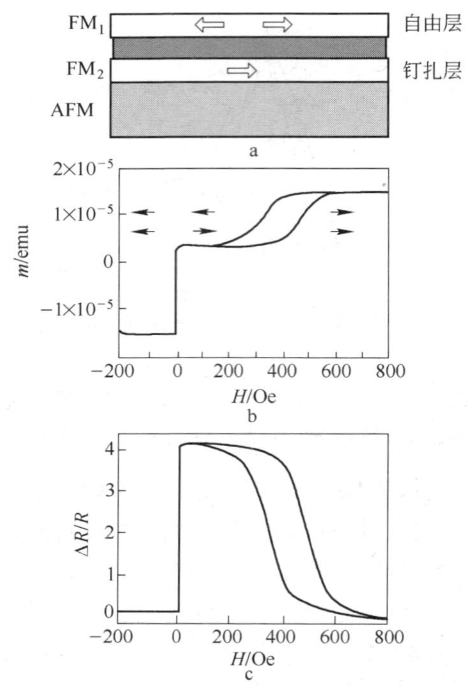

图 1-29 自旋阀 $Ni_{80}Fe_{20}$/Cu/$Ni_{80}Fe_{20}$/FeMn 的自旋结构（a），磁滞回线（b）和磁电阻的变化（c）[17]

1995 年，美国 NVE 公司开始制造和销售 GMR 电桥元件，1997 年推出制作在半导体芯片上的数字式 GMR 传感器；1998 年 IBM 公司成功开发了自旋阀读出磁头并正式上市，使硬盘驱动器的存储密度提高到 20Gb/in^2。如图 1-30 所示，这种自旋阀磁头是用薄膜写入头和自旋阀读出头组合而成，其中读头和写头之间由屏蔽层隔开。2000 年，富士通公司开发出存储密度达 56.3Gb/in^2 的 SV GMR 磁头；1998 年，西门子公司开发的旋转检测 GMR 传感器上市。从 2001 年起，GMR 磁头制造商正式采用镜面反射自旋阀元件。用这种镜面反射自旋阀磁头，可使硬盘存储密度达到 100Gb/in^2。

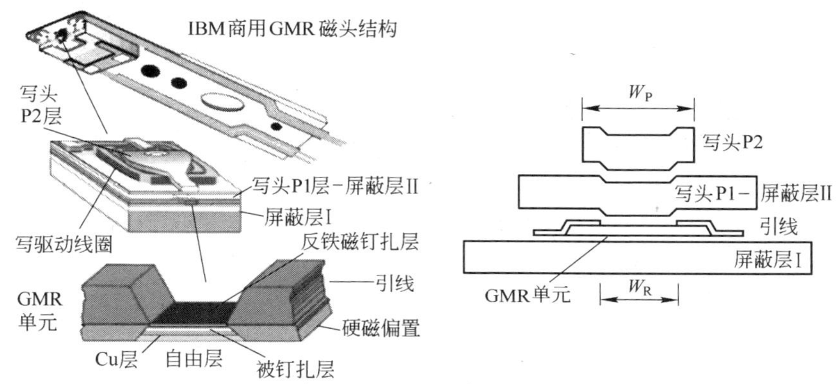

图 1-30　IBM 商用 GMR 自旋阀磁头结构[3]
（右图为剖面放大图）

1.4　硬盘磁记录技术的发展历程

磁记录技术经过了一个多世纪的发展，磁记录技术在硬盘上的应用也经历了 50 多年的发展。随着硬盘磁记录介质、磁头技术的发展以及记录模式的变迁，硬盘驱动器的容量和面密度与日俱增。本节主要介绍了磁记录技术的发展阶段和特点、磁头技术的发展以及记录模式的变迁。表 1-3 和表 1-4 分别列出了纵向磁记录技术和垂直磁记录技术的主要发展历程。图 1-31 显示了 1956 年之后硬盘面密度随年代的增长情况[18]。

表 1-3　纵向磁记录技术的主要发展史[2, 8, 9, 12, 13, 15, 19~22]

时　间	事　　件
1888 年	利用微小永磁体的磁化强度进行声音记录的想法（Oberlin Smith，美国）
1898 年	Poulsen 发明磁性钢丝录音机，磁头是电磁铁，记录介质是碳钢钢丝，并申请美国专利
1906 年	铁薄膜电镀在底板上作记录介质
1907 年	Poulsen 申请直流偏磁记录的美国专利
1921 年	Carlsen 和 Capenter 发明 AC 偏磁记录
1928 年	德国 F. Pfleumer 发明 Fe_3O_4 涂布型磁带

续表 1-3

时 间	事 件
1930 年	粒状 γ-Fe_3O_4 分布在塑料上做成磁带
1935 年	德国用铁粉涂在塑料片上制造 6.5mm 宽的磁带，E. Shuler 研制成环形磁头
1938 年	交流偏磁法的发明（永井健三等，日本）
1941 年	Camras 发明高频偏磁记录
1943 年	发明不锈钢丝或带做记录介质，性能比以前的金属介质要好
1945 年	家用录音机商品化
1946 年	美国 Camras 发明针状、高矫顽力氧化物磁带和磁鼓数字记录
1947 年	美国 3M 公司生产 9in（1in = 25.4mm）直径磁盘，磁带机用于计算机存储
1949 年	制造双声道立体声磁带录音机
1951 年	磁鼓和磁盘用作计算机存储器，记录层用 Ni-Co 膜或氧化物涂层
1954 年	磁鼓数字存储商品化，Camras 提出制造针状 Fe_2O_3 磁粉的工艺流程
1955 年	日本 Sony 公司制造了第一台家用立体声磁带录音机
1956 年	IBM 推出全球首款 RAMAC350 硬盘，总容量为 5MB，使用了 50 个 24in 的盘片
1959 年	日本 Victor 公司开发两磁头 VTR
1963 年	Philip 公司开发 3.81mm 盒式录音机和磁带
1966 年	Sony 公司推出家用黑白电视机
1967 年	美国 Du-pont 公司研制成 CrO_2 磁带
1973 年	IBM 使用 Winchester 磁盘技术制成软磁盘，TDK 公司发明 Co 外延 γ-Fe_2O_3 磁带
1979 年	薄膜磁头商品化，出现 Co-Ni 薄膜磁带，Co 系蒸镀磁带商品化
1980 年	Shugart 公司研制成 5.25in 硬盘，Sony 公司开发出 3.5in 软磁盘
1981 年	数字录音机出现
1984 年	Sony 公司和电信电话公司联合发表研制成磁光盘及其装置
1985 年	美国 IBM 公司制出第一个实用化的 MR 磁头
1988 年	Baibich 等利用分子束外延制备出 Fe/Cr 超晶格，发现巨磁电阻效应
1990 年	IBM 开发出磁阻感应复合型薄膜磁头，推出首例 3.5in，面密度为 0.155Gb/cm^2 的硬盘
1991 年	日立公司报道了利用 MR 元件磁头实现了 0.31Gb/cm^2 的高密度记录

续表 1-3

时 间	事 件
1994 年	IBM 利用 GMR 效应研制成硬盘读出磁头原型，将磁盘记录密度提高到 1.55 Gb/cm^2
1998 年	IBM 公司报道了面记录密度达到 1.86Gb/cm^2 的硬盘
1999 年	IBM 公司报道了面记录密度达到 5.47Gb/cm^2 的硬盘
2000 年	Read-Rite 公司展示了面记录密度达到 9.8Gb/cm^2 的硬盘
	Fujitsu 和 IBM 公司展示了反铁磁记录介质构成的硬盘，面记录密度提高到 16Gb/cm^2
2002 年	Fujitsu 制造 CPP-GMR 磁头，有望和反铁磁耦合介质结合起来，记录密度达到 56Gb/cm^2
2004 年	美国希捷公司制作出 TMR 磁头，可用于读取面密度为 23Gb/cm^2 的纵向磁记录硬盘

表 1-4 垂直磁记录技术的主要发展史[2, 8, 22~38]

时 间	事 件
1974 年	Sun-ichi Iwasaki 教授在纵向记录磁带中发现垂直磁化
1975 年	Iwasaki 教授在 Co-Cr 合金膜中发现单轴垂直磁各向异性
1977 年	Iwasaki 教授提出垂直磁记录方案，并设计了辅助极驱动的单极磁头
	IBM 公司生产双面倍密度 8in 软磁盘，日本岩崎等人报告 Co-Cr 溅射垂直磁记录实验
1978 年	Iwasaki 制备了垂直取向、柱状晶结构的 CoCr 单层膜，并利用单极磁头实现垂直记录
1979 年	Iwasaki 等人报道由 CoCr 和软磁层 NiFe 组成的双层垂直磁记录介质，密度为 100 kfcpi
1982 年	Toshi 公司研制成 3.5in 垂直磁记录软盘机；涂布型 Ba 铁氧体（垂直磁化）磁带的出现
1987 年	Yamamoto 小组报道了利用写/读一体的单极磁头，实现 CoCr/NiFe 的垂直磁记录
2000 年	日立公司应用 GMR-SPT 磁头，演示 7.75Gb/cm^2 的硬盘，应用垂直磁记录
2004 年	希捷首次利用垂直磁记录技术使硬盘面密度达到 15.5Gb/cm^2
	希捷提出热辅助磁记录，有望解决高 K_u 磁介质的磁写入问题，将大幅提高硬盘面密度

续表 1-4

时 间	事 件
2005 年	东芝公司上市 1.8in、面密度达到 20.6Gb/cm^2 的小型便携式硬盘
2006 年	日本 TDK 公司 TMR 读头，演示了面密度 30.7Gb/cm^2 的垂直磁记录硬盘
2006 年 2 月	希捷发布首款 2.5in、容量为 160GB 垂直磁记录硬盘（Momentus 5400.3 型）
	希捷演示面密度 42.5Gb/cm^2 的垂直磁记录硬盘，并预言 46.5Gb/cm^2 的硬盘
2006 年 9 月	希捷公司演示面密度 65.3Gb/cm^2 的垂直磁记录硬盘
2006 年 12 月	Fujistu 推出首款 2.5in、容量为 360GB、转速 4200r/min 的笔记本硬盘
2007 年 1 月	日立公司推出首款容量达到 1TB、面密度为 21.4Gb/cm^2 的硬盘
	三星电子推出首款单碟容量达到 60GB 的 1.8in 便携式硬盘；Fujistu 等三家研究所在 25nm 间隙的 Al_2O_3 上制备了一维纳米孔，有望实现 158.7Gb/cm^2 的晶格介质
2007 年 3 月	Fujistu 推出首款容量达到 160GB、转速 4200r/min 的笔记本硬盘（MHW 2160BJ 型）
2007 年 6 月	希捷公司推出首款容量达到 1TB 的垂直磁记录硬盘（Barracuda7200.11 型）
2007 年 10 月	WD 公司通过应用已有的垂直磁记录技术和隧道磁电阻磁头技术，演示了面密度突破 80.6Gb/cm^2，容量可达 3TB 的 3.5in 硬盘
2008 年 8 月	日立公司通过优化垂直磁记录磁头和磁介质，演示了面密度达到 94.5Gb/cm^2 的硬盘
2010 年 8 月	东芝公司使用 17nm 工艺刻蚀掩膜方法和比特图形化介质，制造出拥有规则图案的存储盘片原型，其面密度可达 387.5Gb/cm^2，可实现三碟装 10TB 容量的硬盘
2010 年 11 月	日本新能源产业技术综合开发机构（NEDO）、日立联合东京工业大学和京都大学使用微波辅助磁记录和“图形密度高倍化”技术，在 100μm^2 范围内制备出周期为 12nm 的规则标记点阵，有望将硬盘面密度提高到 604.5Gb/cm^2，容量有望突破 10TB
2011 年 5 月	希捷公司正式推出全球首款单碟容量为 1TB 的硬盘产品，存储密度也达到了 96.8Gb/cm^2

实际上，磁记录技术的发展伴随着记录密度的不断增加，按照记录方式和记录密度，可以将上述硬盘磁记录技术的发展历程大致分为

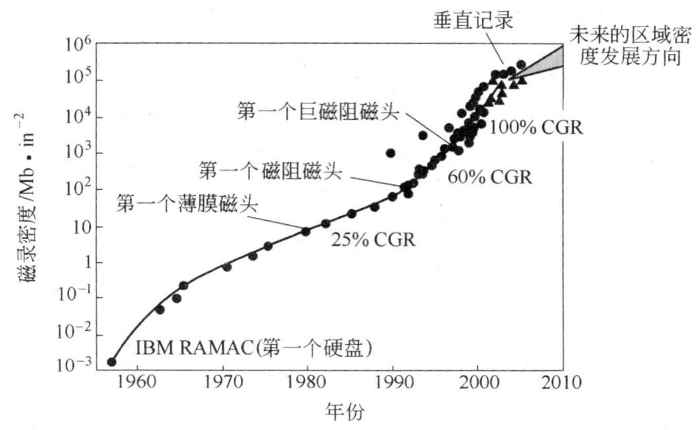

图 1-31 硬盘的面密度随年代的增长情况[18]

四个不同的阶段：

（1）磁记录的早期研究阶段（1888～1950 年）。最早的磁记录概念是由美国人斯密斯（Smith）发明的，利用微小永磁体的磁化强度进行声音的录音，而最具有实用意义的是波尔森（Poulsen）在 1898 年发明的钢丝式磁录音机。在此之后，经过了 40 多年发展，磁记录技术在磁带和录音机上得到了广泛的应用。1946 年后，人们逐渐开始了磁带机和磁鼓技术用于计算机储存的研究工作，但由于实验条件以及制备技术的限制，磁记录硬盘一直没有得到商业化。

（2）纵向磁记录占主导的阶段（1951～2005 年）。19 世纪 50 年代之后，硬盘磁记录技术开始应用于计算机存储中，并逐渐商业化。1956 年 9 月，IBM 推出了全球首款硬盘系统 RAMAC350（图 1-32），使用了 50 个 24in 的盘片，容量为 5MB，质量足有 1t。之后，由于工业的快速发展，信息数据量与日俱增，人们开始思考如何提高硬盘的存储容量、性能以及稳定性。

在磁记录技术发展的初期阶段，磁记录技术比较落后，受到硬盘的体积和成本的限制，只有通过改善介质材料的性质来提高盘片的存储密度和容量。最初的硬盘是利用涂覆的方法记录在铁氧体磁粉上，这种硬盘的容量很低。之后，人们利用 Co 基合金薄膜作为磁记录介

图 1-32 IBM 在 1956 年推出的全球首款硬盘系统 RAMAC350

质材料，每一数据位由 50 ~ 100 个相互耦合的 CoCr 颗粒构成，这些颗粒在平行膜面的磁场磁化后，就形成了“1”和“0”的磁记录单元，实现纵向磁记录。由于磁层大多采用磁控溅射或蒸镀工艺制造，CoCr 颗粒都是随机排列的，只有一定数量的颗粒才能在硬盘上形成规则的环形磁道，所以具有一定数量的 CoCr 颗粒才能保证介质具有高的信噪比。要想提高记录密度，就必须通过降低颗粒尺寸或过渡区宽度的方法来实现。因此，在 20 世纪 70 ~ 90 年代，人们尝试利用各种方法来降低颗粒尺寸和过渡区，如添加元素（Cr、Ta、B、Nb 等），减小膜厚，提高介质的矫顽力等，从而提高硬盘的面密度。但是，这些方法也各有缺点，例如：减小膜厚导致磁信号减弱；提高介质的矫顽力导致充磁困难等。因此，在 21 世纪初，通过改善介质材料的性能来提高记录密度变得越来越困难。2001 年，薄膜的厚度降到了 20 nm，再降低膜厚会导致读出信号较弱，影响介质的信噪比；介质的 H_C 也升高到 400kA/m，过高的 H_C 给磁头的充磁带来困难；同时晶粒尺寸也降到了 8 ~ 10nm，已经接近 Co 基合金的超顺磁临界尺寸，进一步减小晶粒尺寸会使磁介质受到超顺磁效应的影响。

因此，人们又开始尝试通过改善介质材料的结构来提高记录密度。2001 年，IBM 公司报道了反铁磁耦合介质（Antiferromagnetic Coupled Media，AFC）技术[22]，用非常薄的 Ru 层将磁性层隔开，两边磁性层存在反铁磁交换耦合作用，导致较低的磁性层在相反的磁化方向上也记录了信息，有效磁记录介质的体积等于两个磁性层的合并。Ru 层既可以保证磁场的顺利通过，又不会使磁层之间相互干扰，所以在不缩小颗粒尺寸的前提下，将记录密度提高到 15.5 Gb/cm^2。同年，Sonobe 等人[39]发明了颗粒层和连续层混合（Coupled Granular/Continuous，CGC）介质，这种结构具有很强的层间交换耦合作用，可以降低磁性颗粒反转的几率、减弱热退磁效应的影响，从而增加了介质的热稳定性；同时，连续层减小了介质的形核场，增加了介质的矩形比，提高了介质的写入能力。通过这种复合结构的设计，增加了介质的热稳定性而保持介质的高信噪比，可以继续增加介质的记录密度。

与此同时，磁头技术在 20 世纪 80 年代后也得到了飞速发展，先后出现了薄膜磁头（1981 年）、磁电阻磁头（1994 年）和巨磁电阻磁头（1998 年），这些高灵敏度磁头的应用使得硬盘记录密度分别以 25%、60% 和 100% 的速率逐年递增，如图 1-31 所示。图 1-33 是常用的磁记录磁头[8]。

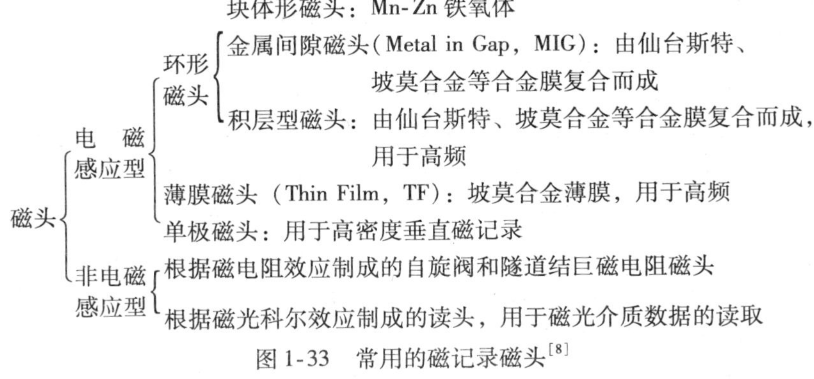

图 1-33 常用的磁记录磁头[8]

磁头的发展一直围绕着增加信号读出的灵敏度而进行技术改革。最初使用的是铁氧体磁头，由 Winchester 技术进化而来，是在氧化铁上绕线圈的磁头。硬盘利用通电线圈或磁头靠近磁场来实现数据的写入和读取。这种磁头必须非常靠近盘片表面才能有效地写入数据或感知数据位的漏磁场变化，因此写入的数据位间距很大，读出的灵敏度很低，可实现的硬盘面密度也很低（0.1 ~ 1.5Mb/cm^2），盘片的直径达到 24in。在 20 世纪 80 年代后期，主要使用金属间隙磁头（Metal in Gap, MIG)，它是氧化铁的改进型，其磁化能力是氧化铁磁头的2倍，利用这种磁头使得硬盘的面密度以每年30%的速度增长[37,38]。1980年中期，IBM推出的硬盘3380E，面密度达到3.1Mb/cm^2，盘片尺寸也降到了14in。1987年，IBM又推出了薄膜磁头（Thin Film, TF)，并逐渐取代了MIG磁头，使面密度提升到6.2Mb/cm^2，盘片尺寸也降到了8~10in[40,41]。由于薄膜磁头没有常规的线圈，因此不再受线圈阻抗变化的影响；而且薄膜磁头可以比氧化铁磁头和MIG磁头具有更低的运动高度，使得磁头从介质上获得更强的信号，因此降低了噪声。薄膜磁头的磁化能力是氧化铁磁头的2~4倍，使得硬盘的面密度以每年30%的速度提升。

20世纪80年代末，IBM提出磁电阻（Magnetoresistance, MR）磁头，改变了以往读取数据的方式。普通磁头是通过切割磁通在磁头线圈内产生感应电流；而MR磁头则是利用磁头感应磁通的变化导致其电阻的变化。MR磁头可以提供比普通磁头强3倍的信号输出，其读出灵敏度很高。MR磁头的应用使得硬盘面密度以60%逐年增长，到1993年硬盘面密度增加到9.3Gb/cm^2，盘片直径降低到5in、3.5in、2.5in和1in[40,41]。为了进一步提高面密度，1997年IBM研发出（Giant Magnetoresistance, GMR）磁头，其工作原理与MR磁头基本相同，但GMR磁头磁电阻变化率大，可读出的信号功率比MR磁头高2~5倍，因此灵敏度更高。目前，广泛使用的是自旋阀巨磁电阻（Giant Magnetoresistance Spin-Valve, GMR-SV）磁头，其MR值可达到10%以上，使得硬盘面密度超过3.1Gb/cm^2。在之后的几年内，人们对自旋阀结构进行了改进，使面密度不断升高。到2000年之后，隧道结巨磁电阻（TMR）磁头诞生，其MR值可达到30%以上，是自旋阀磁头的4倍，也是目前读出磁头的首选[22, 35]，这一磁头的诞生是硬盘发展史上的里程碑，将硬盘的记录密度推到了一个高峰。

虽然上述磁头技术的发展可以增加数据读出的灵敏度，从而大幅度地提高记录密度。但是，由于受到纵向磁记录介质材料的超顺磁效应的影响，纵向磁记录硬盘的记录密度在2005年之后就发展比较缓慢了，一般认为纵向磁记录的面密度极限为15.5~23.3Gb/cm^2[39]。

（3）垂直磁记录发展阶段（1977~2010年）。随着磁记录介质材料和磁头技术的不断发展，纵向磁记录硬盘逐渐受到介质的超顺磁效应和磁头的读出或写入能力的影响，因此面密度和容量也受到很大限制。要想进一步提高记录密度，必须从根本上对记录模式进行改善。所以在磁记录技术发展的同时，也伴随着磁记录模式的变迁，如图1-34所示[19]。最初的磁记录是记录在钢丝上，其微小磁体的磁化方向垂直于钢丝表面，如图1-34a所示。但由于钢丝很难保持较强的剩磁，因此记录效果并不理想。随着磁记录介质的出现和磁头技术的发展，人们开始利用环形磁头将磁信号记录在介质材料上，微小永磁体的磁化方向沿介质表面方向，即纵向磁记录方式，如图1-34b所示。纵向磁记录和环形磁头的发明是磁记录技术的一个重大进步，这一进步一直持续了近50年。在此期间，磁头技术和磁记录介质材料不断改善，使得硬盘磁记录技术得到了飞跃性的发展。最突出的是将写入磁头和读出磁头分开，用两个磁头分别进行写入和读出；同时利用GMR、TMR材料作为读出磁头，如图1-35所示[42]。利用普通的环形磁头进行数据的写入，用GMR磁头进行数据的读取，使得硬盘的读出信息的速度、灵敏度和容量都得到了大幅度的提高。随着硬盘面

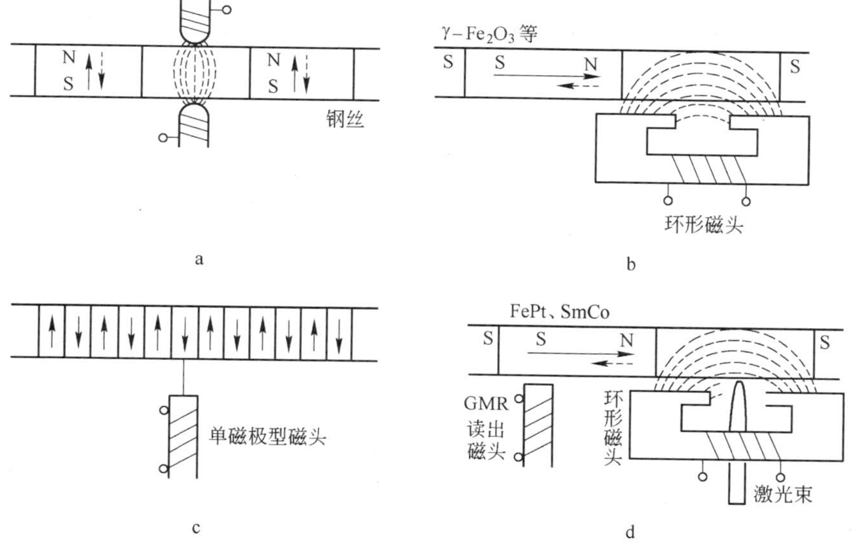

图1-34 磁记录模式的变迁[14]

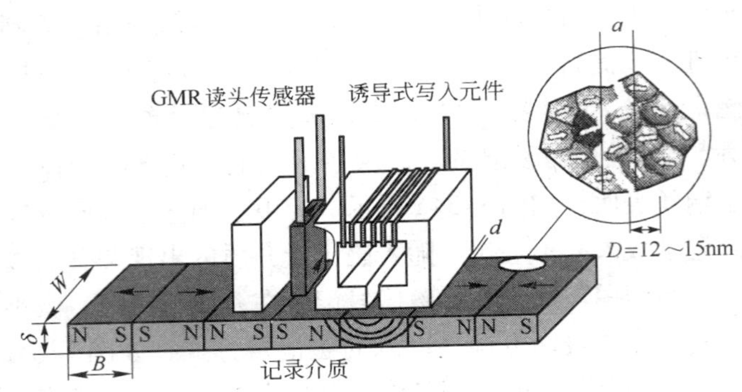

图 1-35 GMR 复合磁头[42]

密度的不断提高，纵向磁记录介质内自身的退磁场影响了记录密度进一步提高，垂直磁记录模式在硬盘磁记录中必将占主要地位。利用单磁极型磁头对磁介质充磁，使微小永磁颗粒（单畴颗粒）的磁化方向垂直膜表面，即磁化后的 N-S 磁力线与盘片表面垂直，如图 1-34c 所示。由于退磁场方向垂直于膜面且随记录密度的升高而降低，因而与纵向磁记录相比，垂直磁记录方式在实现超高密度磁记录时所受的退磁场影响更小，所以无需通过降低介质的膜厚和提高其矫顽力来减小过渡区的宽度，从而提高了介质的信噪比和稳定性，在不减小颗粒尺寸和颗粒数目的前提下，实现了磁记录位的减小和记录密度的升高，在超高密度硬盘磁记录方面具有较大的优势。

可以说，垂直磁记录改变了传统的磁记录模式，垂直磁记录技术的发展是硬盘发展史上的又一个非常重要的里程碑。早在 1976 年，被誉为“垂直记录之父”的 Iwasaki 教授就提出了垂直磁记录在高密度存储方面的优势，并形成了系统理论。1977 年，他发明了单极磁头[25]，用于 CoCr 介质的垂直记录。之后，他们又陆续报道了具有垂直取向、柱状晶结构的 CoCr 单层膜介质和 CoCr/NiFe 双层膜垂直记录介质[30]，开创了垂直磁记录的新天地。但由于当时纵向磁记录的迅速发展，垂直磁记录一直没有得到大规模的商业化，只是研制了一些垂直磁化的软盘和硬盘样机，因此垂直磁记录技术沉寂了二十多年。直到 2000 年，纵向磁记录硬盘的发展遇到了超顺磁效应的瓶颈，人们才开始重视起垂直磁记录硬盘的发展，并大面积地开发利用垂直磁记录介质。垂直磁记录硬盘在 2004 年后开始大面积上市，硬盘的面密度以 50% 的速率逐年增长。2006 年 9 月，希捷公司利用 TMR 磁头演示了面密度为 65.3Gb/cm^2 的垂直磁记录硬盘。2007 年，日立和希捷公司分别发布了容量达到 1 TB 的垂直磁记录硬盘，率先进入 TB 级存储时代。2008 年 8 月，日立公司通过优化垂直单极磁头和利用热辅助磁记录技术，在实验室里演示了面密度达到 94.5Gb/cm^2 的记录磁道。此外，笔记本硬盘和 1.8in 便携式硬盘也由于垂直记录技术的应用而蓬勃发展。目前，容量为 TB 级的硬盘成为了市场的主流。

但随着存储密度的不断提高，记录位仍需要继续减小，所以垂直磁记录介质材料在未来也会遇到超顺磁效应的影响，达到垂直磁记录硬盘的极限。一般认为，垂直磁记录硬盘的记录面密度极限为 77.5 ~ 158.7Gb/cm^2[29]。目前已经很接近这个极限数值，估计在未来的 10 年内，垂直磁记录将达到其极限值。

（4）未来硬盘磁记录发展阶段（2010 年之后）。为了实现面密度高于 158.7Gb/cm^2 的超高密度磁记录硬盘，就必须改变现有的磁记录模式。日立公司提出了一种晶格介质（Bit Patterned Media，BPM）技术[43,44]，它是利用“单畴磁岛”作为数据位，来实现超高密度磁记录，如图 1-36a 所示。与连续介质不同，在图形化介质中，记录位的尺寸、形状、位置、几何自由度以及相应的记录密度都在介质的制备过程中确定，而不是由磁头的写入场和记录介质的性质所决定。图案记录的写入、读出、信噪比及稳定性也都与制备工艺有关。这种技术的优点在于：1）降低了每个数据位中的颗粒数量（由磁岛尺寸大小决定），使得硬盘记录密度大幅度提高；2）每个记录位都是由一个单畴颗粒组成，记录单元的尺寸可以适当增大，有利于提高磁记录的热稳定性；3）不需要引入新的记录介质和技术，目前广泛使用的颗粒尺寸为 8 ~ 10nm 的 CoCr 材料就可以胜任，可以更快地投入生产；4）它利用了成熟的半导体工艺来制作磁层，降低了开发新技术的时间和风险，只需要及时引入半导体行业的新成果即可。

图案化介质技术大致分为三种类型[45]。一种为热图案化法（Thermal Patterning），利用激光的热效应在纳米尺度上实现介质的图案化。哈曼（Hamann）等人[46]利用波长为532nm、脉冲宽度为10s、有效功率为4mW的激光，制备了具有面心四方结构的FePt相岛状阵列。第二种为自组装图案化法（Self-assembly Patterning），在无外力的情况下，各组分自发重组进入晶格，自发地在短程内形成图案，这个过程的驱动力可以是比较弱的氢键、范德瓦尔兹力、电偶极子相互作用力等。2000年，孙守恒教授[47]通过自组装方法，将Pt(acac)$_2$ (acac = acety lace tonate，$CH_3COCHCOCH_3$）和Fe(CO)$_5$在高温下分解，最终合成FePt纳米颗粒，它们能在很多种溶剂中分散，因此能够图案化。最后一种是常用的光刻图案化法（Lithography Patterning），分为有掩膜板和无掩膜板法。2008年，钟（Zhong）等人[48]采用掩模板方法，将FePt透过纳米球模板（由200nm或400nm的聚苯乙烯纳米球构成）沉积在SiO_2基片上，然后在丙酮中清洗掉纳米球模板，就形成了所需要的图形。无掩膜板的光刻图案化法最常用的为电子束光刻技术（Electron Beam Lithography，EBL）。日立公司应用了电子束光刻技术，如图1-36b所示。首先在硬盘表面形成一个光阻层，然后利用显影技术将硬盘磁道的环状图形显示在盘片表面，再利用电子束垂直轰击盘片表面，被显影的环状磁道会产生不连续的凹坑，而存在光阻的区域不受影响。最后再用传统镀膜技术在这些凹坑中沉积磁性颗粒，就形成了具有“单畴磁岛”结构的介质材料。

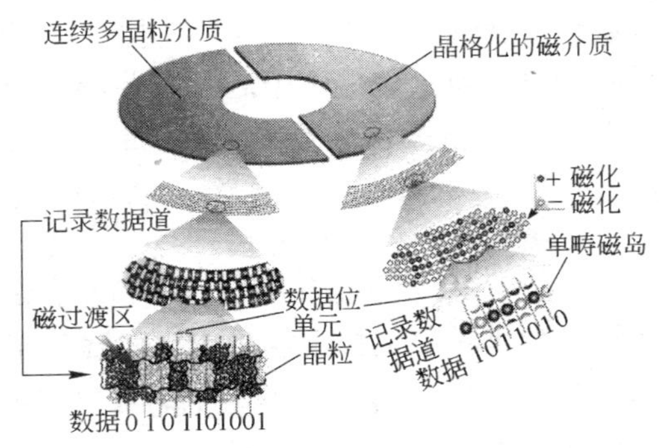

a

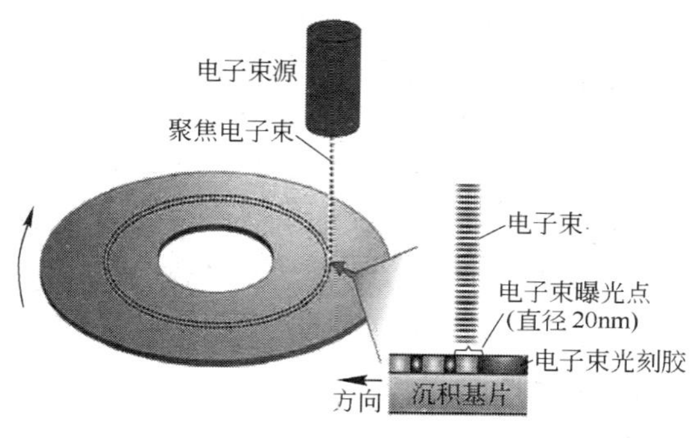

b

图1-36 晶格介质技术示意图（a）和
利用光刻制作晶格介质（b）[43,44]

从目前的半导体技术水平看，电子束光刻最小只能制备直径为20nm的单域磁岛。据估计，如果单域磁岛的直径为27nm时，可实现158.7Gb/cm^{2}的记录密度；若单域磁岛的直径降到9nm时，就可实现1.55Tb/cm^{2}的记录密度[43]。在这方面，富士通公司也进展顺利。在2007年1月，山形富士通、富士通研究所以及神奈川科学技术研究所在氧化铝上制备了间隔为25nm的一维纳米孔阵列，若能将这些纳米孔沿圆周方向排列，能将硬盘容量提高5倍（达到5 TB），这将是磁记录领域的一个重大突破。2010年8月，东芝公司在美国圣迭戈举行的磁记录技术会议上宣布，其图案化介质技术获得了突破。他们使用17nm工艺蚀刻掩膜技术，制造出了拥有规则图案的存储盘片原型，这是规则图案磁存储介质首次在实验室外亮相。展示了存储密度达到387.5Gb/cm^2、三碟装容量为10TB的硬盘原型样品，是当前东芝量产、面密度为83.9Gb/cm^{2}的硬盘的5倍。而未来，东芝公司还计划将17nm数据点进一步缩小到10nm以下，以实现775 Gb/cm^{2}的存储密度。目前，图形化介质技术还处于实验室研发阶段，离商业化还有一段距离。最大的问题在于如何实现磁头在岛状磁斑的精确定位以及调制信号的同步化，这需要综合考虑记录磁岛的反转场分布以及该分布范围内磁头写入场的梯度等因素[49]。

除了降低记录位中颗粒的数目外，还可以通过采用高磁晶各向异性常数（K_u）的永磁材料作为介质材料，这样可以提高介质材料的热稳定性，使得介质材料可以在更小的颗粒尺寸时保持热稳定性，因此可以有效地提高介质的记录面密度。例如，具有 $L1_0$ 有序结构的合金 FePt、CoPt 以及稀土过渡族金属 $SmCo_5$ 合金材料的 K_u 值可以达到 10^6 ~ $10^7J/m^3$，比目前硬盘使用的磁记录介质（CoCr 基合金薄膜）的 K_u 值高一个到两个数量级；此外，它们还具有非常小的超顺磁极限尺寸（2.2 ~ 5nm），利用以上三种高磁晶各向异性的磁性材料制成的硬盘，其面密度比目前的市面硬盘高 10 ~ 20 倍[42]。然而，高 K_u 值的磁性材料通常也具有非常高的矫顽力，因此需要的写入磁头的饱和场也随之增加。据估计，2.5nm 的 SmCo 和 FePt 颗粒介质需要的写入场达到 3979 ~ 7958kA/m。而目前已知的软磁材料所能达到的最高饱和磁化强度为 1920kA/m，已经接近于已知铁磁材料的极限值[36,50]，所以必须改进现有磁头的写入模式。

美国明尼苏达大学的王建平教授提出了一种新的记录方式，即“倾斜垂直磁记录”（Tilted Perpendicular Magnetic Recording）[51]，要求记录介质的易磁化轴和薄膜法线方向呈一定的角度，介质的示意图如图 1-37a 所示，介质的易磁化轴偏离法线方向 45°。图 1-37b 为介质的旋转场（Switching Field）与 α（外场与易磁化轴之间的夹角）的关系。随着外场偏离薄膜的法线方向，介质磁化所需的旋转场在 $\alpha=45°$时出现最低值，这意味着倾斜磁记录比垂直磁记录具有更小的反转场，但是倾斜磁记录的热稳定性并不受任何影响，所以这种介质大大降低了对写入磁头的要求。倾斜磁记录介质有两类，一种是静态倾斜介质，即磁性薄膜在制备完毕后，其晶粒的易磁化轴和膜面的法线方向就呈一定角度，且不随时间变化。例如，阿尔布雷希（Albrecht）等人[52]通过在纳米颗粒阵列上倾斜溅射的方法，制备了易磁化轴与基板法线方向呈一定角度的磁性薄膜，但是通常只能控制晶粒的易磁化轴与基片法线呈某一个夹角，很难保证所有晶粒的易磁化轴统一地沿着某个倾斜轴方向。因此，这种介质材料在实际应用上受到很大限制。

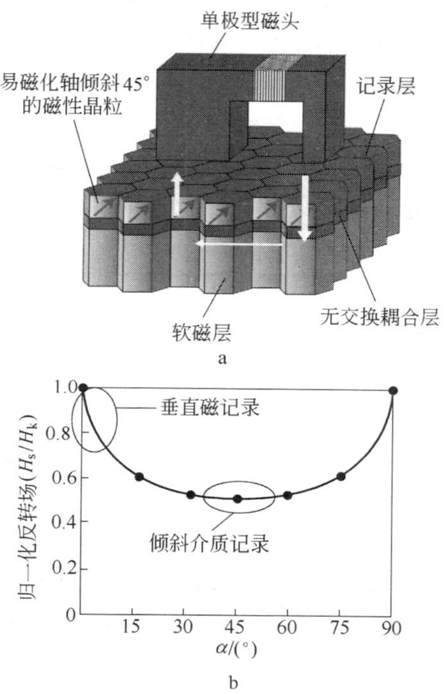

图 1-37 倾斜磁记录示意图，易磁化轴与膜面法线方向呈 45°（a）和介质的旋转场（Switching Field）与 α（外场与易磁化轴之间的夹角）的关系（b）[42]

另外一种是动态倾斜介质。这种介质采用纳米复合结构，由软磁部分和永磁部分耦合在一起所组成。磁性记录层中磁性晶粒的磁矩和传统介质一样，是沿垂直膜面方向取向的。这种介质的反转示意图如图 1-38 所示，当施加反向磁场时，软磁部分由于具有较小的反转场，因此磁矩会先反转。而永磁部分由于和软磁部分存在耦合，因此其磁矩会被软磁部分“拉到”与外磁场呈一定角度的方向，从而使永磁部分的磁化反转场得以降低。2004 年，维克托（Victora）教授和王建平教授分别在第 49 届国际磁学和磁性材料会议上做了邀请报告，并介绍了在微磁学模拟和实验两个方面的研究进展[53~55]。当时他们称这种介质为“Composite Media/Dynamic Tilted Media”。后来，为了和一般的复合介质区别开来，这种介质最终被命名为交换耦合复合介质（Exchange Coupled Composite，ECC）[56,57]。这种介质近几年来得到了重点的关注和研究。

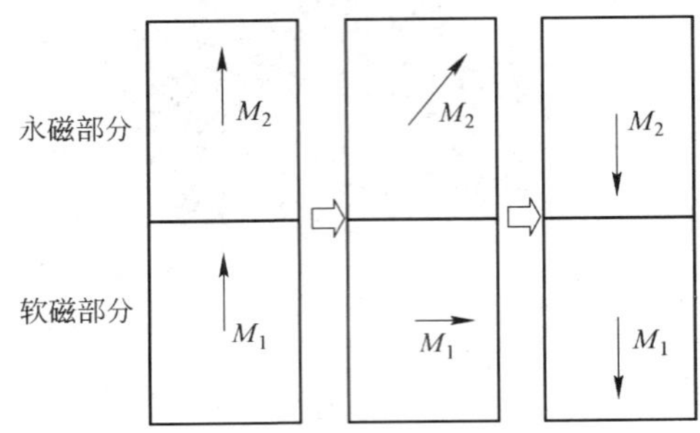

图 1-38 ECC 介质磁化反转过程示意图

希捷公司提出了另外一种磁记录技术，“热辅助磁记录”（Heat Assisted Magnetic Recording，HAMR）技术[43,50]，原理图如图 1-39a 所示。它是利用激光束的高热量将磁介质局部温度瞬间提高到其居里温度之上，此时介质的矫顽力会大幅度下降，再利用同步磁头对其进行磁化。待激光束离开此处时，磁介质温度下降后，磁介质的矫顽力恢复原值，同时又保留了记录的信息。这种记录模式可以实现对高磁晶各向异性的材料的写入，充分发挥它们在超高密度硬盘上的应用优势，使硬盘的面密度实现一个质的飞跃。希捷公司认为，利用 HARM 技术，如果对颗粒尺寸为 8～10nm 的磁性材料进行写入，可以使硬盘记录密度达到 793.5Gb/cm^2；如果采用颗粒尺寸为 3～4nm 的单畴 FePt 颗粒作为介质材料，可以实现面密度为 7750Gb/cm^2 的硬盘[31]，这是非常激动人心的。目前，必须借助自组装阵列（Self-Organized Magnetic Array，SOMA）技术[35]来制备排列规则的 FePt 或 SmCo 阵列，它是利用 FePt 或 SmCo 纳米颗粒与有机物的非共价键作用，自发地吸附在热力学稳定的特殊集聚体上，形成排列规则、间隔均匀的有序结构，图 1-39b 是颗粒尺寸为 6nm 的自组装 FePt 颗粒图。

2010 年 2 月，日立公司宣布成功开发出一款使用热辅助磁记录技术的磁头产品，使用了尖端部分曲率半径不足 10nm 的超微型近场光光源，制造出的激光照射范围直径不足 20nm，并且该光源可和磁记录磁头尖端一体成型制造，最高可支持387.5Gb/cm^{2}的存储密度，是目前普通硬盘盘片存储密度的5倍以上。目前日立公司已经通过模拟测试确认了该磁头的性能表现，该磁头只要搭配合适的记录盘片，可在28nm宽的磁道上进行写入，存储单元长度约为9nm。

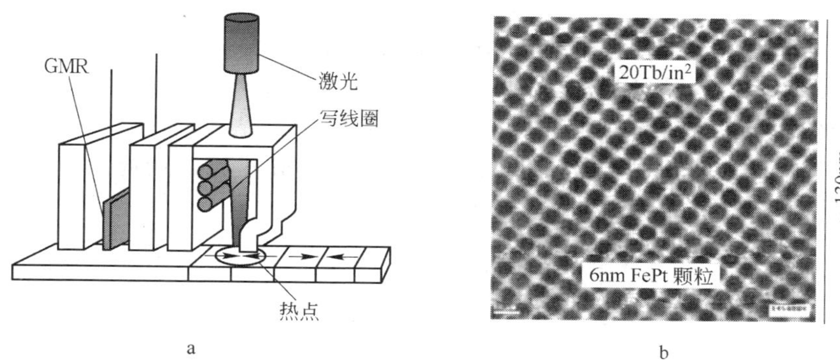

图1-39 HARM技术的示意图[43]（a）和利用SOMA技术形成的FePt颗粒阵列[47]（b）

目前，HARM技术的难点在于：如何保证写入磁头的磁场精确地控制在加热点处的介质上，以保证加热和充磁过程的一致性；如何解决介质的快速升温以及高速读取的硬盘的散热问题，以保证写入的局部性。这些技术上的难题必须通过介质材料结构的合理化设计和微结构控制、磁头也必须具有足够的冷却速率和控制的精确性来解决；另外，HAMR涉及磁、光、热、机电等各方面的技术，对伺服系统的要求极高；此外，SOMA技术目前还无法制备具有环状结构的阵列，因此还不能直接应用到硬盘的环形磁道上。种种技术上的难题和高昂的成本都给HARM技术提出了巨大的挑战，目前这一技术也处于商业化的前期研发阶段，期望在2010年后开始进入商业化。

无论是BPM技术还是HARM技术，在未来10年内均可能将硬盘面密度推到793.5Gb/cm^{2}以上的新高峰。但是，单独使用这两种写入技术之一时，数据的存储密度的提升非常有限。这两大技术在未来将走向融合，BPM技术中的磁岛可以解决HARM技术中因存储介质颗粒偏小造成的热稳定性差的问题；而HARM技术则可以放宽

BPM 技术对读写头尺寸的苛刻要求，从而弥补两种技术各自的缺点，实现存储密度的极大提升。日立公司认为晶格介质技术必然会发展到极限，必须引入 HARM 技术来提高记录密度；希捷公司也有同样想法，前面提到的面密度达到 7750Gb/cm^2 的未来硬盘，其实就是 HARM 和 BPM 技术的未来结合。2010 年 5 月，研究人员展示了一种结合了图案化介质技术和热辅助磁记录技术两种写入方式的新型数据存储方法，可将硬盘的存储密度提升至 155Gb/cm^2，并有望将介质的存储容量最高提升到 1550Gb/cm^2，可被应用于光刻、生物传感器和纳米操控等诸多领域[58]。所以未来几十年，硬盘磁记录技术还将蓬勃发展，面密度还将达到一个新的顶峰。

参 考 文 献

[1] http：//www. iworkstation. com. cn/Storage/news/2011-05-04/5703. html.

[2] 田民波. 磁性材料［M］. 北京：清华大学出版社，2001.

[3] 蔡建旺. 磁电子学器件应用原理［J］. 物理学进展，2006，26（2）：180～227.

[4] 宛德福，马兴隆. 磁性物理学［M］. 第一版. 成都：电子科技大学出版社，1994.

[5] Ishio S，Li G Q，Takahoshi H，et al. Domain structure movement in L1$_0$ FePt islands observed by in situ MFM［J］. Journal of Magnetism and Magnetic Materials，Supplement，May 2004，272～276，E819～E821.

[6] 奥汉德利 R C. 现代磁性材料原理和应用［M］. 周永洽等译. 北京：化学工业出版社，2002.

[7] Weller D，Moser A，Folks L，et al. High K_u materials approach to 100Gb/in^2［J］. IEEE Tran. Magn.，2000，36（1）：10.

[8] 章吉良. 磁记录原理与技术［M］. 上海：上海交通大学出版社，1990.

[9] 都有为，罗河烈. 磁记录材料［M］. 北京：电子工业出版社，1992.

[10] 陈强，王新庆，吴琼，等. 钡铁氧体纳米微粒的微结构与磁性能［J］. 磁性材料及器件，2007，38（3）.

[11] 李文章，李洁，丘克强，等. 超顺磁性 Fe_3O_4 纳米颗粒的制备及修饰［J］. 功能材料，2007，38（8）：1279～1286.

[12] Iwasaki S. History of Perpendicular magnetic recording（Focused on the discoveries that guided the innovation）［J］. J. Magn. Soc. Japan.，2001，25（1）：1361.

[13] 都有为. 巨磁电阻效应［J］. 自然杂志，1996，18（2）：73.

[14] Grünberg P, Schreiber R, Pang Y, et al. Layered Magnetic Structures: Evidence for Antiferromagnetic Coupling of Fe Layers across Cr Interlayers [J] . Phys. Rev. Lett., 1986, 57 (19): 2442~2445.

[15] Baibich M N, Broto J M, Fert A, et al. Giant Magnetoresistance of (001) Fe/(001) Cr Magnetic Superlattices [J] . Phys. Rev. Lett., 1988, 61 (21): 2472~2475.

[16] Dieny B, Speriosu V S, Parkin S S P. Giant magnettoresistance in soft ferromagnetic multilayers [J] . Phys. Rev. B., 43 (1): 1297~1300.

[17] Nogues J, Schuller I K. Exchange bias. J. MAGN. MAGN. MATER., 1999, 192: 203~232.

[18] 王冰．容量突破1TB大关-希捷 Barracuda 7200.11 [J]．数码先锋, 2007 (8), 75~79.

[19] 都有为，罗河烈．磁记录材料 [M]．北京：电子工业出版社，1992.

[20] Parkin S S P, Li Z G, Smith D J. Giant magnetoresistance in antiferromagnetic Co/Cu multilayers [J] . Appl. Phys. Lett., 1991, 58 (23): 2710~2712.

[21] Mao S, Linville E, Nowak J, et al. Tuneling magnetoresistive heads beyond 150 Gb/in^2 [J] . IEEE Trans. Magn., 2004, 40 (1): 307~312.

[22] Margulies D T, Moser A, Schabes M E, et al. Thermal activation and reversal time in antiferromagnetically coupled media [J] . Appl. Phys. Lett., 2002, 81 (24): 4631~4633.

[23] http: //www. dostor. com/n/w/2007-10-26/0001335892. shtml. WD 演示业界最高硬盘密度已达到每平方英寸 520 GB. 2007 年 10 月．

[24] 黄致新，许小红，严芳，等．硬盘用高密度磁记录薄膜研究进展 [J]．信息记录材料, 2002, 3 (2): 47~52.

[25] Iwasaki S, Nakamura Y. An analysis for the magnetization mode for high density magnetic recording [J] . IEEE Trans. Magn., 1977, 13 (5): 1272~1277.

[26] Iwasaki S, Ouchi K. CoCr recording films with Perpendicular magnetic anisotropy [J] . IEEE Trans. Magn., 1978, 14 (5): 849~851.

[27] Iwasaki S. Perpendicular magnetic recording focused on the origin and its significance [J] . IEEE Trans. Magn., 2002, 38 (4): 1609~1614.

[28] Honda N, Ouchi K. Overview of recent work on perpendicular magnetic recording media [J]. J. Magn. Soc. Japan., 2000, 24 (5): 1027~1034.

[29] Judy J H. Past, present, future of perpendicular magnetic recording [J] . J. Magn. Magn. Mater., 2001, 235: 235~240.

[30] Iwasaki S, Nakamuro Y, Ouchi K. Perpendicular magnetic recording with a composite anisotropy film [J] . IEEE Tran. Magn., 1979, 15 (6): 1456~1458.

[31] Wu L J, Kiya T, Honda N. Medium noise properties of Co/Pd multilayer films for perpendicular magnetic recording [J] . J. Magn. Magn. Mater., 1999, 193: 89~92.

[32] Morisako A, Kato I, Takei S. Sm-Co films for high-density magnetic recording media [J] . J. Magn. Magn. Mater., 2006, 303: 274~276.

[33] Rahman M T, Lin X X, Morisako A. TiN underlayer and overlayer for TbFeCo perpendicular magnetic recording media [J] . J. Magn. Magn. Mater. , 2006, 303: 133 ~ 136.

[34] Safran G, Suzuki T, Ouchi K, et al. Nano-structure formation of Fe-Pt perpendicular magnetic recording media co-deposited with MgO, Al_2O_3 and SiO_2 additives [J] . Thin Solid Films, 2006, 496: 580 ~ 584.

[35] Mao S, Chen Y H, Liu F, et al. Commercial TMR Heads for Hard Disk Drives Characterization and Extendibility at 300 Gbit/in^2 [J] . IEEE Trans. Magn. , 2006, 42 (2): 97 ~ 102.

[36] Osaka T, Sayama J A. Challenge of new materials for next generation's magnetic recording [J] . Electronchim. Acta. , 2007, 52: 2884 ~ 2890.

[37] Nakamura Y. Perpendicular magnetic recording-progress and prospects [J] . J. Magn. Magn. Mater. , 1999, 200: 634 ~ 648.

[38] Kagami T, Kuwashima T, Miura S, et al. A performance study of next generation's TMR heads beyond 200 Gb /in^2 [J] . IEEE Trans. Magn. , 2006, 42 (2): 93 ~ 96.

[39] Sonobe Y, Weller D, Ikeda Y, et al. Coupled granular/continuous medium for thermally stable perpendicular magnetic recording [J] . J. Magn. Magn. Mater. , 2001, 235: 424 ~ 428.

[40] 莫青. 硬盘驱动器发展现状及分析 [J] . 新材料产业, 2006, 1: 39 ~ 42.

[41] 王翔, 刘泽申. 追随硬盘的发展步伐 [J] . 大众软件, 2006, 10: 108 ~ 112.

[42] Weller D, Moser A. Thermal effect limits in ultrahigh-density magnetic recording [J] . IEEE Tran. Magn. , 1999, 35 (6): 4423 ~ 4439.

[43] 张健浪. 三年后和垂直记录说再见 [J] . 新电脑, 2007, 8: 82 ~ 86.

[44] Lodder J C. Methods for preparing patterned media for high-density recording [J] . J. Magn. Magn. Mater. , 2004, 272 ~ 276: 1692 ~ 1697.

[45] Li G J, Leungb C W, Leia Z Q, et al. Patterning of FePt for magnetic recording [J] . Thin Solid Films, 2011, doi: 10. 1016/j. tsf. 2011. 03. 088.

[46] Hamann H F, Woods S I, Sun S H. Direct Thermal Patterning of Self-Assembled Nanoparticles [J] . Nano. Lett. , 2003, 3 (12): 1643 ~ 1645.

[47] Sun S H, Murray C B, Weller D, et al. Monodisperse FePt nanoparticles and ferromagnetic FePt nanocrystal superlattices [J] . Science, 2000, 287: 1989 ~ 1992.

[48] Zhong H, Tarrach G, Wu P, et al. High resolution magnetic force microscopy of patterned L10-FePt dot arrays by nanosphere lithography [J] . Nanotechnology, 2008, 19 (9): 095703-1 ~ 095703-6.

[49] Albrecht M, Moser A, Rettner C T, et al. Writing of high density patterned perpendicular media with a conventional longitudinal recording head [J] . Appl. Phys. Lett. , 2002, 80 (18): 3409 ~ 3412.

[50] Rottmayer R E, Batra S, Buechel D, et al. Heat-assisted magnetic recording [J] . IEEE Trans. Magn. , 2006, 42 (10): 2417 ~ 2421.

[51] Wang J P. Magnetic data storage tilting for the top [J]. Nature Mater., 2005, 4: 191 ~192.

[52] Albrecht M, Hu G, Guhr I L, et al. Magnetic multilayers on nanospheres [J]. Nature Mater., 2005, 4: 203 ~206.

[53] Victora R H, Shen X. Composite media for perpendicular magnetic recording [J]. IEEE Trans. Magn., 2005, 41 (2): 537 ~542.

[54] Wang J P, Shen W K, Bai J M, et al. Composite media (dynamic tilted media) for magnetic recording [J]. Appl. Phys. Lett., 2005, 86: 142504 ~ 142507.

[55] Shen W K, Bai J M, Victora R H, et al. Composite perpendicular magnetic recording media using $[Co/PdSi]_n$ as a hard layer and FeSiO as a soft layer [J]. J. Appl. Phys., 2005, 97: 10N513-1 ~ 10N513-3.

[56] Wang J P, Shen W K, Bai J M. Exchange coupled composite media for perpendicular magnetic recording [J]. IEEE Trans. Magn., 2005, 41 (10): 3181 ~3186.

[57] Victora R H, Shen X. Exchange coupled composite media for perpendicular magnetic recording [J]. IEEE Trans. Magn., 2005, 41 (10): 2828 ~2833.

[58] Barry C. Stipe, Timothy C. Strand, Chie C. Poon, et al. Magnetic recording at 1. 5 Pb m −2 using an integrated plasmonic antenna, Nature Photonics 4, 484 ~ 488 (2010).

2 薄膜材料的制备方法

本书介绍的薄膜材料都是纳米材料，其厚度尺度的范围均处在纳米量级。在纳米量级的范围内，薄膜材料的限域效应能够导致其各种性能发生相当大的改变。这些变化可以提高材料的综合性能，为发展高性能的各向异性磁记录薄膜材料创造了条件。然而与此同时，纳米级的薄膜材料对制备技术也提出了许多新的要求[1,2]。目前，薄膜材料的制备已经是材料学研究中的热门，层出不穷的新技术、新方法不断得到开发和利用。选择先进和适当的设备是制备性能优异材料的必要环节。不仅如此，利用合适的制备方法也可以提高生产效率，减少环境污染等。因而，对常见薄膜材料制备方法的了解就显得很有必要。

薄膜材料的制备就是将某种材料（或某种组分）通过物理或化学的方法使之转移到衬底表面，形成与基底牢固结合的薄膜。制备的方法主要有三种，物理气相沉积、化学气相沉积和电化学沉积。目前，在各种薄膜制备中，使用最广泛的是物理气相沉积方法，包括：真空蒸发（包含分子束外延），电子束蒸发，直流或射频溅射，激光脉冲沉积和离子束溅射。其中电子束蒸发和溅射方法主要用来制备金属薄膜；激光脉冲沉积主要用来研究氧化物；分子束外延在金属超薄膜和半导体中发挥重要作用。本书中所介绍的研究主要采用磁控溅射镀膜。

下面就不同的薄膜制备方法予以介绍。

2.1 物理气相沉积

物理气相沉积（Physical Vapor Deposition，PVD）技术早在 20 世纪初已有些应用，在最近 30 年迅速发展。目前，其已成为一门极具广阔应用前景的新技术，并向着环保型、清洁型趋势发展。物理气相沉积技术是在真空条件下，采用物理方法（高温蒸发、激光束、电弧、溅射、离子束、等离子体等）将材料源（蒸发靶或溅射靶）——固体或液体表面气化成气态原子、分子或部分电离成离子，并通过低压气体（或等离子体）输运或与其他活性气体反应形成反应产物在基体表面上沉积具有某种特殊功能的薄膜的技术。相对于其他的制备方法，其具备以下几个特点[3~7]：

（1）沉积过程的源物质须是固态的或者熔融态的；

（2）源物质是经过物理过程而进入气相的；

（3）工作环境需要较低的气压以尽可能避免蒸发粒子与空气分子碰撞而致薄膜污染；

（4）较高的背底真空度以确保所制备的薄膜具有较高的纯净程度；

（5）除反应沉积外，在气相中及在衬底表面一般不发生化学反应；

（6）低压环境中，气相分子具有较长的平均自由程；

（7）气相分子在衬底上的沉积几率接近100%。

物理气相沉积与化学气相沉积相比的优点[3~7]：

（1）镀膜材料来源广泛，容易获得（可以是纯金属、合金、化合物等，无论材料导电或绝缘，熔点高或低，液相或固相，块状或粉末，都可以使用）；

（2）镀膜材料的气化方式可以是高温蒸发或低温溅射，而且沉积粒子能量可以调节，反应活性高；

（3）沉积温度低，且沉积粒子具有高能量活性（不经过热力学的高温过程便可以进行低温反应和在低温基体上沉积薄膜），有利于扩大基体的适应范围；

（4）可制备的薄膜类型多（如纯金属薄膜、合金薄膜和化合物薄膜）；

（5）成膜均匀致密，与基体的结合力强；

（6）工艺过程简单，且无污染有利于环境保护。

物理气相沉积技术基本原理可分三个工艺步骤[3~7]：

（1）镀料的气化：即使镀料蒸发，升华或被溅射（镀料由固相或液相转变为气相）；

（2）镀料原子、分子或离子的迁移：由气化源供出原子、分子或离子，经过碰撞后产生多种反应并向基体输运；

(3) 镀料原子、分子或离子在基体上沉积：即蒸气凝结成核，核生长形成连续膜（气相的蒸发或溅射粒子转变为固相，形成薄膜）。

物理气相沉积技术常见的有两种：蒸发法和溅射法。蒸发法相对于溅射法具有一些明显的优点，包括较高的沉积速度，相对较高的真空度，以及由此导致的较高的薄膜纯度等，因此在薄膜沉积技术发展的最初阶段受到了相对较多的重视。不过，溅射法在沉积多元合金薄膜时化学成分容易控制，沉积层对衬底的附着力较好。同时，现代技术对于合金薄膜材料的需求也促进了各种高速溅射方法以及高纯靶材、高纯气体制备技术的发展。这些使得溅射法制备的薄膜质量得到了很大程度的改善，甚至是在某些方面超过了蒸发法。现在，这两种方法已经大量应用于各个技术领域，甚至还开发出了许多介于两者之间新的薄膜沉积技术。

发展到目前，物理气相沉积技术不仅可沉积金属膜、合金膜，还可以沉积化合物、陶瓷、半导体、聚合物膜等，如装饰膜（Al 膜、TiN 膜、TiC 膜等）、耐磨超硬膜（TiN 膜、TiCN 膜、TiAlCN 膜、CrN 膜系列或多层膜等）、减摩润滑膜、微电子应用的导电膜、绝缘膜和钝化膜、磁性薄膜（FePt、FeNi、Co、SmCo 等）、透明导电膜（ITO、ZAO 等）、医用生物膜。

2.1.1 真空蒸发镀膜

真空蒸发镀膜简称蒸发镀，是在真空条件下用蒸发器加热待蒸发物质，使其气化并向基板输运，在基板上冷凝形成固态薄膜的过程（图 2-1）。

真空蒸发镀膜是发展较早的镀膜技术，其应用广泛。真空蒸发镀膜与其他物理气相沉积技术相比具有许多特点[3~7]：

(1) 设备比较简单、容易操作；

(2) 制备的薄膜纯度高、成膜速率快；

(3) 薄膜生长机理比较简单，易控制和模拟。

其不足之处是[3~7]：

（1）不容易获得结晶结构的薄膜；
（2）沉积的薄膜与基板的附着性较差；
（3）工艺重复性不够好。

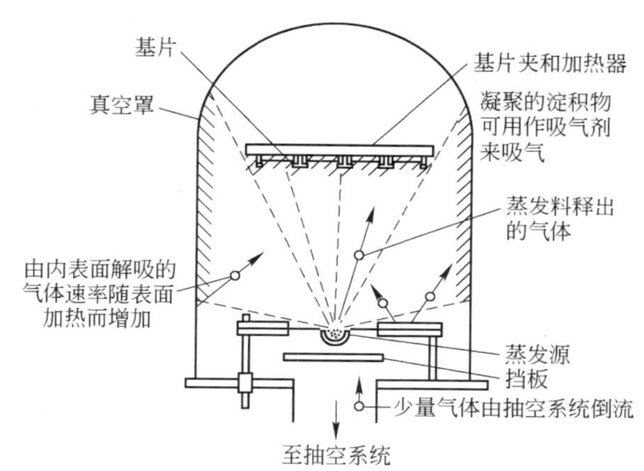

图 2-1 真空蒸发设备示意图

真空蒸发镀膜必须在空气稀薄的真空环境中（0.01～1Pa）进行，否则蒸发粒子将与空气分子碰撞，使膜污染甚至形成氧化物，或者蒸发源氧化烧毁等。其基本过程如下[3～7]：

（1）加热蒸发过程：即固相或液相转变为气相的相变过程（每种物质在不同的温度下有不同的饱和蒸气压）；

（2）气化原子或分子从蒸发源到基片之间的输运（此过程中气化原子或分子与残余气体分子发生碰撞的次数取决于蒸发原子或分子的平均自由程以及源－基距离）；

（3）蒸发原子或分子在基片表面的沉积过程，即蒸气凝聚成核，核生长形成连续膜。

蒸发材料在真空室中被加热时，其原子或分子就会从表面逸出，这种现象叫做热蒸发。在一定的温度下，真空中蒸发材料的蒸气在与固体或液体平衡过程中所表现出的压力称为该温度下的饱和蒸气压。饱和蒸气压与物质的种类、温度有关，即对于同一种物质，其平衡蒸气压是随温度而变化的。平衡蒸气压可以用克劳修斯－克拉珀龙

(Clausius - Clapeylon) 方程进行热力学计算。饱和蒸气压 P_V 与温度 T 之间的关系如式 2-1 所示[8,9]：

$$\frac{dP_V}{dT}=\frac{\Delta H_V}{T(V_G-V_L)} \tag{2-1}$$

式中，ΔH_V 为摩尔气化热或蒸发热；V_G，V_L 分别为气相和液相的摩尔体积；T 为热力学温度。对于 1mol 的理想气体，有式 2-2 成立：

$$\frac{PV}{T}=R \tag{2-2}$$

式中，R 为普适气体常数。考虑到 V_G 远远大于 V_L，则有式 2-3 成立：

$$V_G-V_L\approx V_G=\frac{RT}{P_V} \tag{2-3}$$

于是式 2-1 可写成式 2-4 所示的形式：

$$\frac{dP_V}{P_V}=\frac{\Delta H_V dT}{RT^2} \tag{2-4}$$

由于气化热 ΔH_V 是温度的慢变函数，故可近似地把其看做常数，对式 2-4 积分可得：

$$\ln P_V=-\frac{\Delta H_V}{RT}+\frac{\Delta S_e}{R} \tag{2-5}$$

式 2-5 给出了蒸发材料蒸气压与温度之间的近似关系。因而，如图 2-2 所示，在描述元素的平衡蒸气压随温度变化的图中，$\ln P_V$ 与 $1/T$ 两者之间基本上保持为一条直线关系，尤其低压区最为明显[4]。

在一定的温度下，处于液态或固态的元素都具有一定的平衡蒸气压。因此，当环境中元素的分压降低到了其平衡蒸气压之下时，就会发生元素的净蒸发。单位表面上元素的净蒸发速率应满足下式[8,9]：

$$\Phi=\frac{\alpha N_A(P_V-P_H)}{\sqrt{2\pi MRT}} \tag{2-6}$$

式中，α 为一个系数，介于 0 ~ 1 之间；P_V 和 P_H 分别为元素的平衡蒸气压和实际分压。当 $\alpha=1$，并且 $P_H=0$ 时，Φ 取得最大值。上式的另一种表达形式为：

$$\Gamma = \alpha(P_V - P_H)\sqrt{\frac{M}{2\pi RT}} \tag{2-7}$$

式中，Γ 为单位表面上元素的质量蒸发速率。

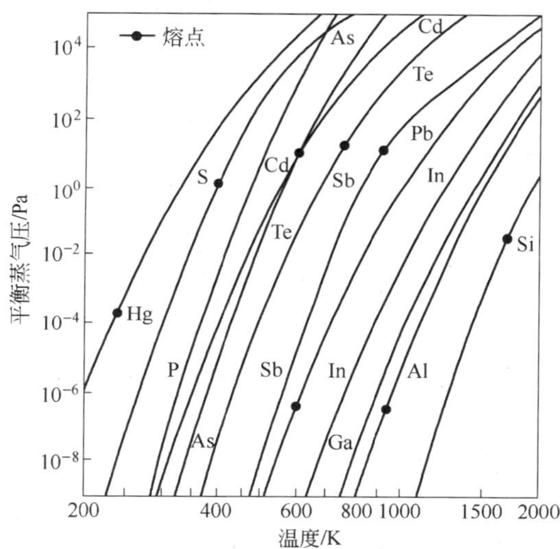

图 2-2 某些元素的平衡蒸气压随温度的变化曲线
（图中标注的点为相应元素的熔点）

在利用蒸发方法制备化合物或合金薄膜时还需考虑薄膜成分偏离蒸发源成分的问题。甚至在化合物的蒸发过程中蒸发出来的物质蒸汽可能具有完全不同于固态或液态化合物的化学成分。另外，气相的分子还可能发生一系列的化合与分解的过程。这一现象的一个直接后果是沉积后的薄膜成分可能偏离化合物原来的化学组成。表 2-1 总结了化合物蒸发过程中可能发生的各种物理化学过程[4]。

表 2-1 化合物蒸发时的物理化学过程

过程类型	化学反应	实例	注释
无分解蒸发	MX(s 或 l)→MX(g)	CaF_2，MgF_2	薄膜成分与原始成分相同
固态分解蒸发	MX(s)→MX(s) + (1/2)X_2(g) MX(s)→MX(l) + (1/n)X_n(g)	Ag_2S，Ag_2Se Ⅲ－Ⅴ化合物	沉积物化学成分发生偏离，需要分别使用独立的蒸发源

续表 2-1

过程类型		化学反应	实例	注释
气态分解蒸发	硫属化合物	$MX(s) \rightarrow M(g) + (1/2)X_2(g)$	CdS，CdSe	沉积物化学成分发生偏离，需要分别使用独立的蒸发源
	氧化物	$MO_2(s) \rightarrow MO(g) + (1/2)O_2$	SiO_2，GeO_2	沉积物缺氧，可在氧气氛中沉积

合金中原子间的结合力小于在化合物中不同原子间的结合力。因而，合金中各元素的蒸发过程可以被近似视为是各元素相互独立的蒸发过程，就像它们在纯元素蒸发时的情况一样。但即使如此，合金在蒸发和沉积过程中也会产生成分的偏差。这是因为，易于蒸发的组元蒸发速率的优先蒸发将造成该组元的不断贫化，进而造成该组元蒸发速率的不断下降。解决这一问题有如下几种办法[4]：

（1）使用较多的物质作为蒸发源，尽量减小组元成分的相对变化率；

（2）采用向蒸发容器中不断地，但每次仅加入少量被蒸发物质的方法，使得少量蒸发物质的不同组元能够实现瞬间的同步蒸发；

（3）利用加热至不同温度的双蒸发源或多蒸发源的方法，分别控制和调节每个组元的蒸发速率（这种方法现在使用得较为普遍）。

真空蒸发法所采用的设备根据其使用目的可能有很大的差别，从最简单的电阻加热蒸镀装置到极为复杂的分子束外延设备，都属于真空蒸发沉积装置的范畴。在蒸发沉积装置中，最重要的组成部分就是物质的蒸发源，下面根据其加热原理对以下几种类型进行分类、介绍。

2.1.1.1 电阻加热蒸发

电阻加热蒸发法是应用最为普遍的一种蒸发加热方法。对于加热用的电阻材料，要求其使用温度高，在高温下的蒸气压较低，不与被蒸发物质发生化学反应，无放气现象或造成其他污染，具有合适的电阻率等。这导致了在实际中使用的电阻加热材料一般均是一些难熔金属，如 W、Mo、Ta 等。该方法将这些金属做成适当形状蒸发源，装上待蒸发材料后通过电流加热使其直接蒸发，或把待蒸发镀材放入

Al_2O_3、BeO 坩埚内进行间接加热蒸发。电阻加热蒸发源的特点是结构简单，价格便宜，容易操作。电阻加热蒸发源材料应具备熔点高，饱和蒸气压低，化学稳定性好，具有良好的耐热性，原料丰富，经济耐用等特点。表 2-2 列出了各种常用蒸发源材料的熔点和达到规定平衡蒸气压时的温度[3,6,10]。

表 2-2 电阻蒸发源材料的熔点和对应平衡蒸气压的温度

蒸发源材料	熔点/K	对应平衡蒸气压温度/K		
		1.33×10^{-6}Pa	1.33×10^{-3}Pa	1.33Pa
石墨 C	3700	1800	2126	2680
钨 W	3683	2390	2840	3500
钽 Ta	3269	2230	2680	3300
钼 Mo	2890	1865	2230	2800
铌 Nb	2714	2035	2400	2930
铂 Pt	2045	1565	1885	2180
铁 Fe	1808	1165	1400	1750
镍 Ni	1726	1200	1430	1800

对于 C、Fe、Ti 和 Cr 等少数材料能以丝状或片状直接加热蒸发。但极大部分材料，尤其是化合物，只能采用间接加热蒸发，因而就需要一个电阻加热装置。若将钨丝等制成各种等直径或不等直径的螺旋状，即可作为物质的电阻加热装置。在熔化以后，被蒸发物质或与钨丝形成较好的浸润，靠表面张力保持在螺旋状的钨丝之中，或与钨丝完全不浸润，被钨丝的螺旋所支撑。这里，钨丝一方面起着加热器的作用，另一方面也起着支撑被加热物质的作用。对于不能使用钨丝装置加热的被蒸发物质，如一些材料的粉末等，可以考虑采用难熔金属板制成的舟状加热装置。

选择加热装置需要考虑的问题之一是被蒸发物质与加热材料之间发生化学反应的可能性。如 GeO_2，它既能与 Mo 反应，又能与 Ta 反应，一般就采用 W 作为加热材料。又如很多物质会与难熔金属发生化学反应，在这种情况下可以考虑使用表面涂有一层 Al_2O_3 的加热体。另外，还要防止被加热物质的放气过程可能引起的物质飞溅。

下面介绍各种形状的电阻加热蒸发装置[5,6]。

图 2-3 所示为各种丝式电阻加热蒸发装置。图 2-3a 为正弦波形电阻加热蒸发装置，其一般用在平面镜用的 Al 蒸发等。但只可以使用与加热丝浸润的金属，设计欠佳的话，蒸发材料会熔解积存，部分会发生合金反应。图 2-3b 为螺旋形电阻加热蒸发装置，其一般用在线状 Al 被蒸发的时候等，也是用得最多的形状。螺旋形中多股线的灯丝的蒸发面积比较大。为了防止蒸发物质变成小滴后造成圈间导通，圈的间隔必须足够大。蒸发物熔融的时候，均一分布于电热丝的一部分也可以（例如 Pt）。图 2-3c 为筐式形电阻加热蒸发装置，其一般用在粉状或者压粉的金属。容易升华的金属（如 Cr）和高熔点的灯丝金属、不浸润的金属（如 Ag、Cu）等比较合适。但和加热丝浸润的金属（如 Ti），至少要必须避免造成线间导通的情况。

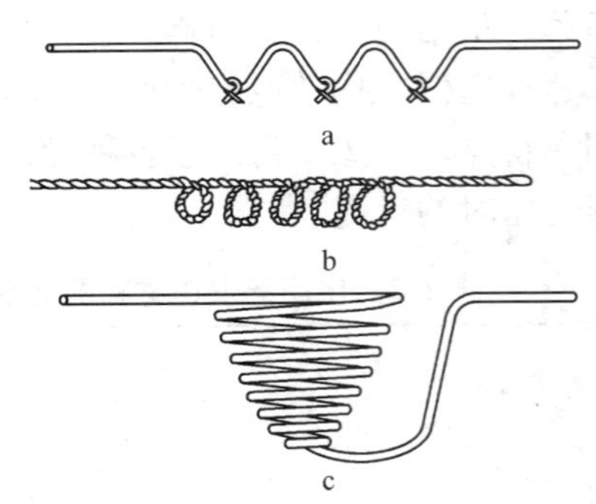

图 2-3 各种丝式电阻加热蒸发装置
a—正弦波形；b—螺旋形；c—筐式形

图 2-4 为各种箔状电阻加热蒸发装置。图 2-4a 和图 2-4b 分别为

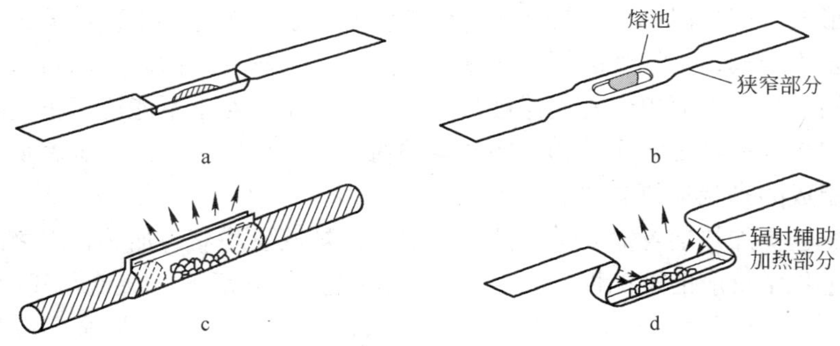

图 2-4 各种箔状电阻加热蒸发装置
a—舟状；b—盘状；c—圆筒形；d—Tolansky 形

舟状和盘状电阻加热蒸发装置，其用片状材料加工而成，可蒸发颗粒状或粉末状材料。经常用于金属和电介质的蒸发。最近也常用于热喷涂 Al 等材料。其优点是在高温下不变形，使用便利。图 2-4c 为圆筒形电阻加热蒸发装置。其蒸汽发射有良好的方向性，加热器内部基本上和黑体内部一样。比较适合如 SiO_2 这样的低热传导及红外线吸收很少的物质。图 2-4d 为 Tolansky 形电阻加热蒸发装置，其优点是容易保存热量，热效率高，容易获得高温。

图 2-5 为辐射电阻加热蒸发装置，其是利用钨丝的辐射热加热材料，使一些熔点不高的材料蒸发。蒸发材料最热的部分在表面，吸附的水分子或气体就在表面释放。这样材料既不易分解，又不会喷溅。用辐射蒸发源蒸发 ZnS 不会发黑就是一个例证。

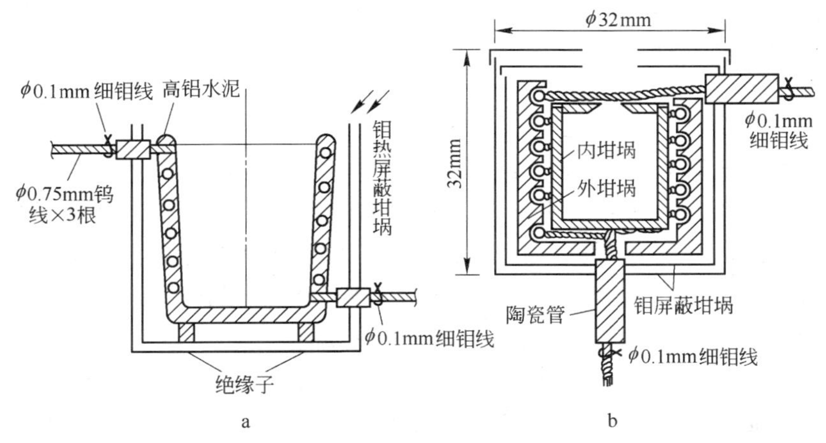

图 2-5 辐射电阻加热蒸发装置

a—简易坩埚加热装置；b—钨电阻加热陶瓷组合坩埚

电阻加热蒸发法虽然具有设备简单，价格便宜，操作方便，易于实现薄膜沉积过程自动化的优点，但它不能直接蒸发难熔金属和高温介质材料，由于加热子与膜料直接接触，造成膜层污染。下面将介绍的电子束加热蒸发法可以在很大程度上克服这些缺点。

2.1.1.2 电子束加热蒸发法

电阻加热蒸发法的一个缺点是来自坩埚、加热元件以及各种支撑部件的可能的污染。另外，其加热功率和加热温度也有一定的限制。因此电阻加热蒸发法不适用于高纯或难熔物质的蒸发。电子束加热蒸发法正好克服了电阻加热蒸发法的上述两个不足，因而它已成为蒸发法高速沉积高纯物质薄膜的一种主要的加热方法。

电子束蒸发的原理是，当金属在高温状态时，其内部的一部分电子因获得足够的能量而逸出表面，这就是所谓热电子发射。发射的电流密度与金属温度的关系如式2-8所示[6]：

$$J_e = A_0 T^2 e^{-\varphi/kT} \tag{2-8}$$

式中，J_e 为发射电流密度；A_0 为常数；T 是金属的热力学温度；φ 为逸出功；k 为玻耳兹曼常数。如果施加一定的电场，则电子在电场中将向阳极方向运动，且电场电压越大，电子运动速度越快。若不考虑发射电子的初速，则电子动能 $mv^2/2$ 与它所处的电功率相等，即

$$\frac{1}{2}mv^2 = eU \tag{2-9}$$

式中，m 是电子的质量；e 是电荷量；U 为电子所处的电位。

由式2-9就可以算出电子的运动速度。对钨来说，其 A_0 约为 75A/(cm^2·℃)，逸出功为4.5eV。若 $U = 10$kV，则电子速度达 6×10^4km/s。这样高速运动的电子流在一定的电磁场作用下，被聚焦成细束并轰击被镀材料表面，使动能变成热能。

如图2-6所示，由加热灯丝发射出的电子束通过5~10kV的电场后被加速，然后被磁场聚焦到被蒸发的材料表面（水冷坩埚处），把能量传递给待蒸发的材料使其熔化并蒸发。其优点是[4,10~12]：

（1）聚集电子束功率密度高，可蒸发3000℃以上高熔点镀料（如W、Mo、Ge、SiO_2、Al_2O_3等）。

（2）采用水冷坩埚，可避免坩埚材料的蒸发及坩埚与镀料的反应，因而可以避免灯丝材料的蒸发对于沉积过程可能造成的污染，可制备高纯度薄膜。

（3）热量直接加在镀料上，热效率高，传导、辐射的热损失少。

其缺点是[4,10~12]：

（1）电子枪发出的一次电子和蒸发材料发出的二次电子会使蒸

发原子和残留气体电离，影响膜层质量。

(2) 电子束的绝大部分能量要被坩埚的水冷系统所带走，造成其热效率损失。

(3) 多数化合物在受到电子轰击时会部分分解。

(4) 设备结构复杂，昂贵。

(5) 当加速电压过高时产生软 X 射线会对人体有伤害。

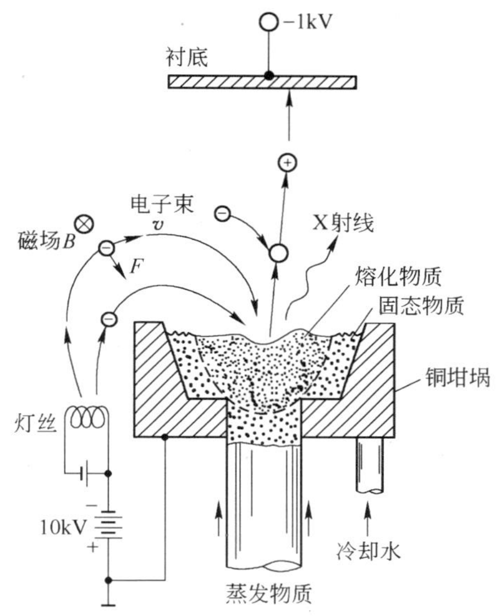

图 2-6 电子束蒸发示意图

电子枪的结构有许多形式，主要有直式和电磁偏转式。而电磁偏转式又分为电偏转的环枪和磁偏转的 e 形枪。以下分别对这三种电子枪进行介绍[6,10~12]。

如图 2-7 所示，直式电子枪由阴极灯丝、聚束极、阳极、聚焦线圈、x-y 偏转线圈和坩埚六部分组成。直热式阴极用钨丝或钽片制成，加热至白炽态发射电子。电子受到聚束极的作用而汇聚，又在阳极电场作用下向阳极方向加速运动，穿过阳极中心孔，此时具有发散角的电子束因聚焦线圈的磁场作用而聚焦，然后轰击在坩埚膜料上。x-y 偏转线圈的作用是使电子束能在磁场作用下有一小范围的位移，使焦斑位置得到调节。直枪由于聚焦线圈和偏转线圈的应用使直式电子枪的使用非常方便。它不仅可以得到 $1000kW/cm^2$ 以上的高能量密度，而且易于控制调节。

直枪的主要缺点是体积大，成本高，蒸镀材料会污染枪体，灯丝逸出的 Na^+ 离子污染膜层。相比之下，环枪结构简单，成本低，并能以简单的电源装置工作。

环枪的结构如图 2-8 所示，枪体由灯丝、阳极、阴极圈、屏极圈、遮板和底板组成。灯丝处于负高压，由灯丝变压器供给几十安的

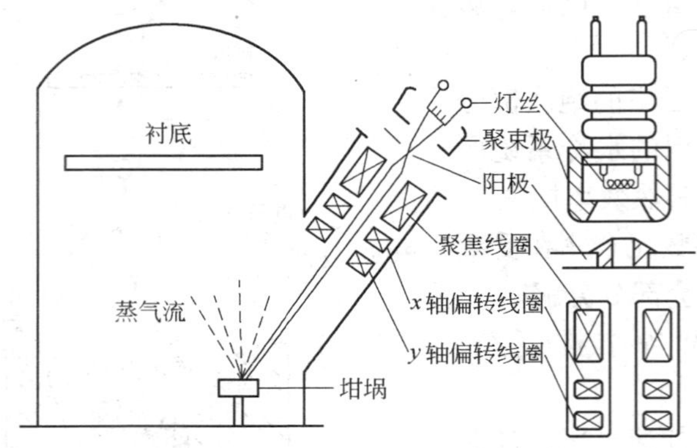

图 2-7　直枪（皮尔斯枪）示意图

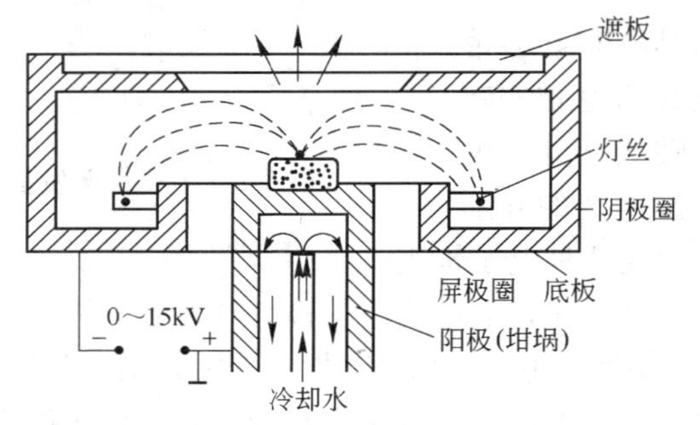

图 2-8　环枪（电偏转）枪体剖面图

电流，发射热电子。阳极相当于两极管中的板极。阴极圈实际上是一个聚焦极，它以几千伏的负高压，在灯丝和阴极空间产生强电场，使灯丝发射的电子在通过阴极圈空间时加速，并聚焦于阳极坩埚上。屏极圈与阴极圈等电位，由于离开阳极较近，它的位置高低对焦斑影响较大。遮板相当于第二聚焦极，又可对灯丝实行屏蔽。底板具有使电子束聚焦和安装灯丝、屏极圈的双重作用。

环枪在使用上的不足之处是，灯丝位置、屏蔽圈高低、蒸发口大小以及加速电压大小等会影响电子束聚焦；一旦灯丝、阴极和坩埚的相对位置固定后，焦斑就难以改变，容易出现材料“挖坑”蒸发。此外，由于环枪阳极和阴极非常接近，灯丝易被污染，而且蒸发材料和放出的气体进入强电场区，产生电离，附加电荷会使电流增大，电阻减小，从而出现等离子放电。阴极与坩埚加有高压，导致闪火、辉光放电，并随蒸气压力和电压增加，导致功率、效率上不去。

环枪和直枪在使用时，高能电子束轰击材料将发射二次电子。通常把轰击材料的电子束称为一次电子，而从材料表面发射的电子笼统地称为二次电子。实际上，在二次电子中，除了真正的二次电子发射外，还混有弹性和非弹性散射的一次电子。一般地说，材料熔点越高，绝缘越好，散射的一次电子越严重；材料的原子序数越大，轰击引起的二次电子发射越多，因为原子核对核外电子的屏蔽作用增加。二次电子轰击薄膜会产生严重的恶果，它会导致膜结构粗糙，吸收增加，均匀性变差，并影响半导体材料的特性。

采用磁偏转的 e 形枪（图 2-9）基本上克服了二次电子的影响。所谓“e”形，是由于电子轨迹呈“e”字形而得名，它又被称为 270°磁偏转枪。此外，180°和 225°等形式的电子枪也属此列。它是由阴极灯丝、聚焦极、阳极、偏转磁铁和无氧铜水冷坩埚组成。该方法中，从灯丝发射的热电子经阴极与阳极间的高压电场加速并聚焦，由磁场使之偏转到达坩埚蒸发材料表面。其主要优点有：

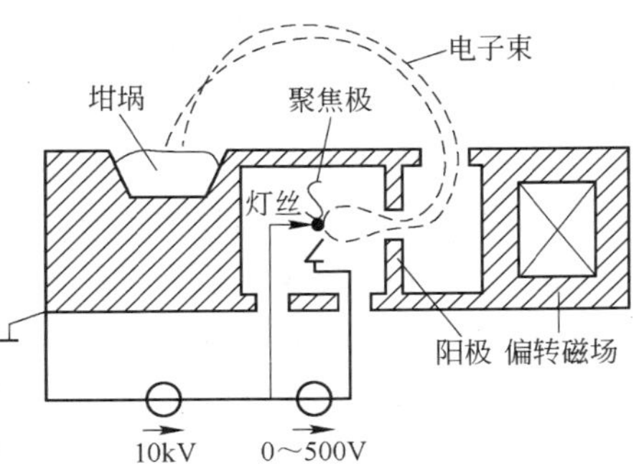

图 2-9 e 形电子枪（磁偏转）结构图

（1）电子束偏转 180°以上，多数为 270°，避免了镀膜材料对枪体的污染，并给镀膜留出了更大的空间。

（2）由于蒸发材料与阴极是分开的，并单独处于磁场中，故二次电子因受到磁场的作用而再次发生偏转，大大减少了向基板发射的几率，从而提高了制膜质量。

（3）e 形枪能有效地抑制二次电子，方便地通过改变磁场大小调节束斑位置，而且由于采用藏式阴极，既防止了极间等离子放电，又避免了灯丝污染。

正由于这样，e 形枪已逐渐取代了直枪和环枪。

电子束加热可以蒸发高温材料；如果以极大的功率密度实现快速蒸发，可以防止合金分馏；水冷坩埚的使用，加上蒸发仅发生在材料表面，有效地抑制了坩埚与蒸发材料之间的反应；而且，由于蒸气分子动能较大，能够得到比电阻加热法更牢固致密的膜层。

2.1.1.3 电弧加热蒸发

与电子束加热方式相类似的一种加热方式是电弧放电加热法。如图 2-10 所示，在电弧加热蒸发装置中，使用欲蒸发的材料制成放电的电极。在薄膜沉积时，依靠调节真空室内电极间距的方法来点燃电弧，而瞬间的高温电弧将使电极端部产生蒸发从而实现物质的沉积；控制电弧的点燃次数或时间就可以沉积出一定厚度的薄膜；它也具有可以避免电阻加热材料或坩埚材料的污染，加热温度较高的特点，特别适用于制备高纯、难熔导电物质薄膜；同时，这一方法所用的设备比电子束加热装置简单，因而是一种较为廉价的蒸发装置；其缺点是：电弧放电会飞溅出电极材料的微粒从而影响被沉积薄膜的均匀性[3,4]。

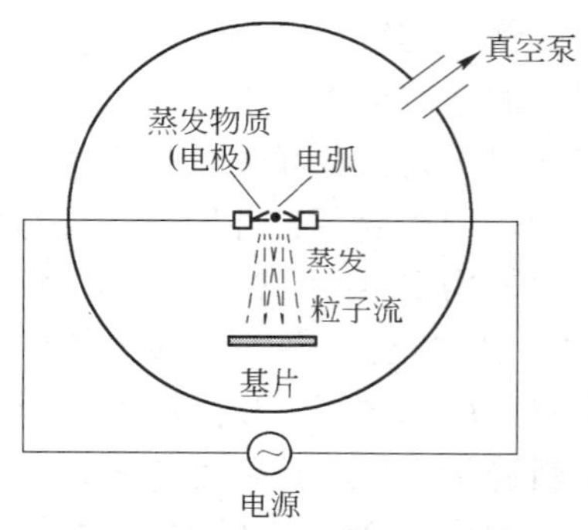

图 2-10 电弧蒸发装置示意图

在较低的反应气体压强下，经电弧加热蒸发可得到一些陶瓷薄膜。如在氮气氛下，对金属 Ti 和 Zr（锆）起弧制得 TiN 和 ZrN 薄膜；在氧气氛下，Al 起弧制得氧化铝薄膜。

2.1.1.4 激光蒸发装置

适用高功率的激光束作为能源进行薄膜的蒸发沉积的方法被称为激光蒸发沉积法。这种方法具有加热温度高，可避免坩埚污染，材料的蒸发速率高，蒸发过程容易控制等特点。在蒸发过程中，高能激光光子可在瞬间将能量直接传递给被蒸发物质的原子，因而激光蒸发法产生的粒子能量一般显著高于普通的蒸发方法。

如图 2-11 所示，在激光加热方法中，需要采用特殊的窗口材料将激光束引入真空室中，并要使用透镜或凹面镜等将激光束聚焦至被蒸发的材料上。

激光蒸发的优点是[4,6]：

（1）可蒸发高熔点材料，采用非接触式加热，热源置于真空室外，既减少了污染，又简化了真空室，非常适宜于超高真空下制备高纯薄膜，且获得很高的蒸发速率。

（2）高能量的激光束可以在较短的时间内将物质的局部加热至极高的温度并产生物质的蒸发，在此过程中被蒸发出来的物质仍能保持原来的元素比例。

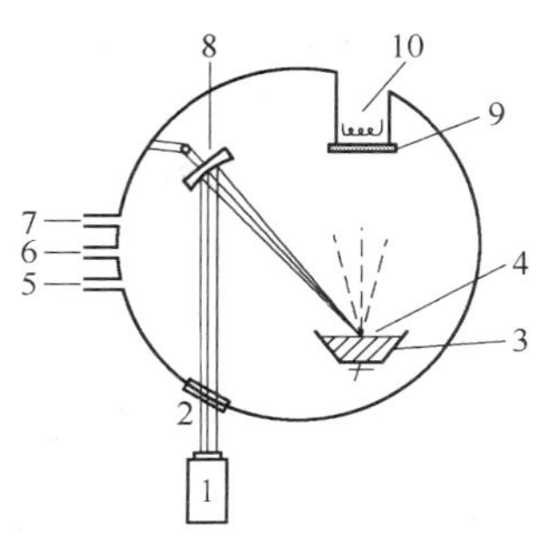

图 2-11 激光蒸发装置示意图

1—CO_2 激光器；2—ZnSe 窗口；3—钼蒸发盘；4—源材料；5—真空泵；6—真空计；7—质量过滤器；8—凹面镜；9—基片；10—红外加热器

其缺点是[4,6]：

（1）激光蒸发的费用比较高，且并非所有材料都显示出优越性。

（2）其也存在容易产生微小的物质微粒飞溅，影响薄膜均匀性的问题。

该方法特别适用于蒸发那些成分比较复杂的合金或化合物材料，比如近年来的高温超导材料（如 $YBa_2Cu_3O_7$）、陶瓷（如 Al_2O_3、Si_3N_4 以及铁电陶瓷）、铁氧体薄膜、光学薄膜（如 Sb_2S_3、ZnTe、MoO_3、PbTe）等。

2.1.1.5 反应蒸发法和空心阴极蒸发法

除了上面介绍的几种方法外，还有空心阴极加热蒸发法、高频感应加热蒸发法和反应蒸发法等。

高频感应蒸发法，是将装有蒸发材料的坩埚放在高频螺旋线圈中央，使材料在高频电磁场感应下产生巨大涡流损失和磁滞损失，致使材料升温蒸发的镀膜方法。其优点是：蒸发速率快（比电阻蒸发源大 10 倍左右），温度均匀稳定，不易产生飞溅，操作简单；缺点是：蒸发装置必须屏蔽，不易对输入功率进行微调整，设备价格昂贵[3]。

空心阴极加热蒸发法，其原理与电子束加热蒸发法比较相似，其在中空金属钽管制成的阴极和被蒸发物质之间加上一定幅度的电压，并在钽管内通入少量氩气，利用氩离子的轰击使钽管温度升高且维持在 2000K 以上的高温，并发射大量的热电子，最终热电子束从钽管内引出并轰击阳极导致物质的热蒸发。其优点是：空心阴极可提供数安培至数百安培的高强度电子流，从而提高薄膜的沉积速度；缺点是：高强度电子流容易产生阴极的损耗和蒸发物质的飞溅[4]。

反应蒸发法，即在一定的反应气氛中蒸发金属或低价化合物，使之在沉积过程中发生化学反应而生成所需的高价化合物薄膜。其主要用于因蒸气压太低而不能用电阻加热蒸发的材料。如通过下列方式可获得 Al_2O_3 薄膜：

$$Al(\text{激活蒸气}) + O_2(\text{活性气体}) \longrightarrow Al_2O_3(\text{固相沉积})$$

2.1.2 溅射镀膜

薄膜物理气相沉积的第二大类方法是溅射法。这种方法利用带电离子在电场中加速后具有一定动能的特点，将离子引向欲被溅射的物质；在离子能量合适的情况下，入射离子在与靶表面原子的碰撞过程中将后者溅射出来；这些被溅射出来的原子带有一定的动能，并且会沿着一定的方向射向衬底，从而实现薄膜的沉积[4]。

在一百多年前格洛夫（Grove）发现，气体辉光放电产生的等离子体对阴极有溅射现象。后来，人们利用溅射现象发展了直流二极溅射技术并用于薄膜制备。随后，人们又研究开发了溅射速率较高的三极溅射和射频溅射等技术和设备。今天溅射已被广泛地应用于薄膜制备，包括金属、合金、半导体、氟化物、硫化物、硒化物、碲化物和Ⅲ－Ⅴ族、Ⅱ－Ⅵ族元素的化合物，以及硅化物（如 Cr_3Si、$MoSi_2$、$TiSi_2$，WSi_2），碳化物（如 CrC_2、HfC、SiC、TaC、TiC、WC）和硼化物（如 CrB_2、MoB_2、HfB_2、TaB_2、TiB、WB）[6]。

溅射镀膜技术的制模范围较宽，可用来制备金属膜、导体膜、氧化物膜等。溅射镀膜与真空蒸发镀膜相比，有如下的特点[3~7,10~12]：

（1）任何物质均可以溅射，尤其是高熔点、低蒸气压元素和化合物。不论是金属、半导体、绝缘体、化合物和混合物等，只要是固体，不论是块状、粒状的物质都可以作为靶材。由于溅射氧化物等绝缘材料和合金时，几乎不发生分解和分馏，所以可用于制备与靶材料组分相近的薄膜和组分均匀的合金膜，乃至成分复杂的超导薄膜。此外，采用反应溅射法还可制得与靶材完全不同的化合物薄膜，如氧化物、氮化物、碳化物和硅化物等。

（2）溅射膜与基板之间的附着性好。由于溅射原子的能量比蒸发原子能量高1~2个数量级，因此，高能粒子淀积在基板上进行能量转换，产生较高的热能，增强了溅射原子与基板的附着力。加之，一部分高能量的溅射原子将产生不同程度的注入现象，在基板上形成一层溅射原子与基板材料原子相互“混溶”的所谓伪扩散层。此外，在溅射粒子的轰击过程中，基板始终处于等离子区中被清洗和激活，清除了附着不牢的淀积原子，净化且活化基板表面。因此，使得溅射膜层与基板的附着力大大增强。

（3）溅射镀膜密度高，针孔少，且膜层的纯度较高，因为在溅射镀膜过程中，不存在真空蒸镀时无法避免的坩埚污染现象。

（4）膜厚可控性和重复性好。由于溅射镀膜时的放电电流和靶电流可分别控制，通过控制靶电流可控制膜厚。所以，溅射镀膜的膜厚可控性和多次溅射的膜厚再现性好，能够有效地镀制预定厚度的薄膜。此外，溅射镀膜还可以在较大面积上获得厚度均匀的薄膜。

溅射镀膜（主要是二极溅射）的缺点是：溅射设备复杂、需要高压装置；溅射淀积的成膜速度低，真空蒸镀淀积速率为0.1~5μm/min，而溅射速率则为0.01~0.5μm/min；基板温升较高和易受杂质气体影响等。但是，由于射频溅射和磁控溅射技术的发展，在实现快速溅射淀积和降低基板温度方面已获得了很大的进步。

溅射是一个复杂的过程。图2-12表示伴随着入射离子轰击靶材表面的各种现象[6]。上述每种物理过程的相对重要性取决于入射离子的种类和能量。固体表面在入射离子的高速碰撞下，放射出中性原子或分子。放射出的二次电子是溅射中维持辉光放电的基本粒子，并使基板升温，其能量与靶的电位相等。正二次离子在表面分析中的应用是二次离子质谱术，它对溅射过程是不重要的。如果溅射表面是纯金属，工作气体是惰性气体，则不会产生负离子，但是在溅射化合物或反应溅射时，负离子的作用犹如二次电子。除此之外，还伴随着气体解吸、加热、扩散、结晶变化和离子注入等现象。在溅射过程中大约95%的离子能量作为热量而被损耗，仅仅只有5%的能量传递给二次发射的粒子。在1kV的离子能量下，溅射的中性粒子、二次电子和二次离子之比约为100:10:1。

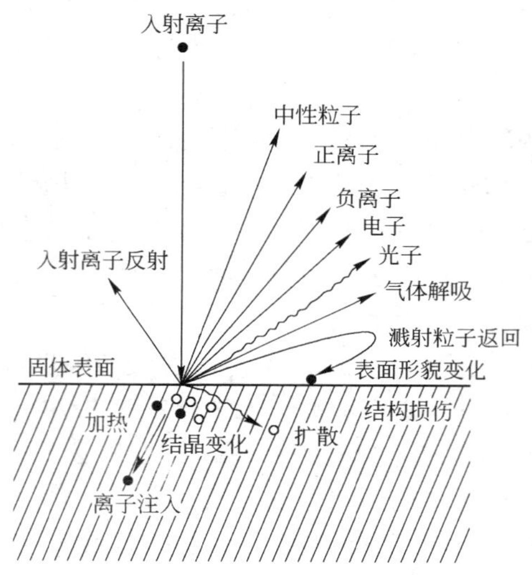

图2-12 伴随着入射离子轰击靶材表面的各种现象

溅射过程是建立在气体辉光放电基础上的，下面我们简单讨论一下气体放电过程。图2-13表示直流辉光放电的形成过程[3~4,6,8]。当两电极上加上一个直流电压时，由于宇宙射线产生的游离离子和电子是很有限的，所以开始只有很小的电流。随着电压升高，带电离子和电子获得了足够的能量，与中性气体分子碰撞产生电离，使电流平稳提高，但是电压却受到电源的高输出阻抗限制而呈一常数，这一区域称为“汤姆森放电区”。一旦产生了足够多的离子和电子后，放电达到自持，气体开始起辉，出现电压降。进而增大电源功率，电压维持不变，电流平稳增加，这就是“正常辉光放电区”。当离子轰击覆盖整个阴极表面后，继续增加电源功率，可同时提高放电区的电压和电流密度，形成均匀稳定的“异常辉光放电区”，这个放电区就是溅射区域。因为它可以提供面积较大、分布较均匀的等离子体，有利于实现大面积的均匀溅射和薄膜沉积。随着电流的继续增加，放电电压将会再次突然大幅度下降，而电流强度则会伴随有剧烈的增加。这表明，等离子体自身的导电能力再一次地迅速提高。此时，等离子体的分布区域发生急剧的收缩，阴极表面开始出现很多小的、孤立的电弧放电斑点。在阴极斑点内，电流的密度可以达到 $10^8 A/cm^2$ 的数量级。此时，气体放电开始进入弧光放电阶段。

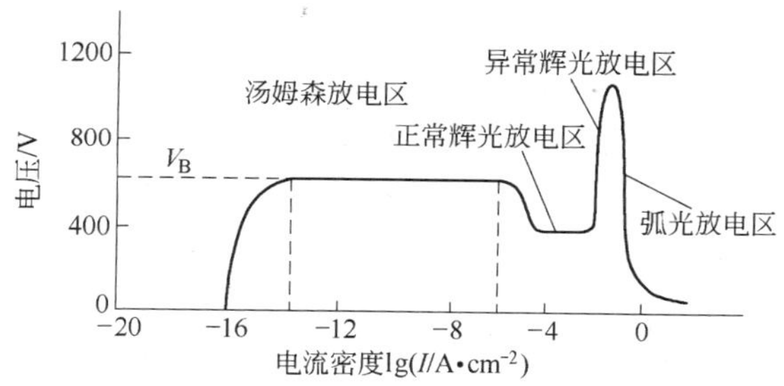

图 2-13 气体放电的伏安特性曲线

由图 2-12 可以看出，溅射是一个在离子与物质表面原子碰撞过程中发生能量与动量转移、最终将物质表面原子激发出来的复杂过程。靶材释放出的各种粒子中，主要是溅射出来的单个原子，另外还可能有很少量的原子团或化合物的分子，而离子所占的比例较少，一般只有 1% ~10% 。

所谓溅射阈是入射离子使阴极靶产生溅射所需的最小能量。表 2-3 列出了几种金属的溅射阈。重要的是，溅射阈与离子质量之间并无明显的依赖关系，而主要取决于靶材料。对处于周期表中相同周期的元素，溅射阈随着原子序数增加而减小。对绝大多数金属来说，溅射阈为 10 ~30eV，相当于升华热的 4 倍左右。

溅射率（又称溅射产额，或溅射系数）表示正离子撞击阴极时，平均每个正离子能从阴极上打出的原子数。目前已能以 10^{-4} 原子/离子的精度测量溅射率。

溅射率与入射粒子的类型、能量、角度及靶材的类型、晶格结构、表面状态、升华热、靶材温度等因素有关，单晶材料还与表面取向有关。在晶格聚集最密的方向上溅射率最高，例如，面心立方晶格的金属在（110）方向上，而体心立方在（111）方向上最容易溅射。

多晶材料的溅射率如式2-10所示：

$$S=\frac{3}{4\pi^2}\cdot\gamma\frac{m_I m_A}{(m_I+m_A)^2}\cdot\frac{E}{E_0}\tag{2-10}$$

式中，E 为入射粒子能量；E_0 为升华热；γ 为 m_A/m_I 的函数；m_A 和 m_I 分别为入射粒子和靶原子的质量。$4m_Im_A/(m_A+m_I)^2$ 表示入射粒子和靶原子质量对动量传递的贡献，视为传递系数。当 $m_A=m_I$ 时，传递系数为1，即全部入射能量传递给靶原子。由式（2-10）可知，溅射率与入射粒子的能量成正比。但是当能量大到一定程度后，溅射率趋向饱和并下降，这是因为加速粒子深深打入靶内部的几率增加。

表2-3 元素的溅射阈与入射离子种类的关系及元素的升华热[4]

金属元素	不同离子入射时的溅射阈值/eV					元素的升华热/eV
	Ne	Ar	Kr	Xe	Hg	
Be	12	15	15	15		
Al	13	13	15	18	18	
Ti	22	20	17	18	25	4.40
V	21	23	25	28	25	5.28
Cr	22	22	18	20	23	4.03
Fe	22	20	25	23	25	4.12
Co	20	25	22	22		4.40
Ni	23	21	25	20		4.41
Cu	17	17	16	15	20	3.53
Ge	23	25	22	18	25	4.07
Zr	23	22	18	25	30	6.14
Nb	27	25	26	32		7.71
Mo	24	24	28	27	32	6.15
Rh	25	24	25	25		5.98
Pd	20	20	20	15	20	4.08
Ag	12	15	15	17		3.35
Ta	25	26	30	30	30	8.02
W	35	33	30	30	30	8.80

续表 2-3

金属元素	不同离子入射时的溅射阈值/eV					元素的升华热 /eV
	Ne	Ar	Kr	Xe	Hg	
Re	35	35	25	30	35	
Pt	27	25	22	22	25	5.6
Au	20	20	20	18		3.90
Th	20	24	25	25		7.07
U	20	23	25	22	27	9.57
Ir						5.22

入射粒子的入射角与溅射率的关系分三类：金、银、铜、铂等影响较小；铝、铁、钛、钽等影响较大；镍、钨等为中等。实验发现，对影响较大的几种金属的溅射率与 Ar^+ 入射角的关系是：0°～60°之间的相对溅射率基本上服从 $1/\cos\theta$ 规律；入射 Ar^+ 的能量是从阳－阴极电位差中获取的，所以如果阳－阴极电位差是 V（V），则一般认为 Ar^+ 的能量就是 V（eV）；然而，Ar^+ 在飞行路径中要与 Ar 原子发生弹性碰撞而损失能量[6]。

溅射率与靶材种类的关系可用靶材料元素在周期表中的位置来说明。实验表明：同一周期的元素，溅射率随原子序数增加而增大；六方晶格和表面污染的金属要比面心立方和清洁表面的金属的溅射率低；升华热大的金属要比升华热小的溅射率低[6]。

合金和化合物的溅射率一般不能直接从纯金属的值来确定，但可作一些估计。通常，化合物的溅射率要比对应的金属低。

在一定的范围内，溅射率与靶材温度的关系不大。但是，当温度达到一定水平之后，溅射率会发生急剧的上升。其原因可能与温度升高之后，物质中原子间的键合力弱化，溅射的能量阈值减小有关。因此，在实际薄膜沉积过程中，均需要控制溅射的功率以及溅射靶材的温升。

溅射受到大力发展和重视的一个重要原因在于：这种方法易于保证所制备的薄膜的化学成分与靶材的成分基本一致。而这一点对于蒸发法来说是很难做到的。

溅射法与蒸发法在保持确定的化学成分方面具有巨大差别的原因可以归纳为以下两点[4]：

（1）与不同元素溅射率间的差别相比，元素之间在平衡蒸气压方面的差别太大。例如，在1500K时，易于蒸发的S元素的蒸气压可以比难熔金属的蒸气压高出10个数量级以上。而相比之下，它们在溅射率方面的差别要小得多。

（2）在蒸发的情况下，被蒸发物质多处于熔融状态。这时，源物质本身将发生扩散甚至对流，从而表现出很强的自发均匀化倾向。在持续的蒸发过程中，这将造成被蒸发物质的表面成分持续变动。相比之下，溅射过程中靶物质的扩散能力较弱。由于溅射率差别造成的靶材表面成分偏离很快就会使靶材表面成分趋于某一平衡成分，从而在随后的溅射过程中实现一种成分的自动补偿效应：溅射率高的物质已经贫化，溅射速率下降；而溅射率低的元素得到了富集，溅射速率上升。其最终结果是，尽管靶材表面的化学成分已经改变，但溅射出来的物质成分却与靶材的原始成分相同。

因此，要使合金靶材的表面成分达到上述溅射的动态平衡所对应的成分，需要经过一定的溅射时间。在一般的情况下，可以采取将靶材预先溅射一段时间的方法使其表面成分达到平衡后，再开始正式的溅射过程。预溅射层的深度一般需要达到几百个原子层左右。比如，对于成分为81%Ni-19%Fe的合金靶材来说，1keV的Ar^+离子溅射的元素溅射率分别为：$S(Ni)=2.2$，$S(Fe)=1.3$。在经过一段时间的预溅射之后，靶材表面的成分比将逐渐变为$Ni/Fe=81\times1.3/19\times2.2=2.52$，即71.6%Ni-28.4%Fe。在这之后，溅射的成分将能够保证沉积出合适成分的合金薄膜。

溅射沉积的另一个特点是，在溅射过程中入射离子与靶材之间有很大能量的传递。溅射出的原子将从溅射过程中获得很大的动能，其数值一般可以达到5～20eV。溅射原子具有很宽的能量分布范围，其平均能量约为10eV；随着入射离子能量增加，溅射离子的平均动能也有上升的趋势。此外，溅射过程还会产生很少量的溅射离子，它们具有比溅射出来的原子更高的能量。能量较低的溅射离子不易逃脱靶表面鞘层电位的束缚，将被靶表面所俘获而不能脱离靶材。相比之下，由蒸发法获得的原子动能一般只有 0.1eV，两者相差两个数量级[4]。

在溅射沉积中，高能量的原子对于衬底的撞击一方面提高了原子自身在薄膜表面的扩散能力，另一方面也会引起衬底温度的升高。在溅射沉积过程中，引起衬底温度升高的能量有以下三个来源，分别是原子的凝聚能，沉积原子的平均动能，等离子体中的其他粒子，如电子、中性原子等的轰击带来的能量[4]。在溅射沉积过程中，上面列举的三项能量都具有相同的数量级。相比之下，在蒸发法中后面两项能量或是比较小，或是根本就不存在。

溅射法根据其特征主要可分为四种：（1）直流溅射；（2）射频溅射；（3）磁控溅射；（4）反应溅射。其中，磁控溅射是最主要的使用方法。下面将对这四种溅射方法分别进行介绍。

2.1.2.1 直流溅射

直流溅射又称为阴极溅射或二极溅射。如图 2-14 所示的真空系统中，靶材是需要溅射的材料，它作为阴极，相对于作为阳极并接地的真空室处于一定的负电位。沉积薄膜的衬底可以是接地的，也可以是处于浮动电位或是处于一定的正、负电位。在对系统预抽真空以后，充入适当压力的惰性气体，例如，以 Ar 作为放电气体时，其压力范围一般处于 $10^{-1} \sim 10$Pa 之间。在正负电极间外加电压的作用下，电极间的气体原子将被大量电离。电离过程使 Ar 原子电离为 Ar^+ 离子和可以独立运动的电子，其中的电子会被加速飞向阳极，而带正电荷的 Ar^+ 离子则在电场的作用下加速飞向作为阴极的靶材，并在与靶材的撞击过程中释放出相应的能量。离子高速撞击

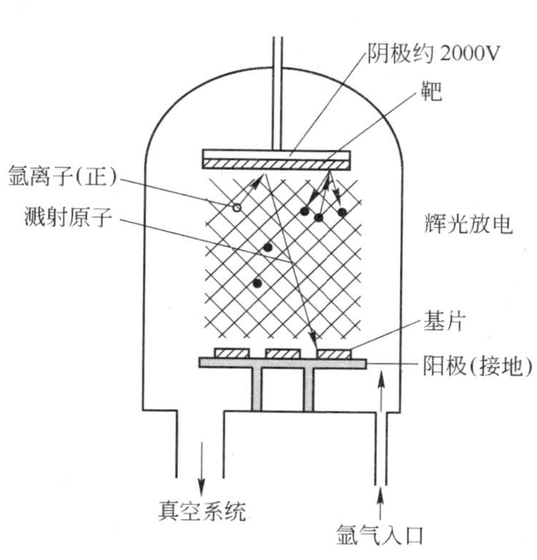

图 2-14 直流溅射示意图

靶材的结果之一是使大量的靶材表面原子获得了相当高的能量，使其可以脱离靶材的束缚而飞向衬底。当然，在这个过程中，还伴随有其他粒子，包括二次电子等从阴极的发射过程。

直流溅射的设备较为简单。但其缺点是[3~6]：

(1) 溅射参数不易独立控制，放电电流易随气压变化，工艺重复性差；

(2) 基片温度升高，沉积速率较低，靶材必须是良导体。

为了克服这些缺点，可采取如下措施[3~6]：

(1) 设法在 10^{-1}Pa 以上真空度产生辉光放电，同时形成满足溅射的高密度等离子体；

(2) 加强靶的冷却，在减少热辐射的同时，尽量减少或减弱由靶放出的高速电子对基板的轰击；

(3) 选择适当的入射离子能量。

二极直流溅射只能在较高的气压下进行，辉光放电是靠离子轰击阴极所发出的次级电子维持的。如果气压降到 2.3 ~2.7Pa 时，则暗区扩大，电子自由程增加，等离子密度降低，辉光放电便无法维持。

三极（四极）溅射便是针对这一缺点发展起来的。它是在真空室内加一个热阴极，其发射电子能力较强，因而放电气压可以维持在较低的水平上，这对于提高沉积速率、减少气体杂质污染等都是有利的。此时，提高辅助阳极的电流密度即可提高等离子体的密度和薄膜的沉积速率，而轰击靶材的离子流又可以得到独立的调节。

三极（四极）溅射的靶电流主要取决于阳极电流，而不随电压而变。因此，靶电流和靶电压可以独立调节，从而克服了二极溅射的缺点；三极溅射在 100V 到数百伏的靶电压下也能工作；靶电压低，对基片溅射损伤小，适合用来做半导体器件；溅射率可由热阴极发射电流控制，提高了溅射参数的可控性和工艺重复性。三极（四极）溅射方法的缺点是：难以获得大面积且分布均匀的等离子体，且其提高薄膜沉积速率的能力有限。因而这一方法未获得广泛应用。

2.1.2.2 射频溅射

使用直流溅射方法可以很方便地溅射沉积各类合金薄膜，但这一方法的前提之一是靶材应具有较好的导电性。由于一定的溅射速率需要一定的工作电流，因此要用直流溅射方法溅射导电性较差的非金属靶材，就需要大幅度地提高直流溅射电源的电压，以弥补靶材导电性不足引起的电压降。因此，对于导电性很差的非金属材料的溅射，需要一种新的溅射方法。

射频溅射又称高频溅射，即 RF，是为直接溅射介质材料而设计的。前面提到的直流溅射方法不能溅射介质绝缘材料，是因为正离子打到靶材料上产生正电荷积累而使表面电位升高，致使正离子不能继续轰击靶材料而终止溅射。现在绝缘靶背面装上一金属电极，并加频率为 5 ~30MHz 的高频电场（通常采用工业频率 13. 56MHz），则溅射便可持续。

图 2-15 是一个射频溅射系统示意图。射频交流电场使靶交替地由离子和电子进行轰击，看起来这似乎会使溅射率减小 1/2。其实不然，它的溅射率却高于直流溅射。为了说明这一点，假设等离子体电位为零电位，靶材料的电压为 V_T，金属电极的交流电压为 V_M。电极在正半周时，因为电子很容易运动，V_T 和 V_M 电极很快被充电；在负半周时，离子运动相对于电子要慢得多，故被电子充电的电容器开始慢慢放电。若使基板为正电位时到达基板的电子数等于基板为负电位时到达基板的离子数，则靶材料有很长一段时间呈负电性，或者说相当于靶自动地加了一个负偏压 V_b，于是靶材料能在正离子轰击下进行溅射。另外，电子在高频电场中的振荡增加了电离几率。这两个原因，使溅射率提高。

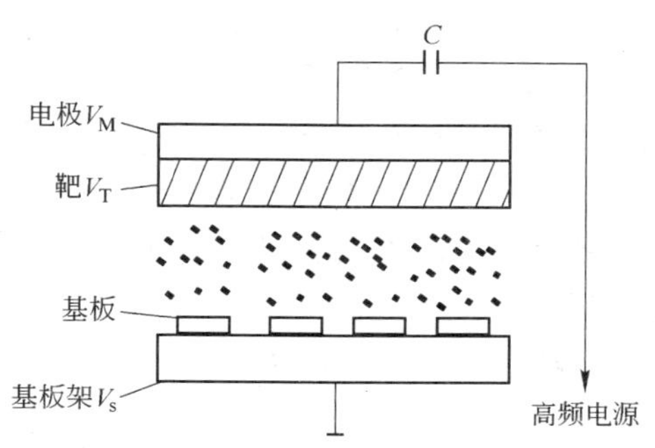

图 2-15 射频溅射系统示意图

射频溅射可以用于溅射绝缘介质材料。若在靶电极接线端上串联一只电容器耦合，则可以同样溅射金属。故射频溅射能溅射沉积导体、半导体、绝缘体在内的几乎所有材料。但是射频电源价格一般较贵，射频电源功率不能很大，而且采用射频溅射装置须注意辐射保护。

2.1.2.3 磁控溅射

相对于蒸发沉积来说，一般的溅射沉积方法有两个缺点[4]：

（1）溅射方法沉积薄膜速率较低；

（2）溅射所需的工作气压较高，否则电子的平均自由程太长，放电现象不易维持。

这两个缺点会导致气体分子对薄膜产生污染的可能性较高。

磁控溅射是一种沉积速度较高、工作气体压力较低的溅射技术，拥有其独特的优越性。磁控溅射由于引入了正交电磁场，使离化率提高到5%～6%，于是溅射速率比三极溅射提高10倍左右。对于许多材料，溅射速率达到电子束蒸发速率。

其原理如图2-16所示。我们知道，速度为$\boldsymbol{v}$的电子在电场为$\boldsymbol{E}$、磁感应强度为$\boldsymbol{B}$的磁场中将受到洛伦兹力的作用，其关系如式2-11所示：

$$\boldsymbol{F} = -q(\boldsymbol{E} + \boldsymbol{v} \times \boldsymbol{B}) \tag{2-11}$$

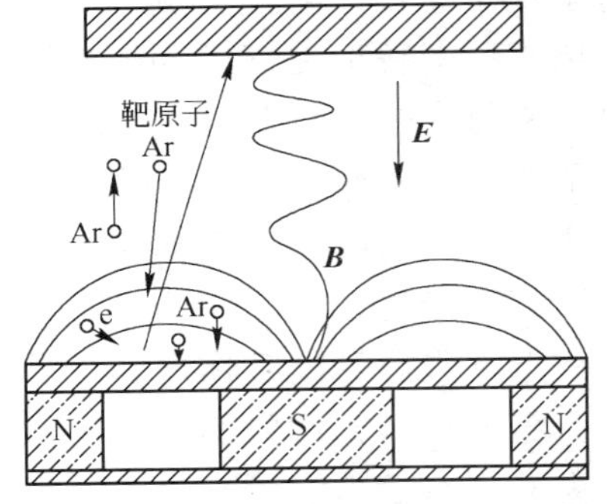

图2-16 磁控溅射原理示意图

式中，q为电子的电量。当电场与磁场同时存在的时候，若$\boldsymbol{E}$、$\boldsymbol{v}$、$\boldsymbol{B}$三者相互平行，则电子的轨迹与没有磁场时一样，仍是一条直线。但若$\boldsymbol{v}$具有与$\boldsymbol{B}$垂直的分量，电子的运动轨迹将是沿电场方向加速，同时绕磁场方向螺旋前进的复杂曲线。因此，垂直方向分布的磁力线可以具有将电子约束在靶材表面附近，延长其在等离子体中的运动轨迹，提高它参与气体分子碰撞和电离过程的几率的作用。然而，由于离子的质量要比电子大得多，所以当离子开始做摆线运动时已打到靶上，其携带能量几乎全部传递给靶。因而，在溅射装置中引入磁场，既可以降低溅射过程的气体压力，也可以在同样的电流和气压的条件下显著提高溅射的效率和沉积的速率。

磁场强弱直接关系到穿过靶面的磁通大小，决定了“磁控”的程度。由于磁场是不均匀的，靶面刻蚀也是不规则的。多次溅射后，靶变薄，磁通增加，溅射越容易。这种正反馈过程使靶的利用率降低。

磁控溅射主要有三种形式：平面、圆柱形和S枪磁控溅射，这里不再一一叙述。

目前，磁控溅射已成为应用最广泛的一种溅射沉积方法，其主要原因是磁控溅射法的沉积速率可以比其他溅射方法高出一个数量级。这一方面要归结于磁场中电子的电离效率较高，这有效地提高了靶电流密度和溅射效率，而靶电压因气体电离度的提高而大幅度下降。另一方面还因为在较低气压下溅射原子被气体分子散射的几率较小。由于磁场有效地提高了电子与气体分子的碰撞几率，因而工作的气压可以降低到二极溅射气压的1/20，即可由10Pa降低至0.5Pa。这一方面将降低薄膜污染的可能性，另一方面也将提高入射到衬底表面原子的能量，后者可在很大程度上改善薄膜的质量。在相同的条件下，射频溅射的靶电流高于一般的直流溅射的靶电流，而磁控溅射的靶电流又高于射频溅射的靶电流。这一特性又决定了磁控溅射具有沉积速率高、维持放电所需的靶电压低、电子对于衬底的轰击能量小、容易实现在塑料等衬底上的薄膜低温沉积等显著特点。

磁控溅射可以是直流溅射，也可以是射频溅射，故能制备金属膜和介质膜，还可以借助于非平衡磁控溅射的方法，保持适度的离子对衬底的轰击效应。

然而，磁控溅射还存在三个比较突出的问题。第一，不能实现强磁性材料的低温高速溅射，因为几乎所有的磁通都通过磁性靶子，所以在靶面附近不能外加强磁场；第二，绝缘靶会使基板温度上升；第三，靶的利用率低（约30%），主要是因为靶的侵蚀不均匀[6]。

2.1.2.4 反应溅射

制备化合物薄膜时，可以直接考虑使用化合物作为溅射的靶材。但在有些情况下，化合物的溅射会发生如表2-1所示的那类气态或固态化合物分解的情况。这时，沉积得到的薄膜往往在化学成分上与靶材有很大的差别。电负性较强的元素的含量一般会低于化合物正确的化学计量比。比如，在溅射SnO_2、SiO_2等氧化物薄膜时，经常会发生沉积产物中氧含量偏低的情况。

显然，发生上述现象的原因是由于在溅射环境中，相应元素的分压低于化合物形成所需要的平衡压力。因此，解决问题的办法可以是调整溅射室内的气体组成和压力，在通入 Ar 气的同时通入相应的活性气体，从而抑制化合物的分解倾向。另外，也可以采用纯金属作为溅射靶材，在工作气体中混入适量的活性气体如 O_2，N_2，NH_3，CH_4，H_2S 等，使金属原子与活性气体在溅射沉积的同时生成所需的化合物。一般认为，化合物是在原子沉积的过程中，由溅射原子与活性气体分子在衬底表面发生化学反应而形成的。这种在沉积的同时形成化合物的溅射技术被称为反应溅射方法。

利用这种方法不仅可以制备 Al_2O_3、SiO_2、In_2O_3、SnO_2 等氧化物，还可以制备其他化合物，如：

（1）碳化物：SiC、WC、TiC 等；

（2）氮化物：TiN、AlN、Si_3N_4 等；

（3）硫化物：CdS、ZnS、CuS 等；

（4）复合化合物：Ti(C，N) 等。

同样，反应溅射既可以是直流反应溅射，也可以是射频反应溅射。

如同热蒸发一样，反应过程基本上发生在基板表面，气相反应几乎可以忽略。另一方面，溅射时靶面的反应是不可忽视的，这是因为离子轰击使靶面金属原子变得非常活泼，加上靶面升温，使得靶面的反应速度大大增加。这时，靶面同时进行着溅射和反应生成化合物两种过程。如果溅射速率大于化合物生成速率，则靶就可能处于金属溅射态；反之，反应气体压强增加或金属溅射速率减小，靶就可能突然发生化合物形成的速率超过溅射出去的速率而停止溅射的情况。这一机理有三种可能：

（1）在靶面形成了溅射速率比金属低得多的化合物；

（2）化合物的二次电子发射要比对应的金属大得多，更多的离子能量用于产生和加速二次电子；

（3）反应气体离子的溅射率比惰性 Ar 离子低。

如上所述，当靶材上活性气体的吸附速率大于其溅射速率时，就会发生相应的化学反应。入射离子不是在金属靶材进行溅射，而是在溅射不断形成的表层化合物。因此，反应溅射过程中会出现两种不同的溅射模式，即溅射速率相对较高的金属模式和溅射速率很低的化合物模式。靶材形成化合物层造成溅射模式发生上述变化的现象被称为靶材的中毒。靶中毒以后溅射及薄膜沉积速率下降的原因在于化合物的溅射率低于金属的溅射率，而其二次电子发射能力大于金属，溅射离子的能量被大量用于二次电子发射，用于溅射的能量部分减少。

靶材中毒不仅会减低薄膜的沉积速率，而且也对溅射工艺的控制提出了较为严格的要求。为了解决这一困难，可采取的措施包括以下几点[4]：

（1）将反应气体的输入位置尽量设置在远离靶材而靠近衬底的地方，提高活性气体的利用效率，抑制其与靶材表面反应的进行；

（2）提高靶材的溅射速率，降低活性气体吸附的相对影响；

（3）采用中频或脉冲溅射技术。

总的来说，反应溅射由于采用了金属靶材，不仅可以大大降低靶材的制造成本，而且还可以有效地改善靶材和薄膜的纯度。某些情况下，由此制备的介质膜性能要优于传统的热蒸发所获得的薄膜。

以上介绍了蒸发镀膜和溅射镀膜。表 2-4 对这两种镀膜方法的原理及特点做了总结对比。

表 2-4 溅射与蒸发方法的原理及特点比较[4]

	蒸发法	溅射法
沉积气相的产生过程	（1）原子的热蒸发机制； （2）低的原子动能（温度 1200K 时约为 0.1eV）； （3）较高的蒸发速率； （4）蒸发原子运动具有方向性； （5）蒸发时会发生元素贫化或富集，部分化合物有分解倾向； （6）蒸发源纯度较高	（1）离子轰击和碰撞动量转移机制； （2）较高的溅射原子能量（2 ~ 30eV）； （3）稍低的溅射速率； （4）溅射原子运动具有方向性； （5）可保证合金成分，但有的化合物有分解倾向； （6）靶材纯度随材料种类而变化

续表 2-4

	蒸 发 法	溅 射 法
气相过程	（1）高真空环境； （2）蒸发原子不经碰撞直接在衬底上沉积	（1）工作压力稍高； （2）原子的平均自由程小于靶与衬底间距，原子沉积前需要经过多次碰撞
薄膜的沉积过程	（1）沉积原子具有较低能量； （2）气体杂质含量低； （3）晶粒尺寸大于溅射沉积的薄膜； （4）有利于形成薄膜取向	（1）沉积原子具有较高能量； （2）沉积过程会引入部分气体杂质； （3）薄膜附着力较高； （4）多晶取向倾向大

2.1.3 其他物理气相沉积方法

还有一些不能简单划归蒸发、溅射法的物理气相沉积方法，它们针对特定的应用目的，或是将不同的手段结合在一起，或是对上述的某一种方法进行了较大的改进。离子镀、分子束外延等是下面我们将要介绍的几种物理气相沉积方法。

2.1.3.1 离子镀

离子镀膜技术（简称离子镀，Ion Plating，IP）是美国 Sandia 公司的 D. M. Mattox 于 1963 年首先提出的，并应用在了人造卫星的金属润滑膜的制造上。它是结合真空蒸发镀膜和溅射镀膜的特点而发展起来的一种镀膜技术。1971 年 Baunshah 等发展了活性蒸发（ARE）技术，并制备了超硬膜。1972 年 Moley 和 Smith 把空心热阴极技术应用于薄膜沉积。而后，小宫宗治等进一步完善了空心阴极放电离子镀。苏联在阴极电弧镀方面做了大量研究工作。1981 年美国 Multi - Arc 公司在购买苏联专利的基础上推出了阴极电弧离子镀设备，并推向世界。同时，欧洲的巴尔泽斯公司开拓了热丝等离子弧离子镀技术。此后离子镀技术迅速发展，目前该技术已在全世界流行。

离子镀是在真空条件下，应用气体放电，或被蒸发材料离子化，在气体离子或被蒸发物质离子轰击作用的同时，把蒸发物或其他反应物蒸镀到基件上。

图 2-17 所示为直流法离子镀系统示意图。薄膜材料用电阻在坩

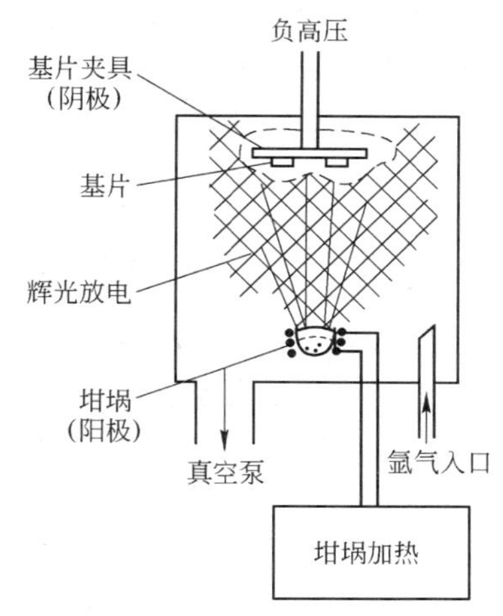

图2-17 直流法离子镀系统示意图

埚内加热蒸发，并在蒸发源与基板之间加上一个直流电场，基板为负电位（1～5kV）。当真空室抽至10^{-3}～10^{-4}Pa后，充入Ar或其他惰性气体至1Pa（对反应离子镀同时充入反应气体），则基板与蒸发源之间建立辉光放电，使惰性气体电离，电离产生的正离子在电场的作用下向基板加速运动。当蒸发材料的分子或原子通过等离子区时亦被电离，因而在电场中被加速而获得能量。因此，离子镀膜层的成核与生成所需能量，不是靠加热方式获得的，而是靠离子加速方式来激励的。但是，极大部分离子的寿命是短暂的，它们在碰撞过程中又会失去电荷而成为中性粒子，实际上大约只有2%的沉积粒子处于离子态。但是无论是离子还是中性粒子，它们都具有很高的能量，根据所加的电压，能量为1～100eV。这种高能离子和中性粒子入射在基板上，一方面使基板加热（若电压为4kV，电流密度为0.5mA/cm^2，则15min后基板温度便上升到300℃左右）；另一方面使已沉积的膜层产生溅射。为了保持一定的沉积速率，必须控制入射粒子的能量和蒸发速率，使沉积速率大于溅射速率。

直流离子镀设备比较简单，有较强的绕射性，镀膜工艺易实现，且膜层均匀、附着力较好；但其轰击离子能量较高，对膜层有剥离作用，同时会使基片升温，造成膜面表面粗糙，质量较差。另外，直流离子镀工作真空度低，膜层易污染，工艺参数较难控制，放电电压和离子加速电压不易分别调整[3～6,13]。

采用直流法离子镀，在导电基板上制备金属膜是很方便的。但是，像溅射一样，如果在玻璃和塑料等绝缘体上制备介质膜，则需用射频法离子镀。

射频（或高频）离子镀（Radio Frequency Ion Plating，RFIP）是

由日本的林三样一在 1973 年提出的，它是在直流法的基板和蒸发源之间装上一个高频线圈，如图 2-18 所示。高频线圈可用直径 3mm 的铝制成，高度和螺旋圈直径均为 70mm，圈数大约为 7 圈，与频率 13.56MHz、功率 1kW 的高频电源连接，产生高频振荡场。500 ~ 1000V 的负高压使基板保持负高压。由于高频电场使电子运动路径增加，离化率提高，因而在较高的真空度（10^{-2} ~ 10^{-1} Pa）和较低的放电电压（直流法在 1Pa 时需要 3kV）下，不但仍能维持放电，而且离化率实际有所增加。

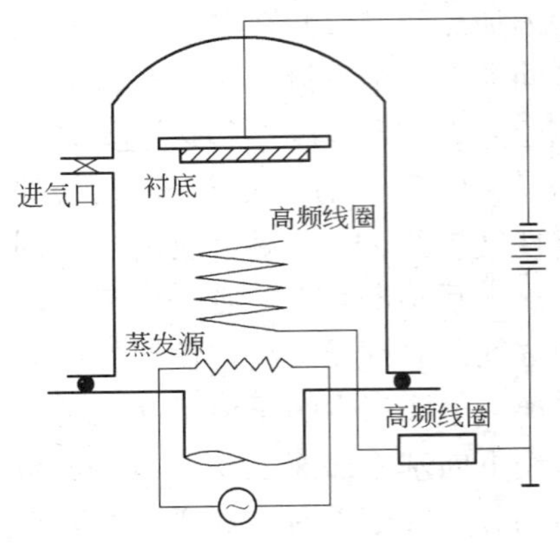

图 2-18　高频离子镀法示意图

高频法离子镀膜室分为三个区域：以蒸发源为中心的蒸发区，以感应线圈为中心的离化区，以基片为中心的离子加速区和离子到达区。通过分别调节蒸发源功率、感应线圈的高频激励功率、基体偏压，可以对三个区域独立控制，从而有效地控制沉积过程，改善镀膜质量。

高频离子镀的特点为[3,13]：

（1）蒸发、离化和加速三过程分别独立控制；离化率（5% ~ 15%）介于直流放电型与空心阴极型之间。

（2）在 10^{-3} ~ 10^{-1}Pa 高真空下也能稳定放电，离化率高，镀层质量好。

（3）易进行反应离子镀，适宜制备化合物薄膜和对非金属基体沉积。

（4）基片温升低，操作方便。

（5）由于工作真空度高，沉积粒子受气体粒子的散射较小，故镀膜绕射性差。

（6）高频辐射对人有害，应有良好的接地线和应进行适当的屏蔽防护。

图2-19表示聚团离子束法的原理。带有小孔的坩埚使蒸发材料加热，由于坩埚内部压力较高，蒸气聚焦成团从小孔喷出，在另一离化室发生离化，向基板加速。

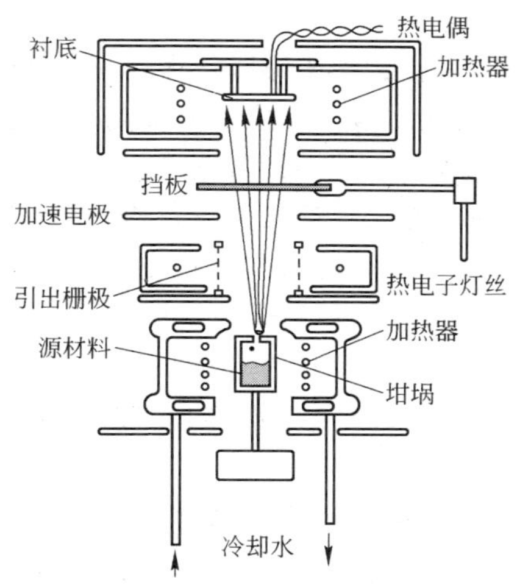

图2-19 聚团离子束法示意图

上述三种方法都具有使蒸发材料的蒸气粒子在从蒸发源到基板的途中离化，然后向基板加速的共同特点，故得名离子镀。但是它们又各具特征，直流法装置简单，放电气压高，膜层易受残余气体影响，较高的基板温度限制了某些基板的使用。高频法和聚团离子束的优缺点与直流法恰好相反。

离子镀的优点可归纳为[3,6]：

(1) 膜层附着力强。高能粒子轰击有三个作用：一是使基板得到清洁，产生高温；二是使附着差的分子或原子产生再溅射而离开基板；三是促进了膜层材料的表面扩散和化学反应，甚至产生了注入效应，注入深度可达2~5nm，因而附着力大大增强。

(2) 膜层密度高。高能粒子不仅表面迁移率大，而且再溅射克服了沉积时的阴影效应，因而膜层密度接近于大块材料。

(3) 绕镀性能好。在离子镀过程中，部分膜材原子被离子化成正离子后，将沿着电场电力线方向运动。凡是电力线分布处，膜材离子都可以达到。离子镀中工件各表面都处于电场中，膜材离子都可以到达。另外，由于离子镀膜是在较高压强（大于1Pa）下进行，气体分子平均自由程比源－基小，以致膜材蒸气的离子或原子在到达基片的过程中与 Ar^+ 产生多次碰撞，产生非定向散射效应，使膜材粒子散射在整个工件周围。所以，离子镀膜技术具有良好的绕镀性。

（4）膜厚均匀性好。离子镀的重要优点之一是基板前、后表面前后沉积薄膜。这是因为：第一，荷电离子按电力线方向运动，凡电力线所及部分均能沉积膜层；第二，较高的工作气压使蒸发粒子产生气相散射，后/前表面膜厚百分率随着放电气压增加和蒸发速率降低而提高。对直流法，百分率为20%～50%，而对高频法和聚团离子法，因为真空度较高，不能期望有高的后/前表面膜厚百分率。离子镀的这种膜厚分布特性为复杂形状的零件镀膜提供了一种很好的方法。

（5）膜层沉积速率快。离子镀用电阻加热、电子束或高频感应蒸发材料，因此最高沉积速率可达50μm/min。在这种方法中，电子束蒸发的沉积速率最高，高频感应蒸发的离化率最大。

（6）可镀材质范围广泛，可在金属、非金属表面镀金属或非金属材料。

目前离子镀的主要应用有：制造高硬度的机械刀具和耐磨的固体润滑膜，在金属和塑料等制品上制造耐久的装饰薄膜。

表2-5对比了蒸发、溅射、离子镀三种物理气相沉积技术的主要特征参数[4]。从表中的数据可以看出，从参与沉积的粒子的能量范围来看，离子镀技术结合了蒸发、溅射两种方法的特点。从沉积速率来看，离子镀的沉积速率与蒸发法的沉积速率相当。从薄膜质量方面来看，离子镀方法制备的薄膜接近或优于溅射法制备的薄膜。

表2-5 主要物理气相沉积方法的比较[4]

特性方法		蒸发法	溅射法	离子镀法
离子能量/eV	原子	0.1～1	1～10	0.1～1（此外还有高能中性原子）
	分子			数百至数千

续表 2-5

特性方法		蒸发法	溅射法	离子镀法
沉积速率/μm·min⁻¹		0.1～70	0.01～0.5（磁控溅射可接近蒸镀法）	0.1～50
薄膜特点	密度	低温时密度较小	密度较高	密度高
	气孔率	低温时多	气孔少，但气体杂质多	无气孔，但缺陷多
	附着力	不好	较好	很好
	内应力	多为拉应力	多为压应力	依工艺条件而定
	绕射性	差	较好	较好

2.1.3.2 分子束外延

外延是在单晶基板上按一定方向生长成某种单晶膜的现象。产生这种现象的原因，可以认为是由于在某种单晶基板上生长某种薄膜时，生成单晶状态的应力较小的缘故。若基板与薄膜采用同种物质，叫同质外延；若薄膜与基板物质不同，称异质外延。

分子束外延（Molecular Beam Epitaxy，MBE）是20世纪60年代末在真空蒸发的基础上发展起来的一种制备极薄单晶膜的新技术。它实际上是一种超高真空蒸镀法，即方向大体一致的汇集的蒸气（分子）流射到基板上，然后在基板上生长为单晶薄膜的方法。这种技术为生长超晶格结构的高速光电子器件和实用的集成光学器件提供了条件，特别是第三代半导体微结构，包括具有量子阱结构的各类异质结光电器件，如用 $GaAs - Al_xGa_{1-x}As$，$PbTe - Pb_xSn_{1-x}Te$ 和 $PbS - PbS_xSe_{1-x}$等制成了光学量子阱激光器、量子阱光双稳激光器和超晶格雪崩二极管等光电器件以及集成光源中的有源、无源器件等；其不仅可以生成Ⅲ－Ⅴ族化合物半导体（如 GaAs），而且还可制成Ⅱ－Ⅵ族（如 CdTe）和Ⅳ－Ⅵ族等薄膜[6]。

分子束外延的基本过程是在超高真空条件下（10^{-10}～10^{-8}Pa），不同强度和不同化学成分的多个热分子束射到一个被加热到一定温度的单晶基板上，通过这些热能分子和基板表面的相互作用而生成单晶膜。这种生长机理，使分子束外延技术不仅可以生长出原子数量级厚度的极薄膜层，而且可以分别控制各组分的分子束强度，以保证其化学组分和掺杂浓度严格可控。其主要特征[5]：

(1) 基本上是一种干式工艺，和其他的干式半导体工艺（离子注入、刻蚀、薄膜制备等）容易整合；

(2) 能够获得原子尺度的平整薄膜，能够以数纳米的不同种类薄膜交替沉积来制备单晶薄膜；

(3) 在直径4~6in（1in=25.4mm）的大面积基板上，能够获得误差范围在1%以内的均一的外延薄膜；

(4) 由于有超高真空的保障，能够以极低的生长速度制备高质量的具有复杂构造的薄膜，而且在薄膜生长的过程中能够使用各种表面分析仪器来观察薄膜的生长过程；

(5) 薄膜可以在比较低的温度下生长，于是能够抑制杂质从基板向生长膜的扩散；

(6) 组分比和杂质浓度的控制仅仅利用挡板的开闭就可以实现，控制性能非常优异；

(7) 由于是在热的非平衡条件生长的，所以能够实现不受固溶度限制的高浓度杂质。

分子束外延技术主要用于生长Ⅲ~Ⅴ族的以GaAs和GaAs为主体的单晶薄膜。As的附着系数在有Ga时为1，没有Ga时为0，所以在比Ga过量的As的分子束射到GaAs单晶上时，没有形成GaAs的As全部被再蒸发掉了，这样就巧妙地制备出了严格化学计量比的GaAs薄膜[5]。图2-20是分子束外延生长装置示意图。在生长GaAs单晶时，需要Ga和As两个喷射炉，炉温大约分别为950K和1100~1250K。在生长更复杂的外延膜或要掺杂时，需配置更多个喷射炉。为了提高真空度并对各个喷射炉实施热隔离且减小对基板的热辐射，喷射炉周围装有液氮冷阱。喷射炉的温度用热电偶监测。四极子质谱仪用来检测分子束流量；俄歇电子能谱仪和电子衍射仪用来研究晶体生长过程，评价结晶质量和进行成分分析。由电子枪发射的电子束，经薄膜衍射后到达荧光屏，被探测器接收[6]。

其实分子束外延的过程也是在真空中从蒸发源飞出的分子在基板

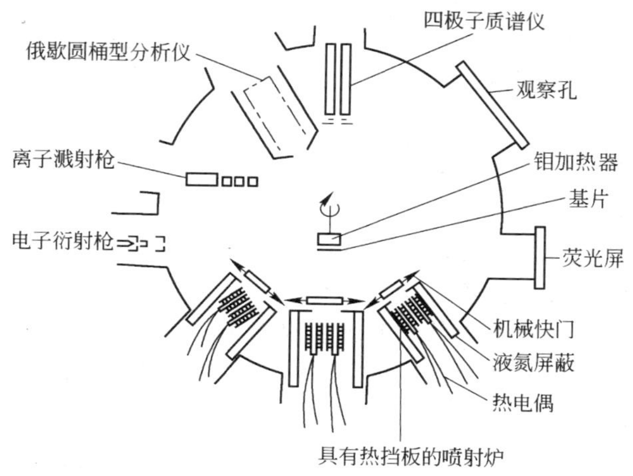

图 2-20 分子束外延生长装置示意图

上附着，这一点和传统的蒸镀没有很大的差别。然而，超高真空中使用分子束和分子束的发生源用液氮冷却罐包裹，具有很重要的意义。从分子束发生源仅仅只产生分子束（而没有其他），这样就不会污染单晶生长室内部；另外，从基板返回的 As 也被冷阱捕获或者被真空泵抽走，这样一来只有新的分子能够到达基板，这也对维持清洁的高真空系统有帮助[5]。以上的因素综合起来避免了杂质混入基板，从而有助于获得优良的单晶。

2.2 化学气相沉积

与物理气相沉积相对应，另一类重要的薄膜制备方法是化学气相沉积。

化学气相沉积是一种气相物质在高温下通过化学反应而生成固态物质并沉积在基板上的成膜方法。具体来说，就是将含有组成薄膜元素的一种或几种化合物气化后输送到基片，借助加热、等离子体、紫外光或激光等作用，在基片表面进行化学反应（热分解或化学合成）生成所需薄膜的一种方法。其可用来制备多种薄膜，如各种单晶、多晶、非晶、单相或多相薄膜。其用途很广，如用于微电子方面的

Si_3N_4、SiO_2、AlN、GaAs、InP 等薄膜，用于结构材料方面的许多硬质膜，如 Al_2O_3、TiN、TiC、Ti(CN)、金刚石膜等，还有光学材料(光学纤维)，医用材料等，以及反应堆材料，宇航材料，防腐抗蚀，耐热耐磨膜层等。

化学气相沉积的特点为[3~7]：

(1) 装置简单，生产效率高；

(2) 薄膜成分容易调控，可沉积金属薄膜、非金属膜、合金膜、多组分膜或多层膜、多相薄膜等几乎任何薄膜；

(3) 反应温度显著低于薄膜组成物质的熔点；

(4) 具有良好的绕镀性（阶梯覆盖性），对于复杂表面和工件的深孔都有较好的涂镀效果；

(5) 膜纯度高、致密性好、残余应力小、附着力好，这对于表面钝化、增强表面抗蚀、耐磨等很重要；

(6) 沉积速率高，且膜层均匀，膜真空率低，纯度高，晶体缺陷少；

(7) 辐射损伤低，可用于制造 MOS 半导体器件。

然而，其缺点和不足是反应温度高，有些反应在 1000℃ 以上。这限制了许多基体材料的应用。

化学气相沉积技术的分类可按沉积温度、反应压力、反应器壁温度、反应的激活方式和反应物种类进行分类，具体如下[3~7]：

(1) 按气流方式分，有流通式和封闭式；

(2) 按沉积温度分，有低温（200 ~ 500℃)、中温（500 ~ 1000℃)、高温（1000 ~ 3000℃）三大类；

(3) 按反应压力分，有低压（反应压力 $p < 101325\text{Pa}$）和常压；

(4) 按反应器壁温度分，有冷壁式和热壁式；

(5) 按激活方式分，有热化学气相沉积、等离子化学气相沉积、激光化学气相沉积、紫外光化学气相沉积等；

(6) 按源物质分，有一般化学气相沉积（无机物）和金属有机物化学气相沉积（金属有机化合物）。

其反应类型如表 2-6 所示。

表 2-6 化学气相沉积反应类型[3,4]

反应类型	化学反应	实例
热分解反应	$AB(g) \rightarrow A(s) + B(g)$	$SiH_4 \rightarrow Si + 2H_2$ (650℃)
还原或置换反应	$AB(g) + C(g) \rightarrow A(s) + BC(g)$	$WF_6(g) + 3H_2 \rightarrow W(s) + 6HF(g)$ (300℃)
氧化或氮化反应	$AB(g) + D(g) \rightarrow AD(s) + BD(g)$ (D 为 O_2 或 N_2)	$SiH_4(g) + O_2(g) \rightarrow SiO_2(s) + 2H_2(g)$ (450℃)
化合反应	$AB(g) + CD(g) \rightarrow AC(s) + BD(g)$	$SiCl_4(g) + CH_4(g) \rightarrow SiC(s) + 4HCl(g)$ (1400℃)
歧化反应	$AB_2(g) \rightarrow A(s) + AB(g)$	$2GeI_2(g) \rightarrow Ge(s) + GeI_4(g)$ (300～600℃)
聚合反应	$X(g) + A(g) \rightarrow AX(s)$	$Ge(s) + I_2(s) \rightarrow GeI_2(s)$

由于化学反应的途径可能是多种的，所以制备同一种薄膜材料可能会有几种不同的化学气相沉积反应。根据以上介绍的反应类型，其共同特点为[4]：

(1) 化学气相沉积反应式总可以写成：

$$aA(g) + bB(g) \longrightarrow cC(s) + dD(g) \tag{2-12}$$

即有一反应物必须是气相，生成物必须是固相，副产物必须是气相；

(2) 化学气相沉积反应往往是可逆的，因为对反应过程进行热力学分析是很必要的。

要设计一个化学气相沉积反应体系必须使其满足如下条件，即：

(1) 在沉积温度下，反应物必须有足够的蒸气压，能以适当速度进入反应室；

(2) 反应主产物应是固体薄膜，副产物应是易挥发性气态物质；

(3) 沉积的固体薄膜必须有足够低的蒸气压，基体材料在沉积温度下蒸气压也必须足够低。

总之，化学气相沉积反应条件是气相，生成物之一必须是固相。

参考文献

[1] 张立德，牟季美．纳米材料和纳米结构［M］．北京：科学出版社，2001.
[2] 张志昆，崔作林．纳米技术与纳米材料［M］．北京：国防工业出版社，2000.
[3] 蔡珣，石玉龙，周建．现代薄膜材料与技术［M］．上海：华东理工大学出版社，2007.
[4] 唐伟忠．薄膜材料制备原理、技术及应用［M］．北京：冶金工业出版社，2003.
[5] 麻莳立男．薄膜制备技术基础［M］．陈国荣，刘晓萌，莫晓亮译．北京：化学工业出版社，2009.
[6] 顾培夫．薄膜技术［M］．杭州：浙江大学出版社，1990.
[7] 金曾孙．薄膜制备技术及其应用［M］．长春：吉林大学出版社，1989.
[8] 高本辉，崔素言．真空物理［M］．北京：科学出版社，1983.
[9] 王淑兰．物理化学［M］．第三版．北京：冶金工业出版社，2011.
[10] 田民波，刘德令．薄膜科学与技术手册［M］．北京：机械工业出版社，1991.
[11] Ohring M. The materials science of thin films［M］. Boston：Academic Press，1992.
[12] Smith D L. Thin film deposition［M］. New York：McGraw－Hill Inc.，1995.
[13] 小沼光晴．等离子体及成膜基础［M］．张光华译．北京：国防工业出版社，1994.

3 薄膜材料的性能测试和微结构表征方法

在实际应用中，材料的微观组织结构决定了材料的宏观使用性能。这里，结构是指事物的各个组成部分之间的有序搭配。世界上任何事物都存在着结构，结构多种多样且决定着事物存在的本质。对于薄膜材料而言，不同的应用，要求薄膜具有不同的结构和特性，而薄膜的结构和特性是通过测试、分析和观察等评价方法来获得的。表3-1 列出了不同薄膜特性及与之相对应的测试方法。除了这些评价方法以外，还有大量的特定的薄膜评价方法。特别是对于具有特定性质的功能薄膜材料而言，有很多特定的特性测量方法，例如，介电常数、压电系数、磁光特性、超导特性的测量等。这一节我们将对实际应用中比较常见的几种表征测试方法做一下具体的介绍。

表 3-1 薄膜特性与相应测试方法

薄膜的特性	测 试 方 法
薄膜厚度的测量	称重法 石英晶体振荡法 台阶仪法 多重反射干涉法 椭圆偏振仪法 测量光吸收系数的方法 面电阻测量方法 断面扫描电子显微镜法（SEM） 断面透射电子显微镜法（X-TEM） Rutherford 背散射法（RBS）
元素（成分）分析	二次离子质谱（SIMS） 俄歇电子能谱（AES） X 射线光电子谱（XPS） Rutherford 背散射法（RBS）
化学结合价键的分析	X 射线光电子谱（XPS）

续表 3-1

薄膜的特性	测 试 方 法
结晶取向和结构分析	X 射线衍射 电子衍射（ED，LEED，RHEED） 扫描电子显微镜法（SEM） 透射电子显微镜法（TEM） 高分辨透射电子显微镜法（HRTEM） 原子力显微镜法（AFM） 扫描隧道显微镜法（STM） Rutherford 背散射法（RBS）
表面形貌（结晶取向和结构）	扫描电子显微镜法（SEM） 原子力显微镜法（AFM） 扫描隧道显微镜法（STM） 低能电子衍射（LEED） 反射高能电子衍射（RHEED）
力学性质（附着力和内应力）	胶带法 划痕法 拉倒法 干涉测量形变法 台阶仪测量形变法
电学性质（电阻率）	四探针电阻测量法
磁学性质	振动样品磁强计（VSM）
光学性质	透射率和反射率的测量 折射率的测量

3.1 薄膜厚度的测量

薄膜的厚度简称为膜厚，它是薄膜的一个最为基本、最为重要的物理量。通过测量膜厚可以确定各种靶材的平均溅射速率，即以所测量膜厚除以溅射时间得到平均溅射速率。在工业生产中，薄膜的厚度是一个非常重要的参数，直接关系到该薄膜材料能否正常工作。如大规模集成电路的生产工艺中的各种薄膜，由于电路集成程度的不断提高，薄膜厚度的任何微小变化对集成电路的性能都会产生直接的影响。除此之外，薄膜材料的力学性能、透光性能、磁性能、热导率、表面结构等都与厚度有着密切的联系，因此，准确地测量膜厚在薄膜材料的科研开发和生产中占有非常重要的地位。

通常的厚度概念是指两个平行平面之间的距离，这是一个宏观量。对于薄膜材料而言，厚度的概念就有一些模糊了，这是由薄膜材料自身特点决定的：薄膜表面一般都是凹凸不平的，在薄膜生长初期，具有不连续的岛状结构；薄膜内部含有各种杂质和缺陷；薄膜表面有吸附和氧化层；基片的表面一般也是凹凸不平的。由于薄膜结构具有上述的复杂特性，使得薄膜厚度随测量方法的不同而不同，因此，薄膜的厚度具有各种定义。薄膜的厚度大致可以分成三类：几何厚度，质量厚度，物性厚度。几何厚度指的是基片表面和薄膜表面的距离，是最为直观地反映出薄膜的形状的膜厚；质量厚度指的是薄膜的质量除以薄膜的面积得到的厚度，也可以是单位面积所具有的质量，反映了薄膜中原子的数量，是给出了薄膜的量的膜厚；物性厚度指的是根据薄膜材料的物理性质的测量，通过一定的对应关系计算而得到的厚度，是同薄膜的物理性质相联系的膜厚。在三类膜厚中，几何膜厚是最接近直观形式的膜厚，并且很容易测量，因此应用十分广泛。

几何膜厚是由薄膜的上下两个面（即同衬底接触的面和薄膜表面的面）的几何空间位置决定的薄膜的厚度。在确定几何膜厚时，正确地确定上下两个面的几何位置非常重要。一般情况下，在薄膜和衬底之间没有发生相互扩散时，薄膜中同衬底接触的面（称为界面）是较平整的，但是，薄膜表面的面（称为表面）是凹凸不平的。因此，在测量几何膜厚时，正确地确定表面的位置是非常重要的。通常，对于凹凸不平的薄膜表面，取它的平均表面作为薄膜的表面位置。薄膜的平均表面的确定方法是：薄膜表面上所有点到平均表面的距离的平方和最小。常用的一个简单的确定平均表面的方法是：以平均表面位置为基点（原点），薄膜表面上所有点到平均表面的距离的代数和为零。图3-1为薄膜的表面和平均表面的确认方法。薄膜的几何膜厚是界面和平均表面之间的距离。

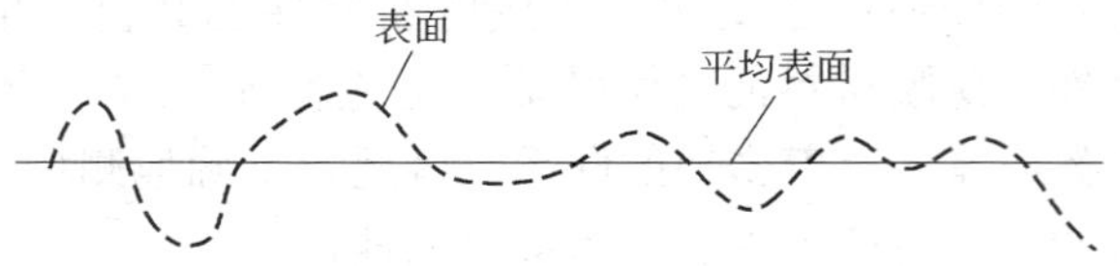

图 3-1 薄膜的表面和平均表面的确认方法

随着科技的进步和精密仪器的应用，薄膜厚度的测量方法有很多，按照膜厚测量的方式可以分为两类：直接测量和间接测量。直接测量指应用测量仪器，通过接触（或光接触）直接感应出薄膜的厚度，常见的直接法测量有：台阶仪法、电子显微镜法；间接测量指根据一定对应的物理关系，将相关的物理量经过计算转化为薄膜的厚度，从而达到测量薄膜厚度的目的。常见的间接法测量有：面电阻法、等厚干涉法、椭圆偏振法等。在所有测量方法中，台阶仪法和电子显微镜法是比较常见的直接测量几何膜厚的方法。

3.1.1 台阶仪法

台阶仪法是利用一枚金刚石探针在薄膜表面上运动，表面的高低不平使探针在垂直表面的方向上做上下运动，这种运动可以通过连接于探针上的位移传感器转变为电信号，再经过放大增幅处理后，利用计算机进行数据采集和作图以显示出表面轮廓线来。利用台阶仪法测量膜厚，当探针扫过台阶时，就能显示出台阶两侧的高度差，从而得到厚度值。因此，首先要制备出有台阶的薄膜。通常制备台阶的方法有两种[1]：一种为掩膜镀膜法，即将基片的一部分用掩膜遮盖后镀膜，去掉掩膜后形成台阶，由于掩膜与基片之间存在着缝隙，因此这种方法形成的台阶不是十分清晰，相对误差也比较大，但是可以通过多次测量来提高精确度；另一种方法为光刻浮胶法，即在基片上光刻出一定的图形，镀膜后用丙酮洗掉光刻胶，形成台阶，这种方法制备的台阶界面清晰，测量结果比较准确。

台阶仪法测量膜厚能迅速、直观地得到薄膜的厚度和表面形貌，并且具有相当高的精度，其垂直位移测量的分辨率最高可以达到 1nm 左右。但是也有一些缺点：对于材质较软的薄膜，探针容易划伤薄膜的表面，从而引起测量的误差，甚至将无法测量薄膜厚度；对于表面粗糙的薄膜，其测量误差较大；如果待测薄膜样品的台阶制备得不陡峭，将无法测量台阶的高度，即薄膜的厚度。

3.1.2 电子显微镜法

电子显微镜是目前研究材料结构的最直接的手段之一。这主要是因为它既可以提供给人们清晰直观的形貌图像，同时又具有分辨率高、观察景深长、可以采用各种的图像信息处理形式、可以给出定性或定量的成分分析结果等一系列优点。电子显微镜分为扫描电子显微镜和透射电子显微镜两大类。把薄膜和衬底从断面切开，用扫描电子显微镜或透射电子显微镜在一定的放大倍率下观察薄膜的断面结构和形貌，通过给定的长度标尺就可以直接从薄膜的断面电子显微镜的照片上测量出薄膜的厚度，这也是一种精确测量薄膜厚度的方法。图3-2a 为 ZnO 纳米阵列的断面扫描电镜照片；图 3-2b 为 $Ta/Al_2O_3/NiFe/Al_2O_3/Ta$ 多层膜的断面高分辨透射电镜照片，从这两张照片中我们可以精确地测量出薄膜的厚度，如图 3-2b 中磁性金属层 NiFe 的厚度可以测定为 9.9nm。

图 3-2 ZnO 纳米阵列的断面扫描电镜照片（a）和
$Ta/Al_2O_3/NiFe/Al_2O_3/Ta$ 多层膜断面高分辨透射电镜照片（b）

用电子显微镜法测量薄膜的厚度可以使人们非常真实直观地感知和观测到薄膜的断面结构和膜厚，但是制备电子显微镜观察用薄膜断面结构的样品是一件较困难的工作，特别是制备透射电子显微镜观察用薄膜断面结构的样品是一项非常专业的技术工作。

3.2 薄膜成分的测量

3.2.1 扫描电子显微镜

扫描电子显微镜（Scanning Electron Microscopy，SEM），简称为扫描电镜，是继透射电子显微镜后发展起来的一种电子显微镜。它利用细聚焦的电子束轰击样品表面，通过对电子与样品相互作用产生的各种信息进行收集、处理，从而获得样品的微观形貌放大像。现在大多数 SEM 都能同 X 射线波谱仪、X 射线能谱仪和自动图像分析仪等组合，分析精度不断提高、结构不断优化，应用功能不断扩展，使之成为一种对表面微观世界能够进行全面分析的多功能的电子光学仪器。

扫描电子显微镜早在 1935 年便已被提出。1942 年，英国首先制成第一台实验室用的扫描电镜，但由于成像的分辨率很差，照相时间太长，所以实用价值不大。经过各国科学工作者的努力，尤其是随着电子工业技术水平的不断发展，到 1956 年开始生产商品扫描电镜。数十年来，扫描电镜已广泛地应用在材料学、生物学、医学、冶金学等学科的领域中，促进了各有关学科的发展。目前扫描电镜的分辨率已从第一台的 25nm 提高到现在的 0.8nm，已经接近于透射电镜的分辨率。相对于其他类型显微镜，SEM 在若干基本性能，如分辨率、景深及微分析等方面有巨大优越性，因而迅速成为一种不可或缺的工具而广泛应用于科学研究和工程实践中。

虽然扫描电子显微镜技术不断改进，但其结构都由以下几个基本部分组成：产生电子束的镜筒；电子束与样品交互作用的样品室；检测电子束与样品交互作用所产生各种信号的探头；以及由信号构造图像的观察系统。图 3-3 为扫描电镜工作原理图。放在镜筒顶部的电子枪阴极发射出的电子由静电场引导，沿镜筒向下加速。镜筒中安装有一系列电磁透镜和狭缝，可以将电子束聚焦射向样品。靠近镜筒的底部，一套扫描线圈使电子束在样品表面上方以扫描方式偏转。最后一级电磁透镜在样品表面把电子束聚焦成一个尽可能小的点而打入样品。显然 SEM 不能分辨出样品上比此斑点尺寸更小的特性，因此 SEM 的分辨率基本由电子束在样品表面形成的斑点尺寸决定。典型情况下，此时电子束所携带能量在数百至数万电子伏特。这样的电子束打入样品时，会以多种方式释放出能量，从而产生各种潜在的成像信号。与光学显微镜不同，SEM 中的电子不对样品成实像，而是根据样品发射出的信号构造虚像。当电子束在样品表面逐点移动时，所产生的反映样品各处差异的信号强度发生变化，从而不断输出一系列数据信号；具有数字成像能力的仪器将探头送来的相似数据转换为一系列数值，并用成像信号来调节阴极射线管中电子束电流，使阴极射线管扫描与 SEM 扫描同步，即可在显示屏上显现出样品表面各点的图像。

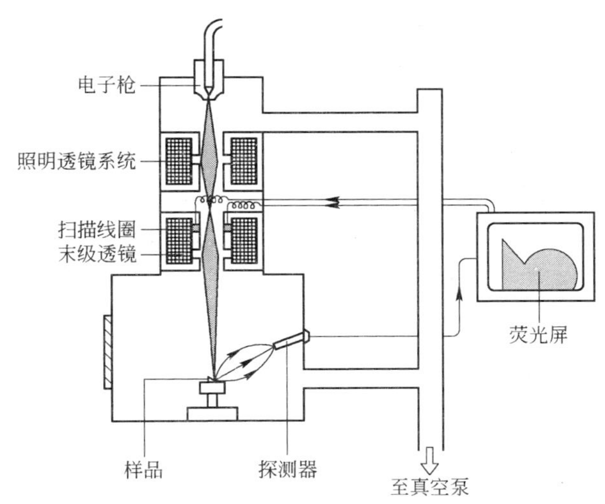

图 3-3 扫描电镜工作原理图

扫描电镜能直接观察样品，但为了保证图像质量，对样品表面性质有如下要求[2]：（1）导电性好，以防止表面积累电荷而影响成像；（2）具有抗热辐照损伤的能力，在高能电子轰击下不分解、变形；（3）具有高的二次电子和背散射电子系数，以保证图像良好的信噪比。对金属和陶瓷等块状样品，只需将它们切割成大小合适的尺寸，用导电胶将其粘接在电镜的样品座上即可直接进行观察。对于非导电样品如塑料、矿物等，在电子束作用下会产生电荷堆积，影响入射电子束斑和样品发射的二次电子运动轨迹，使图像质量下降。因此这类试样在观察前要喷镀导电层进行处理，通常采用二次电子发射系数较高的金银或碳膜做导电层，膜厚控制在20nm左右。

扫描电镜除了可对样品进行表面形貌分析外，还可以接入其他一些附加系统，与其他设备组合而具有新型分析功能，如：能谱仪（EDS），进行微区元素分析；电子背散射系统（即结晶学分析系统），用于晶体和矿物的研究；显微热台和冷台系统，主要用于观察和分析材料在加热和冷冻过程中微观结构上的变化；拉伸台系统，主要用于观察和分析材料在受力过程中所发生的微观结构变化。扫描电子显微镜这些新型分析功能为新材料、新工艺的探索和研究铺平了道路。

利用扫描电镜进行微区元素分析，应用十分广泛。能谱仪EDS是一个在扫描电镜中添加的附加系统。在SEM样品室中装入X射线接收系统，于是可对被测样品进行微区成分分析。X射线能谱分析的基本原理是[3]：当具有足够动能的电子束入射到固态试样中时，将以一定的几率使试样原子某内壳层电子击出，原子被电离而处于激发状态，此时，原子的外层电子将填充该内壳层中空的状态并将多余能量以X射线光子或俄歇电子的形式释放出来。释放的特征X射线是原子结构的一个特征，几乎与元素的物理化学状态无关，其波长λ与元素的原子序数Z有关，可用莫斯莱定律（式3-1）表示：

$$\lambda = K(Z - S)^{-2} \tag{3-1}$$

式中，K和S是与谱系有关的常数。因此，只要能测定特征X射线的波长或其光子的能量，就可以确定电子束照射区的元素组成，并且可以根据特征X射线的强度确定相应元素的含量。

能谱仪全称为能量分散谱仪，目前最常用的是Si(Li) X射线能谱仪，其关键部件是Si(Li)检测器，即锂漂移硅固态检测器。以Si(Li)检测器为探头的能谱仪实际上是一整套复杂的电子学装置。EDS元素分析包括定性分析和定量分析。定性分析主要包括点分析、线分析和面分析三类。点分析是将电子束固定在所需分析的微区上，几分钟即可直接从显示屏上得到微区内全部元素的谱线。线分析是将能谱仪固定在所要测量的某一元素特征 X 射线信号能量的位置上，把电子束对着指定的方向做直线轨迹扫描，便可得到这一元素沿直线的浓度分布曲线，改变能谱仪的位置，便可得到另一种元素的浓度分布曲线。面分析是电子束在样品表面做光栅扫描时，把能谱仪固定在某一元素特征 X 射线信号的位置上，此时，在荧光屏上便可得到该元素的分布图像，移动位置，便可获得另一种元素的浓度分布图像。定量分析可测出微区内元素的质量分数，修正后的误差可限定在 ±5%之内。

Si(Li) X 射线能谱仪具有如下特点：（1）分析速度快，能谱仪可以同时接收和检测所有不同能量的 X 射线光子信号，可在几分钟内分析和确定样品中含有的所有元素；（2）灵敏度高，由于能谱仪中 Si(Li) 探头可以放在离发射源很近的地方，无需经过晶体衍射，信号强度几乎没有损失，所以灵敏度高；（3）能谱仪可在低入射电子束流条件下工作，这也有利于提高分析的空间分辨率；（4）谱线重复性好，由于能谱仪没有运动部件，稳定性好，且没有聚焦要求，所以谱线峰值位置的重复性好且不存在失焦问题，适合于比较粗糙表面的分析工作。但 EDS 同时也存在一些缺点：由于能谱仪的探头直接对着样品，所以由背散射电子或 X 射线所激发产生的荧光 X 射线信号也被同时检测到，从而使得 Si(Li) 检测器检测到的特征谱线在强度提高的同时，背底也相应提高，谱线的重叠现象严重，故仪器分辨不同能量特征 X 射线的能力变差；另外，Si(Li) 探头必须始终保持在液氮冷却的低温状态，即使是在不工作时也不能中断，否则晶体内 Li 的浓度分布状态就会因扩散而变化，导致探头功能下降甚至完全被破坏。

3.2.2 等离子体感应原子发射光谱

原子发射光谱（Atomic Emission Spectrometry，AES）是价电子受到激发跃迁到激发态，再由高能态回到较低的能态或基态时，以辐射形式放出其激发能而产生的光谱。AES 已有一个世纪以上的悠久历史，其进展在很大程度上依赖于激发光源的改进。20 世纪 60 年代中期，电感耦合等离子体（Inductively Coupled Plasma，ICP）原子发射光谱（ICP－AES）新技术的创立，在光谱化学分析上是一次重大的突破，从此，原子发射光谱分析技术进入了一个崭新的发展时期。电感耦合等离子体原子发射光谱是以电感耦合等离子炬为激发光源的一类光谱分析方法，它是一种由原子发射光谱法衍生出来的新型分析技术，能够方便、快速、准确地测定多种金属元素和准金属元素，且没有显著的基体效应。

等离子体原子发射光谱法可以同时测定样品中的多元素的含量[4]。当氩气通过等离子体炬焰时，经射频发生器所产生的交变电磁场使其电离、加速并与其他氩原子碰撞。这种链锁反应使更多的氩原子电离，形成原子、离子、电子的粒子混合气体，即等离子体。不同元素的原子在激发或电离时可发射出特征光谱，所以等离子体发射光谱可用来定性测定样品中存在的元素。特征光谱的强弱与样品中原子浓度无关，与标准溶液进行比较，即可定量测定样品中各元素的含量。其定量分析的依据是罗马金－塞伯（Lomakin－Scherbe）公式：

$$I = aC^b \tag{3-2}$$

式中，I 为谱线强度；C 为待测元素的浓度；a 为常数；b 为分析线的自吸收系数。

ICP 定量分析方法主要有外标法、标准加入法和内标法。外标法是利用标准试样测得常数后，又用该式来确定试样的浓度。标准加入法，又称添加法和增量法，以减小或消除基体效应的影响。内标法是在试样和标准试样中分别加入固定量的纯物质即内标物，利用分析元素和内标元素谱线强度比与待测元素浓度绘制标准曲线，并进行样品分析。

与其他方法相比，等离子体感应原子发射光谱具有以下几个优点：

（1）分析速度快：ICP-AES 法干扰低、时间分布稳定、线性范围宽，能够一次同时读出多种被测元素的特征光谱，同时对多种元素进行定量和定性分析。

（2）分析灵敏度高：直接摄谱仪测定，一般相对灵敏度为 10^{-6} 级；绝对灵敏度为 $10^{-9} \sim 10^{-3}$ g；如果通过富集处理，相对灵敏度可达 10^{-9}级，绝对灵敏度可达 10^{-11}g。

(3) 分析准确度和精密度较高：ICP-AES 法是各种分析方法中干扰较小的一种，一般情况下其相对标准偏差不大于 10%，当分析物浓度超过 100 倍检出限时，相对标准偏差不大于 1%。

(4) 测定范围广：可以测定几乎所有紫外和可见光区的谱线，被测元素的范围大，一次可以测定几十个元素。

与此同时，等离子体感应原子发射光谱也具有不足之处，如：设备和操作费用较高；样品一般需预先转化为溶液（固体直接进样时精密度和准确度降低）；对有些元素优势并不明显等。

3.3 薄膜表面元素的化学状态的表征

3.3.1 X 射线光电子能谱

X 射线光电子能谱（X－ray Photoelectron Spectroscopy，XPS）也被称为化学分析用电子能谱（ESCA），是精确探测薄膜表面或界面几个纳米范围内元素化学状态的一种分析测试技术。XPS 分析技术是用 X 射线去辐射样品，检测由表面出射的光电子来获取表面信息的。在所有表面分析能谱中，XPS 获得的化学信息最多，并具有元素定性、定量分析能力，能测定元素在化合物中存在的价态，同时还能感受该元素周围其他元素、官能团、原子团对其内壳层电子的影响所产生的化学位移；此外 XPS 对样品表面辐射损伤小，能检测除 H、He 以外周期表中所有的元素，并具有很高的灵敏度。XPS 由于其高信息量、对广泛样品的适应性以及坚实的理论基础，成为一种普及的表面分析技术。

利用 XPS 进行表面分析的过程如下[5]：用特征波长的软 X 射线（常用 Mg K_α-1253.6eV 或 Al K_α-1486.6eV）辐照固体样品，然后按动能收集从样品中发射的光电子，给出光电子能谱图（横坐标为结合能—B_E 或动能—K_E，习惯上用前者；纵坐标为与结合能对应的单位时间内光电子计数，即 $N(E)-B_E$ 图）。上述软 X 射线在固体中的穿透距离不小于 1μm。在 X 射线路径中，通过光电效应，使固体原子发射出光电子，这些光电子在穿越固体向真空发射过程中，要经历一系列弹性和非弹性碰撞。因而只有表面下一个很短距离（约 2nm）

的光电子才能逃逸出来。这一本质就决定了 XPS 是一种灵敏的表面分析技术。入射的软 X 射线能电离出内层以上电子，并且这些内层电子的能量是高度特征性的，因此 XPS 可以用作元素分析；由于这种能量受“化学位移”的影响，XPS 也可以进行化学态分析；同时，从谱峰强度还可以进行定量分析。

光电子动能一般由式 3-3 给出：

$$K_E = h\nu - B_E - \Phi_S \tag{3-3}$$

式中，$h\nu$为入射光子能量；B_E 为发射电子在原子轨道中的结合能；Φ_S 为能谱仪功函数。

此外，光电离过程中，除了发射光电子外，同时还通过弛豫（去激发）过程，发射俄歇电子（图 3-4），在光电发射后，约经 10^{-14}s，即发射俄歇电子。这两类电子的区别在于：光电子动能与入射光子能量有关；而俄歇电子动能与激发光子能量无关，其值等于初始离子与带双电荷的终态离子之间的能量差。

XPS 能谱图中常见的谱线一般有三类[6]。第一类是与样品物理化学性质有关的，其中最重要的是元素的特征峰。元素的特征峰是原子壳层内能级结构的直接反映，而元素所处的化学和物理环境会造成特征峰的移动。原子中的内层电子受核电荷的库仑引力和核外其他电子的屏蔽作用，任何外层价电子分布的变化都会影响内层电子的屏蔽作用，因而处于不同化学环境下的同一原子，其内能级谱会出现分立的分峰，称为化学位移效应，可用于分析元素的化学态。实际工作中，一般选用元素的最强峰作为元素的特征峰。第二类是技术上的基本谱线（如 C 、O 等污染线）。在进行 XPS 分析时，试样表面必须保持高度清洁，但仍可能被空气中的 CO_2、水分和尘埃等沾污，表面可能被空气部分氧化，造成谱图中出现 C、O、Si 等元素的特征峰。因此在实际工作中，一方面要尽量用各种方法清洁样品表面，另一方面，又

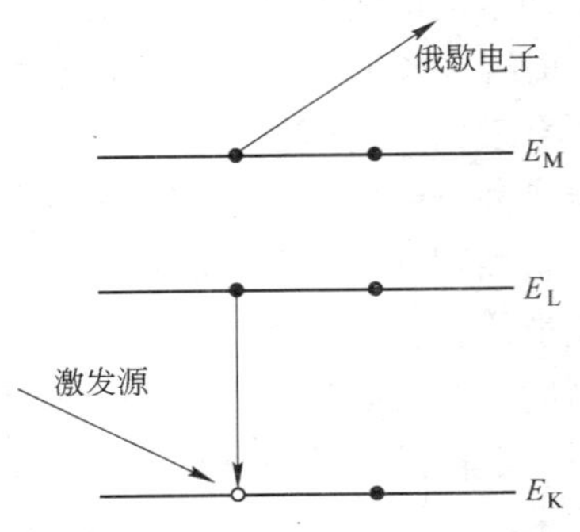

图 3-4 XPS 中俄歇电子过程示意图

可利用吸附的 C_{1s} 峰作为内标来校正荷电效应造成的谱线移动。第三类是仪器效应的结果，如 X 射线非单色化产生的卫星伴线等，需要在实际工作中进行识别，不要被其干扰。

XPS 是一种表面分析技术，如果结合离子刻蚀技术进行深度剖析则可获得元素纵向分布信息。XPS 采用两种方法做深度剖析：第一种为变角 XPS 法。变角 XPS 深度分析是一种非破坏性的深度分析技术，但只能适用于表面层非常薄（1～5nm）的体系。其原理是利用 XPS 的采样深度与样品表面出射的光电子的接收角的正弦关系，可以获得元素浓度与深度的关系。取样深度（d）与掠射角（α）的关系如式 3-4 所示：

$$d = 3\lambda\sin\alpha \tag{3-4}$$

当 α 为 90°时，XPS 的采样深度最深；当 α 为 5°时，可以使表面灵敏度提高 10 倍。在运用变角深度分析技术时，必须注意下面因素的影响：单晶表面的点阵衍射效应；表面粗糙度的影响；表面层厚度应小于 10nm。

第二种为 Ar 离子剥离深度分析方法。这是一种使用最广泛的深度剖析方法，是一种破坏性分析方法，会引起样品表面晶格的损伤、择优溅射和表面原子混合等现象。其优点是可以分析表面层较厚的体系，深度分析的速度较快。其分析原理是先把表面一定厚度的元素溅射掉，然后再用 XPS 分析剥离后的表面元素含量，这样就可以获得元素沿样品深度方向的分布。由于普通的 X 光枪的束斑面积较大，离子束的束斑面积也相应较大，因此，其剥离速度很慢，深度分辨率也不是很好，其深度分析功能一般很少使用。此外，由于离子束剥离作用时间较长，样品元素的离子束溅射还原会相当严重。为了避免离子束的溅射坑效应，离子束的面积应比 X 光枪束斑面积大 4 倍以上。对于新一代的 XPS 谱仪，由于采用了小束斑 X 光源（微米量级），XPS 深度分析变得较为现实和常用。

3.3.2 俄歇光电子能谱

用电子束激发样品中原子的内壳层电子，可以使得该原子发射出俄歇电子，接收、分析俄歇电子的能量分布，从而获得样品成分的仪器被称为俄歇电子能谱仪（Auger Electron Spectroscopy，AES）。俄歇效应是法国物理学家俄歇在 1925 年分析了威尔逊（Wilson）云室实验的结果后发现的。实验中用了高能 X 射线来电离气体，并观察到了光电子。对电子的测量表明其轨迹与入射光子的频率无关，这表明电子电离的机制是原子内部能量交换或无辐射跃迁，运用基本量子力学计算出跃迁率和跃迁概率，以及进一步的实验和理论研究都表明，俄歇效应的机制是无辐射跃迁，而非内部能量交换。在 1968 年，哈里斯（Harris）采用微分电子线路，首创了微分形式俄歇电子能量分布曲线测定法后，解决了如何从强大的本底和噪声中把俄歇信号检测出来的问题，俄歇电子能谱开始进入实用化阶段。在 1969 年，帕尔姆堡（Palmborg）等引进了筒镜能量分析器，进一步提高了信噪比，使 AES 达到很高的灵敏度和分析速度，而一年后出现的扫描俄歇显微探针系统使 AES 从定点分析发展为二维表面分析。目前，俄歇电子能谱是表面科学领域中最广泛使用的表面化学成分分析仪器之一。

与 X 射线光电子能谱（XPS）一样，俄歇电子能谱也可以分析除氢氦以外的所有元素。AES 具有很高的表面灵敏度，其检测极限约为 10^{-3}原子单层，其采样深度为 1～2nm，比 XPS 还要浅。更适合于表面元素定性和定量分析，同样也可以应用于表面元素化学价态的研究。配合离子束剥离技术，AES 还具有很强的深度分析和界面分析能力，其深度分析的速度比 XPS 的要快得多，深度分析的深度分辨率也比 XPS 的深度分析高得多。常用来进行薄膜材料的深度剖析和界面分析。此外，AES 还可以用来进行微区分析，且由于电子束束斑非常小，具有很高的空间分辨率。

俄歇电子能谱的原理[5]比较复杂，涉及原子轨道上三个电子的跃迁过程。当 X 射线或电子束激发出原子内层电子后，在原子的内层轨道上产生一个空穴，形成了激发态正离子。在这激发态离子的退激发过程中，外层轨道的电子可以向该空穴跃迁并释放出能量，而这种释放出的能量又激发了同一轨道层或更外层轨道的电子电离，并逃离样品表面，这种出射电子就是俄歇电子。其俄歇跃迁过程可图解为图 3-5。

俄歇过程产生的俄歇电子峰可以用它激发过程中涉及的三个电子

轨道符号来标记，图3-5中俄歇过程激发的俄歇峰可被标记为KLM跃迁。从俄歇电子能谱的理论可知，俄歇电子的动能只与元素激发过程中涉及的原子轨道的能量及谱仪的功函数有关，而与激发源的种类和能量无关。KLM俄歇过程所产生的俄歇电子能量可以用式3－5表示：

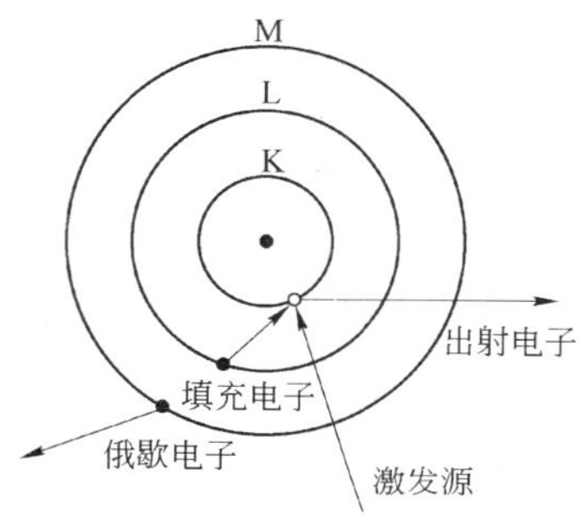

图3-5 俄歇电子的跃迁过程

$$E_{KLM}(Z)=E_K(Z)-E_{L1}(Z)-E_{L2}(Z+\Delta)-\phi_s \qquad (3\text{-}5)$$

式中 $E_{KLM}(Z)$——原子序数为Z的原子的KLM跃迁过程的俄歇电子的动能，eV；

$E_K(Z)$——内层K轨道能级的电离能，eV；

$E_{L1}(Z)$——外层L1轨道能级的电离能，eV；

$E_{L2}(Z+\Delta)$——双重电离态的L2轨道能级的电离能，eV；

ϕ_s——谱仪的功函数，eV。

在俄歇激发过程中，一般采用较高能量的电子束作为激发源。在常规分析时，为了减少电子束对样品的损伤，电子束的加速电压一般采用3kV或5kV，在进行高空间分辨率微区分析时，也常用10kV以上的加速电压。原则上，电子束的加速电压越低，俄歇电子能谱的能量分辨率越好。反之，电子束的加速电压越高，俄歇电子能谱的空间分辨率越好。由于一次电子束的能量远高于原子内层轨道的能量，一束电子束可以激发出原子芯能级上的多个内层轨道电子，再加上退激发过程中还涉及两个次外层轨道。因此，会产生多种俄歇跃迁过程，并在俄歇电子能谱图上产生多组俄歇峰，尤其是对原子序数较高的元素，俄歇峰的数目更多，使得定性分析变得非常复杂。由于俄歇电子的能量仅与原子本身的轨道能级有关，与入射电子的能量无关，也就是说与激发源无关。对于特定的元素及特定的俄歇跃迁过程，其俄歇电子的能量是特征的。由此，我们可以根据俄歇电子的动能用来定性分析样品表面物质的元素种类。该定性分析方法可以适用于除氢、氦以外的所有元素，且由于每个元素会有多个俄歇峰，定性分析的准确度很高。因此，AES 技术是适用于对所有元素进行一次全分析的有效定性分析方法，这对于未知样品的定性鉴定是非常有效的。

从样品表面出射的俄歇电子的强度与样品中该原子的浓度有线性关系，因此可以利用这一特征进行元素的半定量分析。因为俄歇电子的强度不仅与原子的多少有关，还与俄歇电子的逃逸深度、样品的表面光洁度、元素存在的化学状态以及仪器的状态有关。因此，AES 技术一般不能给出所分析元素的绝对含量，仅能提供元素的相对含量。且因为元素的灵敏度因子不仅与元素种类有关，还与元素在样品中的存在状态及仪器的状态有关，即使是相对含量不经校准也存在很大的误差。此外，还必须注意的是，虽然 AES 的绝对检测灵敏度很高，可以达到 10^{-3}原子单层，但它是一种表面灵敏的分析方法，对于体相检测灵敏度仅为 0.1% 左右。AES 是一种表面灵敏的分析技术，其表面采样深度为 1.0 ~ 3.0nm，提供的是表面上的元素含量，与体相成分会有很大的差别，并且，AES 的采样深度不仅与材料性质和光电子的能量有关，而且也与样品表面和分析器的角度有关。

虽然俄歇电子的动能主要由元素的种类和跃迁轨道所决定，但由于原子内部外层电子的屏蔽效应，芯能级轨道和次外层轨道上的电子的结合能在不同的化学环境中是不一样的，有一些微小的差异。这种轨道结合能上的微小差异可以导致俄歇电子能量的变化，这种变化就称作元素的俄歇化学位移，它取决于元素在样品中所处的化学环境。一般来说，由于俄歇电子涉及三个原子轨道能级，其化学位移要比 XPS 的化学位移大得多。利用这种俄歇化学位移可以分析元素在该物质中的化学价态和存在形式。由于俄歇电子能谱的分辨率低以及化学位移的理论分析困难，俄歇化学效应在化学价态研究上的应用未能得到足够的重视。随着技术和理论的发展，俄歇化学效应的应用也受到了重视，甚至可以利用这种效应对样品表面进行元素的化学成像分析。

3.4 薄膜晶体学结构的表征——X 射线衍射

X 射线衍射（X- Ray Diffraction，XRD）分析是获取样品晶体学结构信息的强有力的工具[7,8]。利用X射线照射未知结构的晶体，通过衍射角的测量求得晶体中各晶面的面间距 d，从而揭示晶体的结构，即结构分析；还可以利用已知面间距的晶体来反射从样品发射出来的X射线，通过衍射角的测量求得X射线的波长，从而确定试样的组成元素，即X射线光谱学。XRD分析一般可用来：判断样品的单相性；获得样品的晶体结构及平均晶粒尺寸；判定薄膜样品的织构；通过多层膜样品的小角X射线衍射可以推断出样品层状结构的好坏，并计算多层膜的调制周期。

晶体是由原子或原子团等按照一定规律在空间内有规律排列而构成的固体。当它被X射线照射后，各个原子散射X射线。这些散射线符合相干波的条件，因而产生干涉现象。衍射线就是经过相互干涉而加强的大量散射线所组成的射线。X射线研究晶体结构，实际上就是找出产生衍射线的条件，并将此条件换算为晶体结构。衍射现象发生的条件是布拉格方程[9]，满足式3-6：

$$2d_{hkl}\sin\theta_{hkl}=n\lambda \tag{3-6}$$

式中，λ 是入射的X射线的波长；d_{hkl} 为晶体（hkl）晶面的面间距；θ_{hkl} 为入射X射线与（hkl）晶面的夹角，$2\theta_{hkl}$ 为（hkl）晶面的衍射角（入射X射线和衍射X射线之间的角度）；n 为自然数（通常 $n=1$）。图3-6是晶体的X射线衍射几何示意图。式3-6表明，当结晶样品的晶面与X射线之间满足布拉格方程时，X射线的衍射强度将加强，因此，通过测量入射X射线和衍射X射线之间的角度（衍射角）以及衍射强度分布，就可以获得晶体点阵（晶格）类型、晶面间距和晶格常数、晶体的结晶取向、晶体缺陷和应力等材料结构信息。

多层薄膜结构中有三个特征尺度：调制波长 Λ，每层材料的晶面间距 d 和结构相关长度 ζ。结构相关长度 ζ 是指在结构上相关原子之间的距离，通过测量X射线衍射峰的半高宽（FWHM）来估计，即Scherrer公式（式3-7）：

$$\zeta=\frac{0.9\lambda_0}{B\cos\theta_B} \tag{3-7}$$

式中，λ_0 是X射线波长；B 是半高宽（弧度）；θ_B 为Brag角。

X射线衍射的计算模型[10]有很多种，最简单的是一维STEP模

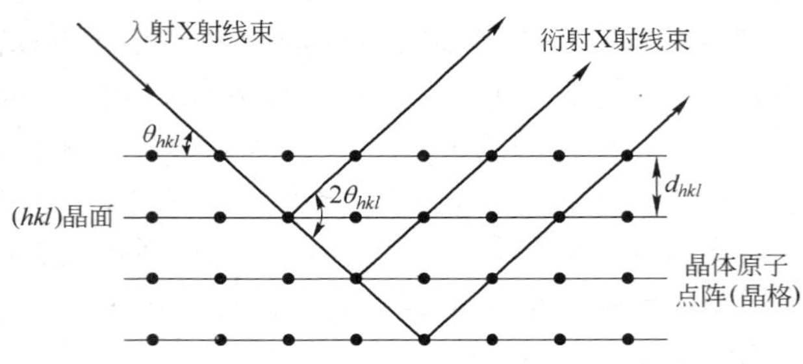

图 3-6 晶体的 X 射线衍射几何示意图

型，其基本假设是：两种材料的界面清晰、无互扩散；薄膜中每种材料的晶格常数与块材中的值相同；每种材料的散射因子是其组分的散射因子的权重均方根。在低角区，散射振幅满足式 3-8：

$$S(k) = \sum_{p=1}^{N}\left[f_a\int_{(p-1)\Lambda}^{(p-d_a/\Lambda)\Lambda}\exp(ikz)\,dz + f_b\int_{(p-d_b/\Lambda)\Lambda}^{p\Lambda}\exp(ikz)\,dz\right] \tag{3-8}$$

式中，N 为多层膜的周期数；f_a、f_b分别是两种不同材料的散射振幅密度；d_a、d_b为各层的厚度；k 为散射波矢振幅。由此，散射强度满足式 3-9：

$$I(k) = \frac{4f_a^2}{k^2}\left[\frac{\sin^2(Nk\Lambda/2)}{\sin^2(k\Lambda/2)}\right]\times\left\{\sin^2\left(\frac{kd_a}{2}\right)-\frac{f_a}{f_b}\left[\sin^2\left(\frac{kd_a}{2}\right)+\sin^2\left(\frac{kd_b}{2}\right)-\sin^2\left(\frac{k\Lambda}{2}\right)\right]+\left(\frac{f_a}{f_b}\right)^2\sin^2\left(\frac{kd_b}{2}\right)\right\} \tag{3-9}$$

其中假设材料 a 有较强的散射。式 3-9 中第一个括号中的那项包含了多层膜的信息，在 $k=2\pi m/A(m=\pm1,\pm2,\cdots)$ 和 $k=\pi/(N\Lambda)$ 时给出的是等间距的极大值和二级极大值。第二个括号中的函数具有包络的作用，可以改变第一项的幅值。

在高角区，同理可求得：

$$|F(k)|^2 = \frac{\sin^2(kn_ad_a/2)}{\sin^2(kd_a/2)} + \left(\frac{f_a}{f_b}\right)^2\frac{\sin^2(kn_bd_b/2)}{\sin^2(kd_b/2)} +$$

$$\frac{2f_a}{f_b}\cos\left(\frac{k\Lambda}{2}\right)\frac{\sin(kn_a d_a/2)}{\sin(kd_a/2)}\frac{\sin(kn_b d_b/2)}{\sin(kd_b/2)} \tag{3-10}$$

式中，d_a、d_b分别是材料 a、b 在垂直膜面方向上的原子层的晶面间距，每层中的原子层数分别是 n_a、n_b。

衍射仪是进行 X 射线衍射实验专用的主要设备，它由 X 射线发生器、衍射仪测角台和探测器等组成，如图 3-7 所示。进行常规 X 射线衍射时，装在测角台上的多晶试样一般以 θ 角转动，探测器以 2θ 角转动。大多数仪器的转动轴沿垂直线，试样也垂直放置，转动轴沿水平线时，起始的试验也水平放置。探测器得到的是一般的 X 射线衍射谱，从一系列谱峰可以得到相应的一系列衍射晶面间距（d 值），如果衍射图上各个峰对应的晶面间距值（d 值）和某晶体的 PDF 卡（多晶粉末衍射卡）上的 d 值一致，就可以由衍射谱把晶体结构确定下来。

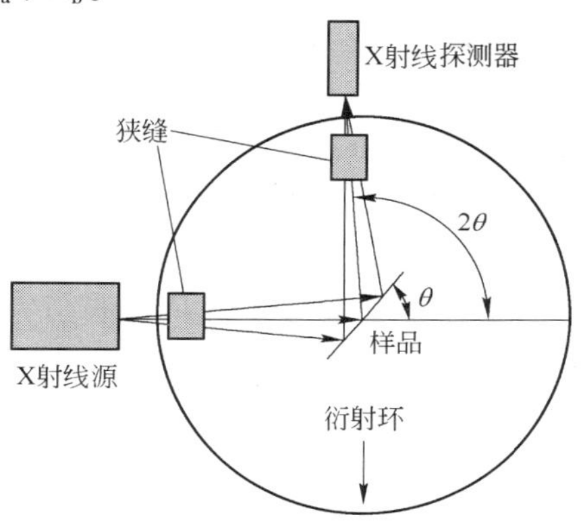

图 3-7 X 射线衍射示意图

3.5 薄膜表面形貌或高分辨像的表征

3.5.1 原子力显微镜

原子力显微镜（Atomic Force Microscopy，AFM）是由 IBM 公司于 1985 年发明的，1990 年完成了实用化装置并开始投放市场，AFM 的实用化是物质表面测试手段的重大革新。原子力显微镜是一种利用原子、分子间的相互作用力来观察物体表面微观形貌的新型实验技术，是以扫描隧道显微镜基本原理发展起来的扫描探针显微镜。原子力显微镜可以检测很多样品，提供表面研究的数据，这些都是常规扫描型表面粗糙度仪及电子显微镜所不能提供的。AFM 提供真正的三维表面图，同时不需要对样品进行任何特殊处理，如镀铜或碳，这种处理会对样品造成不可逆转的伤害。电子显微镜需要运行在高真空条件下，而原子力显微镜在常压下甚至在液体环境下都可以良好工作，这样可以用来研究生物宏观分子，甚至活的生物组织。AFM 现已广泛应用于半导体、纳米功能材料、生物、化工等各种纳米相关学科的研究领域中，成为纳米科学研究的基本工具。

原子力显微镜是利用原子之间的范德华力作用来呈现样品的表面特性。假设两个原子中，一个是在悬臂的探针尖端，另一个是在样本的表面，它们之间的作用力会随距离的改变而变化，其作用力与距离的关系如图 3-8 所示。当原子与原子很接近时，彼此电子云斥力的作用大于原子核与电子云之间的吸引力作用，所以整个合力表现为斥力的作用，反之若两原子分开有一定距离时，其电子云斥力的作用小于彼此原子核与电子云之间的吸引力作用，故整个合力表现为引力的作用。

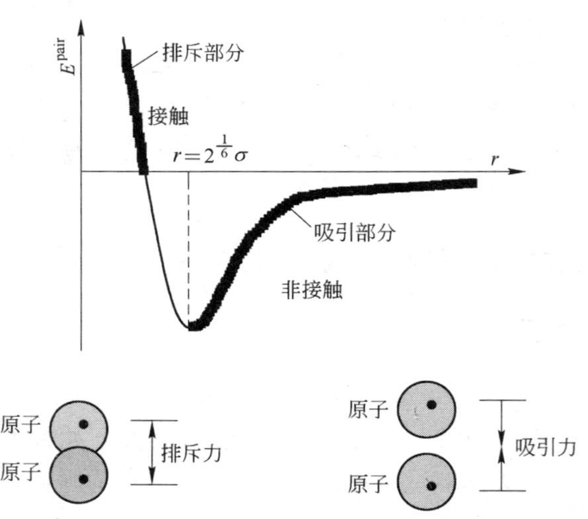

图 3-8 原子与原子之间的交互作用力与彼此之间距离的关系

若以能量的角度来看，这种原子与原子之间的距离与彼此之间能量的大小也可从兰纳－琼斯（Lennard - Jones）的公式中得到印证（式 3-11）：

$$E^{\text{pair}}(r)=4\varepsilon\left[\left(\frac{\sigma}{r}\right)^{12}-\left(\frac{\sigma}{r}\right)^{6}\right] \tag{3-11}$$

式中，σ 为原子的直径；r 为原子之间的距离。从式 3-11 中可知，当 r 降低到某一程度时其能量为 $+E$，代表了在空间中两个原子是相当接近且能量为正值；若假设 r 增加到某一程度时，其能量就会为 $-E$，说明了空间中两个原子之间距离相当远且能量为负值。不管从空间上去看两个原子之间的距离与其所导致的吸引力和斥力，或是从当中能量的关系来看，原子力显微镜就是利用原子之间那奇妙的关系来把原子的样子给呈现出来，让微观的世界不再神秘。

原子力显微镜的工作模式是以针尖与样品之间的作用力的形式来分类的，主要有接触模式、非接触模式和敲击模式三种操作模式。接触模式是 AFM 最直接的成像模式。正如名字所描述的那样，AFM 在整个扫描成像过程之中，探针针尖始终与样品表面保持亲密的接触，而相互作用力是排斥力。扫描时，悬臂施加在针尖上的力有可能破坏试样的表面结构，因此力的大小范围在 $10^{-10}\sim10^{-6}$ N。若样品表面柔嫩而不能承受这样的力，便不宜选用接触模式对样品表面进行成像。接触模式的优点是扫描速度快，能够获得“原子分辨率”图像；缺点是样品表面吸附液层的毛细作用会使针尖与样品之间的黏着力很大，横向力与黏着力的合力将导致图像空间分辨率降低，而且针尖刮擦样品会损坏软质样品。

非接触模式探测试样表面时悬臂在距离试样表面上方 5 ~ 10nm 的距离处振荡，这时，样品与针尖之间的相互作用由范德华力控制，通常为 10^{-12}N，样品不会被破坏，而且针尖也不会被污染，特别适合于研究柔嫩物体的表面。非接触模式的优点是没有力作用于样品表面。不利之处在于要在室温大气环境下实现这种模式十分困难。因为样品表面不可避免地会积聚薄薄的一层水，它会在样品与针尖之间搭起一个小小的毛细桥，将针尖与表面吸在一起，从而增加了尖端对表面的压力。通常非接触模式仅用于非常怕水的样品，其吸附液层必须薄，如果太厚，针尖会陷入液层，引起反馈不稳，刮擦样品。

敲击模式介于接触模式和非接触模式之间。悬臂在试样表面上方以其共振频率振荡，针尖仅仅是周期性地、短暂地接触/敲击样品表面，这就意味着针尖接触样品时所产生的侧向力被明显地减小了，因此当检测柔嫩的样品时，AFM 的敲击模式是最好的选择之一。一旦 AFM 开始对样品进行成像扫描，装置随即将有关数据输入系统，如表面粗糙度、平均高度、峰谷峰顶之间的最大距离等，用于物体表面分析。同时，AFM 还可以完成力的测量工作，测量悬臂的弯曲程度来确定针尖与样品之间的作用力大小。敲击模式的优点是很好地消除了横向力的影响，降低了由吸附液层引起的力，图像分辨率高，适于观测软、易碎或胶黏性样品，不会损伤其表面。缺点是扫描速度过慢。

原子力显微镜技术的发展强烈依赖于带有特殊针尖的微悬臂制备技术的发展，在原子力显微镜试验中，由于悬臂与样品表面间的距离非常小，探针的损坏经常发生。另外，针尖的曲率半径毕竟很小，非常容易被磨损，特别是在测试粗糙度较大的样品时，磨损得更为严重。针尖一旦磨损，对测量范围较大的图像影响一般可以忽略，但如果所测样品是纳米尺度范围，图像主要为针尖特征，其纳米尺度很可能分辨不出而造成假像。

3.5.2 透射电子显微镜

透射电子显微镜（Transmission Electron Microscopy，TEM）属于电子显微镜的一种，所谓电子显微镜是以电子束为照明光源的显微镜。由于电子束在外部磁场或电场的作用下可以发生弯曲，形成类似于可见光通过玻璃时的折射现象，所以我们就可以利用这一物理效应制造出电子束的“透镜”，从而开发出电子显微镜。而 TEM 其特点在于利用透过样品的电子束来成像，这一点有别于扫描电子显微镜。由于电子波的波长远小于可见光的波长（100kV 的电子波的波长为 0.0037nm，而紫光的波长为 400nm），根据光学理论，可以预期电子显微镜的分辨本领大大优于光学显微镜。目前世界上最先进的 TEM 的分辨本领已达到 0.1nm，可用来直接观察原子像。对于材料科学的研究而言，TEM 已经成为了一种不可或缺的研究工具。

TEM 在材料科学研究中具有很多常见用途[11]：利用质厚衬度像，对样品进行一般形貌观察；利用电子衍射、微区电子衍射、会聚束电子衍射等技术对样品进行物相分析，从而确定材料的物相、晶系，甚至空间群；利用高分辨电子显微术可以直接“看”到晶体中原子或原子团在特定方向上的结构投影这一特点，确定晶体结构；利用衍衬像和高分辨电子显微像技术，观察晶体中存在的结构缺陷，确定缺陷的种类、估算缺陷密度；利用 TEM 所附加的能量色散 X 射线谱仪或电子能量损失谱仪对样品的微区化学成分进行分析；利用带有扫面附件和能量色散 X 射线谱仪的 TEM，或者利用带有图像过滤器的 TEM，对样品中的元素分布进行分析，确定样品中是否有成分偏析。

透射电子显微镜的实物照片如图 3-9 所示，其结构示意图和成像及衍射工作模式光路图见图 3-10。TEM 主要由三部分构成：光源，即电子枪；透镜组，主要包括聚光镜、物镜、中间镜和投影镜；观察室及照相机。电子枪的作用在于产生足够多的电子，形成一定亮度以上的束斑，从而满足观察的需要。透镜组的作用在于将电子束会聚到样品上，然后将从样品上透射出来的电子束进行多次放大、成像，其作用完全与光学显微镜中的透镜一样。现代 TEM 基本上都是使用磁透镜，这样，只要适当调整磁场强度，就可以得到不同的工作模式。

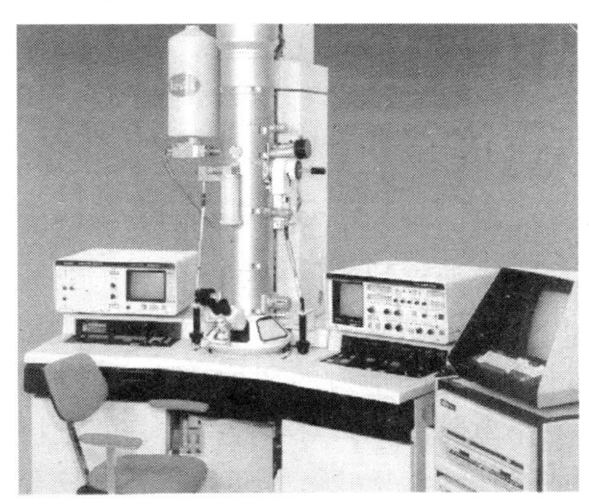

图 3-9 透射电子显微镜的实物照片

透射电子显微镜最常见的工作模式有两种：成像模式和衍射模式。在成像模式下，可以得到明场像、暗场像和高分辨条纹像。明场

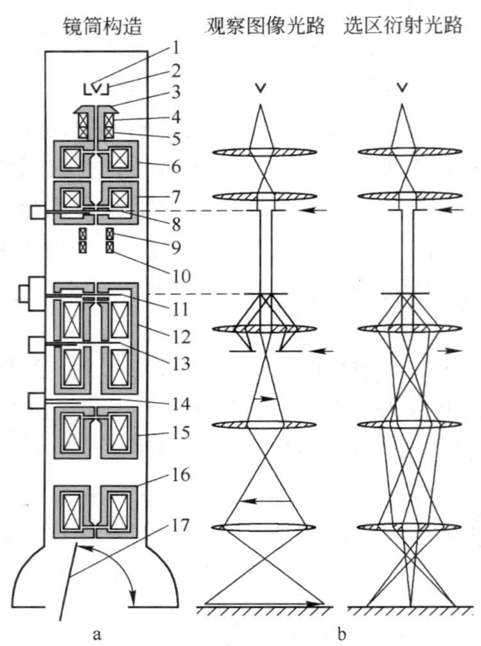

图 3-10 TEM 结构示意图（a）和成像及衍射工作模式光路图（b）

1—灯丝；2—栅极；3—阳极；4—枪倾斜；5—枪平移；6—一级聚光镜；7—二级聚光镜；8—聚光镜光阑；9—光倾斜；10—光平移；11—试样台；12—物镜；13—物镜光阑；14—选区光阑；15—中间镜；16—投影镜；17—荧光屏

像和暗场像依赖于物镜光阑的位置，光阑只允许透射束通过的成像是明场像，只允许衍射束通过的成像是暗场像，一般透镜中放置若干孔径不同的物镜光阑供选用。成像模式下可以得到样品的形貌、结构等信息。在衍射模式下，电子衍射的图像成像于荧光屏上，与 X 射线衍射图像类似。对于单晶体，衍射图像呈明亮的点状花样；多晶体则显示一系列连续或非连续点状的衍射环；非晶体只有中心发散的亮圆斑。在衍射模式下可以对样品进行物相分析，计算出晶面间距。此外，新一代 TEM 还都备有一些新的工作模式，如会聚束电子衍射模式和微区电子衍射模式等。

用于透射电镜观察的薄膜断面样品制备是个难点，下面将介绍薄膜断面样品的制备方法，以此可推广到块体断面样品的制备。制备过程如图3-11所示[12]：首先把样品切成2.5mm×1mm的条状。然后使用离子减薄专用树脂将两块样品对粘，用热熔胶固定在一个样品台上，沿平行薄膜表面的方向进行机械减薄，直至厚度小于50μm。将磨好的样品用离子减薄专用树脂固定到一个直径3mm的铜环上。最后，采用离子减薄仪对样品进行离子束刻蚀减薄。在此工序中，经聚焦的离子束对低速旋转的样品两面进行离子束刻蚀，首先采用与试样平面约为10°倾角的离子束进行刻蚀，至观察到样品中央穿孔后，将离子束倾角减小为约4°，以扩大穿孔临近区的薄区范围。至此，用于TEM观察的薄膜断面样品就制备完成。

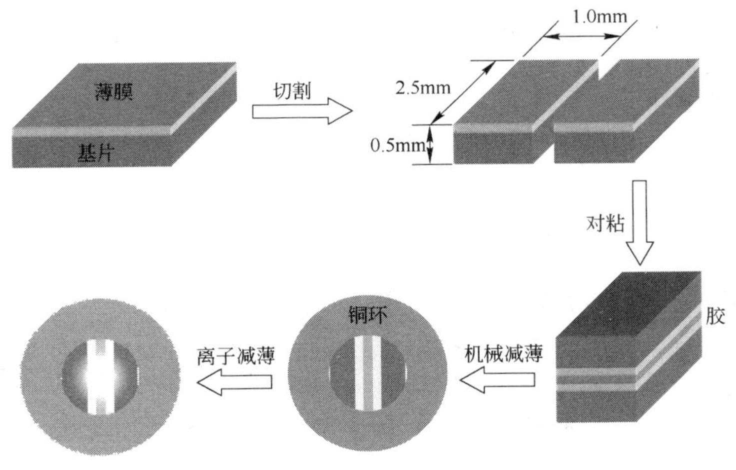

图3-11 电镜样品的制备过程

3.6 薄膜磁性的测量

磁性能是材料一个重要物理特性，对材料磁性能的精确测量，对于磁性材料的研究有着重要意义。常见的磁性测试设备主要基于三种原理来测量材料的磁性能：

（1）测量材料在非均匀磁场中所受到的力来测量材料磁矩。像磁秤、交变梯度磁强计等。这种方法灵敏度较高，但是不容易测量不同结晶取向下的磁矩。

（2）感应法，这种方法以感应定律为基础，将样品放在一个均匀的磁场中，让样品和测量线圈之间做相对运动，通过测量线圈中的感应电压就可以推断出材料的磁特性。基于感应法的磁测量仪器已经有许多成套的商品仪器，主要有：提拉样品磁强计、振动样品磁强计、超导量子干涉磁强仪等。这些仪器测试简便、迅速，具有很高的灵敏度，是目前广泛采用的一种测试方法。

（3）利用一些物理效应测量与磁性能有关的物理量，例如：法拉第效应、铁磁霍尔效应、微波磁共振现象等。这些方法在某些情况下具有一定的优越性，甚至具有某些独特的优点，但是它对被测材料有一定的局限性，只能适用于那些物理效应较明显的材料。

3.6.1 交变梯度磁强计

交变梯度磁强计（Alternating Gradient Field Magnetometer，AGFM）实际上是磁秤法的一种[13]。样品在交变梯度磁强计的稳恒磁场下被磁化产生磁矩，再由一对反向串联的线圈通以正弦交变电流给样品一个交变梯度磁场的作用，样品则因受交变力的作用而做周期振动。样品的振动状态取决于所受的磁力，磁力的大小又与其磁矩相关。用一个与样品关联的压电式传感器把样品受的磁力转变为压电信号，从而检测样品的磁矩。图3-12为AGFM装置的示意图。均匀稳恒磁场 H 和样品磁矩 m 都沿 x 轴。交变磁场 H 沿 x 方向有较大的梯度，且在两线圈中心区的 x 方向梯度接近均匀。则样品所受的磁力沿 x 方向的分量为：

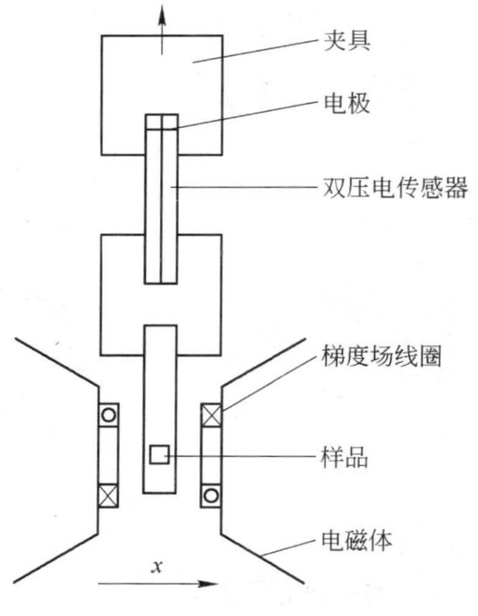

图3-12　交变梯度磁强计装置示意图

$$F_x = \frac{m_x \mathrm{d}h_x}{\mathrm{d}_x} \tag{3-12}$$

由上式易见，当 $\mathrm{d}h_x/\mathrm{d}_x$ 保持恒定的情况下，样品所受的力与其磁矩 m 成正比，通过压电传感器转变为压电信号检测。把一对长 2.5cm、宽 3.5cm 的压电介质片的黄铜面对接在一起，再分别在另外两个黄铜镀银极面上焊上细引线，即构成一个双压电型传感器。压电传感器的下端固定在样品杆上，而其上端悬吊在防震的支架上。样品在稳恒和交变梯度磁场的作用下做周期振动，该振动引起压电传感器产生压电信号，并由引线输入前置放大器，经放大并经滤波，再送锁相放大器，放大后测量。

3.6.2 振动样品磁强计

振动样品磁强计（Vibrating Sample Magnetometer，VSM）是测量材料磁性的重要手段之一，属于感应法磁测量设备[14,15]。它利用小尺寸样品在均匀恒磁场中振动，根据探测线圈中感生电动势来测量材料磁性参数。利用该设备可以获得一些重要信息，如：饱和磁化强度（M_s），磁化强度的择优取向（即磁各向异性）、矫顽力（H_C）、剩磁（M_r）、磁相互作用、交换偏置场（H_{ex}）等性能参数。振动样品磁强计主要是由振动系统、探测线圈、电磁铁、电子检测仪器以及高斯计等组成，其结构示意图见图 3-13a。将一个小尺度的样品放在磁场中，可以视为一个磁偶极子，使它在均匀恒定的磁场中做等幅振动，利用电子信号放大系统，将处于上述偶极场中的检测线圈中的感生电压进行放大，再根据感生后的电压和磁矩之间的关系求出被测样品的磁矩。如图 3-13b 所示，设磁场的方向沿 x 轴，样品沿 z 轴振动，在 r 处放置一个匝数为 N，面积为 S 的检测线圈。则感生电动势可以表示为：

$$\varepsilon(t) = -\frac{\mathrm{d}\phi}{\mathrm{d}t} = -\frac{3M}{4\pi}a_0\omega\cos(\omega t)K \tag{3-13}$$

式中，a_0 为样品振幅；ω 为样品振动的频率；K 为与检测线圈的大小、形状、匝数和方位有关的常数。当固定样品的振幅和频率，线圈的匝数、大小、形状和位置后，则 $\varepsilon(t)$ 只和样品的总磁矩成正比，根据感生电压的大小就可以获得样品的总磁矩值。

在振动样品磁强计中，因为样品的体积小，外磁场在样品所在的小范围内容易均匀，而且探测线圈与外磁场是相对静止的，即使外场

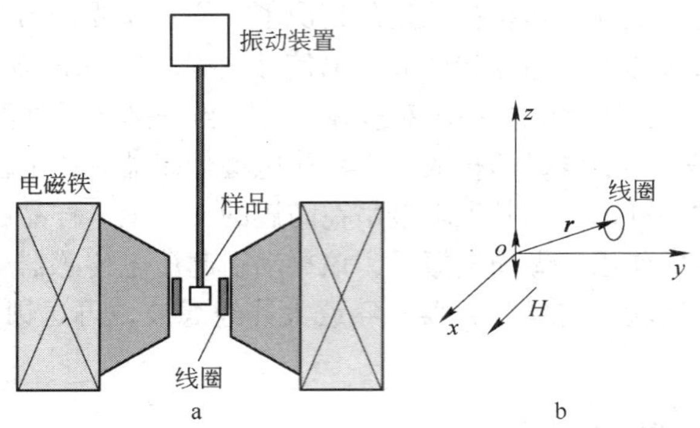

图 3-13　振动样品磁强计结构示意图（a）及
直角坐标系下振动线圈与磁场的方位关系（b）

存在某些不均匀性，也不会在线圈中引起感应电动势，因此测量精度高，稳定性好。另外，振动样品磁强计所产生的探测信号频率固定，用比较简单的电子技术并改进探测线圈，灵敏度可以做得非常高。由于此方法灵敏度高，且样品是在均匀磁场中磁化的，能够准确地测量磁矩和磁场关系曲线，可以很方便地用来研究在外场下物质的磁性。

3.6.3　物理性能综合测试系统

物理性能综合测试系统（Physical Property Measurement System，PPMS）是在低温和强磁场的背景下测量材料的直流磁化强度和交流磁化率、直流电阻、交流输运性质、比热容和热传导、扭矩磁化率等综合测量系统。一个完整的 PPMS 系统由一个基础系统和各种选件构成，根据内部集成的超导磁体的大小，基础系统分为 7T、9T、14T 和 16T 系统。在基础系统搭建的温度和磁场平台上，利用各种选件进行磁测量、电输运测量、热学参数测量和热电输运测量。

交流（AC）选件和 VSM 选件是磁学测量中经常使用的。AC 磁化率测量原理是，交流激发信号被输入到交流驱动线圈中，伺服电机驱动样品依次到两个绕向相反的探测线圈的中心，同时，与时间相关的样品信号被收集。把测得的样品在两个探测线圈中心的信号相减以消除驱动线圈和探测线圈间的随机相互作用。通过对多次测量的采样和平均，可以减少测量过程中的信号噪声，其磁化率灵敏度可达 $2\times10^{-11}A\cdot m^2$。VSM 选件借助于 PPMS 平台提供的温度和磁场平台，可以比利用 PPMS 系统上其他方法更快地获取高质量的磁测量数据。VSM 选件不依赖于 PPMS 上任何其他选件的辅助，是完全独立的选件，可以安装到 PPMS 上，其磁场扫描速率为 800 ~ 1600A/(m · s)；测量灵敏度可达 $2\times10^{-9}A\cdot m^2$。

参 考 文 献

[1] 滕蛟. 铁磁反铁磁交换偏置和反铁磁层间交换作用的研究［D］. 北京科技大学, 2003.

[2] 杨瑞林, 杨艳萍. 扫描电镜粉末样品的制备［J］. 山西师范大学学报（自然科学版）, 2002,（04）: 44 ~46.

[3] 吴自勤, 王兵. 薄膜生长［M］. 北京: 科学出版社, 2001.

[4] 石景燕, 李振海. 电感耦合等离子体发射光谱法在化学分析中的应用［J］. 河北电力技术, 2003: 43 ~44.

[5] 黄惠忠. 论表面分析及其在材料研究中的应用［M］. 北京: 科学技术文献出版社, 2002 : 16.

[6] 俞宏坤. X 射线光电子能谱（XPS）［J］. 上海计量测试, 2003, 30（4）: 45 ~47.

[7] 黄阀. CoCr 基合金纳米多层膜的微结构和磁性研究［D］. 北京: 北京科技大学, 2005.

[8] 陆架和, 陈长彦. 现代分析技术［M］. 北京: 清华大学出版社, 1995.

[9] 马世良. 金属 X 射线衍射学［M］. 西安: 西北工业大学出版社, 1997.

[10] 翟中海. 具有垂直各向异性 $(Pt/Co)_n/FeMn$ 多层膜交换偏置的研究［D］. 北京科技大学, 2006.

[11] 吴晓京. 透射电子显微镜［J］. 上海计量测试, 2002, 29（3）: 33 ~35.

[12] 王晓翠. 具有 MgO 插层的坡莫合金薄膜的制备与表征［D］. 北京科技大学, 2008.

[13] 周世昌. 磁性测量［M］. 北京: 电子工业出版社, 1994: 175.

[14] 陈海英. 精密磁强计的发展现状及应用［J］. 现代仪器, 2006, 6 : 5 ~7.

[15] 吕斯骅, 朱印康. 近代物理实验技术［M］. 北京: 高等教育出版社, 1991.

4　高磁晶各向异性的磁记录介质薄膜材料的发展和研究现状

当今时代，信息量的日益增大对信息的存储容量和读出速度提出了越来越高的要求。硬盘磁记录技术是目前普遍使用的一种信息记录方式，由于强大的市场需求，硬盘磁记录技术在过去的几十年中得到了飞速的发展。由于在民用行业、工业界以及军事领域中的应用和发展需要，硬盘记录的容量和面密度呈指数形式逐年增长，这主要归功于磁记录介质的发展和磁头技术的发展。磁记录介质作为磁记录存储数据的媒介，是存储和传输数据的重要部分，其性能直接决定了硬盘的容量、面密度、信噪比以及写入/读出的速度。随着记录密度的不断增加，高密度硬盘对磁记录介质材料的性能要求越来越高，因此各种性能优良的新型磁记录介质材料在近十几年得到了广泛的研究和开发。部分磁记录介质材料如 CoCr 基合金薄膜材料已经成功地应用在实际的硬盘中，其硬盘面密度不断得到提高；而部分磁记录介质材料如 $L1_0$-FePt、SmCo 合金薄膜材料目前仍然处于实验室的研发阶段，还需要克服很多实际应用中的困难。本章主要介绍了超高密度磁记录硬盘对磁性介质薄膜材料的性能要求、部分目前广泛研究或研发的高磁晶各向异性的磁记录介质薄膜材料的特点以及发展情况。

4.1　超高密度磁记录硬盘对记录介质材料的要求

随着硬盘的容量和面密度的不断升高，对磁记录介质材料和磁头材料的要求也越来越苛刻。表 4-1 [1] 是伍德（Wood）在 2000 年通过模拟计算，硬盘的面密度达到 158.7Gb/cm^{2}时，磁记录介质材料和磁头材料需要满足的要求。从表 4-1 中可见，这种超高密度磁记录硬盘对磁记录介质的磁性能、结构、晶粒尺寸以及磁头材料的写入场、读出灵敏度和间距等性能都提出了很高的要求，所以如何选择合适的磁记录介质材料对于实现高性能的超高密度硬盘具有十分重要的意义。在近三十多年里，人们根据硬盘发展的需要，对磁记录介质薄膜材料的结构进行了不同的改进，硬盘的性能和面密度也随之得到改善；同时，各种新型的、性能更加优良的磁记录介质材料也随之发展起来，替代传统的磁记录介质材料，为新一代超高密度的硬盘奠定了良好的材料基础。

表 4-1 面密度达到 158.7Gb/cm² 时，磁记录介质材料和磁头材料需要满足的要求

面密度	158.7Gb/cm²
盘片直径	33mm
磁记录介质	结构：垂直磁各向异性的硬磁层／软磁层的双层结构（垂直） 性能：矫顽力约 1.2T（1MA/m）；剩余磁化强度约 0.6T（0.5 MA/m）；尺寸：厚度约 9 nm；晶粒尺寸约 8nm ± 1nm
写头	写头与盘片之间的间距：38nm 饱和场：2T(1.6MA/m)
读头	读头与盘片之间的间距：29nm 灵敏度：1mV（峰和峰之间的宽度）

实际上，实现超高密度磁记录硬盘的最关键问题是保证记录单元具有足够高的稳定性，即磁记录介质的记录单元上所携带的磁信息能够长期保存且信号不丢失。磁记录介质材料在信息存储过程中存在着两种能量，一种是磁晶各向异性能（K_uV），它是克服外界扰动、保持磁信号的能量；另一种是热能（k_BT），它使磁信号产生扰动的能量，其中 K_u 和 V 分别表示磁晶各向异性能密度和晶粒体积；k_B 和 T 分别表示为玻耳兹曼常数和介质温度。这两种能量在磁记录介质材料中相互竞争，决定着硬盘的热稳定性。磁记录介质的热稳定性定义为磁晶各向异性能和热能的比值，若比值大于 1，则介质具有记录功能；若比值小于 1，则介质没有记录功能。比值越大说明介质材料的热稳定性越高。研究表明[2~5]：为了保证硬盘磁信号的剩余磁化强度在 30 年后降低为原来的 e^{-1}，磁记录介质材料必须满足式 4-1：

$$\frac{K_u V}{k_B T} \geqslant 40 \tag{4-1}$$

要想保证硬盘具有非常高的热稳定性，就要求介质材料具有尽量高的磁晶各向异性能量（$K_u V$）。超高密度磁记录意味着在有限的盘片面积上记录尽可能多的数据，而记录数据的多少直接取决于记录单元的尺寸，所以必须要求记录单元的体积或磁性颗粒的晶粒尺寸（V）尽可能小。但是，根据式4-1，随着V的不断减小，磁晶各向异性能量也会逐渐降低，热稳定性也会变差。当磁性颗粒的晶粒尺寸达到这种材料的超顺磁临界尺寸时，磁性颗粒的磁晶各向异性能就难以克服热扰动的影响，即不具有记录功能了，这就限制了超高密度磁记录硬盘的发展。因此，不能无限制地通过降低磁性颗粒的晶粒尺寸的方式来提高硬盘的面密度。改变这一问题的关键是采用具有高磁晶各向异性能的材料作为磁记录介质材料，目的是保证记录介质材料在晶粒尺寸较小时仍然具有较高的热稳定性。同时，为了继续提高硬盘的记录面密度，需要磁记录介质材料具有尽量小的超顺磁临界尺寸，这两方面将有利于实现超高密度磁记录硬盘。

另外，磁记录过程是利用磁头将介质材料磁化到饱和状态后，利用其剩余磁化强度来记录磁信号；并利用介质材料的矫顽场克服外界磁场的影响。因此，超高密度存储要求磁记录介质材料具有较高的矫顽力（H_C）、剩余磁化强度（M_r）、矩形度以及剩磁比。但是，介质材料的H_C值的过分增加会导致充磁的困难，所以介质材料的H_C增加也要受到目前磁头写入场的限制；过高的M_r值会导致纵向磁记录介质的过渡区增加；过高的饱和磁化强度（M_s）会导致垂直磁记录介质材料的记录噪声增加[6]，所以必须要求磁记录介质材料具有适当的H_C值、M_r值以及M_s值。

此外，为了提高介质的信噪比和盘片性能的均匀性，还要求介质材料的磁性颗粒具有尽可能一致的性质或性能，比如磁性颗粒的开关场分布（Switch Field Distribution，SFD）应尽可能小，即矫顽力矩形度（S^*）较高、磁性颗粒的K_u值分布和颗粒尺寸分布应尽可能小等。为了提高垂直磁记录介质材料的信噪比，还要求尽可能地降低晶粒间磁耦合作用；然而，为了保证记录介质材料的稳定性和磁性颗粒的一致反转，要求晶粒间存在一定的磁耦合作用，以克服退磁场和热扰动的影响。所以，要求介质材料具有适中的晶粒间磁耦合作用，并且其大小分布尽可能小。

综上所述，超高密度磁记录介质材料应至少具备以下的性质[1~5]：

（1）具有尽量小的晶粒尺寸、晶界尺寸以及晶粒尺寸分布；

（2）具有较高的 K_u 值、较小的超顺磁临界尺寸且晶粒的 K_u 分布小；

（3）具有适当的晶粒间磁耦合作用，其大小分布小；

（4）具有适中的 H_C 值、M_r 或 M_s 值，较高的矩形度和剩磁比；

（5）具有较小的开关场分布（或具有较高的 S^*）。

表4-2中列出了部分磁记录介质材料的磁学性能，包括磁晶各向异性密度（K_u）、饱和磁化强度（M_s）、各向异性场（H_K）、居里温度 T_C 和超顺磁临界尺寸（D_p）；图4-1显示了部分磁记录介质材料的磁晶各向异性密度与饱和磁化强度之间的关系[6]。从表4-2中可以看到，传统的硬盘广泛使用的磁记录介质材料是CoCr基合金薄膜，它的 K_u 值数量级为 10^5 J/m^3，D_p 值约为10nm。和其他高磁晶各向异性的介质材料相比，具有相对较小的 K_u 值和相对较大的 D_p 值，利用它制成的硬盘所能达到的面密度受到很大限制，一般认为其记录面密度的极限为158.7Gb/cm^2[7]，目前市面上的硬盘面密度已经很接近这一数值了。而具有 $L1_0$ 有序结构的合金FePt、CoPt等磁性材料的 K_u 值可以达到 10^6 J/m^3，比CoCr基合金薄膜的 K_u 值高一个数量级；并且，它们还具有非常小的 D_p 值（约为3~5nm）、较高的矫顽力和饱和磁化强度。此外，稀土过渡族金属 $SmCo_5$ 合金具有更高的 K_u 值（约 10^7 J/m^3），比CoCr基合金薄膜的 K_u 值高1~2个数量级；其 D_p 值只有2.2~2.7nm。换句话说，在同样的热稳定要求下，以上三种磁性材料的晶粒尺寸可以仅为CoCr基材料晶粒尺寸的1/3，这可以大大提高硬盘的面密度。据估计，利用以上三种高磁晶各向异性的磁性材料制成的硬盘的面密度比CoCr基硬盘高10~20倍[8]。从图4-1中也可以很明显地看到，$L1_0$-FePt合金、$L1_0$-CoPt合金以及 $SmCo_5$ 合金均具

有较高的 K_u 值和适当的 M_s 值，是非常有前景的新一代超高密度磁记录介质材料。

表 4-2　部分磁记录介质材料的磁学性能

体系	材料	K_u /MJ · m^{-3}	M_s /emu ·cm^{-3}	H_K /kA · m^{-1}	T_C /K	畴壁厚度/nm	畴壁能密度/J · m^{-3}	D_p /nm
Co合金	CoPtCr	0. 20	298	1096		22. 2	0. 57	10. 4
	Co	0. 45	1400	512	1404	14. 8	0. 85	8. 0
	Co_3Pt	2. 0	1100	2880		7. 0	1. 8	4. 8
$L1_0$ 相	FePd	1. 8	1100	2640	760	7. 5	1. 7	5. 0
	FePt	6. 6 ~ 10	1140	9280	750	3. 9	3. 2	2. 8
	CoPt	4. 9	800	9840	840	4. 5	2. 8	3. 6
	MnAl	1. 7	560	5520	650	7. 7	1. 6	5. 1
稀土合金	$Fe_{14}Nd_2B$	4. 6	1270	5840	585	46	2. 7	
	$SmCo_5$	11 ~ 20	910	32000	1000	22 ~ 30	4. 2 ~ 5. 7	2. 7 ~ 2. 2

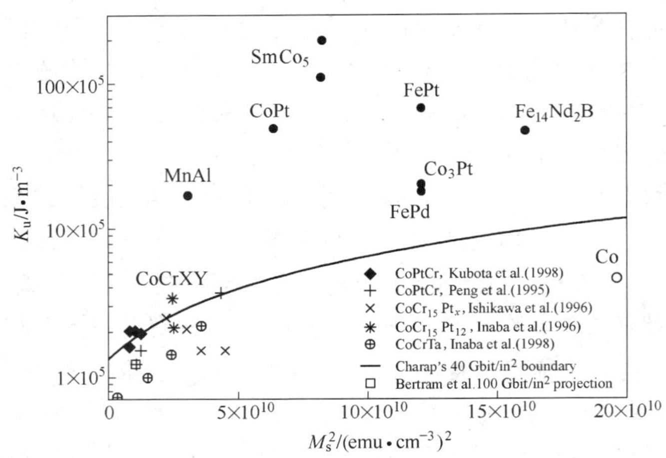

图 4-1　部分磁记录介质材料的磁晶各向异性密度 K_u 与饱和磁化强度 M_s 的关系 [5]

表 4-3 [9,10] 列出了一些常用的垂直磁记录介质材料的结构、磁学性质和厚度。目前常用的垂直磁记录介质有三种结构 [7]：单层膜结构、以软磁材料作为底层的双层结构以及以软磁材料作为底层和覆盖

层的三层膜结构，其中软磁材料的作用是使磁力线在磁记录介质层和软磁层之间形成一个封闭的磁路，以提高介质的写入场和降低其退磁场。由于Co具有六角结构和单轴磁各向异性，比较适合于实现垂直膜面磁化[9]。但纯Co的饱和磁化强度太高，会导致作用在垂直膜面方向的退磁场大于单轴各向异性场，难以使Co颗粒的磁矩垂直于膜面。因此在不改变六角密排晶体结构的条件下，加入少量其他非磁性金属元素如Cr等可以减小M_s值[11]，从而获得易磁化轴垂直于膜面的介质材料。1977年，Iwasaki等人就在单层的CoCr合金薄膜中发现了其垂直各向异性，并利用单极磁头实现了CoCr合金薄膜的垂直磁记录[12]。随后，他们又在CoCr/NiFe双层膜结构中实现了垂直磁记录[13]。在此之后，又衍生出很多类似的双层膜和三层膜结构，如表4-3中所示。目前，为了实现超高密度垂直磁记录硬盘，人们又开发出新的磁记录介质结构或新型磁记录介质材料。比如，利用[Co/Pt]$_n$和[Co/Pd]$_n$多层膜结构可以有效地提高Co系合金的矩形度和热稳定性[14]，但由于制备工艺复杂、盘片受热会导致多层膜界面粗糙或消失，还难以用于垂直磁记录介质中。近几年来，出现了SmCo垂直磁化膜[15]、TbFeCo磁光介质[16]以及L1$_0$-FePt垂直磁化膜[17]，它们都具有非常高的K_u值和优良的磁性能，很适合做超高密度垂直磁记录介质。在4.2节中，我们将详细介绍部分目前广泛研究或研发的高磁晶各向异性的磁记录介质薄膜材料的特点以及发展情况。

表4-3 常用的垂直磁记录介质材料的结构、磁学性质和厚度[9,10]

介质	H_C /kA·m^{-1}	M_s /emu·cm^{-3}	H_K /kA·m^{-1}	磁性层厚度/nm
Co-Cr-Nb-Pt/Ti	200	200~400	320	50
Co-Cr-Pt(-Ta)/Co-Cr/Ti-Cr	160~240	400~500	>800	25
Co-Cr-Pt/Ti/Co-Zr	160~320	500	1040	20
[Co-Cr-Ta/Pt]$_n$/Ni-Fe	200~288	150~320	400	40/7000
Co-Cr-Nb-Pt/Ni-Fe-Nb/Ti	240	300	480	50/5
Co-Cr-Ta/Co-Zr-Nb/Co-Sm	200	400	480	50/600/15
Al-Ba-ferrite/Pt	256	150	2400	250
[Co/Pd]$_n$，[Co/Pt]$_n$	160~800	200~600	1200~2400	10~50
Fe-Pt	160~1600	800	>2400	10~50
SmCo/Cu	160~2400	300~400	>1600	20~100

4.2 部分高磁晶各向异性的磁记录介质薄膜材料的特点

4.2.1 Co 基合金薄膜材料的发展和研究现状

最初的硬盘是利用涂覆的方法记录在铁氧体磁粉上的，这种硬盘的容量很低，很快就不能满足人们的需要。Co 基合金薄膜是较早广泛应用于硬盘的磁记录介质材料，它具有高 K_u、制备工艺简单、写入场较小、稳定性好、性能易于控制等特点。直到目前为止，垂直磁记录硬盘上普遍使用的磁记录介质材料仍然为 CoCr 基合金薄膜。2008 年 8 月，日立（Hitachi）公司利用 CoCr 基合金薄膜作为磁记录介质制成了垂直磁记录硬盘，其面密度最高可达 96. 8Gb/cm^2[18]，这意味着 3. 5in 硬盘的容量将突破 3. 6TB。以下将详细介绍 CoCr 基合金的发展和研究现状。

由于 Co 具有六方密堆晶体结构和单轴磁各向异性，易磁化轴为 c 轴。但纯 Co 的饱和磁化强度 M_s 太高，会导致作用在垂直膜面方向的退磁场（正比于 M_s 值）大于 Co 的单轴各向异性场（反比于 M_s 值），难以使 Co 颗粒的磁矩垂直于膜面。为了能够应用于垂直磁记录介质中，必须在 Co 薄膜中添加其他组分以降低 M_s，使退磁场小于单轴各向异性场，从而获得易磁化轴垂直于膜面的介质材料。研究表明：加入 Cr 能使 Co 薄膜的 M_s 有效地得到降低[19]，有利于获得 Co 薄膜的垂直磁各向异性；同时，用高频溅射或电子束蒸发方法制备的 CoCr 薄膜，Co 晶粒以垂直于膜面柱状生长，而 Cr 在 Co 晶体的晶界处偏聚，使 Co 晶粒间的磁交换相互作用大大降低，从而提高 Co 薄膜的矫顽力[20~36]。

此后，人们在 CoCr 薄膜中通过添加其他元素，制备出低噪声、高矫顽力的 CoCr 基合金垂直磁记录介质。图 4-2 是一个典型的硬盘结构的示意图[37]，表 4-4 中列出了各层的主要成分和所起的作用。其中，在 CoCr 薄膜中添加 Ta 元素，能够起到抑制 CoCr 合金的晶粒生长、增强 Cr 的晶界隔离作用以及改善矩形比的作用[22~36]。Pt 可以增加磁晶各向异性，提高介质的 H_C 值；B 和 Nb 起到细化晶粒、降噪声的作用[38~40]。缓冲层的作用是引导 CoCr 层的延晶生长，形成更好的织构；同时，通过柱状晶生长，减小 CoCr 晶粒尺寸和表面粗糙度，使得磁性层表现出更好的磁性能。

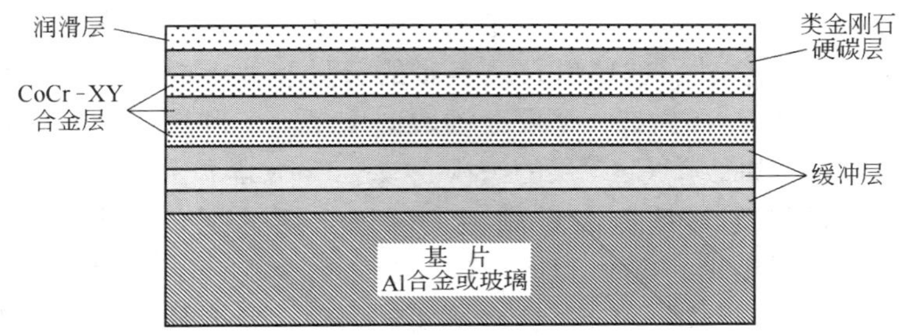

图 4-2 典型的硬盘结构示意图[37]

表 4-4 各层的主要成分和所起的作用

各 层	所起的作用
磁性层 CoCr-XY 合金（X = Ta，Pt；Y = B，Nb）	Cr：晶界隔离作用、降低 M_s； Ta：抑制 CoCr 合金的晶粒生长、增强 Cr 的晶界隔离作用以及改善矩形比； Pt：增加磁晶各向异性，提高矫顽力； B，Nb：细化晶粒、降低噪声
缓冲层（NiFe、Cr、CrX 等）	引导 CoCr 层的延晶生长，减小 CoCr 晶粒尺寸和表面粗糙度
金属 Al 基片或玻璃基片	NiP 做缓冲层，增加表面光滑

研究发现：影响 CoCr-XY 合金薄膜的磁性能的因素主要有[41~46]：本底真空度、氩气氛、基片温度、膜厚、沉积速率以及缓冲层等。具体来说：真空度越差，残留的气体分子越多，这些杂质气体分子或被吸附在基片表面或直接在蒸发过程中进入薄膜中，成为 CoCr 合金薄膜的传导电子的散射中心，使薄膜的电阻增大。另外，真空度对薄膜的取向也具有很大的影响，真空度越高，CoCr 合金薄膜的取向度越高。降低氩气压将有利于 CoCr 合金的 c 轴由面内取向变为垂直取向，从而使磁性得到改善。基片加热可以起到清洗基片、减少膜内晶粒间或膜和基片之间的应力、为原子提供能量在基片表面上扩散或迁移的作用，因此有利于降低晶体内的缺陷，改善磁性能。膜厚的增加有利

于垂直取向的变好、矫顽力的增加、柱状晶尺寸的增大。沉积速率越快，薄膜中含残余气体分子越少，纯度越高，其电阻率也较小。基片和缓冲层均对 CoCr 薄膜的磁性能有影响。例如，用射频溅射工艺将 CoCr 薄膜沉积在硅、玻璃以及覆盖碳的云母基片上时发现：硅基片上的 CoCr 薄膜结晶最好，薄膜 c 轴取向度最高。利用缓冲层材料通过外延生长可以改善 CoCr 层的织构、减小 CoCr 晶粒大小，从而改善薄膜的磁性能尤其是提高矫顽力。可用于缓冲层的材料如 CrW、NiAl、NiP、Cr、Ti、CoZr、CrTi [47~55]。

之后，人们利用 CoCr 基合金薄膜作为磁记录介质，制备了很多纵向磁记录硬盘。由于硬盘大多数采用磁控溅射或蒸镀工艺制造，CoCr 颗粒都是随机排列的，只有一定数量的磁性颗粒才能组成一个数据位，众多的数据位在硬盘上形成规则的环形磁道。为了保证硬盘具有高稳定性，必须保证数据位中磁性颗粒的数量。换句话说，很难通过减小数据位中磁性颗粒的数量来提高记录密度，因此必须通过降低记录颗粒的尺寸或过渡区宽度的方法来实现记录密度的增加。近几十年来，人们尝试了很多方法实现上述目标，如添加 Cr、Ta、B 元素，减小膜厚或 M_s，提高介质的 H_C 等方法，使得以 CoCr 基合金硬盘的面密度不断增加。同时，磁头技术在 20 世纪 80 年代后期也得到了飞速发展，先后出现了各种类型的磁头，如薄膜磁头（1981 年）、磁电阻磁头（1994 年）和巨磁电阻磁头（1998 年），这些高灵敏度磁头的应用使得纵向磁记录硬盘的记录密度又大幅度地增加了几千倍。到 2001 年，硬盘面密度也增加到了 16Gb/cm^2，容量达到 100GB。薄膜的厚度降到了 20nm，再降低膜厚会导致读出信号较弱，影响介质的信噪比；介质的 H_C 也升高到 400kA/m，过高的 H_C 给磁头的充磁带来困难；同时晶粒尺寸也降到了 8 ~ 10nm，已经接近 Co 基合金的超顺磁临界尺寸，进一步减小晶粒尺寸会使磁介质受到超顺磁效应的影响。所以，在 2000 年之后，很难继续再利用上述降低膜厚、提高矫顽力以及改善磁头或介质结构等方法来提高纵向磁记录硬盘的面密度。所以，人们开始尝试通过对 CoCr-XY 基薄膜的结构优化和设计、记录方式的改变等来进一步提高记录密度。

2001 年，IBM 公司设计了一种反铁磁耦合介质（Antiferromagnetic coupled media，AFC）技术[56~58]，如图4-3和图4-4所示。用非常薄的Ru层将磁性层隔开，两边磁性层存在反铁磁交换耦合作用，导致较低的磁性层在相反的磁化方向上也记录了信息，有效地增加了磁记录介质的体积。Ru层既可以保证磁场的顺利通过，又不会使磁层之间相互干扰，所以在不缩小颗粒尺寸的前提下，增加了数据位，将记录密度进一步提高。

2001年，Sonobe等人[59,60]研究了颗粒层和连续层混合（Coupled Granular/Continuous，CGC）介质，如图4-5所示。这种结构具有很强的层间交换耦合作用，可以降低CoCr颗粒反转的几率、减弱热退磁效应的影响，从而增加了介质的热稳定性；同时，多层的Co/Pt减小了介质的形核场，增加了介质的矩形比，提高了介质的写入能力。通过这种复合结构的设计，增加了介质的热稳定性而保持介质的高信噪比。

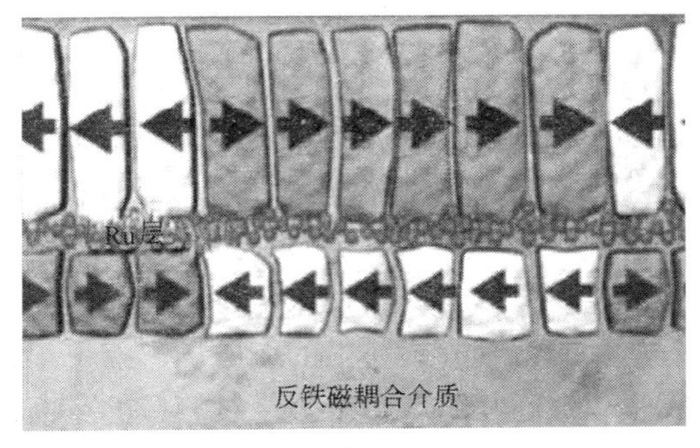

图4-3 反铁磁耦合介质结构

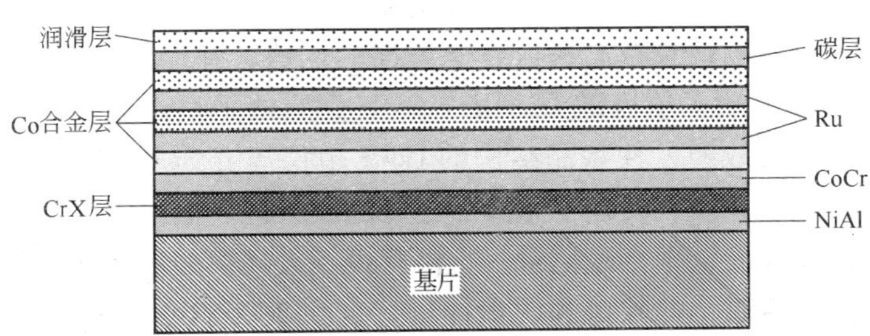

图4-4 反铁磁耦合硬盘磁记录介质结构

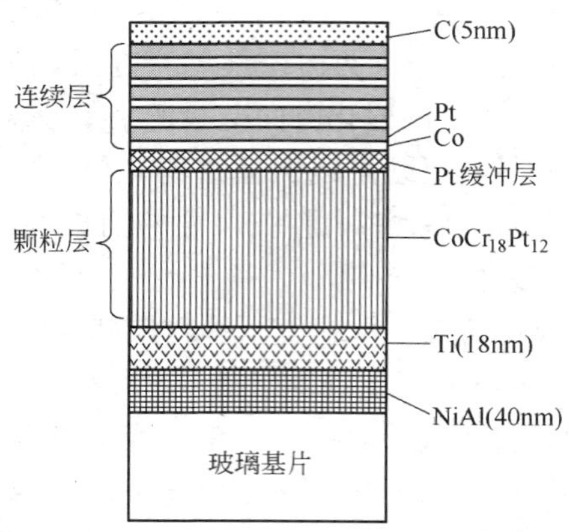

图 4-5 颗粒层和连续层混合的介质（CGC）示意图[59]

另外，采用垂直磁记录写入方式也可以有效地提高介质的记录密度。对于纵向磁化模式，介质的退磁场与膜厚成正比。所以，为了尽量减小退磁效应，CoCr 合金薄膜的厚度必须非常薄，这就意味着要牺牲信号的输出功率，导致薄膜的剩余磁化强度降低，信噪比也降低；同时薄膜内会出现锯齿状畴壁，使相邻记录位之间的过渡区加宽，限制了记录密度的进一步提高。而垂直记录模式中 CoCr 介质的退磁场方向垂直于膜面，并且随着记录密度的升高而降低，因而与纵向磁记录相比，垂直磁记录方式所受的退磁场影响更小，所以无需通过降低介质的膜厚和提高其矫顽力来减小过渡区的宽度，从而允许薄膜的厚度较厚，因此提高了介质的信噪比和稳定性，可以在不减小颗粒尺寸和数目的前提下，提高记录密度。早在 1976 年，Iwasaki 教授就提出了垂直磁记录在高密度存储方面的优势，并形成了系统理论。1977 年，他发明了单极磁头，用于 CoCr 介质的垂直记录，并陆续报道了具有垂直取向、柱状晶结构的 CoCr 单层膜介质和 CoCr/NiFe 双层膜垂直记录介质，开创了垂直磁记录的新天地。但由于当时纵向磁记录的迅速发展，垂直磁记录一直没有得到大规模的商业化，只是研制了一些垂直磁化的软盘和硬盘样机。直到 2000 年，人们才开始重视垂直磁记录硬盘的发展，研发出很多具有垂直磁各向异性的 CoCr 基合金薄膜。产品也在 2004 年后开始大面积上市，硬盘的面密度也以非常快的速度逐年增长。2007 年，日立和希捷公司分别发布了容量达到 1 TB 的垂直磁记录硬盘，率先进入 TB 级存储时代。目前，TB 级的硬盘已经成为主流。

实际上，除了 CoCr－XY 合金薄膜外，人们也研发出了其他 Co 基介质材料。1985 年，Carica 等人在厚度较薄的 Co/Pt、Co/Pd 多层膜体系中发现了明显的垂直磁各向异性和较强的短光波长段的磁光克尔效应，在随后的几年中，Co/Pt、Co/Pd 多层膜体系成为磁光研究的热点[61]。此后，人们又在 Co 与 Au、Ag、Cu、Mn 等构成的磁性多层膜中也发现了源于界面的垂直磁各向异性[62~68]。研究表明：上述多层膜体系中的磁性与 Co/非磁性层界面的物理性质有密切的关系，一般认为多层膜的垂直各向异性来源于 Neel 的对称性破缺、晶格不匹配造成的应力、晶体自身的晶格各向异性以及界面各向异性等，但具体机制还在不断地深入研究中。

Co 基多层膜（如 Co/Pt、Co/Pd 多层膜体系）的磁性能与磁性层与非磁性层的厚度比、多层膜的总厚度、界面的粗糙度、晶体的生长方向、缓冲层的选择、溅射气压以及热处理等因素有关。具体来说：只有选择合适的磁性层与非磁性层的厚度比[61]，薄膜才能具有很好的垂直磁各向异性、较高的 K_u 以及较好的矩形比。当总厚度增大时，K_u 值和矫顽力增加，但是矩形比减小，这与薄膜中的磁畴结构有关。界面粗糙度越小，界面各向异性就越大，界面的粗糙度与构成多层膜材料的晶格匹配、互溶性以及制备条件都有关系。溅射气压的提高会导致薄膜的粗糙度增加，所以矫顽力增加[69~71]。对 Co/Pt 多层膜进行适当热处理可以提高矫顽力，这可能是界面原子扩散导致界面合金化的结果[72]。虽然从性能上说，Co 基多层膜也可以作为磁记录介质材料，但是由于退火后的原子会发生不可控制的界面扩散，所以并没有成为实际的磁记录介质材料。

4.2.2 $L1_0$-FePt 合金薄膜材料的特点和研究现状

$L1_0$-FePt 合金薄膜的 K_u 值比 Co 基合金薄膜高一个数量级，同时具有可调的 H_C 和 M_s 值，耐腐蚀性和耐氧化性都较好，不易受到环境的污染，所以非常适合做超高密度磁记录介质材料，利用 $L1_0$-FePt

合金薄膜制成的硬盘的面密度可达 1587 ~ 3174Gb/cm^2。本节主要介绍 $L1_0$-FePt 合金薄膜在近十几年来的研究状况。

4.2.2.1 $L1_0$-FePt 有序合金相的结构与特点

图 4-6 是 FePt 二元合金体材料的相图[73]。随着成分的变化，Fe-Pt 二元合金的相结构和磁性能变化很大。除了纯 Fe、纯 Pt 和无序 γ(Fe, Pt) 相外，还有三个有序相，即 $L1_2$ 型 Fe_3Pt、$L1_0$ 型 FePt 和 $L1_2$ 型 $FePt_3$。其中 $L1_0$-FePt 相为面心四方结构（face-centered tetragonal, fct），是一种具有硬磁性能的相；$L1_2$ 型有序结构 Fe_3Pt 和 $FePt_3$ 均为面心立方结构（face-centered cubic, fcc），是具有软磁性能的相。对于 Fe-Pt 二元合金薄膜，其相图与体材的相图不完全相同，但主要的合金相和结构还是相同的。

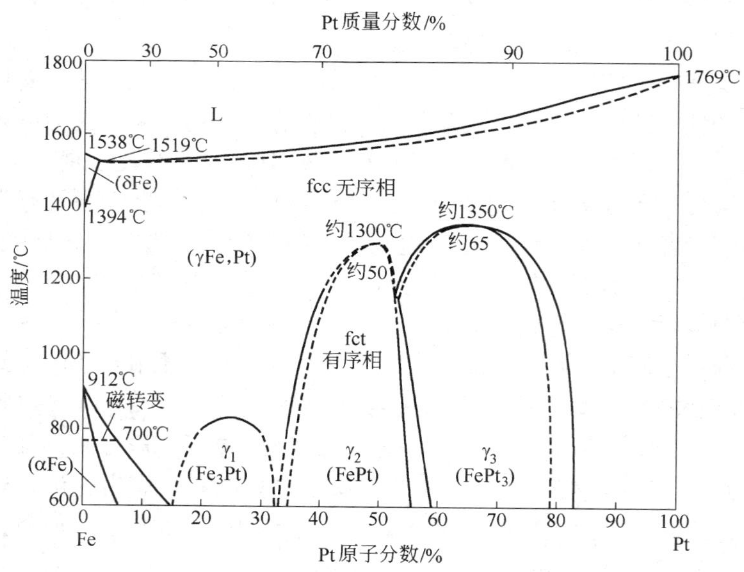

图 4-6 FePt 二元合金体材料的相图[73]

$Fe_{50}Pt_{50}$合金的结构有两种，在室温溅射的 FePt 合金薄膜为无序的 fcc 结构。在这种结构中，Fe 原子和 Pt 原子在立方结构的点阵中是无序占位的（图 4-7a），因此这种结构的 a 轴和 c 轴具有相同的晶格常数（约为 0.382nm），即面心立方结构。这种结构具有各向同性，因此薄膜一般具有很小的 K_u 值，并表现出软磁行为。而经过一定温度热处理后，FePt 的晶体结构会由无序的 fcc 结构转化为有序的 fct 结构，Pt 原子占据四方结构的侧面面心位置，而 Fe 原子占据四方结构的顶角和上下底心位置，形成 Fe 原子层和 Pt 原子层交替排列的有序结构，其 a 轴和 c 轴的晶格常数不相同（a = 0.385nm，c = 0.371nm，c 轴略小于 a 轴），这种超晶格结构称为 $L1_0$ 有序结构（图 4-7b）。具有 $L1_0$ 相的 $Fe_{50}Pt_{50}$ 合金薄膜才具有非常高的单轴磁各向异性和优良的硬磁性能，是极具应用前景的超高密度磁记录介质薄膜材料。FePt 合金薄膜的磁性能以及磁晶各向异性能很大程度上取决于薄膜中 $L1_0$-FePt 相占所有 FePt 相的比例，即与薄膜的有序化程度有关。$L1_0$-FePt 有序合金薄膜具有以下的特征[2,3,74~77]：

（1）具有较大的 K_u 值（可达 $7 \times 10^6 J/m^3$），可以在颗粒尺寸为 3 ~5nm时，仍保持良好的热稳定性。

（2）具有狭窄的磁畴壁，因此晶界的小缺陷都能起到对畴壁的钉扎作用，具有小的磁畴结构。

（3）具有较大的饱和磁化强度（可达 960kA/m），可以实现更小的单畴颗粒直径，使磁畴进一步细化，有利于提高读出信号的强度。

（4）具有较大的磁能级 $(BH)_{max}$，可达到 $1460kJ/m^3$，是一种很好的永磁材料。

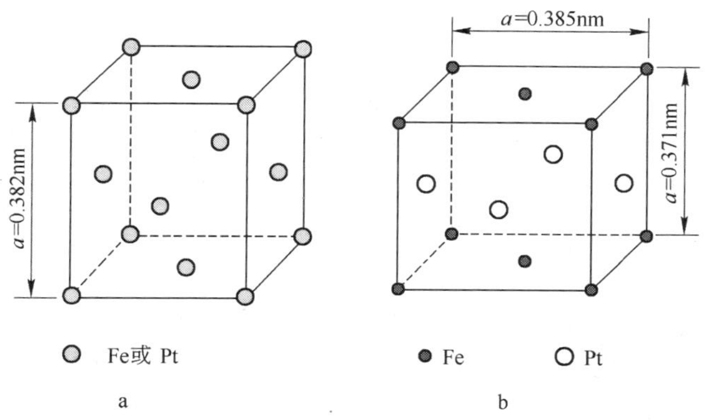

图 4-7 $Fe_{50}Pt_{50}$ 的两种典型晶格结构

a—fcc 相；b—fct 相

（5）具有良好的抗腐蚀性和耐氧化性。

4.2.2.2 $L1_0$-FePt 有序合金的研究热点

实际上，$L1_0$-FePt 薄膜的研究主要集中在近十几年，目前仍然处于实验室的研发阶段，存在着不少需要解决的问题，包括以下四个方面：

（1）热动力学表明，直接沉积的 FePt 薄膜一般具有 fcc 无序结构，必须经过高温退火过程（温度一般高于 550 ℃）才能转变为 fct 有序结构（形成 $L1_0$-FePt 相），即实现无序－有序转变的过程[76]。高温热处理过程会导致 FePt 晶粒过分长大，这必然导致 FePt 晶粒间的磁耦合作用和磁激活体积的增加以及信噪比和记录密度的降低，不利于实现超高密度磁记录。所以如何降低 FePt 薄膜的有序化转变温度是其实用化的关键问题之一。

（2）磁记录介质材料的易磁化轴必须是平行于膜面或垂直于膜面，以实现纵向磁记录或垂直磁记录。而 $L1_0$-FePt 有序合金的易磁化轴是 c 轴，由于（111）平面是它的能量最低面，所以直接沉积在玻璃基片上的 FePt 薄膜通常具有（111）取向，即易磁化轴与膜面成 35.26°，因此无法应用于纵向磁记录或垂直磁记录硬盘中。由于垂直磁记录比纵向磁记录具有更广阔的应用前景，所以如何实现 $L1_0$-FePt 薄膜的垂直磁各向异性是存在的问题之一。

（3）超高密度垂直磁记录要求介质的颗粒尺寸尽量小，并且具有适当的颗粒间磁耦合作用。然而在成膜和热处理过程中，FePt 颗粒的生长使颗粒间的间距变小，颗粒间通常存在着很强的磁交换耦合作用，这是不利于实现超高密度磁记录的[77]，所以，如何降低 FePt 的晶粒尺寸和 FePt 颗粒间磁耦合作用是需要解决的问题之一。

（4）由于 $L1_0$-FePt 有序合金薄膜具有很高的 K_u 值，所以这种材料通常也具有非常高的矫顽力，因此需要的磁头写入场也会随之增加。例如，FePt 颗粒介质需要的写入场约为 1600～4000kA/m。而目前的磁头写入场最高只能达到 2.4 T（1920kA/m），难以有效地对具有过高矫顽力的 $L1_0$-FePt 介质进行充磁，这是目前限制高磁晶各向异性的磁记录材料在实际硬盘中应用的重要的原因之一，所以如何在保持 $L1_0$-FePt 有序合金薄膜高 K_u 值的同时，实现其矫顽力的调控是需要解决的问题之一。

4.2.2.3 $L1_0$-FePt 有序合金低温有序的研究

目前，在降低 FePt 薄膜的有序化转变温度方面，国际上进行了很多相关的研究工作，而利用各种方法降低有序化转变温度的幅度也各不相同。按照降低有序化转变温度的机理，可以将目前国际上可行的方法归纳为以下几类。

A 利用分子束外延（MBE）方法[78]

法洛（Farrow）等人曾经利用 MBE 方法，在基片温度为 300 ℃时制备了以 Pt 为底层的有序 $L1_0$-FePt 薄膜，薄膜显示出良好的硬磁性能（K_u达到 $1.5\times10^6 J/m^3$，H_C达到 200kA/m）。其原因是 MBE 方法是逐层沉积原子，如果控制好沉积条件，可以在较低的温度下直接沉积出单原子 Fe 层/单原子 Pt 层交替排列的 $L1_0$-FePt 结构。

B 采用多层膜结构[79~81]

恩东（Endo）等人[79]在玻璃基片上，采用［Fe/Pt］$_n$多层膜结构，在 300℃退火后就实现了 FePt 薄膜的有序化，尽管薄膜的 H_C仅有 200kA/m，其磁滞回线如图 4-8 所示。此外，岛田（Shimada）等人[81]采用［Pt/Fe-Ag］$_3$多层膜结构，在 400℃退火后获得了 H_C适中的有序 $L1_0$-FePt 薄膜。这些方法降低有序化温度的原因是，Fe/Pt 多层膜化为体系增加了界面能，为 Fe、Pt 原子的有序化运动提供了驱

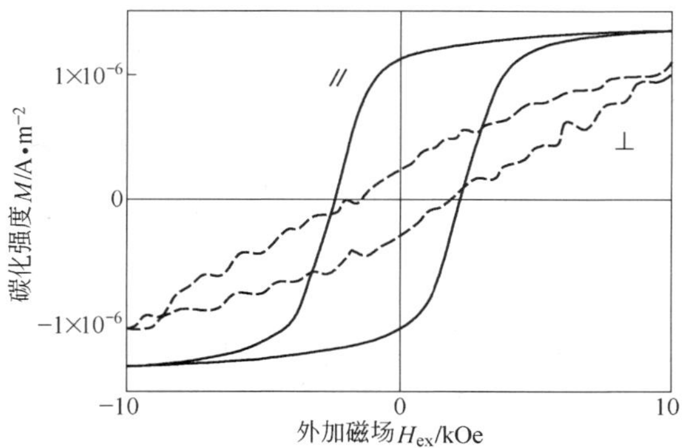

图 4-8 300℃退火时，［Fe(1.5nm)/Pt(1.5nm)］$_{10}$多层膜的磁滞回线

（其中//和⊥分别表示磁场平行和垂直于膜面方向测到的曲线[81]）

动力；同时在界面处存在缺陷，有利于 Fe、Pt 原子的扩散和有序化运动，这两方面导致 FePt 薄膜有序化所需要克服的势垒降低，因此可以降低其有序化温度。

C 掺杂第三种元素[82~87]

掺杂合适的第三种元素，如 Zr[86]、N[87]、B[88]、Cu[89~92]、Sb[93]等元素可以不同程度地降低 FePt 薄膜的有序化温度，并提高低温退火时的磁性能。其促进有序化的原因主要有两类：一类是利用掺杂原子和 FePt 原子合金化的过程降低薄膜的有序化温度。比如，高梨（Takahashi）等人[89]研究发现：在 FePt 中添加少量的 Cu 元素，部分 Cu 原子会替换 FePt 晶格中的 Fe 原子，与 Pt 原子形成合金，使得 Fe-Cu、Fe-Pt 的融化温度降低，体系的扩散系数随之增加，从而促进了 Fe、Pt 原子的有序化运动，使 FePt 薄膜在400 ℃时实现有序。而梅达（Maeda）等人[90~92]研究发现：Cu 与 Pt、Fe 形成合金，其自由能变化 $W_{PtCu}<0$，$W_{FeCu}>0$，使得掺杂 Cu 元素的 FePt 薄膜在有序化转变过程中的自由能变化比不掺杂 Cu 的 FePt 薄膜的小，导致了薄膜在 300℃时实现低温有序。图 4-9 分别是这两个小组测到的 FePt 薄膜和 FePtCu 薄膜的 H_C 随退火温度的变化图。

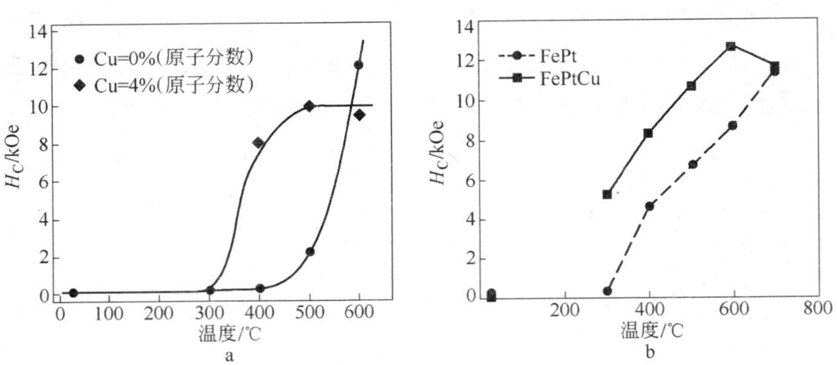

图 4-9 FePt 和 FePtCu 薄膜的 H_C 随退火温度的变化

a—Takahashi[89]；b—Maeda[90]

另一类是利用掺杂原子的低表面能、易扩散的特性[87,93,94]，或是利用掺杂元素与 FePt 的晶格错配[86]为薄膜中引入缺陷来降低有序化温度。例如，北上（Kitakami）等人[94]通过在 CoPt 薄膜中掺杂少量的表面活化剂原子，将 CoPt 合金的有序化温度从 650℃ 降低到 400～500℃。其原因是由于某些低表面能的元素在 FePt 中的固溶度低，易在薄膜中扩散，在扩散过程中会形成大量的缺陷如空位等，促进 Fe、Pt 原子的有序化运动，从而达到降低有序化温度的效果。图 4-10 为掺杂少量的表面活化剂原子后，CoPt 薄膜的 H_C 随退火温度的变化。闫（Yan）等人[93]采用在薄膜中掺杂少量的 Sb 元素，利用自组装方法在 275℃ 退火时获得了矫顽力适中、晶粒尺寸仅有 4nm 且分布较窄的 $L1_0$-FePt 薄膜，图 4-11 是掺杂 23% Sb 的 FePt 薄膜的电子显微图以及颗粒尺寸分布图。

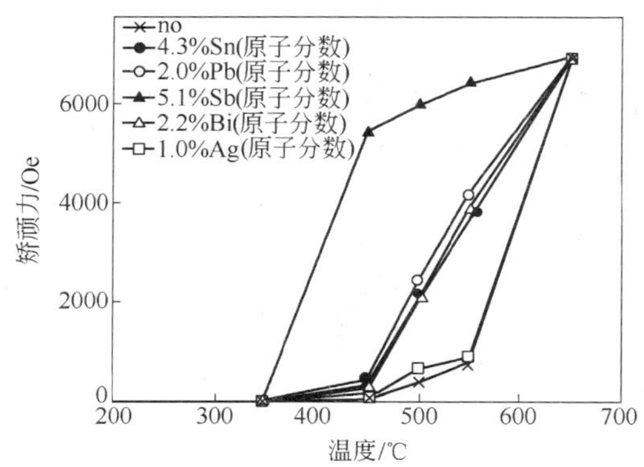

图 4-10 掺杂少量的表面活化剂原子后，CoPt 薄膜的 H_C 随退火温度的变化[94]

实际上，掺杂第三种元素不仅对 FePt 薄膜的有序化温度有影响，同时也会对薄膜的微结构尤其是晶粒尺寸和表面形貌有影响。比如，研究表明[82～86,95]：在 FePt 薄膜中掺杂少量的 Ta、Nb、W、Ti、Zr 和 Cr 元素，这些元素可以扩散到 FePt 晶粒的晶界处，抑制 FePt 晶粒的长大，起到细化晶粒的作用，但是这些元素的添加也导致了薄膜有序化温度升高。因此，选择合适的掺杂原子对于 FePt 薄膜的有序化、晶粒生长都有很重要的影响。

D 利用不同的底层或顶层[96～110]

合适的底层或顶层也能促进 FePt 薄膜有序化、降低其有序化温

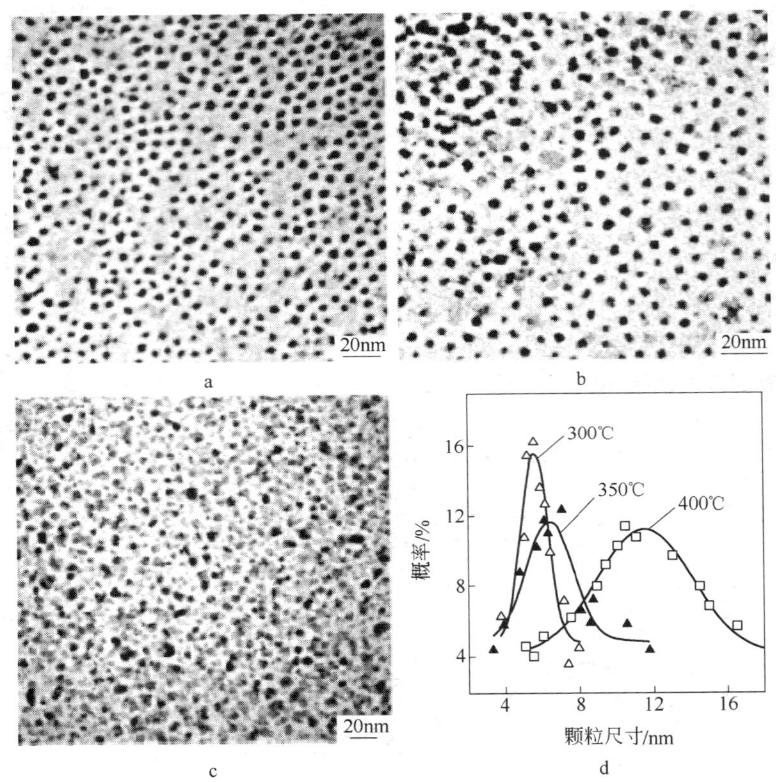

图 4-11　掺杂 23% Sb 的 FePt 薄膜的电子显微图以及颗粒尺寸分布图[93]

a—退火温度 300℃；b—退火温度 350℃；c—退火温度 400℃；d—颗粒尺寸分布图

度，按照机理也可以分为三类：一类是选择在较低温度下就能形成 $L1_0$ 相结构且与 $L1_0$-FePt 晶格匹配的底层，利用底层在低温时的 $L1_0$ 相变（晶格变化）来引导 FePt 晶格的有序化转变。比如，$L1_0$-CuAu 和 $L1_0$-FePt 具有相似的晶格参数；并且 $L1_0$-CuAu 的有序化温度一般为 200～300 ℃，比 $L1_0$-FePt 的有序化温度低很多。所以，竺云等人[101]利用 CuAu 做底层，利用低温有序的 $L1_0$-CuAu 层引导 FePt 晶格变化，在 350℃时实现了 FePt 薄膜的低温有序，薄膜的矫顽力可达到 477kA/m。FePt 薄膜和 FePt/AuCu（10nm）薄膜的矫顽力随 FePt 层厚度的变化如图 4-12 所示。

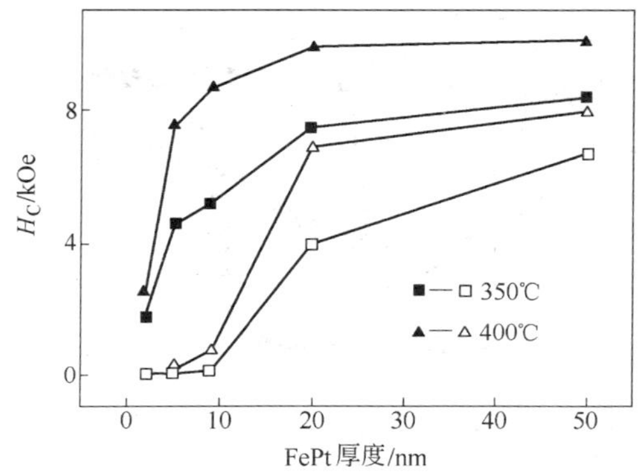

图 4-12 FePt 薄膜（空心线）和 FePt/AuCu（10 nm）薄膜（实心线）的矫顽力随 FePt 层厚度的变化[101]

另一类是利用底层和 FePt 的晶格错配产生的晶格应变，促进 FePt 晶胞的收缩和有序化进程，从而降低其有序化温度。比如，徐晓红等人[96]研究发现：由于 Ag 具有面心立方结构，它的晶格常数（a =0.408nm）比 $L1_0$-FePt 的晶格常数（a =0.384nm，c =0.371nm）大，所以在 Ag 晶格上沿晶生长的 FePt 晶格的 a 轴拉伸，c 轴相应减小，有利于形成 $L1_0$- FePt 的晶格，降低有序化温度。另外，赖（Lai）等人[105]在 Si 基片上以 Cu 做底层时，利用 Cu_3Si 与 FePt 晶格之间形成的动态应力，促进 FePt 晶胞收缩，有利于薄膜的有序化，其有序化温度可降到 275℃，矫顽力可达到 494kA/m。另外，陈（Chen）和徐（Xu）等人[102~104]以 CrX（X = Ru、Mo、W、Ti）做底层，利用底层与 FePt 晶格的错配产生的晶格应变，促进 FePt 晶格的收缩，使得薄膜在基片温度为 250 ~300 ℃时就开始有序化，图 4-13 是基片温度为 400℃时，CrRu/Pt/FePt 薄膜的磁滞曲线。同时，他们研究发现：当错配度为 6% 左右，最有利于促进 FePt 的有序化。过高的错配度会给薄膜中产生缺陷和位错，使应力得到释放，不能起到降低有序化温度的作用。在此基础之上，Zhao 等人[110]又利用 Ag 做顶层，在基片温度为 400℃时也实现了 FePt 薄膜的低温有序化。

最后一类是利用表面活化剂作为 FePt 薄膜的底层，利用表面活化原子的扩散作用增加薄膜内的缺陷浓度，促进 Fe、Pt 原子的有序

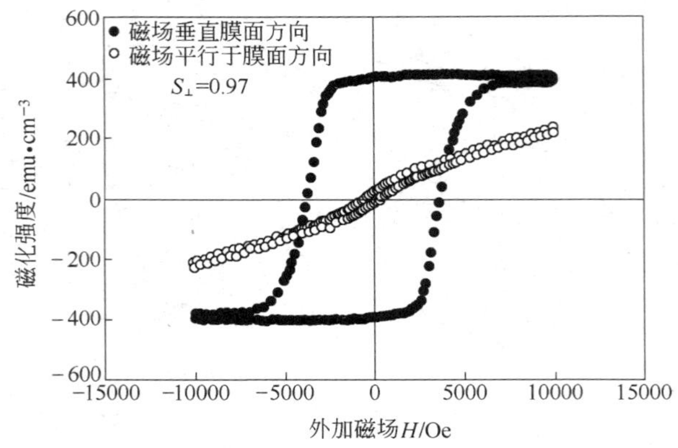

图 4-13 CrRu/Pt/FePt 薄膜的平行膜面和垂直膜面方向的磁滞曲线[72]

化运动，从而降低有序化温度。比如，冯春等人[111]利用 Bi 作为 FePt 薄膜的底层，在 350℃实现了薄膜的有序化，并且低温退火后薄膜具有优良的磁性能，其研究内容将在第 5 章中详细叙述。

E 其他方法——磁场退火[112]以及离子辐照[82]等

王（Wang）等人[112]提出在强磁场下退火可以增加 FePt 磁畴壁钉扎位的密度，从而促进薄膜的有序化，改善薄膜的磁性能。此外，Ravelosona 等人[113]利用离子束短时间辐照的方法，使 FePt 薄膜在 350℃时实现了有序化，FePt 晶粒尺寸较小。这些方法虽然也能够降低有序化温度，但是由于设备昂贵、成本过高，还只能停留在研究阶段。

4.2.2.4 具有垂直磁各向异性的 $L1_0$-FePt 薄膜的研究

在实现 $L1_0$-FePt 薄膜的垂直磁各向异性方面，国际上也进行了很多相关研究工作。在不同类型的基片上实现垂直磁各向异性的难易程度不同，具体来说：

在玻璃上或 Si 基片上沉积的 FePt 薄膜一般具有（111）取向，很难直接实现 FePt 薄膜的垂直取向，一般需要首先沉积一层能够引导 FePt 晶格沿垂直膜面方向生长的底层或缓冲层。在这方面，新加坡数据存储研究所以及新加坡国立大学做了很多相关的工作。比如，陈（Chen）和丁（Ding）等人[104]在玻璃上分别以 $Cr_{92}Ru_8$ 和 $Cr_{90}Mo_{10}$ 为底层，Pt 为缓冲层，实现了薄膜的垂直磁各向异性；同时，利用底层与 FePt 晶格间的应力作用，将 FePt 薄膜的有序化温度降低到 400 ℃。图 4-14 是在 $Cr_{92}Ru_8$ 或 $Cr_{90}Mo_{10}$ 底层上生长 FePt 晶格的沿晶关系示意图。图 4-15 是这两种薄膜的平行膜面和垂直膜面的磁滞回线。很明显，这两种薄膜都具有良好的垂直磁各向异性，且矫顽力可达到 350kA/m，适合应用于磁记录材料。王建平等人[107]利用 RuAl 做底层来引导 FePt 晶格的垂直沿晶生长；同时，利用 RuAl（001）面和 FePt（001）面的界面应变作用促进薄膜的有序化，最终获得了低温有序、垂直取向、晶粒尺寸较小（约为 6nm）的薄膜。

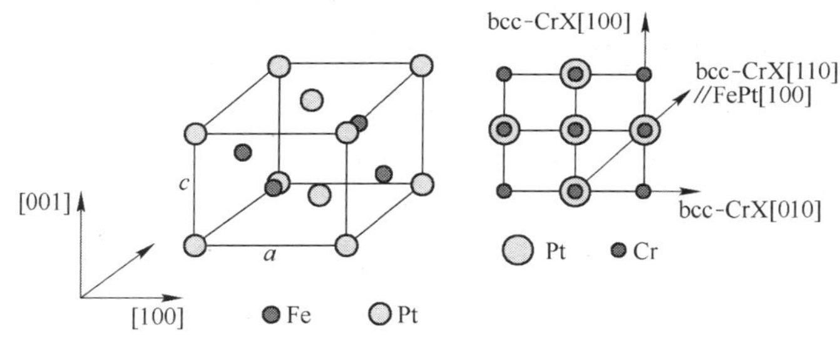

图 4-14 在 $Cr_{92}Ru_8$ 或 $Cr_{90}Mo_{10}$ 底层上生长 FePt 晶格的沿晶关系示意图[104]

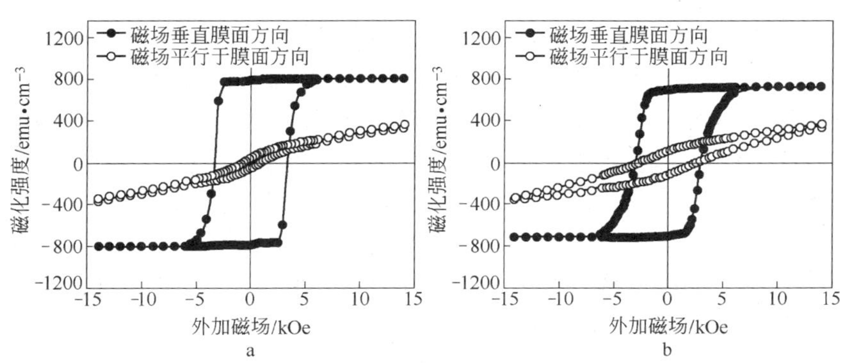

图 4-15 薄膜的平行和垂直膜面的磁滞回线

a—$Cr_{92}Ru_8$/Pt/ FePt；b—$Cr_{90}Mo_{10}$/Pt/ FePt[104]

在 MgO（001）单晶基片上比在玻璃基片上更容易实现 FePt 的垂

直磁各向异性，这是因为 MgO 晶格具有面心立方结构（晶格参数a = 0.4212 nm），而 FePt 晶格也同样具有面心立方结构（晶格参数 a = 0.3852 nm），其错配度约为 9.3%，利用 FePt（001）面在 MgO（001）面上的沿晶外延生长，可以实现 FePt 薄膜的垂直磁各向异性。Takahashi 等人[114,115]在基片温度为 700 ℃时，直接将 10nm 的 FePt 沉积在 MgO 单晶基片上，制备了具有垂直磁各向异性、H_C较高的 FePt 薄膜。但是基片温度过高，不利于实现超高密度磁记录。然而，MgO 晶格与 FePt 晶格的错配相对较大，界面会产生太多的缺陷，所以在 MgO 上直接沉积 FePt 并不是实现 FePt 沿晶生长的最佳方法。一般在 MgO 和 FePt 之间沉积一层缓冲层（其晶格参数介于 MgO 和 FePt 之间），如 Pt、Cr、Ag、FeRh 等[116~121]，使外延的晶格逐渐过渡，减小层与层之间的晶格错配度，这样可以形成更好的外延生长。由于在 MgO 基片上生长 FePt，原子排列方式从能量最低面（111）面排列方式转变为（001）面的排列方式，通常情况下都需要克服较高的能量势垒，即需要在较高的基片温度或退火温度下实现，这也导致了部分缓冲层如 Cr、Pt、Ir 元素的扩散，影响薄膜的磁性能。

在实现纳米颗粒复合膜的垂直磁各向异性上，需要综合考虑颗粒膜和垂直取向的要求，一般采用与 FePt 不固溶的金属或非金属作为隔离 FePt 颗粒的基体，并且还需要这些基体能够引导 FePt 的垂直取向。杨涛等人[122]在 MgO（100）单晶基片上，利用激光脉冲沉积的方法沉积了 FePt/Ag 多层膜，高温退火后实现了晶粒尺寸为 10nm、矫顽力为 120kA/m、具有良好垂直各向异性的纳米颗粒膜。但是退火温度过高，薄膜的矫顽力过低，并不适合于磁记录材料。此后，李宝河等人[123]利用磁控溅射的方法，在 100℃的 MgO（100）单晶基片上，制备了具有良好垂直取向的 FePt-Ag 纳米颗粒膜，退火温度为 550 ℃时，晶粒尺寸小于 10nm，矫顽力达到 970kA/m。此外，冯春等人[124]还采用 MgO（100）单晶基片和［FePt/Au］$_{10}$多层膜结构的方法，利用 MgO、FePt 和 Au 的晶格外延生长实现薄膜的垂直磁各向异性；同时，利用 Au 原子扩散到 FePt 相的边界处以形成 Au 包裹 FePt 相的结构，有效减小 FePt 颗粒的尺寸和颗粒间磁交换耦合作用，并且制备出综合磁学性能优良的 $L1_0$-FePt 薄膜。图 4-16 是退火温度为500℃时，[FePt/Au]$_{10}$薄膜的磁滞回线和 Henkel 曲线。

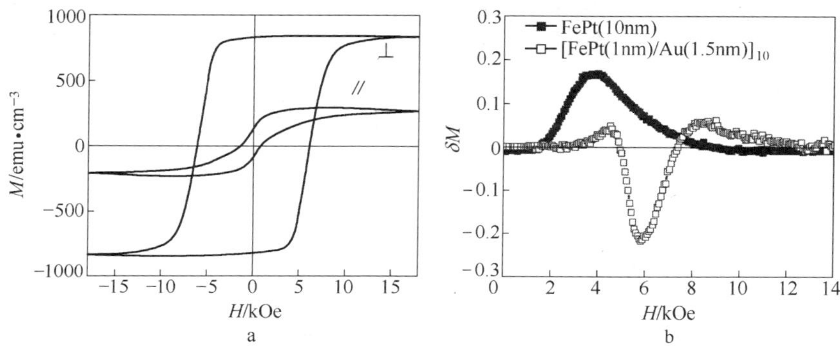

图4-16 退火温度为500℃，[FePt/Au]$_{10}$薄膜的磁滞回线（a）和 Henkel 曲线（b）[124]

4.2.2.5 $L1_0$-FePt 纳米复合颗粒膜的研究

在控制晶粒尺寸、晶粒大小分布以及颗粒间磁耦合作用方面，国际上尝试了很多方法，目前最有效的方法是将 FePt 有序颗粒埋在非磁性金属或化合物母体中，以制备具有纳米尺寸的颗粒膜，表4-5列出了部分纳米颗粒膜的样品结构、退火温度、颗粒膜尺寸。

表4-5 部分纳米颗粒膜的研究现状

样品结构	退火温度 T（℃）/退火时间（min）	颗粒尺寸/nm	作 者
FePt-Ag	600/15	20（30%①Ag）	Chen[184]
MgO/[FePt/Ag]$_{10}$	600/15	10（厚度比2:5）	Yang[122]
FePt-BN	600/10	3~15（厚度比1:2）	Daniil[128]
FePt-Al_2O_3	550/60	10（25%①Al_2O_3）	Bai[132]
FePt-HfO_2	650/10	10（20%①HfO_2）	Platt[133]
FePt-MnO	650/10	5（20%①MnO）	Platt[133]

续表 4-5

样品结构	退火温度 T（℃）/退火时间（min）	颗粒尺寸/nm	作 者
FePt-SiO_2	600/30	≤10 （15% SiO_2）	Luo[77]
FePt-Si_3N_4	750/30	40 （30% Si_3N_4）	Kuo[185]
FePt-B_2O_3	550/30	4 （46% B_2O_3）	Luo[131]
FePt-C	550/5	5 （32% C）	Yan[125]
FePt-Al-O	650/60	6 （37% Al）	Watanabe[186]
FePt-$(C_4F_8)_n$	600/22h	5～10 （P_{C4F8} = 0.2mTorr, 1Torr = 133.3224Pa）	Kakizaki[187]
FePtCr-SiN	600/30	9.5 （15% SiN）	Chen[129]
FePt-AlN	550/30	13 （1∶1 厚度比）	Xu[130]

①体积分数。

目前，纳米颗粒膜的母体一般选择与 FePt 不固溶的非磁性金属 Ag[122,123] 等、非磁性非金属 C[125～127] 等、非磁性氮化物 BN、Si_3N_4、AlN 等[128～130] 以及非磁性氧化物 Al_2O_3、HfO_2、MnO、SiO_2、B_2O_3 等[76,125,131～133]，这些颗粒膜的一般规律是：随着母体元素含量或厚度的增加，FePt 晶粒尺寸逐渐减小，颗粒间的磁耦合作用逐渐减小；然而，母体的添加同时也会抑制 FePt 晶粒的有序化，因此矫顽力和饱和磁化强度逐渐下降，需要升高热处理温度来获得高磁性能，所以纳米颗粒膜的有序化温度一般较高，矫顽力不高。此外采用可以引导 FePt 垂直取向的元素作为母体如 Ag、Au 或利用多层膜结构可以实现 FePt 纳米颗粒膜的垂直磁各向异性。

4.2.2.6 $L1_0$-FePt 薄膜的磁性能调控的探究

$L1_0$-FePt 有序合金薄膜通常具有非常高的 H_C（800～1600kA/

m)，目前的磁头难以有效地对具有过高矫顽力的 $L1_0$-FePt 介质进行充磁，因此限制了它在实际硬盘中的应用，所以必须在保证 $L1_0$-FePt 有序合金薄膜具有高 K_u 值的同时，实现对矫顽力的调控。

针对这些磁学性能的调控问题，国际上进行了很多相关的研究工作。例如，仇（Chou）等人提出了图形化介质（Bit Patterned Media）[134]，通过适当增加记录位的体积来提高垂直磁记录介质的热稳定性，通常采用模板法和自组装法来制备，但其制备工艺复杂，成本相对较高。为了提高记录介质的写入能力，佐贺（Saga）等人[135]提出了热辅助磁记录介质（Thermal Assisted Magnetic Recording Media），在写入数据时，使用聚焦的激光束对写入区域局部加热，降低介质的矫顽力，以实现信息的写入。然而，磁头需要用极细的激光束，而且激光加热对润滑层的抗高温性和记录层的导热性都提出了巨大的挑战[136]，在实际应用中还有很多问题亟待解决。为了克服这一写入难题，王建平教授[137]又提出了倾斜记录介质（Tilted Media），其易磁化轴和薄膜法线方向呈一定的角度，可以使介质的磁化反转变得容易，而介质的热稳定性不受影响，因而大大降低了对写入磁场的要求，但在实际制备中存在很大的难度。因此，人们希望能够用一种制备工艺简单、成本低的方法来制备高热稳定性、低写入场和高信噪比的记录介质。

2005 年，美国的维克托（Victora）教授和奥地利学者休斯（Suess）分别从理论上提出了软磁/硬磁交换耦合复合介质（Exchange Coupled Composite，ECC）[138]和交换弹性介质（Exchange Spring，ES）[139]，它们是由软磁层和硬磁层通过界面间接或者直接地交换耦合而成。介质中的硬磁层具有高的 K_u 值，以此来保证介质的高热稳定性；介质中具有低 K_u 值的软磁层在低磁场下先反转，然后带动硬磁层在较低的外磁场下实现反转，从而实现低场写入，因此这种介质在具有高 K_u 值的同时能够实现对 H_C 的调控。在 ECC 和 ES 介质的研究基础上，2006 年，Suess 又提出 K_u 值连续变化的交换耦合梯度介质（Exchange Coupled Graded，ECG）[140]。这种梯度介质由于其 K_u 值呈现“连续梯度”分布，因而可以在保持介质热稳定性的前提下，通过无限减小相邻区域的 K_u 值之差来更有效地减小其矫顽力，它被认为是实现超高密度磁存储的一种非常有效的介质。

自 ECG 介质从理论上提出后，引起了全世界研究者的关注。2008 年，Goll 等人[141]通过变化部分 Fe 软磁层的基片温度制备出具有梯度 K_u 值的 $L1_0$-FePt/Fe 薄膜，研究表明基片温度越高，梯度厚度越大，而矫顽力随着梯度厚度的增大逐渐降低。2009 年，新加坡数据存储中心和国立大学的两个课题组[142,143]又通过调节溅射功率和时间来变化硬磁层中非磁性氧化物的含量分布，制备出 FePt-TiO_2 和 CoPt-Ta_2O_5 梯度介质。2010 年，Chen 等人[144]又通过逐层降低基片温度来降低 FePt 的相转变程度，制备出 FePt-C 梯度薄膜。然而，这些方法难以制备出 K_u 值“连续变化”的梯度介质。K_u 值的连续变化可使梯度介质在保证热稳定性的同时，任意调控矫顽力，而且所添加的非磁性元素也能降低硬磁层的晶粒间磁耦合作用，有效提高介质的信噪比。为了实现这一目标，2009 年，王芳等人[145]采用后退火方法来制备交换耦合梯度介质，将溅射态的 FeAu/FePt 双层膜进行后期真空退火处理，可以增强软磁/硬磁界面的原子互扩散，在界面处形成 K_u 值连续梯度，从而制备出交换耦合梯度薄膜。Zha 等人也利用在不同的 FePt 层中掺杂不同含量的 Cu，制备了 FePtCu 梯度薄膜[146]。然而，由于这种介质需要具有平整且有梯度的软磁/硬磁界面，因此增加了材料制备的复杂性和难度。所以，如何通过材料的综合设计和微结构控制，制备具有高 K_u 值、H_C 可控的 $L1_0$-FePt 薄膜具有十分重要的意义。

4.2.2.7 符合未来超高密度磁记录要求的 $L1_0$-FePt 薄膜

如前所述，$L1_0$-FePt 薄膜具有很高的 K_u、良好的磁性能和耐腐蚀性，可以在晶粒尺寸小到 3nm 时，仍保持良好的热稳定性，成为超高密度硬盘磁记录介质的首选材料。但是，$L1_0$-FePt 薄膜的有序化温度过高、难以实现薄膜的垂直磁各向异性以及磁耦合作用大等问题一直成为人们关注的热点。虽然国际上相关的研究很多，但是大部分只能解决其中的部分问题；而且，通常其中一个问题的解决往往会给其他问题的解决带来负面影响，如实现纳米颗粒膜后，薄膜的有序化温度升高、垂直取向难以实现等。所以，难以统一地将上述所有问题系统地解决。而未来超高密度磁记录要求薄膜具有优良的综合性能，

即要求 $L1_0$-FePt 薄膜既能够低温有序，又具有垂直磁各向异性，同时薄膜具有适中的磁交换耦合作用。所以还有必要进行大量的基础性研究，以制备出上述综合性能优良的 $L1_0$-FePt 薄膜；同时，通过对薄膜的微结构的系统研究，建立微结构和磁性能之间的关系，并通过改善微结构来优化薄膜的综合性能；更重要的是，通过薄膜的结构设计和微结构控制，制备出适用于超高密度垂直磁记录介质的薄膜材料。

4.2.3 SmCo 合金薄膜材料的研究现状

4.2.3.1 SmCo 合金相的结构与特点

图 4-17 是 SmCo 二元合金体材料的相图[147]。随着成分的变化，Sm-Co 二元合金的相结构和磁性能变化很大。SmCo 合金具有 Sm_2Co_{17}、$SmCo_7$、$SmCo_5$、Sm_2Co_7、$SmCo_2$ 等合金相，这些相的磁性能差别很大。其中，Sm_2Co_{17}、$SmCo_5$ 以及 $SmCo_7$ 相具有较高的磁晶各

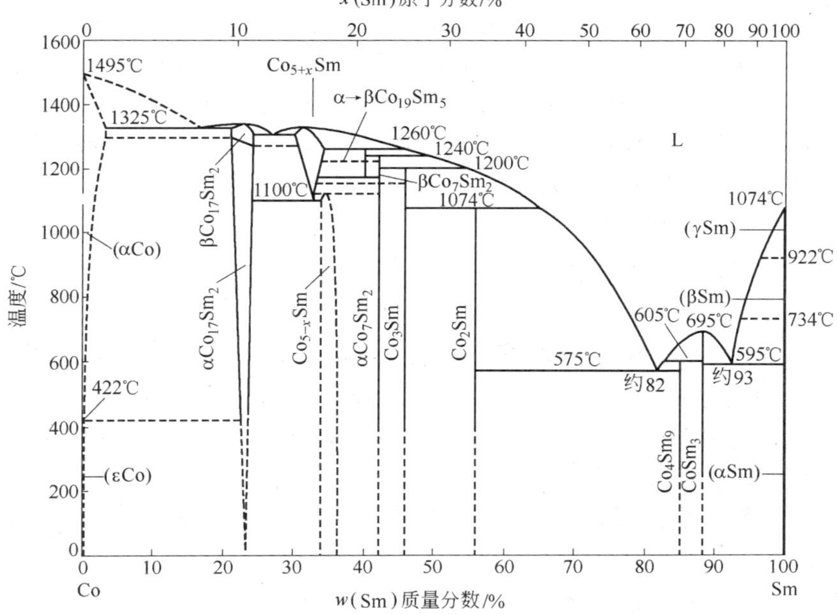

图 4-17 SmCo 二元合金体材料的相图[147]

向异性和矫顽场，属于硬磁相。而 $SmCo_2$ 具有较小的磁晶各向异性和矫顽力，属于弱磁相。所以，SmCo 薄膜中 Sm 和 Co 比例对薄膜的微结构和磁性能的影响很大。

目前，应用广泛的 SmCo 合金相是 Sm_2Co_{17} 或 $SmCo_5$ 合金，有以下的特征：

（1）具有非常高的 K_u 值（可达 $2\times10^7\ J/m^3$），可以在颗粒尺寸为 2.7nm 时，仍保持良好的热稳定性。

（2）具有较大的饱和磁化强度（可达 910kA/m），有利于提高读出信号的强度。

（3）具有较大的磁能级 $(BH)_{max}$（可达到 $1460kJ/m^3$），是一种很好的永磁材料。

（4）具有较高的居里温度（约为 1020K），比永磁材料 $Nd_2Fe_{14}B$ 高约 500K，能够在高温环境下保持永磁性能。

（5）抗腐蚀性和耐氧化性较差。

由于 Sm_2Co_{17} 或 $SmCo_5$ 合金具有很好的硬磁性能，能产生较高的磁能积 $(BH)_{max}$；同时，它还具有较高的居里温度 T_C，能够在高温环境下保持其永磁特性，因此适合应用于航空航天永磁材料、微机电系统、纳米传感器以及制动器中[148~150]。此外，$SmCo_5$ 合金薄膜具有极高的单轴各向异性常数，是目前发现的所有铁磁性材料中最高的，这使得 SmCo 薄膜在其颗粒尺寸小到几纳米时仍保持良好的热稳定性，成为未来超高密度、低噪声的硬盘磁记录介质的候选材料之一。以下将简述 SmCo 合金薄膜作为磁记录介质材料的研究现状。

4.2.3.2 非晶或晶化 SmCo 薄膜的研究

由于 SmCo 稀土-过渡族合金磁性材料具有较高的饱和磁化强度 M_s、矫顽力 H_C 及矩形比，SmCo 薄膜的研究很早就开始了。1982 年，李佐宜就制备出非晶的 SmCo 垂直磁化薄膜，并对其磁、磁光、磁电等性能及机理进行了较为系统深入的研究[151]。他们提出了采用射频双源（靶）磁控溅射或真空双源共蒸发方法制备 SmCo 薄膜。通过调整溅射条件，成功地制备了非晶垂直磁化膜；另外，通过使用两个热源蒸发也成功地制备了 SmCo 非晶薄膜。此外，通过透射电子显微镜和扫描电子显微镜系统地研究了双源共蒸发制备的磁性薄膜的显微结构及其与成分、温度的关系[152]，并讨论了非晶态 SmCo 薄膜的形成过程以及微结构对薄膜磁光性能的影响。研究发现：$Sm_{15}Co_{85}$薄膜是非晶和多晶（微晶）的临界态，非晶态 SmCo 薄膜微晶化温度约为300℃，微晶大小为10～60nm。虽然非晶 SmCo 薄膜具有一定的硬磁性能，但是饱和磁化强度和磁晶各向异性并不是很大。而晶化后的 SmCo 薄膜却具有相对较高的饱和磁化强度和磁晶各向异性，具有更好的硬磁性能。因此，人们将大量的精力投向了晶化 SmCo 薄膜的研究。

目前，得到晶化 SmCo 薄膜的方法有：对室温下沉积的薄膜进行后续退火处理或在高温基片上溅射 SmCo 薄膜。例如，张健等人[153]通过后续退火处理，制备出晶化的 $SmCo_x$（$x=3.5\sim4.75$）薄膜，并发现：快速退火时，温度对薄膜的矫顽力有着显著的影响。周（Zhou）等人[154]和安德雷斯库（Andreescu）等人[155]采用退火处理的方法使 SmCo 薄膜晶化，并利用 SmCo/Co 的软硬磁耦合获得高磁能积的薄膜。同时，还研究了 $SmCo_5$薄膜的磁性能对退火温度的依赖关系。马尔霍特拉（Malhotra）等人[156]研究发现：Cr/SmCo 薄膜的矫顽力为40～222kA/m，经过500℃退火后，薄膜矫顽力高达2467kA/m。通过高分辨透射电子显微镜分析，退火处理大大提高薄膜的晶化程度，形成良好的密排六方结构，导致矫顽力明显升高。在加热的基片上溅射 SmCo 薄膜，可以直接得到晶化的 SmCo 薄膜，而且这种薄膜具有良好的取向。例如，卡迪（Cadieu）等人[157]在650℃和800℃的基片上直接制备出具有（110）和（200）取向的晶化 SmCo 薄膜。1998年，他们又利用激光脉冲沉积方法，在375 ℃的多晶基片上制备出晶粒尺寸小、矫顽力达到899.2 kA/m 的 SmCo 薄膜[158]。2005 年，辛格（Singh）等人[159]利用激光脉冲沉积方法，在 MgO 基片上制备以 Cr 为缓冲层、具有高磁晶各向异性的 $SmCo_5$薄膜，其剩余磁化强度相对于以往研究的 Sm_2Co_{17}相增加了38%，矫顽力达到1910.4kA/m，饱和磁化强度达到895emu/cm^3。

4.2.3.3 高磁性能 SmCo 薄膜对工艺条件的依赖性

很多研究者都研究了不同 Sm 含量薄膜的微结构和磁性能。Singh

等人[160]研究了成分范围为 $Sm_{14.5}Co_{85.5}$ ~ $Sm_{23}Co_{77}$ 的 SmCo 薄膜的成相和磁性能，发现：随着 Sm 成分的减少，薄膜中依次出现 Sm_2Co_7、$SmCo_5$、$SmCo_7$ 等合金相，同时薄膜的剩磁逐渐增加。张健等人[153]研究了 $SmCo_x$（$x = 3.5 \sim 4.75$）薄膜的矫顽力和微结构随成分的变化，发现随着 Co 含量的增加，SmCo 薄膜的取向由（111）向（200）转变；在 750℃ 退火时，矫顽力在 $SmCo_{4.5}$ 的样品中取得最大值（达到 4495kA/m）。

在溅射过程中，工艺条件对薄膜的性能有着直接的影响。例如，徐晓红等人[161]采用正交实验的方法对基片到靶的距离、直流溅射功率、溅射气压和时间对 SmCo/Cr 薄膜磁性能的影响做了系统的研究，发现：增大基片到靶的距离会提高 SmCo 颗粒沉积的均匀度，但是距离过大又会降低沉积到基片上 SmCo 颗粒的比例，使得溅射速率降低；溅射时间对其影响不大。武井（Takei）等人[162]研究了 Ar 气压对 Cr/SmCo 薄膜的粗糙度的影响，发现：Cr 底层的表面粗糙度随着 Ar 气压的降低而增加，而 SmCo 层的表面粗糙度与其无关。西奥多（Thanassis）等人[163]研究了溅射气压对 SmCo 薄膜微结构和磁性能的影响，发现：薄膜的矫顽力和剩余磁化强度可以通过改变溅射气压来控制，低溅射气压下制备的低 Sm 含量薄膜具有较高的剩余磁化强度。罗梅罗（Romero）等人[164]研究了膜厚度和基片温度等因素对 Cr/SmCo 薄膜的磁性能的影响，发现：在室温下溅射的薄膜可以观察到 $SmCo_5$（110）织构，但是在 350℃ 时却没有明显织构。

4.2.3.4 底层或缓冲层对 SmCo 薄膜磁各向异性及磁性能的影响

合适的底层或缓冲层会影响 SmCo 磁性层的晶粒生长、织构以及磁性能[154]。因此，可以通过对缓冲层的控制，来优化和改善 SmCo 薄膜的微结构和磁性能。

在对 SmCo 薄膜的早期研究中，主要选择 Cr 作为底层。首先，Cr（200）和 $SmCo_5$（110）晶面具有很好的晶格匹配关系：$SmCo_5$(110)[001] ‖ Cr(200)[011] ‖ MgO(200)[001]，可以诱导 SmCo 易磁化轴（c 轴）的面内取向，即纵向磁记录，如图 4-18 所示。劳克林（Laughlin）等人[165]在 Cr（110）和 Cr（200）晶面上分别外延

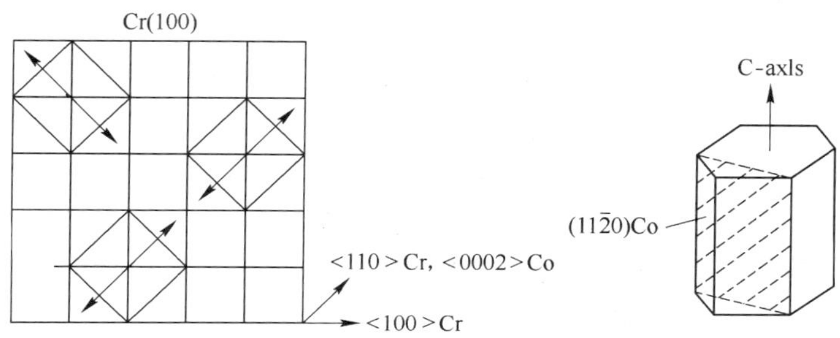

图 4-18 Cr 缓冲层与 SmCo 薄膜的外延生长关系[165]

生长出 $SmCo_5$ 的（1011）和 $SmCo_5$（1120）晶面，薄膜具有较高的面内磁各向异性。另外，Cr 底层的厚度、表面形态、组织和簇状生长结构等因素对 SmCo 薄膜的颗粒大小、颗粒间的磁耦合作用、矫顽力、粗糙度等方面都有着重要影响。沙米（Velu）等人[166]在玻璃基片上，采用复合靶溅射制备了高矫顽力（238kA/m）的 Cr(110nm)/SmCo(14nm)面内磁记录介质薄膜，研究了矫顽力与 SmCo 膜厚的关系，发现：SmCo 层与 Cr 层的结构特征不同：SmCo 层为圆形颗粒状，而 Cr 层为拉长的米粒状，SmCo 薄膜是在 Cr 缓冲膜的间隙中生长而成的；随着 Cr 膜厚度的减小，颗粒间的磁耦合作用和介质的噪声均下降。奥村（Okumura）等人[167]用射频溅射方法，制备了[SiO_2(15nm)/ SmCo（50nm）/X（100nm）/基片]多层膜（X = Ti、V、Cu 或 Cr），发现：当过渡层为 Cr 层时，由于外延生长关系，薄膜中存在大量的柱状晶组织，起到畴壁钉扎的作用，使得薄膜的矫顽力达到 286.6kA/m，是无 Cr 层时的 3.3 倍。而缓冲层为 Ti、V、Cu 层时，外延生长不明显，柱状晶组织减少，矫顽力分别降低为 207kA/m、175kA/m 和 143kA/m。福勒顿（Fullerton）等人[168,169]利用 W 作底层，诱导 $SmCo_5$ 取向的面内磁各向异性，外延关系为 SmCo[001] ∥ W[011] ∥ MgO[010] 和 SmCo[001] ∥ W[01$\bar{1}$] ∥ MgO[001]，SmCo[1$\bar{1}$0]与 W[011]之间的失配度小于 1%。薄膜具有 2.47×10^6A/m 的矫顽力，且具有良好的矩形度。

最近几年来，由于垂直磁记录的发展，人们开始对 SmCo 薄膜的垂直磁各向异性进行了大量研究，主要集中在以 Cu 为底层的 SmCo 薄膜中。Cu 的（111）晶面和 $SmCo_5$（0001）晶面的错配度只有 2.3%，因此合适厚度的 Cu 底层可以诱导 $SmCo_5$ 的易磁化轴垂直于膜面分布，即实现 SmCo 薄膜的垂直磁各向异性，Cu 与 $SmCo_5$ 的晶格匹配关系如图 4-19 所示[170]。同时少量的 Cu 原子扩散到 SmCo 层中形成合金，可以使 $SmCo_5$ 相更加稳定，从而获得磁性能很好、具有垂直磁各向异性的 SmCo 薄膜。Takei 等人[171]研究发现：溅射温度必须高于 300℃，SmCo 薄膜才能具有明显的垂直磁各向异性。

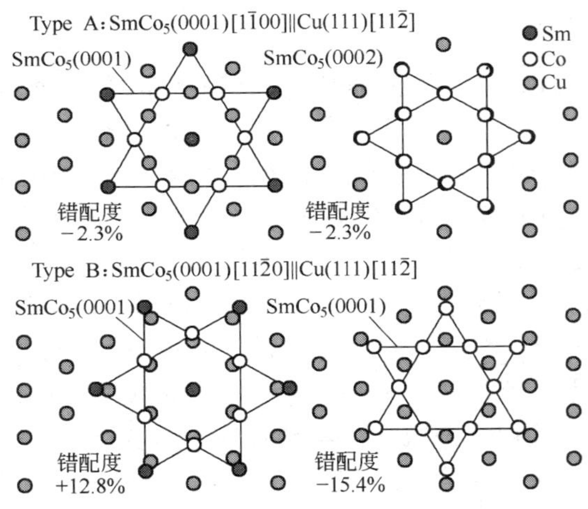

图 4-19 Cu 缓冲层与 SmCo 薄膜的外延生长关系[170]

2003 年，纱山惠理（Sayama）等人[172~178]在 100nm 厚的 Cu 底层上生长出了具有垂直磁各向异性、矩形度接近 1 的 $SmCo_5$ 薄膜；同时，在 SmCo 层中添加少量的 Cu 原子可以降低获得高垂直各向异性所需的 Cu 底层的厚度。为了获得更好的 $SmCo_5$（0001）织构，他们还采用交替溅射 Sm、Co 层以制备 $[Sm(0.31nm)/Co(0.41nm)]_{35}$ 多层膜结构，并通过控制合适的沉积温度和利用 Ti（25 nm）作为缓冲层降低表面粗糙度，减小晶粒尺寸，控制织构，提高垂直磁各向异性。此外，他们以 CoZrNb 软磁层作为底层，有效地将 Cu 层厚度从 100 nm 降低至 25 nm，同时改善表面的粗糙度。森迫永依（Morisako）等人[179]研究了不同面心立方结构、(111）织构的金属作为底层对 $SmCo_5$（0001）织构生长的影响，发现：不同的底层的（111）面与 $SmCo_5$（0001）面具有不同的错配度，Ni 为 0.2%，Co 为 0.1%，Cu 为 2.3%，Pd 为 10.1%，Pt 为 11.1%，Al 为 15.4%，Au 为 15.6%。只有 Cu（111）上才能生长出 $SmCo_5$（0001）织构；Ni、Co 虽然与 $SmCo_5$错配度很小，但是由于扩散进入 SmCo 层中，导致底层原子分布在整个磁性层中，破坏硬磁相；其他金属由于与 $SmCo_5$晶格失配度较大，不能有效地诱导 $SmCo_5$（0001）的生长。但是，在热处理中，Cu 晶粒生长很快，可以达到微米级，这会导致外延生长的 $SmCo_5$晶粒过大，这不利于超高密度磁记录。混合材料中添加其他不互溶金属可以抑制晶粒生长[15]，例如，在 Cu 底层下添加一层 5nm 厚的种子层，使 Cu 颗粒降到 20 nm 以下，粗糙度只有 0.8 nm。在 Cu 底层中添加 Cr 原子，$SmCo_5$颗粒仅有 40 nm，同时垂直磁各向异性得到明显提高。刘晓琪等人[180]利用 Ru（掺杂 Cr）作为底层，Cr 的引入降低了 Ru（0002）与 $SmCo_5$（0001）的晶格失配度，得到了具有（0002）织构、颗粒尺寸小的 SmCo 薄膜。斯福特（Seifert）等人[172]利用 Al_2O_3（0001）/Ru（0002）缓冲层诱导 $SmCo_5$（0001）取向，也制备了具有良好外延关系的 $SmCo_5$薄膜。

4.2.3.5 SmCo 合金薄膜中的磁耦合作用

SmCo 合金薄膜作为超高密度磁记录介质材料要解决的一个重要问题是如何通过控制微结构以获得低噪声的 SmCo 磁记录薄膜，这就要求薄膜具有较低的磁性颗粒间磁耦合作用。然而，Sm 含量偏低（通常为 16.7% ~20%（原子分数））的 SmCo 薄膜一般以 $SmCo_5$相为主，通常具有较大的磁耦合作用，这必然会导致磁记录介质中相邻记录单元的磁化相互影响，增加介质的噪声，不利于 SmCo 薄膜的超高密度磁记录。对于 SmCo 薄膜而言，添加非磁性元素 Sn、Ti、Nb、V、W、Si 等元素易与 Sm、Co 形成合金[181,182]，不能有效地降低薄膜的耦合作用；另外，由于 Sm 具有较强的还原性，容易和氧元素、氮元素反应[183]，易于破坏薄膜磁性能，所以也很难利用非磁性氧化物或氮化物等作为隔离 SmCo 颗粒的母体。所以，尽管 SmCo 薄膜的研究报道很多，国际上还很难有一种方法能够在保证其他磁性能的前提下，有效地降低 SmCo 薄膜磁耦合作用，这也是 SmCo 薄膜应用于超高密度磁记录介质中必须解决的一个实际性问题。

4.2.3.6 符合未来超高密度磁记录要求的 SmCo 薄膜

综合上述 SmCo 薄膜的研究现状，通过添加适当的底层或缓冲层、控制适当的制备工艺，可以获得具有垂直磁各向异性，晶粒尺寸小到 10nm，矫顽力、矩形度以及剩磁比较高的 SmCo 薄膜，部分磁性能可以达到超高密度磁记录介质的要求，这使得 SmCo 薄膜成为很有潜力的磁记录介质的候选材料。然而，SmCo 薄膜作为超高密度磁记录介质材料仍存在较多的问题：如何控制 SmCo 薄膜具有单一纯相；如何控制 SmCo 薄膜中颗粒间磁耦合作用，如何将 SmCo 薄膜的矫顽力控制到磁头写入场范围等。只有将上述实际性问题统一地解决，才能真正地将 SmCo 薄膜应用于未来的超高密度磁记录介质中。

参 考 文 献

[1] Wood. The feasibility of magnetic recording at 1 terabit per square inch [J]. IEEE Trans. Magn., 2000, 36 (1): 36 ~ 42.

[2] 章吉良. 磁记录原理与技术 [M]. 上海: 上海交通大学出版社, 1990.

[3] 都有为, 罗河烈. 磁记录材料 [M]. 北京: 电子工业出版社, 1992.

[4] 田民波. 磁性材料 [M]. 北京: 清华大学出版社, 2001.

[5] Weller D, Moser A, Folks L, et al. High Ku materials approach to 100Gb/in^2 [J]. IEEE Tran. Magn., 2000, 36 (1): 10 ~ 15.

[6] Honda N, Ouchi K, Iwasaki S. Noise source and noise spectrum of perpendicular recording media [J]. J. Magn. Magn. Mater., 1999, 193: 106 ~ 109.

[7] Judy J H. Past, present, future of perpendicular magnetic recording [J]. J. Magn. Magn. Mater., 2001, 235: 235 ~ 240.

[8] Iwasaki S. Perpendicular magnetic recording focused on the origin and its significance [J]. IEEE Trans. Magn., 2002, 38 (4): 1609 ~ 1614.

[9] 黄致新, 许小红, 严芳, 等. 硬盘用高密度磁记录薄膜研究进展 [J]. 信息记录材料, 2002, 3 (2): 47 ~ 52.

[10] Honda N, Ouchi K. Overview of recent work on perpendicular magnetic recording media [J]. Magn. Soc. Japan., 2000, 24 (5): 1027 ~ 1034.

[11] Iwasaki S, Ouchi K. CoCr recording films with Perpendicular magnetic anisotropy [J]. IEEE Trans. Magn., 1978, 14 (5): 849 ~ 851.

[12] Iwasaki S, Nakamura Y. An analysis for the magnetization mode for high density magnetic recording [J]. IEEE Trans. Magn., 1977, 13 (5): 1272 ~ 1277.

[13] Iwasaki S, Nakamuro Y, Ouchi K. Perpendicular magnetic recording with a composite anisotropy film [J]. IEEE Tran. Magn., 1979, 15 (6): 1456 ~ 1458.

[14] Wu L J, Kiya T, Honda N. Medium noise properties of Co/Pd multilayer films for perpendicular magnetic recording [J]. J. Magn. Magn. Mater., 1999, 193: 89 ~ 92.

[15] Morisako A, Kato I, Takei S. Sm – Co films for high – density magnetic recording media [J]. J. Magn. Magn. Mater., 2006, 303: 274 ~ 276.

[16] Rahman M T, Lin X X, Morisako A. TiN underlayer and overlayer for TbFeCo perpendicular magnetic recording media [J]. J. Magn. Magn. Mater., 2006, 303: 133 ~ 136.

[17] Safran G, Suzuki T, Ouchi K, et al. Nano – structure formation of Fe – Pt perpendicular magnetic recording media co – deposited with MgO, Al_2O_3 and SiO_2 additives [J]. Thin Solid Films, 2006, 496: 580 ~ 584.

[18] http: //www. physorg. com/news136815757. html. Hitachi Shows Technical Feasibility Of Perpendicular Magnetic Recording At 610 Gbit/in^2. August 1, 2008.

[19] Futamoto M, Honda Y, et al. Microstructure and micromagnetics of future thin – film media [J]. J. Magn. Magn. Mater., 1999, 193: 36 ~ 43.

[20] Uchiyama Y, Ishibashi K, Sato H, et al. Magnetic properties and microstructure of sputtered Co – Cr films [J]. IEEE Trans. Magn., 1987, 23 (5): 2058 ~ 2060.

[21] Kranenburg H, Lodder J C, Maeda Y, et al. Microstructure of coevaporated CoCr films with perpendicular anisotropy [J]. IEEE Trans. Magn., 1990, 26 (5): 1620 ~ 1622.

[22] Sagoi M, Inoue T. Effect of third – element additions on properties of Co – Cr – based films [J]. J. Appl. Phys., 1990, 67 (10): 6394 ~ 6398.

[23] Miyamoto T, Nakai J, Matsumura H, et al. Magnetic properties and microstructure of CoCrW films for longitudinal recording media [J]. IEEE Trans. Magn., 1995, 31 (6): 2839 ~ 2841.

[24] Inaba N, Futamoto M. Effects of Pt and Ta addition on compositional microstructure of CoCr-alloy thin film media [J]. J. Appl. Phys., 2000, 87 (9): 6863 ~ 6865.

[25] Maeda Y, Rogers D J, Song O, et al. Magnetic microstructures produced by compositional separation in Co – Cr based alloy thin films [J]. IEEE Trans. Magn., 1997, 33 (1): 879 ~ 884.

[26] Hirayama Y, Futamoto M, Kimoto K. Compositional microstructures of CoCr – alloy perpendicular magnetic recording media [J]. IEEE Trans. Magn., 1996, 32 (5): 3807 ~ 3809.

[27] Gong H, Rao M, Laughlin D E, et al. Highly oriented perpendicular Co – alloy media on Si (111) substrates [J]. J. Appl. Phys., 1999, 85 (8): 4699 ~ 4701.

[28] Duan S, Khan M R, Haefele J E, et al. Magnetic property and microstructure dependence of

CoCrTa/Cr media on substrate temperature and bias [J]. IEEE Trans. Magn., 1992, 28 (5): 3258 ~ 3260.

[29] Sato H, Nakai J. Effects of Grain size and intergranular coupling on recording characteristics in CoCrTa media [J]. IEEE Trans. Magn., 1996, 32 (5): 3596 ~ 3598.

[30] Shen Y, Laughlin D E, Lambeth D N. Effects of substrate temperature on magnetic properties of CoCrTa/Cr films [J]. IEEE Trans. Magn., 1992, 28 (5): 3261 ~ 3263.

[31] Veldeman J, Jia H, Burgelman M, et al. Substrate effects in magnetron sputtering of CoCrTa/Cr films on flexible substrate [J]. Surface Science, 2000, 454 – 456: 904 ~ 908.

[32] Kemner K M, Harris V G, Chakarian V, et al. The role of Ta and Pt in segregation within CoCrTa and CoCrPt thin film magnetic recording media [J]. J. Appl. Phys., 1996, 79 (8): 5345 ~ 5347.

[33] Shan Z S, Zeng H, Zhu C X, et al. Effects of layer thickness in orientation distribution and magnetic properties of CoCrTa/Cr films [J]. J. Appl. Phys., 1999, 85 (8): 4310 ~ 4312.

[34] Nolan T P, Sinclair R, Ranjan R, et al. Effect of microstructual features on media noise in longitudinal recording media [J]. J. Appl. Phys., 1993, 73 (10): 5566 ~ 5568.

[35] Uwazumi H, Shimatsu, Sakai Y, et al. Recording performance of CoCrPt – (Ta, B) /TiCr perpendicular recording media [J]. IEEE Trans. Magn., 2001, 37 (4): 1595 ~ 1598.

[36] Shimatsu T, Djayaprawira D D, Takahashi M, et al. Effect of Pt on the magnetic anisotropy and intergranular exchange coupling in $(Co_{86}Cr_{12}Ta_2)_{100-x}Pt_x$ and $(Co_{2.5}Ni_{30}Cr_{7.5})_{100-x}Pt_x$ thin – film media [J]. J. Magn. Magn. Mater, 1996, 155: 246 ~ 249.

[37] Thomas M, Coughlin H. High Density Hard Disk Drive Trends in the USA [J]. Magn. Soc. Japan, 2001, 25 (3): 111 ~ 120.

[38] Lu B, Klemmer T, Khizroev S, et al. CoCrPtTa/Ti Perpendicular media deposited at high sputtering rate [J]. IEEE Trans. Magn., 2001, 37 (4): 1319 ~ 1322.

[39] Lee I S, Kim D W. Magnetic properties and domain patterns of CoCrPtTa perpendicular films with Ta content [J]. Thin Solid Films, 2001, 388: 245 ~ 250.

[40] Malhotra S S, Stafford D C, Lal B B, et al. Magnetic and recording properties of CoCrPtTa thin film media with CrW underlayer [J]. J. Appl. Phys., 1999, 85 (8): 6157 ~ 6159.

[41] Masuya H, Awano H. Dependence of segregated microstructure in sputter – depositied CoCr film on deposition conditions [J]. IEEE Trans. Magn., 1987, 23 (5): 2064 ~ 2066.

[42] Roll K, Schuller K H, Muns W D, et al. CoCr thin films prepared by high rate magnetron sputtering [J]. IEEE Trans. Magn., 1984, 20 (5): 771 ~ 773.

[43] Lodder J C, Wielingga T. Influence of R. F. sputter parameters on the magnetic orientation of Co – Cr layers [J]. IEEE Trans. Magn., 1984, 20 (1): 57 ~ 59.

[44] Honda N, Ariake J, Ouchi K, et al. High Coercivity in Co – Cr films for perpendicular recording prepared by low temperature sputter – deposition [J]. IEEE Trans. Magn., 1994, 30 (6): 4023 ~ 4025.

[45] Honda N, Ariake J, Ouchi K, et al. Preparation of Co-Cr films for perpendicular recording by sputter diposition at extremely high Ar pressures [J]. J. Magn. Magn. Mater, 1996, 155: 154 ~ 156.

[46] Hirayama Y, Honda Y, Kikukawa A, et al. Annealing effects on recording characteristics of CoCr - alloy perpendicular magnetic recording media [J]. J. Appl. Phys., 2000, 87 (9): 6890 ~ 6892.

[47] Jia H, Veldeman J, Burgelman M, et al. Magnetic properties and microstructure of CoCr and CoCrTa thin films sputtered at high pressure on a PET substrate [J]. J. Magn. Magn. Mater, 2001, 223: 73 ~ 80.

[48] Pressesky J L, Lee S Y, Heiman N, et al. Effect of chromium underlayer thickness on recording characteristics of CoCrTa longitudinal recording media [J]. IEEE Trans. Magn., 1990, 26 (5): 1596 ~ 1598.

[49] Lee L L, Laughlin D E, Lambeth D N, et al. NiAl underlayers for CoCrTa magnetic thin films [J]. IEEE Trans. Magn., 1994, 30 (6): 3951 ~ 3953.

[50] Ohkijima S, Oka M, Murayama H, et al. Effect of CoCr interlayer on longitudinal recording [J]. IEEE Trans. Magn., 1997, 33 (5): 2944 ~ 2946.

[51] Futamoto M, Hirayama Y, Honda Y, et al. Improvement of initial growth layer in CoCr - alloy thin film media [J]. J. Magn. Magn. Mater, 2001, 226 - 230: 1610 ~ 1612.

[52] Zhang L, Lal B B, Russak M A, et al. Thermal stability and recording characteristics of thin film media with a CoCr based non - magnetic interlayer [J]. IEEE Trans. Magn., 1999, 35 (5): 2649 ~ 2651.

[53] Sun C J, Chow G M, Wang J P. Long - range order and short - range order study on CoCrPt/Ti films by synchrotron X - ray scattering and extended X - ray absorption fine structure spectroscopy [J]. J. Appl. Phys., 2002, 91 (10): 7182 ~ 7185.

[54] Kumar Srinivasan, Piramanayagam S N, Yew Seng Kay. Effect of RuCoCr - oxide intermediate layers on the growth, microstructure, and recording performance of CoCrPt - SiO_2 perpendicular recording media [J]. J. Appl. Phys., 2010, 107: 033901 - 1 ~ 033901 - 6.

[55] Roy A G, Jeong S, Laughlin D E. High - Coercivity CoCrPt - Ti Perpendicular Media In Situ Interdiffution of CrMn Ultrathin Overlayers [J]. IEEE Trans. Magn., 2002, 38 (5): 2018 ~ 2020.

[56] Margulies D T, Moser A, Schabes M E, et al. Thermal activation and reversal time in antiferromagnetically coupled media [J]. Appl. Phys. Lett., 2002, 81 (24): 4631 ~ 4633.

[57] Richter H J, Girt Er, Zhou H. Simplified analysis of two - layer antiferromagnetically coupled media [J]. Appl. Phys. Lett., 2002, 80: 2529 ~ 2531.

[58] Eric E Fullerton, Margulies D T, Schabes M E, et al. Antiferromagnetically coupled magnetic media layers for thermally stable high - density recording [J]. Appl. Phys. Lett., 2000, 77: 3806 ~ 3808.

[59] Sonobe Y, Weller D, Ikeda Y, et al. Coupled granular/continuous medium for thermally stable perpendicular magnetic recording [J] . J. Magn. Magn. Mater, 2001, 235: 424 ~ 428.

[60] Sonobe Y, Muraoka H, Miura K, et al. Thermally Stable CGC Perpendicular Recording Media With Pt – Rich CoPtCr and Thin Pt Layers [J] . IEEE Trans. Magn. , 2002, 38: 2006 ~ 2011.

[61] Carcia P F, Meinhaldt A D, Suna A. Perpendicular magnetic anisotropy in Pd/Co thin film layered structures [J] . Appl. Phys. Lett. , 1985, 47 (2): 178 ~ 180.

[62] 周勋，梁冰青，王海，等. $Pt_{97.4}Mn_{2.6}$/Co 多层膜的磁性与磁光性质研究 [J] . 物理学报, 2003, 52 (2): 492 ~ 497.

[63] 周勋，梁冰青，王海，等. PdMn/Co 多层膜的磁性和磁光性能研究 [J] . 物理学报, 2003, 52 (10): 2616 ~ 2621.

[64] Hashimoto S, Ochiai Y, Aso K. Ultrathin Co/Pt and Co/Pd multilayered films as magneto – optical recording materials [J] . J. Appl. Phys. , 1990, 67 (4): 2136 ~ 2141.

[65] Hashimoto S. Adding elements to the Co layer in Co/Pt multilayers [J] . J. Appl. Phys. , 1994, 75 (1): 438 ~ 442.

[66] Kubata Y, Weller D, Xiaowei W, et al. Development of CoX/Pd multilayer perpendicular magnetic recording media with granular seed layers [J] . J. Magn. Magn. Mater, 2002, 242 – 245: 297 ~ 303.

[67] Krishnan R, Lassri M, Seddat M, et al. Magnetic properties of Co_xNi_{1-x}/Pt multilayers [J] . Appl. phys. Lett. , 1994, 64 (17): 2312 ~ 2315.

[68] Nakagawa H, Takekuma I, Nemoto Y, et al. CoB/Pd multilayers With PtB/Pd/MgO Intermediate Layers for Perpendicular Magnetic Recording [J] . IEEE Trans. Magn. , 2003, 39 (5): 2311 ~ 2313.

[69] He P, William A, Nafis J, et al. Sputterring pressure effect on microstructure of surface and interface and on coercivity of Co/Pt multilayers [J] . J. Appl. Phys. , 1991, 70 (10): 6044 ~ 6047.

[70] Jinhong K, Sungchui S. Interface roughness effects on the surface anisotropy in Co/Pt multilayer films [J] . J. Appl. Phys. , 1996, 80 (5): 3121 ~ 3124.

[71] Shin S C, Jinhong K, Donghun A. Effect of sputtering pressure on magnetic and magneto – optical properties in compositionally modulated Co/Pd thin films [J] . J. Appl. Phys. , 1991 , 69 (8): 5664 ~ 5667.

[72] Miller J, Pitcher P G, Pearson D P A. Heat treatment to control the coercivity of Pt/Co multilayers [J] . J. Appl. Phys. , 1994, 76 (10): 6531 ~ 6534.

[73] Whang S H, Feng Q, Gao Y Q. Ordering, deformation and microstructure in $L1_0$ type FePt [J] . Acta mater. , 1998, 46 (18): 6485 ~ 6495.

[74] Coffey K, Parker M A, Howard J K. High anisotropy L1 thin films for longitudinal recording [J] . IEEE Tran. Magn. , 1995, 37 (66): 2737 ~ 2739.

[75] Sun S H, Fullerton Eric E, Weller D, et al. Compositionally controlled FePt nanoparticle materials [J]. IEEE Trans. Magn., 2001, 37 (4): 1239 ~ 1243.

[76] Kuo C M, Kuo P C, Wu H C, et al. Magnetic hardening mechanism study in FePt thin films [J]. J. Appl. Phys., 1999, 75: 4886 ~ 4888.

[77] Luo C P, Sellmyer D J. Structural and magnetic properties of FePt: SiO_2 granular thin films [J]. Appl. Phys. Lett., 1999, 75: 3162 ~ 3164.

[78] Farrow R F C, Weller D, Marks R F, et al. Magnetic anisotropy and microstructure in molecular beam epitaxial FePt (110) /MgO (110) [J]. J. Appl. Phys., 1998, 84: 934 ~ 939.

[79] Endo Y, Kikuchi N, Kitakami O, et al. Lowering of ordering temperature for fct Fe - Pt in Fe - Pt multilayers [J]. J. Appl. Phys., 2001, 89: 7065 ~ 7067.

[80] Shima T, Moriguchi T, Mitani S, et al. Low - temperature fabrication of $L1_0$ ordered FePt alloy by alternate monatomic layer deposition [J]. Appl. Phys. Lett., 2002, 80: 288 ~ 290.

[81] Shimada Y, Sakurai T, Miyazaki T, et al. Fabrication of two - dimensional assembly of $L1_0$ FePt particles [J]. J. Magn. Magn. Mater., 2003, 262: 329 ~ 338.

[82] Chen G J, Chang Y H, Lai J H, et al. Effect of Ta on microstructure and magneto - optical properties of $(Fe_{72}Pt_{28})_{1-x}Ta_x$ (x = 0.00 - 0.02) alloy films [J]. J. Magn. Magn. Mater., 2002, 239: 415 ~ 417.

[83] Chen S K, Yuan F T, Chang W C, et al. Magnetic properties of FePt and $Fe_{50}Pt_{50-x}Nb_x$ (x = 0.00, 0.83, 1.31, 2.05) thin films [J]. J. Magn. Magn. Mater., 2002, 239: 471 ~ 474.

[84] Kuo C M, Kuo P C, Hsu W C, et al. Effects of W and Ti on the grain size and coercivity of $Fe_{50}Pt_{50}$ thin films [J]. J. Magn. Magn. Mater., 2000, 209: 100 ~ 102.

[85] Kuo P C, Yan Y D, Kuo C M, et al. Microstructure and magnetic properties of the $(FePt)_{100-x}Cr_x$ thin films [J]. J. Appl. Phys., 2000, 87: 6146 ~ 6148.

[86] Lee S R, Yang S Y, Kim Y K, et al. Rapid ordering of Zr - doped FePt alloy films [J]. Appl. Phys. Lett., 2001, 78: 4001 ~ 4003.

[87] Wang H Y, Mao W H, Ma X K, et al. Improvement in hard magnetic properties of FePt films by N addition [J]. J. Appl. Phys., 2004, 95: 2564 ~ 2568.

[88] Nishimura K, Takahashi K, Ochida H, et al. Effects of third elements (Ag, B, Cu, Ir) addition and high Ar gas pressure on $L1_0$ FePt films [J]. J. Magn. Magn. Mater., 2004, 272 - 276: 2189 ~ 2190.

[89] Takahashi Y K, Ohuma M, Hono K. Effect of Cu on the structure and magnetic properties of FePt sputtered fillm [J]. J. Magn. Magn. Mater., 2002, 246: 259 ~ 265.

[90] Maeda T, Kai T, Kikitsu A, et al. Reduction of ordering temperature of a FePt - ordered alloy by addition of Cu [J]. Appl. Phys. Lett., 2002, 80: 2147 ~ 2149.

[91] Maeda T, Kai T, Kikitsu A, et al. Effect of added Cu on disorder - order transformation of $L1_0$ - FePt [J]. IEEE Tran. Magn., 2002, 38: 2796 ~ 2798.

[92] Kai T, Maeda T, Kikitsu A, et al. Magnetic and electronic structures of FePtCu ternary ordered alloy [J]. J. Appl. Phys., 2004, 95: 609 ~ 612.

[93] Yan Q Y, Kim T, Purkayastha A, et al. Enhanced chemical ordering and coercivity in FePt alloy nanoparticles by sb – doping [J]. Adv. Mater. 2005, 17: 2233 ~ 2237.

[94] Kitakami O, Shimada Y, Oikawa K, et al. Low – temperature ordering of $L1_0$ – CoPt thin films promoted by Sn, Pb, Sb and Bi additives [J]. Appl. Phys. Lett., 2001, 78: 1104 ~ 1106.

[95] Platt C L, Wierman K W, Svedberg E B, et al. $L1_0$ ordering and microstructure of FePt thin films with Cu, Ag and Au additive [J]. J. Appl. Phys., 2002, 92: 6104 ~ 6109.

[96] Xu X H, Wu H S, Wang F, et al. The effect of Ag and Cu underlayer on the $L1_0$ ordering FePt thin films [J]. Appl. Surf. Sci., 2004, 233: 1 ~ 4.

[97] Chen S C, Kuo P C, Kuo S T, et al. Effects of Ti underlayer on the degree of order of $Fe_{50}Pt_{50}$ films [J]. Mater. Sci. and Engin. B., 2003, 98: 244 ~ 247.

[98] 张丽娇，蔡建旺，孟凡斌，等. Ta 缓冲层 FePt 对 $L1_0$ 薄膜有序相转变及矫顽力的影响 [J]. 物理学报, 2006, 55: 450 ~ 455.

[99] Seki T, Shima T, Takanashi K. Fabrication of in – plane magnetized FePt sputtered films with large uniaxial anisotropy [J]. J. Magn. Magn. Mater., 2004, 272 – 276: 2182 ~ 2183.

[100] Chen J, Ishio S, Sugawara S. Preparation of $L1_0$ ordered CuAu buffer layer and its effect on the $L1_0$ ordering in the FePt thin film [J]. Thin Solid Films, 2003, 426: 211 ~ 215.

[101] Zhu Y, Cai J W. Low – temperature ordering of FePt thin films by a thin AuCu underlayer [J]. Appl. Phys. Lett., 2005, 87: 032504 – 1 ~ 032504 – 3.

[102] Xu Y F, Chen J S, Wang J P. In situ ordering of FePt thin films with face – centered – tetragonal (001) texture on $Cr_{100-x}Ru_x$ underlayer at low substrate temperature [J]. Appl. Phys. Lett., 2002, 80: 3325 ~ 3327.

[103] Ding Y F, Chen J S, Liu E. Structural and magnetic properties of FePt films grown on $Cr_{1-x}Mo_x$ underlayers [J]. Appl. Phys., A 2005, 81: 1485 ~ 1490.

[104] Chen J S, Lim B C, Ding Y F, et al. Low – temperature deposition of $L1_0$ FePt films for ultra-high density magnetic recording [J]. J. Magn. Magn. Mater., 2006, 303: 309 ~ 317.

[105] Lai C H, Yang C H, Chiang C C, et al. Dynamic stress – induced low – temperature ordering of FePt [J]. Appl. Phys. Lett., 2004, 85: 4430 ~ 4432.

[106] Suzuki T, Harada K, Honda N, et al. Preparation of ordered Fe – Pt thin films for perpendicular magnetic recording media [J]. J. Magn. Magn. Mater., 1999, 193: 85 ~ 88.

[107] Shen W K, Judy J H, Wang J P. In situ epitaxial growth of ordered FePt (001) films with ultra small and uniform grain size using a RuAl underlayer [J]. J. Appl. Phys., 2005, 97: 10H301-1 ~ 10H301-3.

[108] Chiang C C, Lai C H, Wu Y C. Low – temperature ordering of $L1_0$ FePt by PtMn underlayer [J]. Appl. Phys. Lett., 2006, 88: 152508 – 1 ~ 152508 – 3.

[109] Tsai J L, Hsu C J, Pai Y H, et al. Effect of GePt buffer layer on magnetic properties and

microstructure of FePt films [J]. J. Magn. Magn. Mater., 2006, 303: 258 ~ 260.

[110] Zhao Z L, Ding J, Inaba K, et al. Promotion of $L1_0$ ordered phase transformation by the Ag top layer on FePt thin films [J]. Appl. Phys. Lett., 2003, 83: 2196 ~ 2198.

[111] Feng C, Li B H, Han G, et al. Low – temperature ordering and enhanced coercivity of $L1_0$-FePt thin film promoted by a Bi underlayer [J]. Appl. Phys. Lett., 2006, 88: 232109-1 ~ 232109-3.

[112] Wang H Y, Mao W H, Sun W B, et al. High coercivity and small grains of FePt films annealed in high magnetic fields [J]. J. Phys. D: Appl. Phys., 2006, 39: 1749 ~ 1753.

[113] Ravelosona D, Chappert C, Mathet V. Chemical order induced by ion irradiation in FePt (001) films [J]. Appl. Phys. Lett., 2000, 76: 236 ~ 238.

[114] Takahashi Y K, Hono K. Interfacial disorder in the $L1_0$ FePt particles capped with amorphous Al_2O_3 [J]. Appl. Phys. Lett., 2004, 84: 383 ~ 385.

[115] Takahashi Y K, Hono K, Shima T, et al. Microstructure and magnetic properties of FePt thin films epitaxially grown on MgO (001) substrates [J]. J. Magn. Magn. Mater., 2003, 267: 248 ~ 255.

[116] Lairson B M, Visokay M R, Sinclair R, et al. Epitaxial PtFe (001) thin films on MgO (001) with perpendicular magnetic anisotropy [J]. Appl. Phys. Lett., 1993, 62: 639 ~ 641.

[117] Farrow R F C, Weller D, Marks R F, et al. Growth temperature dependence of long – range alloy order and magnetic properties of epitaxial Fe_xPt_{1-x} ($x = 0.5$) films [J]. Appl. Phys. Lett., 1996, 69: 1166 ~ 1168.

[118] Bian B, Sato K, Hirtsu Y. Ordering of island-like FePt crystallites with orientations [J]. Appl. Phys. Lett., 1999, 75: 3686 ~ 3688.

[119] Hong M H, Hono K, Watanabe M. Microstructure of FePt/Pt magnetic thin films with high perpendicular coercivity [J]. J. Appl. Phys., 1998, 84: 4403 ~ 4409.

[120] Goto T, Ogata H, Sato T, et al. Growth of FeRh thin films and magnetic properties of FePt/FeRh bilayers [J]. J. Magn. Magn. Mater., 2004, 272-276: 791 ~ 792.

[121] Hsu Y N, Jeong S, Lambeth D N, et al. Effects of Ag underlayer on the microstructure and magnetic properties of epitaxial FePt thin films [J]. J. Appl. Phys., 2001, 89: 7068 ~ 7070.

[122] Yang T, Ahmad E, Suzuki T. FePt-Ag nanocomposite film with perpendicular magnetic anisotropy [J]. J. Appl. Phys., 2002, 91: 6860 ~ 6862.

[123] Li B H, Feng C, Yang T, et al. Approach to enhance of coercivity in perpendicular FePt/Ag nanoparticle film [J]. J. Appl. Phys., 2006, 99: 016102 – 1 ~ 016102-3.

[124] Feng C, Zhan Q, Li B H, et al. Magnetic properties and microstructure of FePt/Au multilayers with high perpendicular magnetocrystalline anisotropy [J]. Appl. Phys. Lett., 2008, 93: 152513.

[125] Yan M L, Sabirianov R F, Xu Y F, et al. $L1_0$ ordered FePtC composite films with (001)

texture [J] . IEEE Tran. Magn. , 2004, 40: 2470 ~2472.

[126] Xu X H, Wu H S, Li X L, et al. Structure and magnetic properties of FePt and FePt/C thin films by post – annealing [J] . Phys. B. , 2004, 348: 436 ~439.

[127] Huang Y, Okumura H, Hadjipanayis G C, et al. Perpendicularly oriented FePt nanoparticles sputtered on heated substrates [J] . J. Magn. Magn. Mater. , 2002, 242 –245: 317 ~320.

[128] Daniil M, Farber P A, Kumura H O, et al. FePt: BN granular films for high – density recording media [J] . J. Magn. Magn. Mater. , 2002, 246: 297 ~302.

[129] Chen S C, Kuo P C, Sun A C, et al. Effects of Cr and SiN Contents on the Microstructure and Magnetic Grain Interactions of Nanocomposite FePtCr – SiN Thin Films [J] . IEEE Tran. Magn. , 2003, 39: 584 ~589.

[130] Xu X H, Li X L, Wu H S. Effect of AlN layer thickness on structure and magnetic properties of FePt/AlN multilayers [J] . Vaccum. , 2006, 80: 390 ~394.

[131] Luo C P, Liou S H, Gao L. Nanostructured FePt: B_2O_3 thin films with perpendicular magnetic anisotropy [J] . Appl. Phys. Lett. , 2000, 77: 2225 ~2227.

[132] Bai J, Yang Z, Wei F, et al. Nano-composite FePt-Al_2O_3 films for high – density magnetic recording [J] . J. Magn. Magn. Mater. , 2003, 257: 132 ~137.

[133] Platt C L, Wierman K W, Howard J K, et al. A comparison of FePt thin films with HfO_2 or MnO additive [J] . J. Magn. Magn. Mater. , 2003, 260: 487 ~491.

[134] Chou S Y, Wei M S, Krauss P R, et al. Single - domain magnetic pillar array of 35 nm diameter and 65 Gbit/in^2 density for ultrahigh density quantum magnetic storage [J] . J. Appl. Phys. , 1994, 76: 6673 ~6676.

[135] Saga H, Nemoto H, Sukeda H. New recording method combining thermo – magnetic writing and fluxdetection [J] . Jpn. J. Appl. Phys. , 1999, 38: 1839 ~1840.

[136] Heinonen O, Gao K Z. Extensions of perpendicular recording [J] . J. Magn. Magn. Mater. , 2008, 320: 2885 ~2888.

[137] Wang J P. Magnetic Data Storage: Tilting for the top [J] . Nature Materials. , 2005, 4: 191 ~192.

[138] Victora R H, Shen X. Composite media for perpendicular magnetic recording [J] . IEEE Trans. Magn. , 2005, 41: 537 ~542.

[139] Suess D, Schrefl T, fähler S, et al. Exchange spring media for perpendicular recording [J] . Appl. Phys. Lett. , 2005, 87: 012504 ~012504-3.

[140] Suess D. Multilayer exchange spring media for magneticrecording [J] . Appl. Phys. Lett. , 2006, 89: 113105 ~113105-3.

[141] Goll D, Breitling A, Gu L, et al. Experimental realization of graded $L1_0$ – FePt/Fe composite media with perpendicular magnetization [J] . J. Appl. Phys. , 2008, 104: 083903 ~ 083903-4.

[142] Zhou T J, Lim B C, Liu B. Anisotropy graded FePt-TiO_2 nanocomposite thin films with

small grain size [J]. Appl. Phys. Lett., 2009, 94: 152505 ~ 152505-3.

[143] Pandey K K M, Chen J S, Chow G M, et al. $L1_0$ CoPt-Ta_2O_5 exchange coupled multilayer media for magnetic recording [J]. Appl. Phys. Lett., 2009, 94: 232502 ~ 232502-3.

[144] Chen J S, Huang L S, Hu J F, et al. FePt-C graded media for ultra – high density magnetic recording [J]. J. Phys. D: Appl. Phys., 2010, 43: 185001 ~ 185001-5.

[145] Wang F, Xu X H, Liang Y, et al. FeAu/FePt exchange – spring media fabricated by magnetron sputtering and postannealing [J]. Appl. Phys. Lett., 2009, 95: 022516 ~ 022516-3.

[146] Zha C L, Dumass R K, Fang Y Y, et al. Continuously graded anisotropy in single $(Fe_{53}Pt_{47})_{100-x}Cu_x$ films [J]. Appl. Phys. Lett., 2010, 97: 182504 ~ 182504-3.

[147] Okamoto H, Subramanian P R, Kacprzak L. Binary alloy phase diagrams. Asm international [M]. The Materials Information Society: 1992, Second Edition, P1241.

[148] Seifert M, Neu V, Schultz L. Epitaxial $SmCo_5$ thin films with perpendicular anisotropy [J]. Appl. Phys. Lett., 2009, 94 (2): 022501-1 ~ 022501-3.

[149] Rong C B, Zhang H W, Chen R J, et al. Micromagnetic investigation on the coercivity mechanism of the $SmCo_5/Sm_2Co_{17}$ high – temperature magnets [J]. J. Appl. Phys., 2006, 100 (12): 123913-1 ~ 123913-6.

[150] Larson P, Mazin I I, Papaconstantopoulos D A. Calculation of magnetic anisotropy energy in $SmCo_5$ [J]. Phys. Rev. B., 2003, 67: 214405-1 ~ 214405-6.

[151] Lee Z Y, Numata T, Sakurai Y. Sm – Co Amorphous Film with Perpendicular Anisotropy [J]. Jpn. J. Appl. Phys., 1983, 22 (9): L600 ~ L601.

[152] 戴道文，沈能方，李佐宜. SmCo 磁性薄膜的电子显微术研究 [J]. 电子显微学报，1988，7 (2): 45 ~ 48.

[153] Zhang J, Takahashi Y K, Gopalan R, et al. Microstructures and coercivities of $SmCo_x$ and Sm (Co, Cu)$_5$ films prepared by magnetron sputtering [J]. J. Magn. Magn. Mater., 2007, 310: 1 ~ 7.

[154] Zhou J, Skomski R, Liu Y. Rapidly annealed exchange – coupled Sm-Co/Co multilayers [J]. J. Appl. Phys., 2005, 97: 10K304 ~ 10K304-3.

[155] Andreescu R, O'Shea M J. Temperature dependence of coercivity and magnetic reversal in $SmCo_x$ thin films [J]. J. Appl. Phys., 2005, 97: 10F302 ~ 10F302-3.

[156] Malhotra S S, Liu Y, ShanHigh Z S. Coercivity rare earth – cobalt films [J]. J. Appl. Phys., 1996, 79 (8): 5958 ~ 5961.

[157] Cadieu F J, Cheung T D, Aly S H, et al. Selectively thermalized sputtering for the direct synthesis of Sm-Co and Sm-Fe ferromagnetic phases [J]. J. Appl. Phys., 1982, 53 (11): 8338 ~ 8341.

[158] Cadieu F J, Rani R, Qian X R. High coercivity SmCo based films made by pulsed laser deposition [J]. J. Appl. Phys., 1998, 3 (11): 6247 ~ 6249.

[159] Singh A, Neu V, Tamm R. Growth of epitaxial $SmCo_5$ films on Cr/MgO (100) [J]. Appl. Phy. Lett., 2005, 87: 072505 ~ 072505-3.

[160] Singh A, Neu V, Fahler S, et al. Effect of composition on phase formation and magnetic properties of highly coercive Sm-Co films [J]. J. Magn. Magn. Mater., 2005, 290-291: 1259 ~ 1262.

[161] Xu X H, Wu H S. Statistical approach for the optimal deposition of SmCo/Cr magnetic films [J]. Physica B., 2003, 334: 207 ~ 211.

[162] Takei S, Shomura S, Morisako A. SmCo/Cr bilayer films for high – density recording medis [J]. J. Appl. Phys., 1997, 81 (8): 4674 ~ 4677.

[163] Thomas Budde, Hans H, Gatzen. Magnetic properties of an SmCo/NiFe system for magnetic microactuators [J]. J. Magn. Magn. Mater., 2004, 272: 2027 ~ 2028.

[164] Romero S A, Cornejo D R, Rhen F M. Magnetic properties and underlayer thickness in SmCo/Cr films [J]. J. Appl. Phys., 2005, 87 (9): 6965 ~ 6968.

[165] Laughlin David E. The crystallography and texture of Co – Based thin film deposited on Cr underlyers [J]. IEEE Trans. Magn., 1991, 27 (6): 4713 ~ 4717.

[166] Velu E M T, Lambeth D N. AFM structure and media noise of SmCo/Cr thin films and hard disks [J]. J. Appl. Phys., 1994, 75 (10): 6132 ~ 6135.

[167] Okumura Y, Fujimori H. Magnetic properties and microstructure of sputtered SmCo /X (X = Ti, V, Cu, and Cr) thin films [J]. IEEE., 1994, 30 (6): 4038 ~ 4040.

[168] Fullerton Eric E, Sowers C H, Pearson J P, et al. A general approach to the epitaxial growth of rare-earth-transition-metal films [J]. Appl. Phys. Lett., 1996, 69: 2438 ~ 2441.

[169] Fullerton Eric E, Jiang J S, Christine Rehm, et al. High coercivity, epitaxial Sm-Co films with uniaxial in – plane anisotropy [J]. Appl. Phys. Lett., 1997, 71: 1579 ~ 1582.

[170] Mitsuru Ohtake, Yuri Nukaga, Fumiyoshi Kirino, et al. Preparation and structure characterization of $SmCo_5$ (0001) epitaxial thin films grown on Cu (111) underlayers [J]. J. Appl. Phys., 2009, 105: 07C315 ~ 07C315-3.

[171] Takei S, Morisako A, Matsumoto M. Fabrication of Sm – Co films with perpendicular magnetic anisotropy [J]. J. Magn. Magn. Mater., 2004, 272-276: 1703 ~ 1705.

[172] Junichi Sayama, Totu Asahi, Kazuki Mizuki. Newly developed $SmCo_5$ thin film with perpendicular magnetic anisotropy [J]. J. Phy. D: Appl. Phys., 2004, 37: L1-L4.

[173] Sayama J, Mizutani K, Asahi T. Magnetic properties and microstructure of $SmCo_5$ thin film with perpendicular magnetic anisotropy [J]. J. Magn. Magn. Mater., 2005, 287: 239 ~ 244.

[174] Junichi Sayama, Kazuki Mizuki, Toru Asahi. Origin of perpendicular magnetic anisotropy films with Cu underlayer [J]. J. Magn. Magn. Mater., 2006, 301: 271 ~ 278.

[175] Sayama J, Mizutani K, Asahi T, et al. Thin films of $SmCo_5$ with very high perpendicular magnetic anisotropy [J]. Appl. Phys. Lett., 2004, 85: 5640 ~ 5642.

[176] Takahashi Y K, Ohkubo T, Hono K. Microstructure and magnetic properties of $SmCo_5$ thin films deposited on Cu and Pt underlayers [J]. J. Appl. Phys., 2006, 100: 053913-1 ~053913-6.

[177] Sayama J, Mizutani K, Yamashita Y, et al. $SmCo_5$-based thin films with high magnetic anisotropy for perpendicular magnetic recording [J]. IEEE Trans. Magn., 2005, 41: 3133 ~3135.

[178] Osaka T, Yamashita Y, Sayama J, et al. Fabrication of $SmCo_5$ double – layered perpendicular magnetic recording media [J]. IEEE Trans. Magn., 2007, 43: 2109 ~2111.

[179] Akimitsu Morisako, Xiaoxi Liu. Sm – Co and Nd-Fe-B thin films with perpendicular anisotropy for high – denisty magnetic recording media [J]. J. Magn. Magn. Mater., 2006, 304: 46 ~50.

[180] Xiaoqi Liu, Haibao Zhao, Yukiko Kubota, et al. Polycrystalline Sm $(Co, Cu)_5$ films with perpendicular anisotropy grown on (0002) Ru (Cr) [J]. J. Phys. D: Appl. Phys., 2008, 41: 232003 ~232003-5.

[181] Kündig A A, Gopalan R, Ohkubo T, et al. Coercivity enhancement in melt-spun $SmCo_5$ by Sn addition [J]. Scripta Mater., 2006, 54: 2047 ~2051.

[182] Yue M, Zhang J X, Zhang D T, et al. Structure and magnetic properties of bulk nanocrystalline $SmCo_{6.6}Nb_{0.4}$ permanent magnets [J]. Appl. Phys. Lett., 2007, 90: 242506-1 ~242506-3.

[183] Kardelky S, Gebert A, Gutfleisch O, et al. Prediction of the oxidation behaviour of Sm-Co-based magnets [J]. J. Magn. Magn. Mater., 2005, 290: 1226 ~1229.

[184] Chen S, Kuo P L, Sun A C, et al. Granular FePt-Ag thin films with uniform FePt particle size for high-density magnetic [J]. Materials Science and Engineering B., 2002, 88: 91 ~97.

[185] Kuo C M, Kuo P C. Magnetic properties and microstructure of FePt-Si_3N_4 nanocomposite thin films [J]. J. Appl. Phys., 2000, 87: 419 ~429.

[186] Watanabe M, Masumoto T, Ping D H, et al. Microstructure and magnetic properties of FePt-Al-O granular thin films [J]. Appl. Phys. Lett., 2000, 76: 3971 ~3973.

[187] Kakizaki K, Yamada Y, Kuboki Y, et al. Magnetic properties and fine structure of FePt-$(C_4F_8)_n$ granular thin film [J]. J. Magn. Mater., 2004, 272-276: 2200 ~2201.

5 低温有序的 FePt 磁记录薄膜材料的制备及原理

5.1 概论

超高密度硬盘驱动器近年来得到快速发展，硬盘的面密度也与日俱增。当磁记录面密度达到 156Gb/cm^2 时，晶粒尺寸应小于 8nm。此时，由于硬盘热稳定性的需要，磁记录介质材料必须具有非常高的磁晶各向异性能才能克服热退磁的影响。在第 4 章中已经介绍过，$L1_0$-FePt 有序合金具有极高的单轴各向异性能[1]，能够满足超高密度磁记录对热稳定性的需要，成为下一代磁记录介质的首选材料。然而，直接在冷基片上溅射的 FePt 合金薄膜具有原子无序占位的面心立方（face-centered cubic，fcc）结构，需要在较高的基片温度下沉积薄膜或对制备态的薄膜进行后续热处理（温度一般高于 500℃[2]），才能将 fcc-FePt 相转变为有序 $L1_0$-FePt 相。而过高温度的退火处理会导致 FePt 晶粒的过分长大、晶粒分布变宽、成本过高等，这对于 FePt 磁记录材料的实用化是一个很大的挑战。因此，降低 FePt 薄膜材料的有序化温度是近年来 FePt 磁记录材料的一个重要研究方向。

国际上进行了很多相关的研究工作，例如：Endo 等人[3]在玻璃基片上，采用 $[Fe/Pt]_n$ 多层膜结构，在 300℃退火后就实现了 FePt 薄膜的有序化。Takahashi 等人[4]在 FePt 中添加少量的 Cu 元素，部分 Cu 原子会替换 FePt 晶格中的 Fe 原子，与 Pt 原子形成合金，使得体系的扩散系数随之增加，使 FePt 薄膜在 400℃时实现有序。Yan 等人[5]采用在薄膜中掺杂少量的 Sb 元素，利用 Sb 原子在 FePt 中的扩散产生大量的空位缺陷，促进 Fe、Pt 原子的有序化运动，从而将有序化温度降低到 275℃。竺云等人[6]利用 CuAu 做底层，利用 $L1_0$-CuAu 层在低温下的有序转变引导 FePt 晶格的有序转变，在 350℃时实现了 FePt 薄膜的低温有序。徐晓红等人[7]采用与 FePt 的晶格类型相同且晶格参数相匹配的 Ag 作为底层，利用 Ag 晶格上沿晶生长

FePt 晶格，促进 FePt 晶胞收缩，降低了有序化温度。Lai 等人[8]在 Si 基片上以 Cu 做底层时，利用 Cu_3Si 与 FePt 晶格之间形成的动态应力促进 FePt 晶胞收缩，其有序化温度可降到 275℃。另外，Chen 和 Xu 等人[9~11]以 CrX（X = Ru、Mo、W、Ti）做底层，利用底层与 FePt 晶格的错配产生的晶格应变，促进 FePt 晶格的收缩，使得薄膜在基片温度为 250 ~300℃时就开始有序化。此外，王（Wang）等人[12]提出利用在强磁场下退火增加 FePt 磁畴壁钉扎位的密度，从而促进薄膜的有序化，改善薄膜的磁性能。此外，Ravelosona 等人利用离子束短时间辐照的方法，使 FePt 薄膜在 350℃时实现有序化，FePt 晶粒尺寸较小。综合以上研究的实验结果，发现：FePt 薄膜的有序化过程以及磁性能与薄膜的成分、薄膜的厚度、多层膜结构、掺杂原子、底层或顶层有着密切的关系。

作者在 FePt 薄膜的低温有序化方面也进行了很多相关的研究，例如：通过控制 Fe、Pt 的原子数、薄膜厚度以及退火温度和退火时间，在 350℃退火时制备出有序化程度较高、磁性能优良的 FePt 薄膜，并研究了 Cu 掺杂对 FePt 薄膜的性能以及磁化反转的影响机理，最终统一地解决了国际上关于 Cu 掺杂的矛盾结论[13,14]；采用不同 $[Fe/Pt]_n$、$[FePt/X]_n$(X = Cu、Au) 多层膜结构，在 350℃退火时制备出磁性能较高的 FePt 薄膜，并阐述了多层膜的界面调控作用及机理[15~17]；此外，研究了不同底层（如 Ag、Bi、Ti、Cu、Ta 等）对 FePt 单层膜或 Fe/Pt 多层膜的微结构及磁性能的影响机理[18~20]，并通过 Bi 原子的扩散对 FePt 薄膜中缺陷浓度的控制，成功地将 FePt 薄膜的有序化温度进一步降低到 300 ~350℃[21~23]。本章首先介绍了 FePt 薄膜对原子数以及薄膜厚度的依赖关系；其次，介绍了在 FePt 薄膜中掺杂 Cu 原子对 FePt 薄膜的微结构和磁性能的影响以及作用机理；另外，介绍了多层膜的界面调控对 FePt 薄膜的有序化的影响；最后，介绍了部分底层对 FePt 薄膜的微结构和磁性能的影响及机理。

5.2 FePt 薄膜对原子数、薄膜厚度以及退火处理工艺的依赖关系

FePt 薄膜的有序化程度与 Fe、Pt 原子数、薄膜的厚度以及退火

处理工艺都有着很密切的联系，通过控制 Fe、Pt 原子数、膜厚、退火温度及退火时间可以有效地降低 FePt 薄膜的有序化温度，提高低温退火后的磁性能。本节主要介绍 FePt 薄膜对原子比、薄膜厚度以及退火处理工艺的依赖关系。

5.2.1 Fe、Pt 原子数对 FePt 薄膜的影响[13,14]

李宝河等人采用磁控溅射方法在玻璃基片上制备了厚度为 50nm 的 Fe_xPt_{100-x}（Fe 原子数 $x=46\sim56$）薄膜，通过共溅射高纯度的 Fe 靶和 Pt 靶（纯度高于 99.95%）的方法在玻璃基片上沉积成膜，通过调节溅射功率来控制 Fe 和 Pt 在薄膜中的原子分数。上述直接溅射的薄膜经过 350～550℃ 真空热处理 20min 后（真空度优于 5×10^{-5} Pa），获得了具有 $L1_0$ 结构的 FePt 薄膜。

首先，他们利用 X 射线衍射（XRD）表征了 Fe_xPt_{100-x}（50nm）薄膜在 550℃ 真空热处理 20min 的晶体结构，如图 5-1 所示，研究了 FePt 薄膜对 Fe、Pt 原子数的依赖关系。$x<48$ 的样品仅出现了很弱的超晶格衍射峰（001）、（110）衍射峰；同时，仅出现一个（200）峰，说明晶格参数 c 和 a 相同，此时薄膜仍然以无序的 fcc-FePt 相为主，说明富 Pt 的 FePt 薄膜具有相对较差的有序化程度。而 $x>48$ 的样品均出现了非常强的超晶格衍射峰（001）、（110）衍射峰；同时，（200）峰分裂为小角度的（200）和大角度的（002）峰，这意味着 FePt 的晶格参数 c 缩小、a 轴拉伸，晶体结构由 fcc-FePt 相向 fct-FePt 相转变，薄膜中形成了大量的 $L1_0$ 有序结构，说明富 Fe 的 FePt 薄膜具有相对较高的有序化程度。换句话说，富 Fe 的 FePt 薄膜更利于形成有序的 $L1_0$ 相。

富 Fe 的 Fe_xPt_{100-x}（50nm）薄膜在低温退火时对 Fe、Pt 原子数更加依赖，图 5-2 是富 Fe 的 Fe_xPt_{100-x}（50nm）薄膜在 350℃ 真空热处理 20min 的 XRD 谱。与高温热处理的 XRD 谱有很大区别，只有 $x=52$的样品出现了超晶格（001）和（111）衍射峰，而且（200）和（002）峰有分开的迹象。表明在低温 350℃ 热处理时，$Fe_{52}Pt_{48}$ 薄膜的有序化程度比其他几个富 Fe 的样品高。换句话说，低温退火时，FePt 薄膜中的成相对 Fe、Pt 原子数更为敏感。

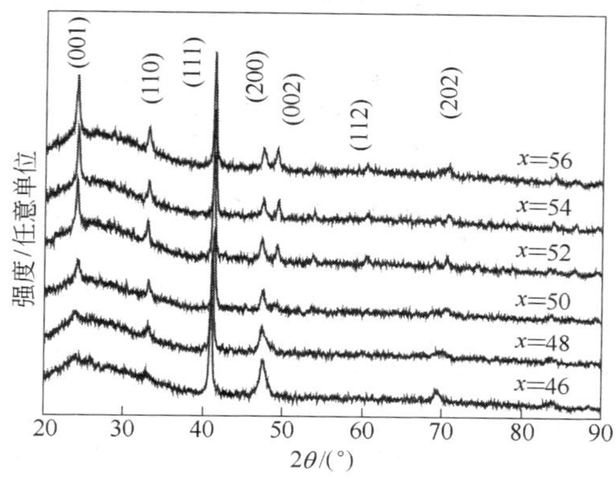

图 5-1 Fe_xPt_{100-x}(50nm) 薄膜在 550℃热处理 20min 的 XRD 谱

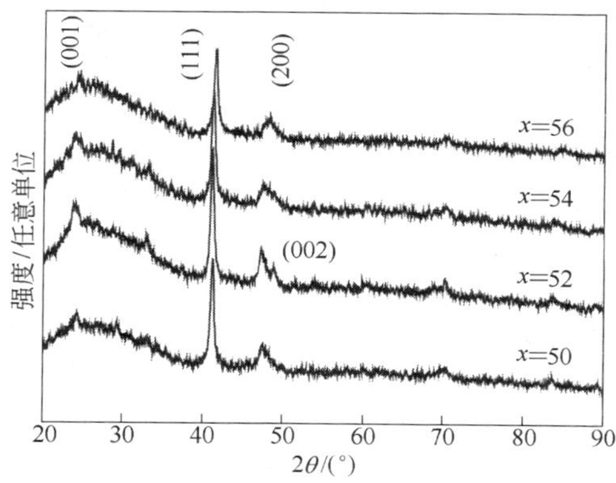

图 5-2 Fe_xPt_{100-x}(50nm) 薄膜 350℃热处理 20min 的 XRD 谱

实际上，可以引用有序度参数（S）来定量地描述 FePt 薄膜的有序化程度或薄膜中的有序 $L1_0$-FePt 相占据所有 FePt 相的比例，其定义如式 5-1 所示[3]：

$$S^2 = \frac{1-(c/a)}{1-(c/a)_{S_f}} \tag{5-1}$$

式中，$(c/a)_{S_f}$为完全有序的 $L1_0$ 结构的晶格参数之比，为 0.961。根据图 5-1 和图 5-2 的 XRD 谱衍射峰的峰位，可以分别计算出样品的

晶格参数 c 和 a，再利用式 5-1 计算样品的有序度参数。图 5-3 是上述 Fe_xPt_{100-x}薄膜经 350℃和 550℃热处理 20min 后的有序度（S）与 Fe 原子数的关系。在低温 350℃热处理时，原子数对 FePt 薄膜的有序度影响很大，$Fe_{52}Pt_{48}$薄膜的有序度达到最高（0.87）；而在高温 550℃热处理时，原子数对 FePt 薄膜的有序度影响相对较小，薄膜的有序度均高于 0.6，仍然是 $Fe_{52}Pt_{48}$薄膜的有序度最高（0.93）。这说明，低温退火时，有序度对原子数的依赖程度较大；高温退火时，有序度对原子数的依赖程度较小。稍微富 Fe 的 FePt 薄膜具有最高的有序度，即最利于形成有序 $L1_0$-FePt 相。

以上有序度的变化直接影响到薄膜的磁性能，图 5-4 是 Fe_xPt_{100-x}薄膜经 350℃和 550℃热处理 20min 后，平行膜面的矫顽力 H_C 与原子数的关系。所有的矫顽力值都是从磁滞回线上获得的，磁滞回线均利用梯度场磁强计（AGFM）测量。比较图 5-3 和图 5-4，有序度随 Fe 的原子数 x 的变化与矫顽力 H_C 随 x 的变化趋势一致，有序度越高，薄膜的 H_C 值越大。不论是高温退火还是低温退火时，$Fe_{52}Pt_{48}$薄膜均具有最大的矫顽力，即在相同的热处理条件下，$Fe_{52}Pt_{48}$薄膜的有序化过程进行得最快。

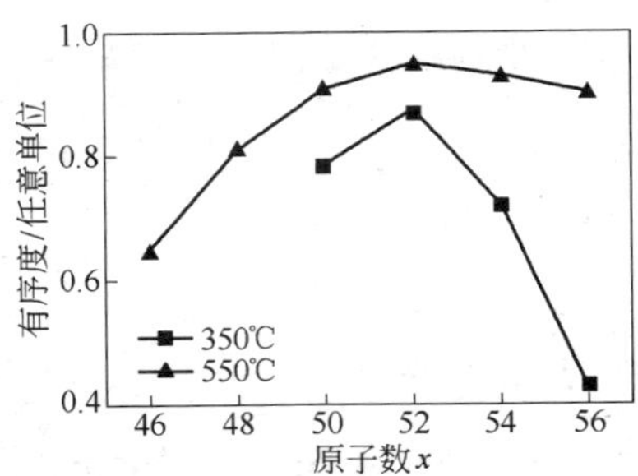

图 5-3 Fe_xPt_{100-x}薄膜的有序度与 x 的关系（退火条件 350℃和 550℃时 20min）

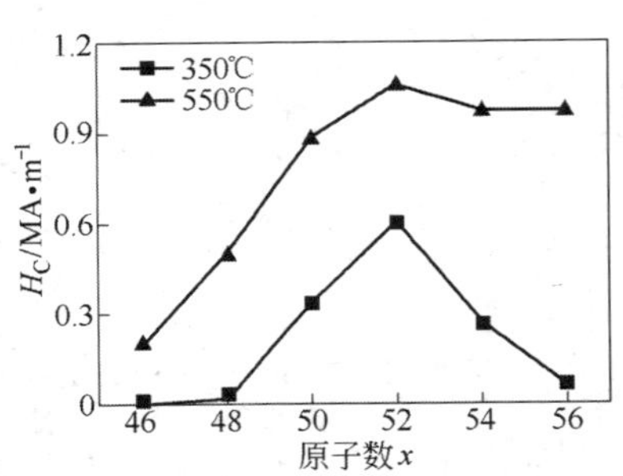

图 5-4 Fe_xPt_{100-x}薄膜经 350℃和 550℃热处理 20min 的矫顽力 H_C 与 x 的关系

在 350℃热处理 20min 后，矫顽力就达到 605kA/m，此值高于许多文献中报道的在相同的温度和时间热处理达到的矫顽力[1,4,24~27]。

在 350℃热处理后，H_C 值在 $x=52$ 时达到最大；当 $x<48$ 或 $x>56$ 时，样品的 H_C 值几乎为零，即样品表现为软磁性能。而在 550℃热处理后，H_C 值仍然在 $x=52$ 时达到最大；其他成分的样品的矫顽力均有所下降。这是由于对于 FePt 薄膜而言，其矫顽力值与薄膜的有序化程度直接相关，即与薄膜中的 $L1_0$ 相的多少有关。在较低温度下退火时，薄膜的有序度相对较低且对原子数的依赖较大，所以 H_C 值随 x 变化较大；在较高温度下退火时，Fe、Pt 原子的扩散系数较高，有序化程度较高，因此薄膜具有较高的矫顽力。$Fe_{52}Pt_{48}$ 薄膜的有序度最高，对应的矫顽力值也最大。

5.2.2 Cu 掺杂对 FePt 薄膜的磁性能及磁化反转的影响机理[13,14]

许多研究者报道，通过掺杂 Cu 原子的方式可以降低有序化温度[1,4,27]。但是不同的研究者得到的 Cu 的最佳掺杂量有着非常大的差别，甚至有些实验结果表明掺杂 Cu 不利于 FePt 薄膜有序化过程[28]。比如，高梨（Takahashi）等人[4]研究发现：在 FePt 中添加 4%（原子分数）的 Cu 原子，可以促进 Fe、Pt 原子的有序化运动，使 FePt 薄膜在 400℃时实现有序；而梅达（Maeda）等人[1]研究发现：掺杂 15%（原子分数）的 Cu 原子才会对 FePt 薄膜的有序化产生实质性影响，导致薄膜在 300℃时实现低温有序。这些不一致甚至矛盾的实验结果表明人们对 Cu 在 FePt 中的作用机理还很不清楚。

李宝河等人采用磁控溅射方法，在玻璃基片上制备了厚度为 50nm 的 $(Fe_xPt_{100-x})_{100-y}Cu_y$（Fe 原子数 $x=46\sim56$，Cu 原子数 $y=0, 4, 12$）薄膜，通过调节溅射功率来控制 Fe、Pt 和 Cu 在薄膜中的原子数。然后薄膜经过 350～550℃真空热处理 20min 后（真空度优于5×10^{-5}Pa），获得了具有低温有序的 FePt 薄膜；同时，通过对 FePtCu 薄膜的成分的精确控制，系统地研究了 Cu 掺杂在 FePt 薄膜中的作用机理；最终统一地解释了目前国际上关于掺杂 Cu 的许多看似矛盾的实验报道。

不同的 Cu 掺杂量对 FePt 薄膜的有序化影响不同，利用 XRD 研究了 $(Fe_xPt_{100-x})_{96}Cu_4$ 和 $(Fe_xPt_{100-x})_{88}Cu_{12}$（$x=46\sim56$）薄膜经

350℃热处理 20min 的晶体学结构变化，其 XRD 谱如图 5-5 和图 5-6 所示。不掺杂 Cu 原子时，$Fe_{52}Pt_{48}$ 样品的有序度和 H_C 值最高（见 5.5.1 节）；当掺杂 4%（原子分数）的 Cu 原子时，$Fe_{50}Pt_{50}$ 样品具有最强的（001）超晶格衍射峰以及明显分裂的（200）峰，即此时具有最佳的有序化；而当掺杂 12%（原子分数）的 Cu 原子时，$Fe_{48}Pt_{52}$ 薄膜具有最佳的有序化。这一点也可以通过 AGFM 测量的磁滞回线上反映出来，图 5-7 是 Fe_xPt_{100-x}、$(Fe_xPt_{100-x})_{96}Cu_4$ 以及 $(Fe_xPt_{100-x})_{88}Cu_{12}$ 薄膜在 350℃热处理 20min 的 H_C 与 x 的关系。随着掺杂 Cu 含量的增加，矫顽力峰值对应的 Fe 原子数也在逐渐降低。不掺杂 Cu 原子时，$Fe_{52}Pt_{48}$ 样品的 H_C 值最高；当掺杂 4%（原子分数）的 Cu 原子时，$Fe_{50}Pt_{50}$ 样品的 H_C 值最高；而当掺杂 12% 的 Cu 原子时，$Fe_{48}Pt_{52}$ 薄膜的 H_C 值最高。这说明，掺杂不同 Cu 原子量时，有序度和磁性能最佳的 FePt 薄膜的原子数不同。

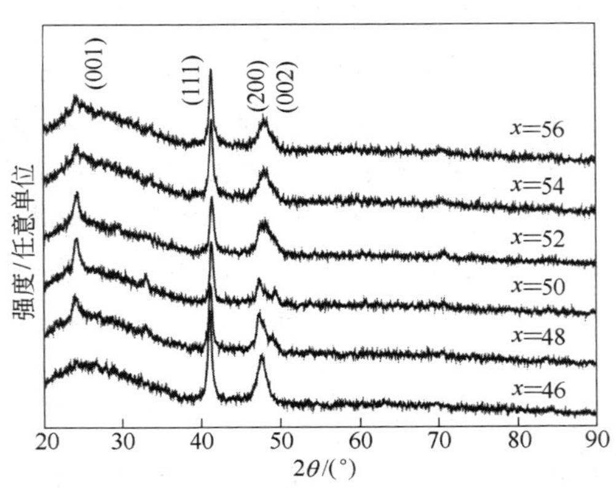

图 5-5　$(Fe_xPt_{100-x})_{96}Cu_4$ 薄膜在 350℃热处理 20min 的 XRD 谱

Kai 等人[29] 通过理论计算和实验结果发现：在 $L1_0$-FePt 四方相中，掺杂的 Cu 原子会占据 Fe 原子的亚点阵位。因此，掺杂的 Cu 原子在 FePt 晶格中会与 Pt 形成合金，类似于 Fe 原子在 FePt 晶格中的作用。图 5-7 中 H_C 最高值对应的薄膜分别为 $Fe_{52}Pt_{48}$，$(Fe_{50}Pt_{50})_{96}Cu_4$［即 $Fe_{48}Cu_4Pt_{48}$，也可以表示为 $(FeCu)_{52}Pt_{48}$］以及 $(Fe_{48}Pt_{52})_{88}Cu_{12}$［即 $Fe_{42}Cu_{12}Pt_{46}$，也可以表示为 $(FeCu)_{54}Pt_{46}$］。这三种薄膜的一个共

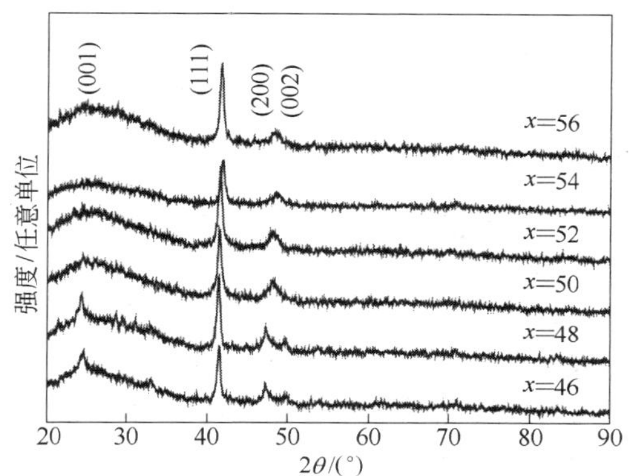

图 5-6　$(Fe_xPt_{100-x})_{88}Cu_{12}$ 薄膜在 350℃ 热处理 20min 的 XRD 谱

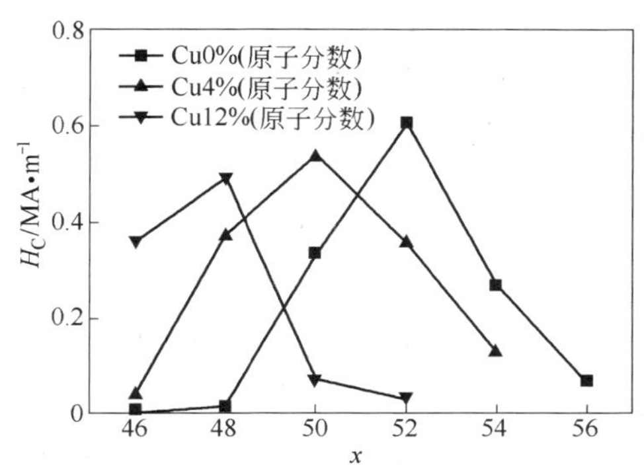

图 5-7　Fe_xPt_{100-x}、$(Fe_xPt_{100-x})_{96}Cu_4$ 以及 $(Fe_xPt_{100-x})_{88}Cu_{12}$ 薄膜的矫顽力 H_C 与 x 的关系

同特点是：Fe 和 Pt 的原子数比值（Fe/Pt）或 Fe(Cu)与 Pt 的原子数比值[(Fe + Cu)/Pt]处于 1.1 ~ 1.2 的范围时。李宝河等人认为：Fe 和 Pt 的原子分数或 Fe（Cu）与 Pt 的原子数比值处于1.1 ~ 1.2的范围时，薄膜的有序度最高，有序化过程最快。这是因为富 Fe 的 FePt 薄膜中存在更多的空位型晶体缺陷，因而有利于 Fe、Pt 原子的有序化扩散运动，促进 FePt 薄膜由无序的面心立方向有序的面心四方相转

化，即有序化过程可在较低的温度下启动。

利用上述结论，可以统一地解决国际上很多关于掺杂 Cu 对 FePt 薄膜的影响的矛盾结论。例如，Takahashi 等人[4] 报道的 $[Fe_{50}Pt_{50}]_{96}Cu_4$ 在 400℃ 热处理 1h 时，矫顽力达到 621kA/m，该薄膜可以改写为 $Fe_{48}Cu_4Pt_{48}$，Fe(Cu) 与 Pt 的原子数比值恰好为 1.1。Maeda 等人[1] 报道的 $Fe_{46.5}Pt_{53.5}$ 薄膜，在掺杂 15%（原子分数）的 Cu 原子可有效地降低其有序化温度，该薄膜的成分为 $(Fe_{46.5}Pt_{53.5})_{85}Cu_{15}$，即 $(FeCu)_{54.5}Pt_{45.5}$，Fe(Cu) 与 Pt 的原子数比值为 1.2。Sun 等人[28] 报道了添加 Cu 原子对 FePt 薄膜的有序化不利，其原因是 Fe(Cu) 与 Pt 的原子数比值远远偏离了 1.1～1.2 的范围。

5.2.3 FePt 薄膜的有序化对薄膜厚度及热处理条件的依赖关系[30]

5.2.2 节介绍了 FePt 薄膜对原子分数的依赖关系，$Fe_{52}Pt_{48}$ 薄膜具有最佳的有序度和磁性能，能在较低温度退火时实现 FePt 薄膜的有序化。实际上，FePt 薄膜的厚度以及热处理的条件对 FePt 薄膜的有序化过程也有重要的影响[31～33]。李宝河和冯春等人采用磁控溅射方法，在玻璃基片上制备了一系列厚度（10nm、50nm、100nm、200nm）的 $Fe_{52}Pt_{48}$ 单层膜，研究了薄膜厚度对 FePt 薄膜的有序化的影响；另外，对同一种厚度的 $Fe_{52}Pt_{48}$ 薄膜进行不同温度和时间的真空热处理，研究了 FePt 薄膜对退火条件的依赖关系。本小节主要介绍 $Fe_{52}Pt_{48}$ 薄膜的有序化对薄膜厚度及热处理条件的依赖关系。

首先，他们分别在 300℃、350℃ 和 550℃ 真空退火时，研究了薄膜厚度对 $Fe_{52}Pt_{48}$ 薄膜的有序化和磁性能的影响。图 5-8 是利用 XRD 测量的不同厚度（10nm、50nm、100nm 和 200nm）的 $Fe_{52}Pt_{48}$ 薄膜的 XRD 谱，薄膜退火条件为 300℃ 时 60min。当薄膜厚度不大于 100nm 时，样品未出现超晶格衍射峰，即样品中的 FePt 合金为无序 fcc 相。仅当 FePt 薄膜的厚度为 200nm 时，XRD 谱中出现了（001）和（110）等超晶格衍射峰，但（200）峰未分裂，说明样品开始有序，但是有序化程度并不高。图 5-9 是利用振动样品磁强计（VSM）测量了样品的退磁曲线，可以看出厚度对薄膜的磁性能的影响。所有样品的矫顽力均很低（小于 250kA/m），这说明在 300℃ 热处理条件下，即使薄膜厚度达到 200nm 仍不能实现有序化较好、矫顽力很高的 FePt 薄膜。

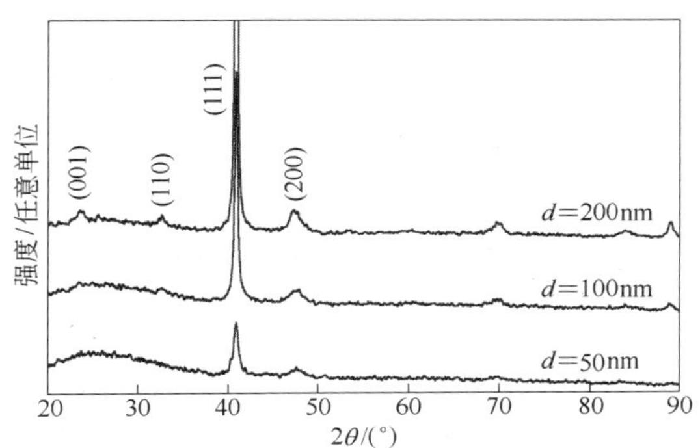

图 5-8 不同厚度 d 的 $Fe_{52}Pt_{48}$ 薄膜的 XRD 谱

（样品经 300℃真空退火 60min）

图 5-10 是在 350℃真空退火 60min 后，不同厚度(10nm、50nm、100nm 和 200nm) 的 $Fe_{52}Pt_{48}$ 薄膜的 XRD 谱。除厚度为 10nm 的薄膜未出现明显的有序化衍射峰，其他样品的 XRD 谱中均出现了 (001)、(110) 等超晶格衍射峰，而且这些衍射峰随着膜厚的增加而增强，说明样品的有序化程度增高。图 5-11 是根据式 5-1 计算出的样品的有序度。薄膜的有序度会随着薄膜厚度的增加而逐渐增加。图 5-12 是这四个薄膜样品的磁滞回线，随薄膜厚度的增加，薄膜的矫顽力增加。FePt 薄膜厚度为 10nm 时，矫顽力仅有 80kA/m；在相同的热处理条件下，薄膜厚度为 200nm 时，矫顽力达到了 637kA/m。因此，薄膜的厚度对 FePt 薄膜的有序化及磁性能的影响是很显著的。

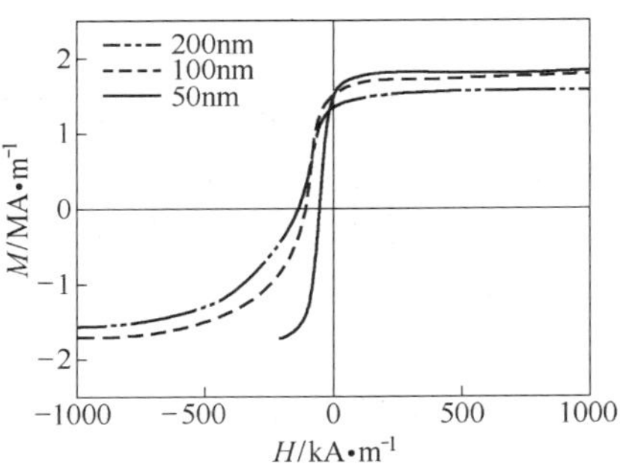

图 5-9 不同厚度 d 的 $Fe_{52}Pt_{48}$ 薄膜的退磁曲线

（样品经 300℃真空退火 60min）

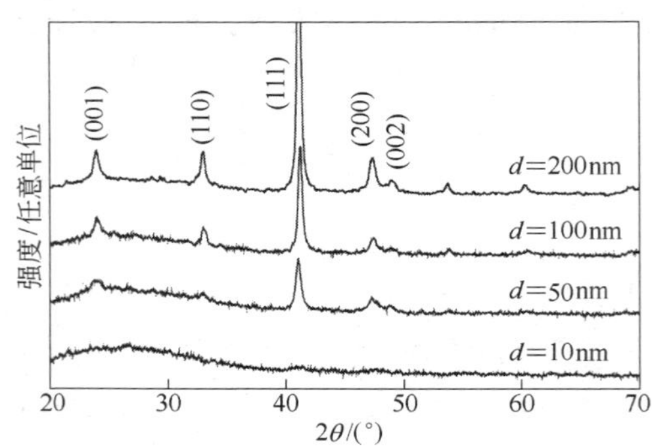

图 5-10 不同厚度 d 的 $Fe_{52}Pt_{48}$ 薄膜的 XRD 谱

（样品经 350℃ 真空退火 60min）

图 5-13 是在 550℃ 真空退火 60min 后，不同厚度（10nm、20nm 和 50nm）的 $Fe_{52}Pt_{48}$ 薄膜的 XRD 谱。对于厚度为 10nm 和 20nm 的薄膜，经 550℃ 真空退火 60min 时，超晶格衍射峰（001）依然很弱，说明薄膜的有序化仍然不充分。只有 50nm 厚的薄膜经 550℃ 真空退火 60min 后，具有很强的（001）峰、分裂的（200）峰和（002）峰，说明薄膜的有序化已经相当充分，有序度达到 0.93。

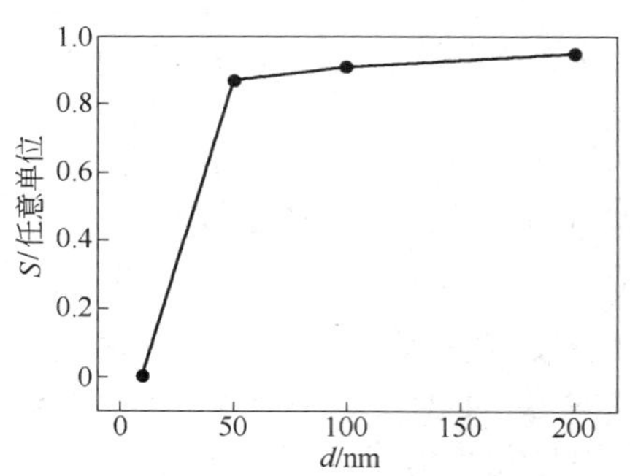

图 5-11 $Fe_{52}Pt_{48}$ 薄膜的有序度 S 与膜厚 d 的关系

（350℃ 真空退火 60min 后）

图 5-14 总结了在不同温度真空退火 60min 后，样品的矫顽力与薄膜厚度 d 的关系。实际上，薄膜中的有序化与退火温度和薄膜厚度有着密切的关系，这两个因素在薄膜中相互竞争，影响 FePt 薄膜的有序化和磁性能。在 300℃ 真空退火时，薄膜只具有软磁性能，这是由于此时的热能难以克服 FePt 薄膜有序化时需要的能量势垒，所以仍具有无序结构。在低温退火时，薄膜厚度对 FePt 薄膜的有序化及

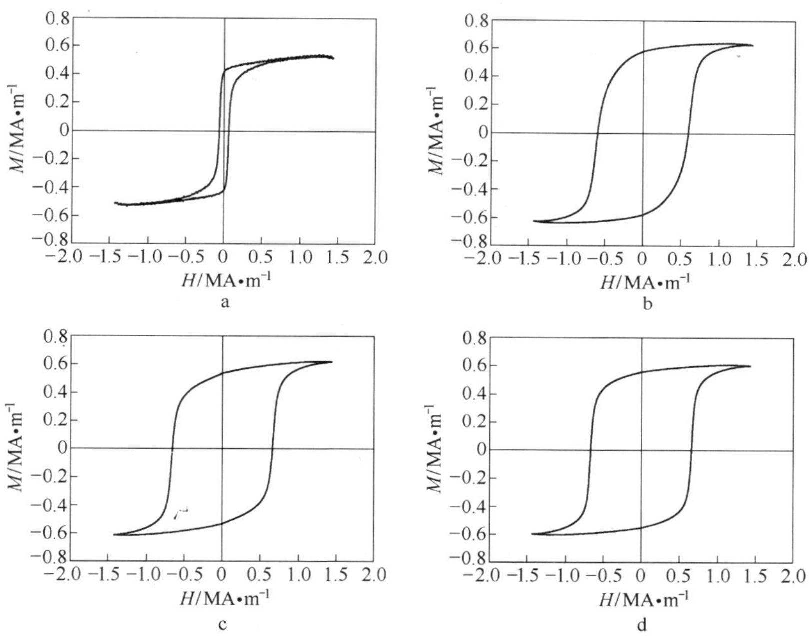

图 5-12 不同厚度的 $Fe_{52}Pt_{48}$ 薄膜的磁滞回线

a—$d=10$nm；b—$d=50$nm；c—$d=100$nm；d—$d=200$nm

（样品经 350℃ 真空退火 60min）

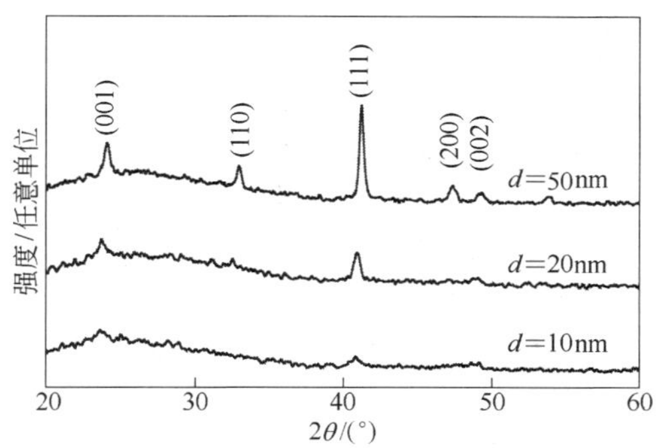

图 5-13 不同厚度的 $Fe_{52}Pt_{48}$ 薄膜的 XRD 谱

（样品经 550℃ 真空退火 60min）

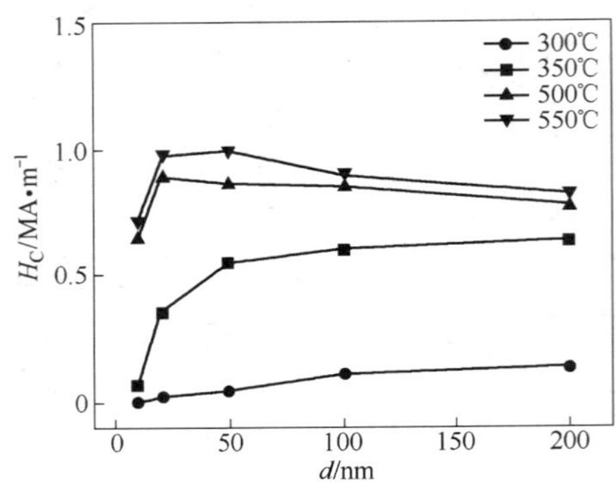

图 5-14 在不同温度真空退火 60min 后，样品的矫顽力与薄膜厚度 d 的关系

磁性能的影响很大。这是由于 FePt 合金在由 fcc 相向 fct 相转变过程中，晶胞体积收缩，所以薄膜中存在压应力将有利于薄膜的有序化相变。Wierman 等人[34]测量了 50nm 厚 FePt 薄膜的应力大小为 685 ~ 978MPa，并且是压应力。因此，随着薄膜厚度的增加，薄膜中压应力会积聚更大，因此随薄膜厚度的增加，有序化能够更快地进行。在高温退火时，薄膜厚度对 FePt 薄膜的有序化及磁性能的影响相对较小。这是由于高温退火时，热能对薄膜有序化及磁性能的影响比上述薄膜厚度的影响更大。

李宝河和冯春等人还研究了退火时间对 $Fe_{52}Pt_{48}$（50nm）薄膜的有序化和磁性能的影响。图 5-15 是 $Fe_{52}Pt_{48}$（50nm）薄膜经 550℃ 真空退火 5 ~ 30min 的 XRD 谱。经过较短的时间（5min）退火，薄膜的 XRD 谱中已经出现了很明显的超晶格（001）、（110）衍射峰以及（200）、（002）峰，说明在高温条件下退火 5min，薄膜的有序度已经很高，退火时间的延长对薄膜的有序化影响不大。而同一个样品在低温下（低于 400℃）退火时，需要较长的退火时间才能使薄膜具有较高的有序化程度。利用 AGFM 测量以上四个样品的平行膜面的磁滞回线，如图 5-16 所示。在 550℃ 真空退火 5min，样品的矫顽力也达到了 0.94×10^6 A/m，继续延长退火时间对薄膜的矫顽力影响不大，在 550℃ 真空退火 30min，样品的矫顽力基本达到饱和（1.03×10^6 A/

m)。这说明在高温退火时，退火时间对 FePt 薄膜的有序度及磁性能影响较小。

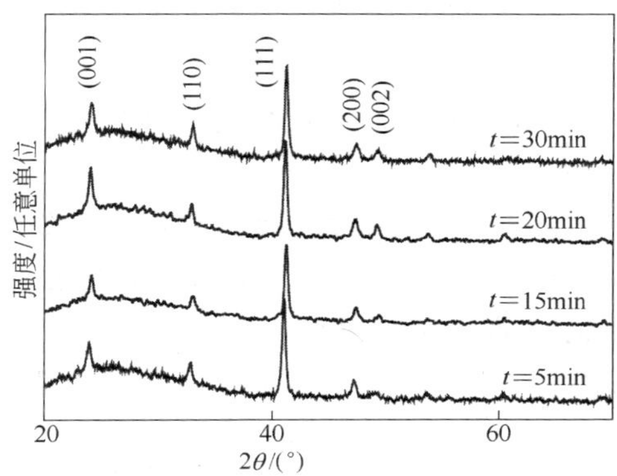

图 5-15 $Fe_{52}Pt_{48}$(50nm) 薄膜的 XRD 谱

(样品经 550℃ 真空退火不同时间)

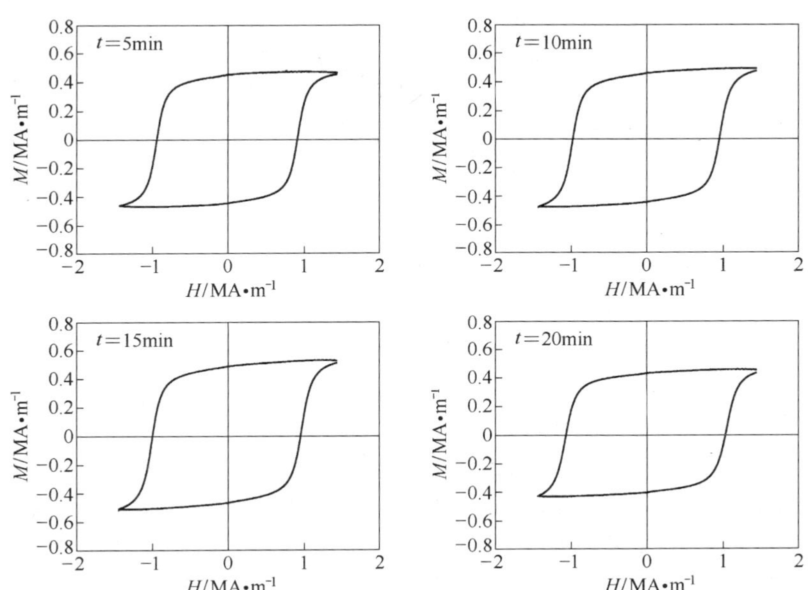

图 5-16 不同退火时间时的薄膜平行膜面的磁滞回线

(样品经 550℃ 真空退火)

利用 VSM 测量了 FePt 薄膜样品在不同温度以及不同退火时间的退磁曲线，由退磁曲线的数据得到样品的矫顽力随退火温度和退火时间的变化，如图 5-17 和图 5-18 所示。图 5-17 给出了不同厚度的薄膜的矫顽力与退火温度的关系，无论薄膜的厚度多少，矫顽力随退火温度的升高而增大。但不同厚度的薄膜的矫顽力增大趋势不一样：对于厚度为 100nm 和 200nm 的薄膜，当退火温度高于 350℃时，矫顽力基本达到饱和，这与薄膜的有序度达到饱和有关（图 5-11）；而厚度小于 50nm 的薄膜样品，矫顽力一直随着退火温度的增加而增加。图 5-18 是不同厚度的 FePt 薄膜经 400℃退火的矫顽力与退火时间的关系。对于较薄的薄膜（膜厚不大于 50nm），退火时间对样品的矫顽力影响很大，随退火时间的延长，矫顽力大幅增加。对于较厚的薄膜（厚膜不小于 100nm），退火时间的延长基本对样品的矫顽力影响不大。

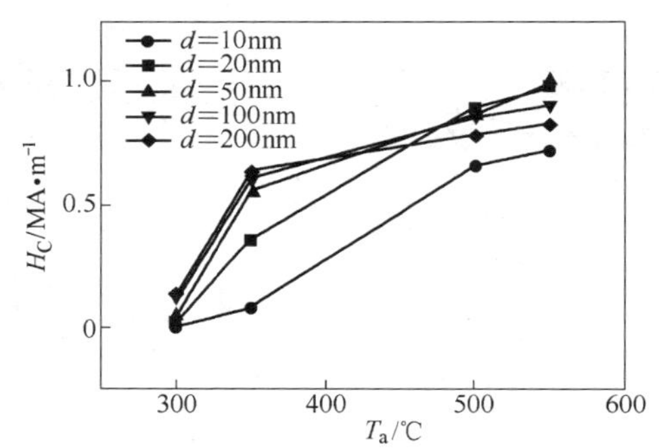

图 5-17　不同厚度的薄膜的矫顽力 H_C 与退火温度 T_a 的关系

以上结果说明，退火温度和退火时间均会对较薄的薄膜的有序化和磁性能的产生有显著影响。实际上，在薄膜厚度较小时，有序化相对较困难，此时薄膜的有序度是影响矫顽力大小的决定因素。FePt 的有序化过程涉及 Fe 和 Pt 原子的近程扩散运动，而退火温度的升高和退火时间的延长均可以大幅度提高膜厚较薄的薄膜的扩散系数，这使得薄膜的矫顽力随着退火温度和时间的增加而增加。而对于厚度较

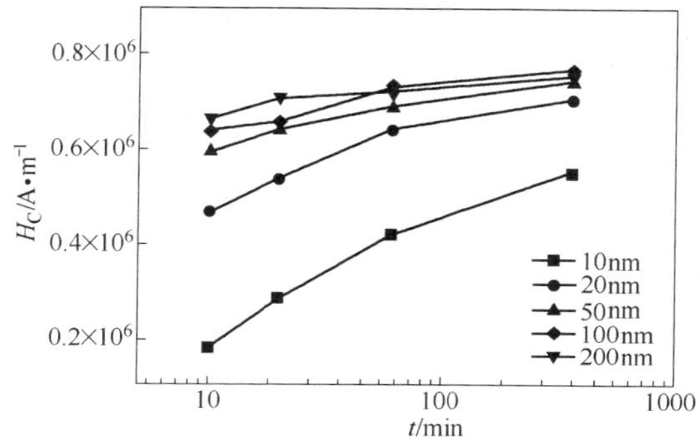

图 5-18 不同厚度的 FePt 薄膜的矫顽力 H_C 与退火时间 t 的关系

厚的薄膜，有序化相对较容易，有序化程度相对较高，所以退火温度的升高和退火时间的延长对有序度的提高影响相对较小。此时，薄膜的矫顽力不仅取决于有序度，还与其他因素，如晶粒的大小、缺陷浓度等有关。

综合本节结果：

（1）低温退火时，FePt 薄膜的有序度及磁性能对原子分数有很强的依赖性；高温退火时，原子分数对 FePt 薄膜的有序度及磁性能的影响相对较小。

（2）Fe 和 Pt 的原子分数或 Fe(Cu) 与 Pt 的原子数比值处于 1.1～1.2 的范围时，薄膜的有序度最高，有序化过程最快。偏离这个范围，都会使样品的有序化减慢，矫顽力下降。

（3）薄膜中的有序化与薄膜厚度有着密切的关系，厚度越厚，薄膜的有序化程度越高，磁性能越好。

（4）退火温度的升高和退火时间的延长均可以提高原子的扩散系数，导致薄膜的矫顽力增加。

5.3 多层膜的界面调控作用对 FePt 薄膜的低温有序及磁性能的影响

Endo 等人[3]在玻璃基片上，采用 $[Fe/Pt]_n$ 多层膜结构，利用界面调控作用促进 Fe、Pt 原子的有序化运动，使得薄膜在 300℃退火后就实现了有序化。这为降低 FePt 薄膜的有序化温度提供了一种新的方法。本节主要介绍采用各种多层膜结构（如 Fe/Pt 多层膜、FePt/Au 多层膜等）对降低有序化温度、提高薄膜磁性能的影响，同时介绍了多层膜结构对 FePt 薄膜的影响因素和机理。

5.3.1 $[Fe/Pt]_n$ 多层膜的低温有序化的研究[15,16]

李宝河和冯春等人采用磁控溅射方法，在玻璃基片上制备了样品结构为$[Fe(1.5nm)/Pt(1.5nm)]_{13}$多层膜和 $Fe_{49}Pt_{51}$(40nm) 单层膜。再经过 300～550℃真空热处理 20min，获得 $L1_0$-FePt 薄膜。溅射前和真空退火前的本底真空度均优于 4×10^{-5}Pa，溅射时 Ar 工作气压为 0.4Pa。通过比较两种薄膜的微结构和磁性能，研究了多层膜的调制作用对样品的有序化的影响。

图 5-19 是 $Fe_{49}Pt_{51}$（40nm）单层膜在不同温度下真空热处理 20min 的 XRD 图。在 300～500℃真空热处理后，薄膜的 XRD 图中并未出现明显的超晶格衍射峰，说明薄膜仍为无序面心立方（fcc）结构；只有退火温度达到 550℃时，XRD 图中才出现了超晶格衍射峰（001）、（110）等衍射峰，fcc 无序结构的（200）峰分裂为（200）和（002）峰。（002）、（200）峰分别出现在原衍射峰的大角度和小角度方向，表明 a 轴晶格参数增加，c 轴晶格参数减小。这些均表明晶体结构由 fcc 向 fct 转变，形成了 $L1_0$-FePt 有序结构。因此，FePt 单层膜的有序化转变温度处在 500～550℃之间。

图 5-20 是 $[Fe(1.5nm)/Pt(1.5nm)]_{13}$多层膜在 300～400℃热处理 20min 后的 XRD 图。薄膜在 350℃热处理后就出现了（001）和（110）超晶格衍射峰，而且（200）和（002）峰有分开的迹象。这说明在 350℃热处理后，Fe/Pt 多层膜已经开始由 fcc 结构向有序 fct 结构转变。在 400℃热处理后，样品的 XRD 图中出现了更加明显的超晶格衍射峰，样品的有序化程度增加。

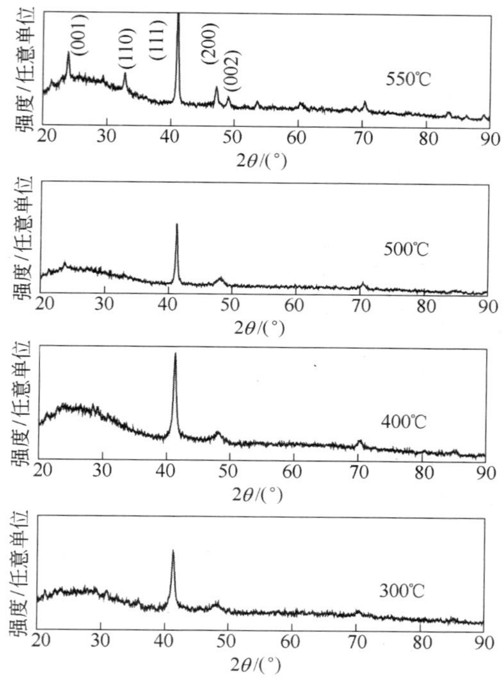

图 5-19 $Fe_{49}Pt_{51}$（40nm）单层膜经不同温度热处理后的 XRD 谱

利用布拉格公式（式 5-2），可计算［Fe(1.5nm)/Pt（1.5nm)］$_{13}$ 多层膜的周期厚度 Λ：

$$\Lambda = \frac{\lambda}{2\sin\theta} \tag{5-2}$$

式中，λ 为 CuK_{α} 射线波长（0.154nm）；θ 为小角衍射第一级衍射峰的峰位。图 5-20 中各小图右上角的插图为样品的小角衍射谱，由小角衍射峰位置计算得到周期膜厚 Λ = 2.96nm，与实验设计的 3.00nm 非常接近，表明磁控溅射方法制备的多层膜周期性很好。在 400℃ 热处理后，小角衍射峰几乎消失，此时 Fe、Pt 原子已经发生互扩散，多层膜的结构基本消失。

图 5-21 为［Fe(1.5nm)/Pt(1.5nm)］$_{13}$ 多层膜和 FePt（40nm）

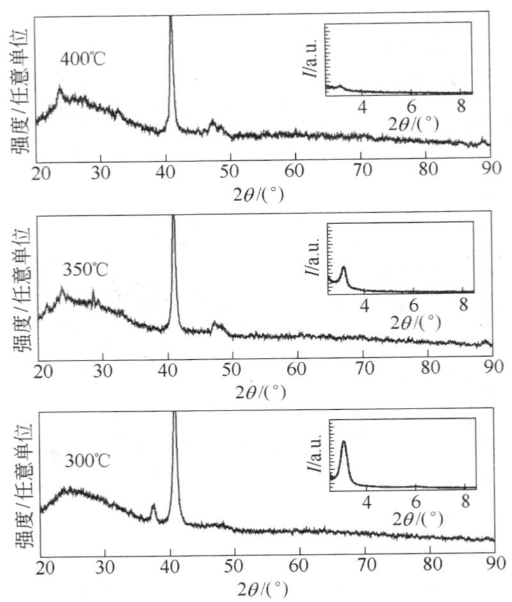

图 5-20 [Fe(1.5nm)/Pt(1.5nm)]$_{13}$多层膜经不同温度退火的 XRD 谱（插图为小角衍射峰）

单层膜在不同温度热处理后的磁滞回线（外加磁场平行于膜面）。FePt 单层膜在 400℃退火后，矫顽力仅为 23.9kA/m，表现为软磁行为。在 500℃退火后，样品的矫顽力有一定增加但还是很小，只有 263kA/m。在 550℃退火后，样品表现出非常强的硬磁行为，矫顽力高达 1035kA/m。因此，FePt 单层膜的有序化转变温度在 500～550℃之间。而对于 [Fe(1.5nm)/Pt(1.5nm)]$_{13}$多层膜，在 350℃热处理后，样品的矫顽力就达到 501kA/m，说明采用 Fe/Pt 多层膜结构，有利于在较低的温度下启动有序化过程。在 400℃热处理后，样品的矫顽力达到 740kA/m，已经表现出非常强的硬磁行为，这与 XRD 谱的结果是一致的。

FePt 薄膜矫顽力的大小主要由 FePt 有序化的程度高低决定[35]，因此研究薄膜的有序度将有助于理解矫顽力的变化原因。图 5-22 是 [Fe(1.5nm)/Pt(1.5nm)]$_{13}$多层膜和 FePt（40nm）单层膜的有序度

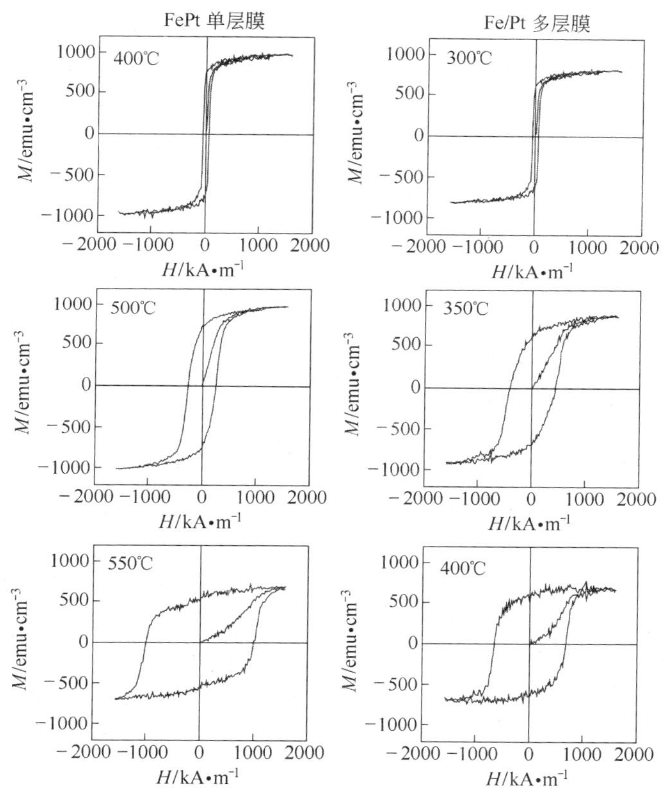

图 5-21　[Fe(1.5nm)/Pt(1.5nm)]$_{13}$多层膜和 FePt(40nm)单层膜在不同温度退火的磁滞回线

S 以及矫顽力 H_C 随样品热处理温度 T_a 的变化。随着热处理温度的提高，有序度和矫顽力的变化趋势一致，均呈增大的趋势。有序化程度越高，样品的矫顽力也越大。[Fe(1.5nm)/Pt(1.5nm)]$_{13}$多层膜的有序化转变温度比 FePt 单层膜低 150℃。采用多层膜结构可以降低 FePt 薄膜中 $L1_0$ 有序相的形成温度。Endo 等认为，这是由于 Fe/Pt 多层膜界面处存在很多的缺陷，这将有利于 Fe、Pt 原子在多层膜界面处的扩散[3]，即从动力学角度促进 FePt 薄膜的有序化。实际上，除了这种原因外，还存在着一个重要的热力学原因。在 FePt 薄膜的居里温度 T_C 以

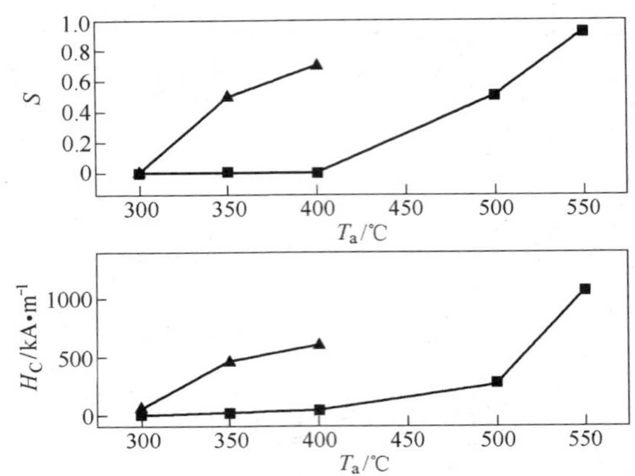

图 5-22 [Fe(1.5nm)/Pt(1.5nm)]$_{13}$多层膜和 FePt(40nm)单层膜的有序度 S 和矫顽力 H_C 随样品热处理温度 T_a 的变化

下，无序相向有序相转变过程中的热力学驱动力是有序相与无序相之间的自由能差。与单层膜相比，多层膜结构给体系增加了界面能，这为薄膜的有序化提供了额外的驱动力，即促进薄膜的有序化。因此，采用多层膜结构在热力学和动力学上都有利于有序化温度的降低。

5.3.2 [FePt/X]$_n$ 复合多层膜的低温有序化的研究[16,17]

5.3.1 节介绍了采用 Fe/Pt 多层膜结构，可以有效地增加体系的界面能，为 FePt 薄膜的有序化提供驱动力，降低 FePt 薄膜的有序化温度，提高薄膜的磁性能。这样单纯由 Fe 和 Pt 层组成的多层膜虽然结构简单，但是仅仅通过增加界面能对薄膜的磁性能的提高有限。如果能采用 [FePt/X]$_n$ 复合多层膜结构，在多层膜界面调控的基础上，再引入其他元素 X 对 FePt 薄膜的作用，有望进一步改善薄膜的微结构和磁性能。在元素的选择上，可以借鉴国际上的其他研究报道。例如，利用合适的底层（如 Ag、CuAu 等）与 FePt 晶格之间的错配增加应变能，促进 FePt 薄膜的有序化[9,26]；在 FePt 薄膜中掺杂表面能低的金属，如 Au、Sb 等，利用掺杂原子的扩散作用促进 Fe、Pt 原子的有序化运动[5,36]；Maeda 等人[1,37]研究发现：掺杂 15%（原子分数）的 Cu 原子会替代 Fe 原子，与 Pt 产生合金，起到降低有序化温度的作用。所以，冯春和李宝河等人提出采用［FePt/Au］$_n$ 和［FePt/Cu］$_n$ 复合多层膜结构[16,17]，通过表面活化剂 Au 原子的扩散作用或 Cu 对 Fe 晶格位置的替换作用，进一步改善薄膜的微结构和磁性能，制备出既具有低温有序，又具有较高 H_C 值的 FePt 复合薄膜。本节主要介绍他们关于［FePt/X］$_n$ 复合多层膜的微结构、磁性能以及磁化机理等方面的研究工作。

冯春等人采用磁控溅射方法，在玻璃基片上制备了样品结构为［$Fe_{52}Pt_{48}$(2nm)/Au($d$nm)］$_{10}$（$d=0\sim7$）的薄膜，溅射时工作气压（Ar 气）恒定在 0.45Pa。溅射完毕的薄膜经过真空退火处理（退火温度为 300 ~500℃，退火时间为 30min）后获得 $L1_0$-FePt/Au 复合薄膜。利用 AGFM 测量了不同温度退火后的薄膜平行膜面方向的磁滞回线，以分析薄膜的矫顽力 H_C 随退火温度的变化情况。图 5-23 是 FePt（20nm）多层膜和［FePt(2nm)/Au(3nm)］$_{10}$ 薄膜在不同温度退火后，薄膜的 H_C 随退火温度的变化关系。由于 FePt 薄膜的矫顽力主要是由其有序化程度决定的，因此通过矫顽力的变化可以反映 FePt 薄膜有序化的程度[38]。300℃退火时两种薄膜的 H_C 均较低，表现出明显的软磁性；当温度达到 350℃时，［FePt/Au］$_{10}$ 薄膜的 H_C 值约为 200kA/m，已经呈现硬磁性，即开始有序化；继续升高温度至 400℃时，H_C 值有较大幅度的升高，说明此时薄膜的有序化较好；当温度高于 400℃时，H_C 值随退火温度变化较小。而 FePt 薄膜在 400℃退火

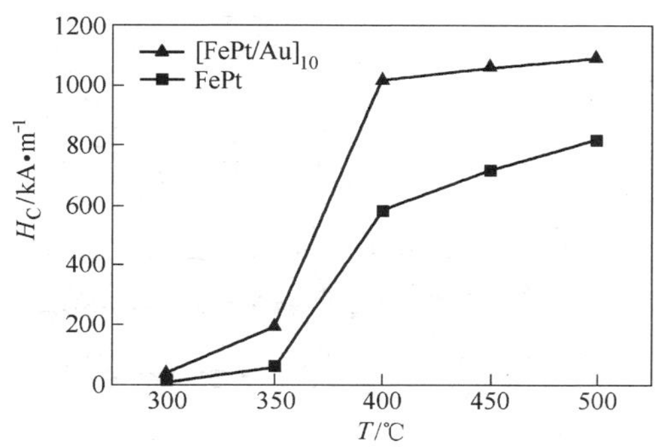

图 5-23 FePt(20nm) 多层膜和［FePt(2nm)/Au(3nm)］$_{10}$ 薄膜的 H_C 随退火温度（T）的变化

后才表现出明显的硬磁性，这说明 FePt/Au 多层膜的有序化温度约为 350℃，比纯 FePt（20nm）薄膜的有序化温度低了约 50℃；同时，FePt/Au 多层膜的 H_C 值也明显高于纯 FePt（20nm）薄膜的 H_C 值。即采用［FePt/Au］$_n$ 复合多层膜结构，可以有效地降低有序化温度、提高薄膜的磁性能。

为了分析 FePt/Au 多层膜结构促进 FePt 薄膜有序化的原因，冯春等人利用 X 射线衍射测量了［FePt(2nm)/Au(3nm)］$_{10}$ 薄膜在不同温度退火时的晶体结构，如图 5-24 所示。可以看到，薄膜在 350℃退火时，Au（111）峰和 FePt（111）峰较弱；随着退火温度的升高，Au（111）峰和 FePt（111）峰逐渐变强，同时 FePt（111）峰逐渐向高角度方向偏移，说明 FePt 晶格逐渐收缩并向 $L1_0$-FePt 晶格转化。造成以上现象的原因与不同温度退火时层状结构的消失情况有关。图 5-24 中的插图是［FePt(2nm)/Au(1nm)］$_{10}$ 薄膜在退火前、350℃以及 450℃退火时的小角衍射谱。在退火之前，薄膜在$2\theta=2.90°$处出现较强的小角衍射峰，对应的多层膜周期厚度为 3.04nm，与设计的 3nm 一致，说明未退火的样品具有良好的多层膜结构。当退火温度达到 350℃时，薄膜仍出现较弱的小角衍射峰，说明由于原子间发生了互扩散，界面开始变得模糊，但仍然存在层状结构。当温度达到 450℃时，未发现明显的小角衍射峰，即此时多层膜结构基本消失。实际

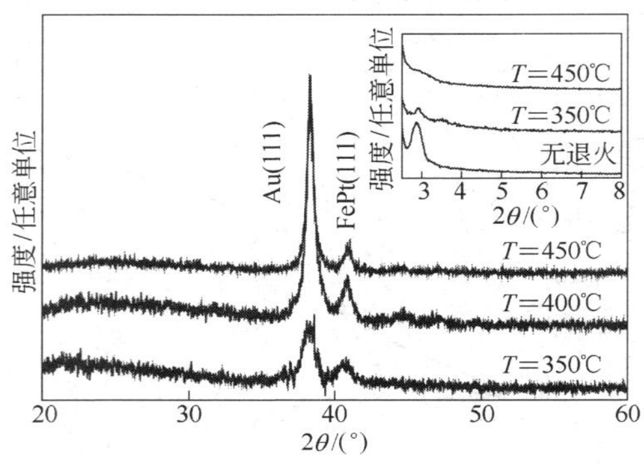

图 5-24 不同退火温度下的［FePt(2nm)/Au(3nm)］$_{10}$薄膜的 XRD 图谱

（插图是［FePt(2nm)/Au(1nm)］$_{10}$薄膜退火前后的小角衍射峰）

上，在 350℃退火时，FePt/Au 层状结构没有完全消失，由于 FePt 层厚度越薄，其有序化越困难[39]，所以此时薄膜的有序化不充分，导致薄膜的 H_C 较低。当温度达到 400℃以上时，FePt/Au 层状结构逐渐消失，薄膜中各 FePt 层连通，其有序化较好，H_C 也有了很明显的提高。

从动力学角度出发，FePt/Au 多层膜结构中存在很多 FePt/Au 界面，界面处的高浓度缺陷会促进 Fe、Pt 原子在界面处的有序化运动，导致有序化的能量势垒降低，即需要的有序化温度降低。从热力学角度，在 FePt 合金的居里温度 T_C 以下，无序 FePt 相向有序 FePt 相转变的热力学驱动力是有序相和无序相的自由能之差，FePt/Au 多层膜中存在的 FePt/Au 界面为系统增加了界面能。在热处理过程中层状结构会消失，从系统能量最低原理的角度出发，增加的界面能实际上为无序 FePt 相向 $L1_0$-FePt 相的转变提供额外的驱动力。因此，FePt/Au 多层膜体系中的界面为 FePt 薄膜的有序化提供了驱动力，从而导致其有序化温度降低。

另外，FePt 薄膜中存在的应力作用可以促进 FePt 的有序化过程[9,26,40]，导致有序化温度的降低。由于 fcc 相的 Au 的晶格参数（$a=0.4068$nm）与fcc 相的 FePt 晶格参数（$a=0.3877$nm）之间的错配度为 5%，存在晶格错配造成的应力作用，退火过程中，这种应力作用有利于 FePt 晶格的收缩，从而促进 FePt 薄膜的有序化转变，导致其有序度升高。换句话说，增加的应变能同样可以为 FePt 薄膜的有序化提供驱动力。

此外，通过研究 Au 层厚度对 FePt/Au 多层膜的有序化和磁性能的影响，可以确定退火后 Au 原子在薄膜中的分布和对磁性能的影响机理。图 5-25 是$[$FePt(2nm)/Au($d=0\sim7$nm)$]_{10}$薄膜经过 450℃退火 30min 后的磁滞回线。图 5-26 是上述薄膜的平行膜面矫顽力 H_C 值随 Au 层厚度 d 的变化。纯 FePt 薄膜的 H_C 较低，仅有 716.4kA/m；插入 Au 层时，H_C 有了很明显的升高，$[$FePt(2nm)/Au(3nm)$]_{10}$薄膜的 H_C 达到最高值（1034.8kA/m），比纯 FePt 薄膜的 H_C 增加了近 50%；当 $d>3$nm 时，H_C 值开始呈现下降趋势，但仍然高于纯 FePt 的 H_C，磁滞回线也出现明显的蜂腰，即此时薄膜中出现了软磁相和

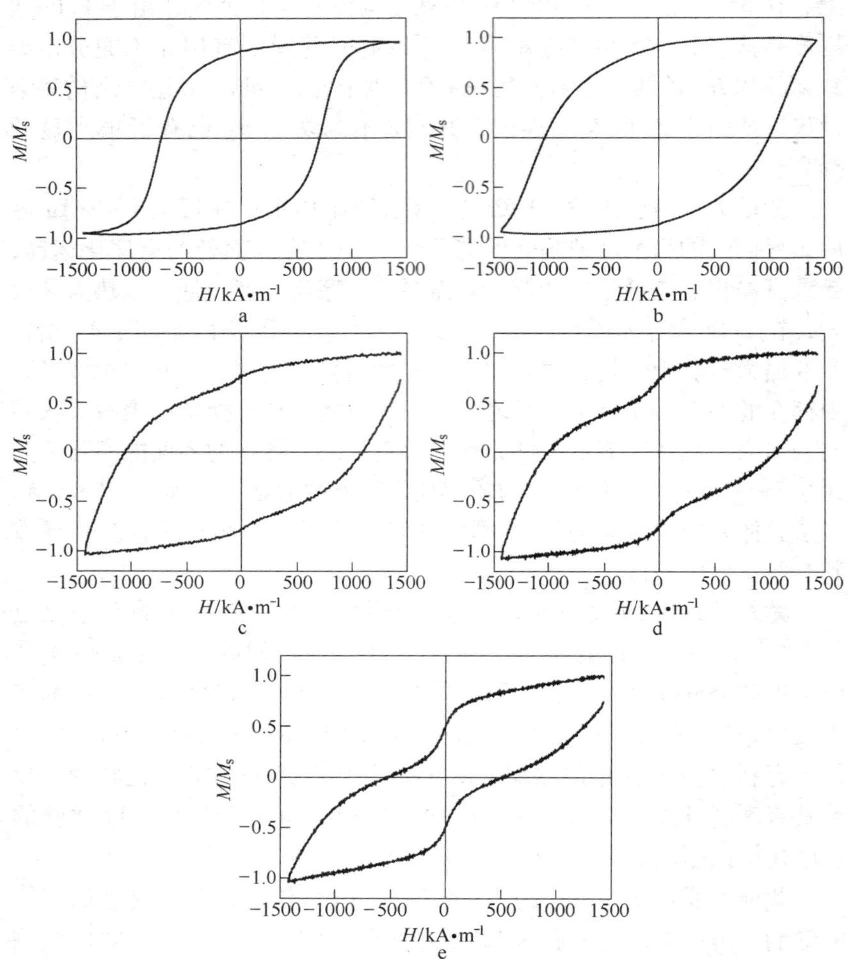

图 5-25 [FePt(2nm)/Au(d=0~7nm)]$_{10}$的磁滞回线

a—d=0；b—d=1nm；c—d=3nm；d—d=5nm；e—d=7nm

硬磁相共存的双相行为。这是由于 Au 层太厚，难以破坏多层膜结构，导致 FePt 层的有序化较差、H_C 较低。此时，$L1_0$-FePt 硬磁相和存留的 fcc-FePt 软磁相的共存导致了上述蜂腰。

图 5-27 是利用 X 射线衍射测量的纯 FePt 和 FePt/Au 多层膜的晶

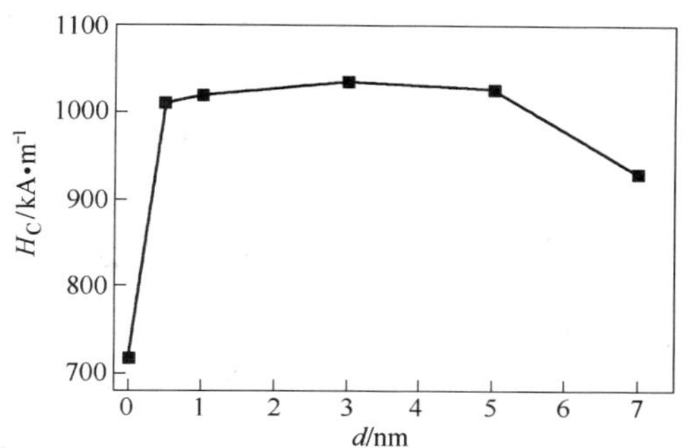

图 5-26 450℃退火 30min 后，[FePt(2nm)/Au(d=0～7nm)]$_{10}$ 薄膜的 H_C 随 d 的变化

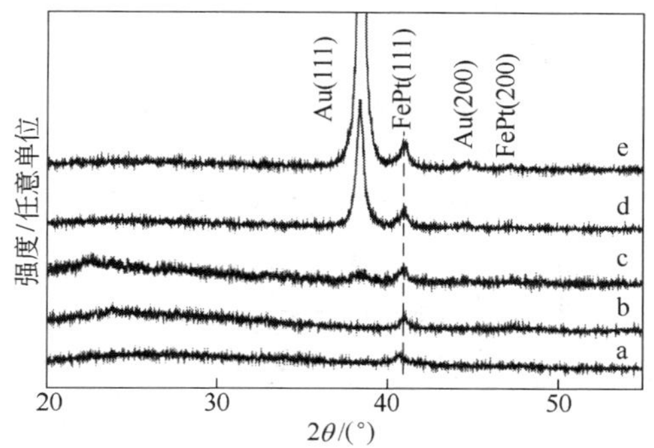

图 5-27 FePt 和 FePt/Au 的 XRD 图谱

a—FePt（20nm），未退火；b—FePt（20nm）；

c—[FePt（2nm）/Au（1nm）]$_{10}$；d—[FePt（2nm）/Au（3nm）]$_{10}$；

e—[FePt（2nm）/Au（5nm）]$_{10}$（b～e 退火条件均为 450℃/30min）

体结构。可以看到，所有的薄膜均呈现（111）织构，FePt（001）超晶格衍射峰很弱，只能通过比较 FePt（111）峰的位置来确定其有序化的程度。退火前，纯 FePt 薄膜的 FePt（111）峰为 40.7°，对应于无序 fcc 相的 FePt（111）面；退火后，FePt（111）峰向高角度方向移动，说明 FePt 晶格收缩，逐渐转变成 $L1_0$-FePt 相。但随着 Au 层厚度的增加，FePt（111）峰并没有发生明显的移动，说明 Au 原子并没有大量进入 FePt 晶格替代 Fe 或 Pt 原子而形成三元合金相，即薄膜中的 FePt 仍保持良好的 $L1_0$-FePt 相。图 5-28 是利用谢乐公式计算得到的 FePt 平均晶粒尺寸（*D*）随 Au 层厚度（*d*）的变化情况。FePt 晶粒尺寸随着 Au 层厚度的增加而减小，说明 Au 原子在一定程度内抑制了 FePt 晶粒的长大。此外，图 5-25 中 $[FePt(2nm)/Au(1nm)]_{10}$ 和 $[FePt(2nm)/Au(3nm)]_{10}$ 薄膜磁滞回线的矫顽力矩形度（S^*）小于纯 FePt 的 S^*，说明采用 FePt/Au 多层膜结构后，FePt 颗粒间磁交换耦合作用减弱。

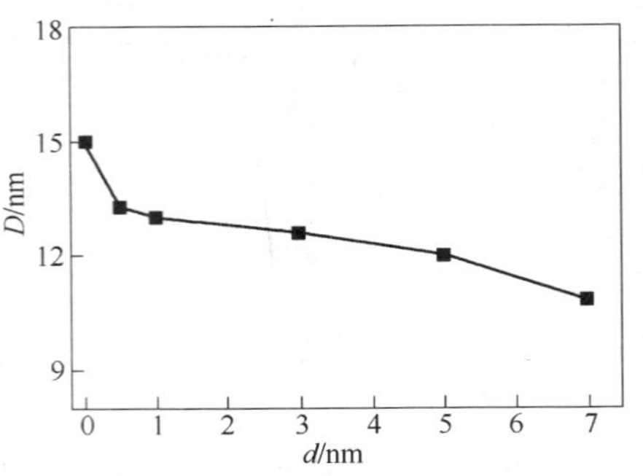

图 5-28 $[FePt(2nm)/Au(d nm)]_{10}$ 薄膜的 FePt 平均晶粒尺寸 *D* 随 Au 层厚度 *d* 的变化

由于 Au 原子在 FePt 晶格中的固溶度较小[41]，同时它又具有较小的表面能（1.3J/m^2），所以 Au 和 FePt 原子在退火过程会发生互扩散。Au 原子的扩散会给薄膜产生大量的缺陷，从而促进 Fe、Pt 原子的有序化运动，这也是导致薄膜的有序化温度下降、磁性能提高的一个重要原因。部分 Au 原子可能会沿着 FePt 晶界扩散（未对 FePt 晶格产生影响），处于晶界处的 Au 原子能够起到细化晶粒和隔离颗粒的作用[41]，可以抑制 FePt 晶粒的长大，导致其晶粒尺寸减小；同时它也起到了隔离 FePt 颗粒的作用，从而导致磁交换耦合作用的下降。

李宝河等人采用 $[FePt/Cu]_n$ 多层膜结构，通过在 FePt 薄层间插入 Cu 层，一方面利用多层膜结构为有序化提供额外的驱动力，另一方面通过适量地掺杂 Cu 原子，使 Fe（Cu）与 Pt 的原子比达到最佳值，以实现在更低温度下有序化。他们利用磁控溅射方法，在玻璃基片上制备了 $[FePt(4nm)/Cu(0.2nm)]_{10}$ 多层膜，溅射时 Ar 工作气压为 0.4Pa。直接溅射的 FePt/Cu 多层膜经过 300 ~ 550℃ 的真空热处理后，获得 $L1_0$-FePt/Cu 复合薄膜。利用能谱仪（EDS）和等离子体感应原子发射光谱（ICP-AES）测量到［FePt(4nm)/Cu(0.2nm)］$_{10}$多层膜样品的成分为$Fe_{46.7}Pt_{47.7}Cu_{5.6}$，可以表示为（$Fe_{49.5}Pt_{50.5}$）$_{94.1}Cu_{5.9}$或者$(FeCu)_{52.3}Pt_{47.7}$。

图5-29是［FePt(4nm)/Cu(0.2nm)］$_{10}$多层膜在300～400℃热处理1h后的XRD图。在300℃热处理时，未出现任何FePt的超晶格衍射峰，说明薄膜仍然为无序fcc结构；在350℃热处理后，XRD图中已经出现了FePt（001）和FePt（110）超晶格衍射峰，而且FePt（200）峰和FePt（002）峰已有分开的迹象，说明在350℃热处理时，FePt/Cu多层膜已经开始转变为有序fct结构；400℃热处理后，样品基本表现为$L1_0$-FePt有序结构。图5-30是根据［FePt（4nm）/Cu（0.2nm）］$_{10}$和FePt单层膜的XRD图计算出的有序度S、晶格参数c和a以及c/a值随热处理温度的变化。随着热处理温度的提高，样品的有序度增大。当热处理温度达到350℃时，［FePt(4nm)/Cu(0.2nm)］$_{10}$的晶格参数c减小、a增大，说明样品中面心立方FePt相已经开始向面心四方FePt相转变，其有序度达到0.6。然而，在这个温度热处理的FePt单层膜还未发现晶格参数的明显变化。

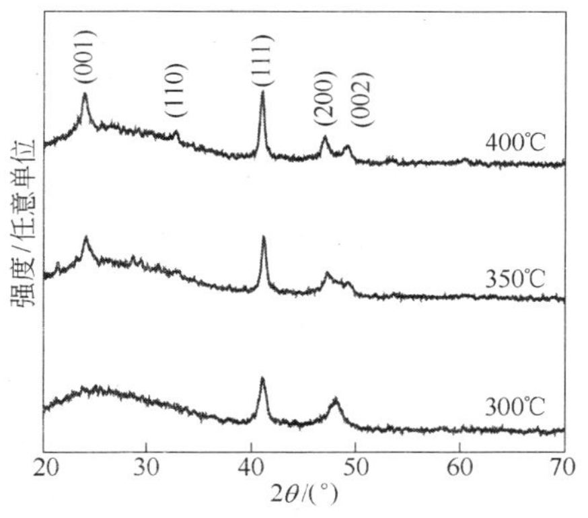

图5-29 ［FePt(4nm)/Cu(0.2nm)］$_{10}$在不同温度下热处理1h后的XRD谱

图5-31是［FePt(4nm)/Cu(0.2nm)］$_{10}$多层膜经不同温度热处理1h后的磁滞回线。样品在350℃热处理后，矫顽力就达到了421kA/m；当热处理温度达到550℃时，［FePt(4nm)/Cu(0.2nm)］$_{10}$多层膜的矫顽力高达1090kA/m。而没有Cu薄层的样品在500℃热处理后，矫顽力只有263kA/m。

以上微结构和磁性能均表明：插入Cu薄层后，可以使FePt薄膜的有序化温度降低至少150℃。然而，这一结论只适用于适中含量的

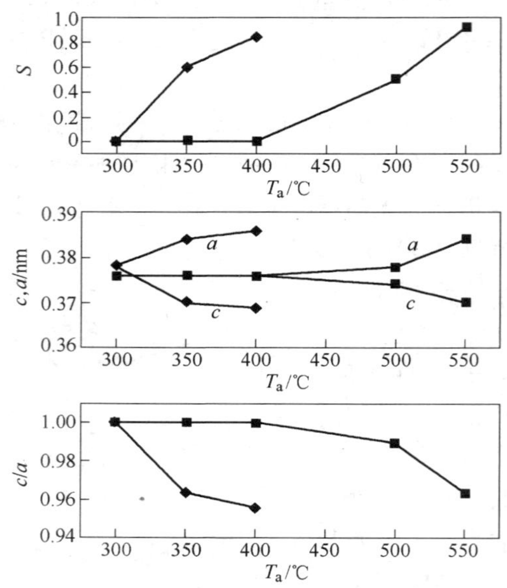

图 5-30 FePt 单层膜（■）和［FePt(4nm)/Cu(0.2nm)］$_{10}$多层膜（◆）经不同温度热处理后的有序度 S、晶格参数 c、a 值和 c/a 的值

Cu 掺杂时。通过改变 Cu 插层和 FePt 层的厚度比来改变薄膜中 Cu 的含量，制备了［FePt（2nm）/Cu（0.2nm）］$_{20}$、［FePt（2nm）/Cu（0.4nm）］$_{20}$、［FePt(2nm)/Cu(0.6nm)］$_{20}$三种结构的多层膜，Cu 的原子分数分别为 8%、18% 和 23%。图 5-32 是［FePt(4nm)/Cu(0.2nm)］$_{10}$以及以上三种结构的多层膜样品经 400℃ 真空热处理 1h 的 XRD 谱，除［FePt(4nm)/Cu(0.2nm)］$_{10}$，其余三个多层膜样品在 400℃ 热处理均未实现 FePt 薄膜的有序化。这是因为［FePt(4nm)/Cu(0.2nm)］$_{10}$多层膜中 Fe（Cu）和 Pt 原子数比值为（FeCu)/Pt 为 1.1。而其他三种薄膜样品中 Cu 的含量过高，Fe（Cu）与 Pt 原子数比值为 1.3～1.6，超出了 1.1～1.2 这样的最佳成分范围，这与 5.2.2 节中在 FePt 薄膜中掺杂 Cu 的结果一致。可见，无论是通过多层膜结构还是共溅射法掺杂 Cu 原子，当薄膜成分（FeCu）与 Pt 的原子数比值在 1.1～1.2 范围，均可促进 FePt 薄膜的有序化。

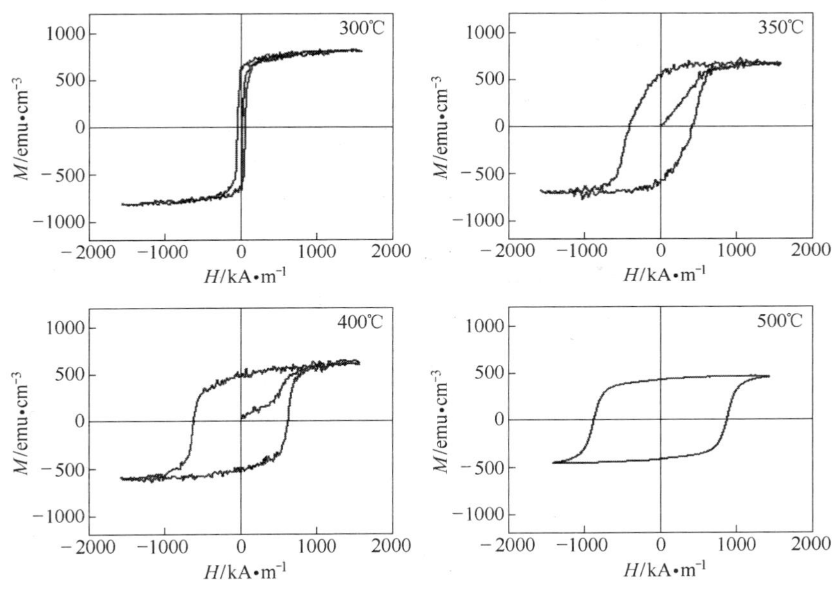

图 5-31　[FePt(4nm)/Cu(0.2nm)]$_{10}$多层膜经不同温度热处理 1h 后的磁滞回线

为了研究磁化反转机制，李宝河等人利用 VSM 测量了 [FePt(4nm)/Cu(0.2nm)]$_{10}$多层膜在 400℃ 热处理 1h 后的连续磁滞回线(Recoil Curves)，如图 5-33 所示。磁化曲线在外加磁场小于 80kA/m 的低场下基本为可逆直线，而在外加磁场达到矫顽力场附近时迅速上升，这正是畴壁钉扎型薄膜的磁滞回线的典型特征。[FePt(4nm)/Cu(0.2nm)]$_{10}$多层膜在较低的温度下就能够形成少量有序化 FePt 晶粒，成为反磁化过程中畴壁移动的钉扎中心，使其矫顽力比同样温度热处理的 FePt 单层膜大得多。

总结以上研究工作：采用 Fe/Pt、FePt/Au 或 FePt/Cu 多层膜结构，通过多层膜的界面能、晶格错配导致的应变能、Au 原子的调控作用（增加缺陷浓度）以及 Cu 原子的调节作用（替代并补充 Fe 晶格位），促进薄膜的有序化，将 FePt 薄膜的有序化温度降低到 350℃；同时大幅度地改善薄膜的 H_C。

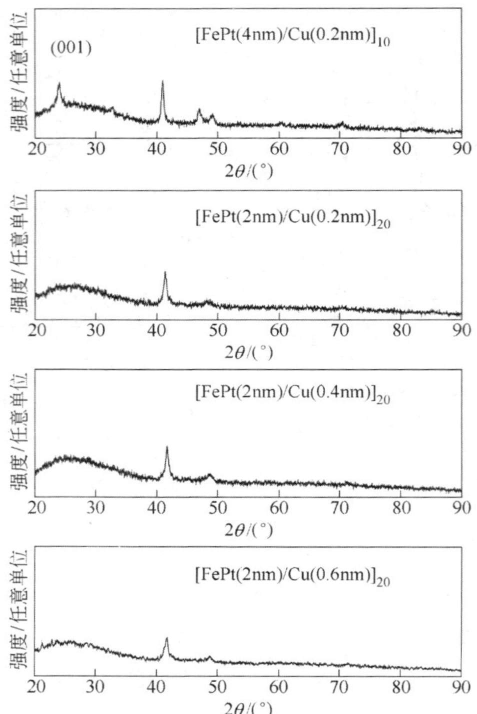

图 5-32 $[FePt(4nm)/Cu(0.2nm)]_{10}$、$[FePt(2nm)/Cu(0.2nm)]_{20}$、$[FePt(2nm)/Cu(0.4nm)]_{20}$以及$[FePt(2nm)/Cu(0.6nm)]_{20}$多层膜经 400℃真空热处理 1h 的 XRD 谱

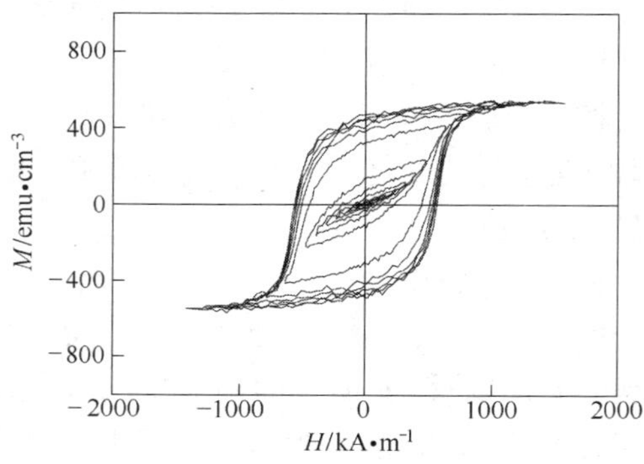

图 5-33 $[FePt(4nm)/Cu(0.2nm)]_{10}$多层膜在 400℃热处理 1h 后的连续磁滞回线

5.4 衬底层对 FePt 薄膜的有序化、磁性能及表面形貌的影响

5.4.1 不同底层对 [Fe/Pt]$_n$ 多层膜的有序化和磁性能的影响[18~20]

采用 Fe/Pt 多层膜结构可以为 FePt 薄膜提供额外的驱动力，能够促进 FePt 薄膜的有序化，降低其有序化温度。此外，国际上很多研究者指出：合适的底层对 FePt 薄膜的有序化、磁性能、晶粒尺寸、织构以及表面形貌等都具有重要的影响。其中，Xu 等人[7]研究发现：以 Ag 做底层可以降低 FePt 单层膜的有序化温度，但其退火时间过长、FePt 层较厚（100nm），不利于实现 FePt 晶粒的细化；Chen 等人[42]研究发现：以 Ti 为底层可以细化 FePt 晶粒，但为达到良好的磁性能，基片温度过高（600℃）以及 FePt 层较厚（300nm），不利于工业生产和 FePt 晶粒的细化。Chen 等人[9]研究发现：以 CrRu 做底层，利用底层与 FePt 晶格的错配产生的晶格应变，促进 FePt 晶格的收缩，使得薄膜在基片温度为 250 ~ 300℃ 时就开始有序化。以上工作均是研究底层对 FePt 单层膜的影响，本节主要介绍以部分底层（Ag、Ti、Pt 和 Cu）对 [Fe/Pt]$_n$ 多层膜的磁性能、微结构以及表面形貌的影响。通过衬底层的作用促进 [Fe/Pt]$_n$ 多层膜的有序化，改善 FePt 薄膜的微结构和表面粗糙度。

李宝河和冯春等人采用磁控溅射方法，在加热到250℃的玻璃基片上制备了[Fe(1.5nm)/Pt(1.5nm)]$_{13}$ 和 X(40nm)/[Fe(1.5nm)/Pt(1.5nm)]$_{13}$（X = Ag、Ti、Pt 或 Cu）薄膜，样品中 FePt 成分由等离子体感应原子发射光谱（ICP-AES）确定为 $Fe_{49}Pt_{51}$。工作气（Ar 气）压恒定在 0.45Pa。直接溅射的薄膜在真空度为 3×10^{-5}Pa 的真空退火炉中进行退火（退火温度为 300 ~ 550℃，退火时间为 20min），获得 L1$_0$-FePt 薄膜。

图 5-34 是以 Ag 为底层的 [Fe/Pt]$_{13}$ 多层膜经不同温度退火 20min 后的 XRD 谱。所有的 XRD 谱中均出现了 Ag（111）和 Ag（200）峰，由于 FePt（a = 0.382nm）和 Ag（a = 0.409nm）错配度较小，因此 FePt 晶粒会沿着 Ag 晶粒外延生长，退火后出现了较强的

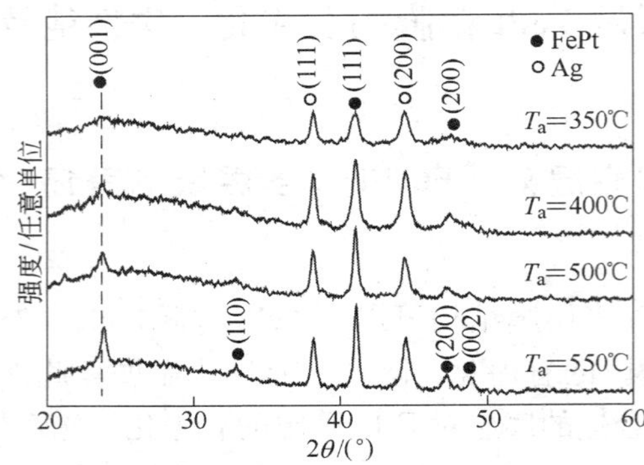

图 5-34 Ag/[Fe/Pt]$_{13}$经不同退火温度退火 20min 后的 XRD 谱

FePt（111）和 FePt（200）峰。经 350℃热处理，出现了 FePt（001）超晶格衍射峰；随着退火温度的升高，FePt（001）峰的相对强度逐渐升高；当退火温度达到 400℃时，出现了 FePt（200）和 FePt（002）峰分开的迹象，表明 FePt 的晶格参数 a 和 c 发生了明显的变化，向 $L1_0$ 相转化。退火温度达到 550℃时，FePt（200）和 FePt（002）峰完全分开，此时的有序度很高。与［Fe/Pt］$_{13}$多层膜的 XRD 图（图 5-20）比较，在 350℃和 400℃热处理后，FePt 有序相的衍射峰的强度和位置基本类似。说明 Ag 为底层并没有更进一步降低［Fe/Pt］$_{13}$多层膜的有序化温度（350℃）。

利用式 5-1 计算有序度参数 S，定量地描述 FePt 薄膜的有序化程度。图 5-35 是 Ag/FePt 晶格的 c/a 值随退火温度 T_a 的变化关系，c/a 值越小，其 S 值越大。当退火温度为 300℃时，所有薄膜的 c/a 值仍保持在 1 附近，即此时 FePt 晶格仍为面心立方结构。经 350℃退火后，以 Ag 为底层的［Fe/Pt］$_{13}$多层膜，XRD 中均出现了 FePt（001）和 FePt（110）超晶格衍射峰，并且此时 FePt 晶格的 c/a 值均降低到 0.99 以下，即已经开始形成具有四方结构的 FePt 晶格。说明以 Ag 为底层的［Fe/Pt］$_{13}$多层膜的有序化温度为 350℃。随着 T_a 的升高，Ag/［Fe/Pt］$_{13}$多层膜的超晶格衍射峰强度逐渐上升，同时 c/a 值也单调地下降，说明薄膜的 S 升高。根据 Ag-Fe-Pt 三元相图，Ag 在 FePt 晶格中的固溶度较小[19]，薄膜在退火后应该形成 $L1_0$-FePt 和 Ag 的

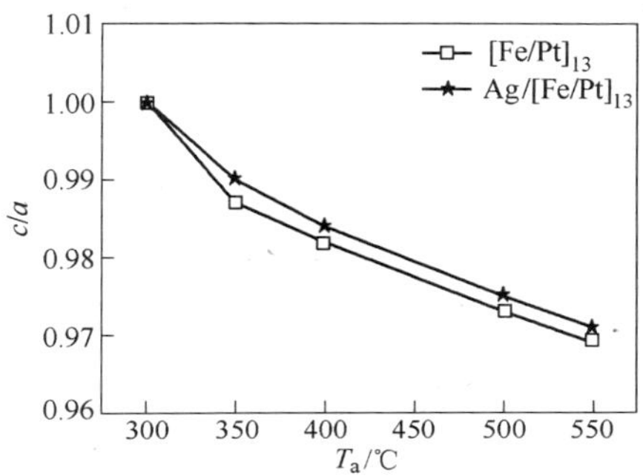

图 5-35 Ag/FePt 晶格的 c/a 值随退火温度 T_a 的变化

复合双相；同时，Ag/[Fe/Pt]$_{13}$退火后 FePt 晶格的 c/a 值与无底层的[Fe/Pt]$_{13}$薄膜相差不大，说明 Ag 底层对 $L1_0$-FePt 晶格的 S 影响较小。虽然 Ag 的晶格与 FePt 晶格比较匹配，利用 Ag 和 FePt 之间的晶格应力作用应该有利于 FePt 膜的有序化，但由于 FePt 层太厚，所以 Ag 和 FePt 之间的应力作用对 FePt 有序化的促进作用远小于多层膜结构对 FePt 有序化的影响，导致了以 Ag 做底层的 Fe/Pt 多层膜的有序化温度没有显著变化。

图 5-36 是 Ag/[Fe/Pt]$_{13}$经不同退火温度退火 20min 后的磁滞回线，所加外磁场方向平行于膜面。在退火温度为 350℃时，磁滞回线中出现了蜂腰，并且矫顽力和剩磁比均较低，原因是由于在 350℃下退火，薄膜中部分 FePt 晶粒已经发生无序相向有序相的转变，此时同时存在相互耦合较差的 fcc-FePt 软磁相和 $L1_0$-FePt 硬磁相，导致双相型蜂腰的出现。随着退火温度的升高，有序度逐渐增高，越来越多的 fcc-FePt 软磁相转化成 $L1_0$-FePt 硬磁相，矫顽力和剩磁比逐渐增大。退火温度达到 400℃时，矫顽力已达到 597kA/m，剩磁比为 0.81；当退火温度为 550℃时，矫顽力达到极值 955kA/m，剩磁比为 0.94，其磁性能比 Xu 等人[19]报道的研究结果有明显的改善。

图 5-37 是以 Ti 为底层时，[Fe/Pt]$_{13}$多层膜经不同温度退火 20min 后的 XRD 谱。图 5-38 是 Ag/FePt 晶格的 c/a 值随退火温度 T_a 的变化关系。由于 Ti 的晶化较困难，导致 XRD 图中没有出现明显的 Ti 衍射峰。经 350℃退火后 XRD 谱出现了 FePt（001）超晶格衍射

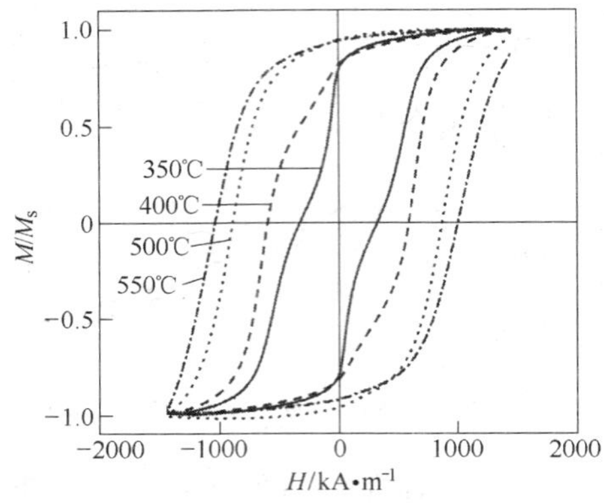

图5-36 Ag/[Fe/Pt]$_{13}$经不同退火温度退火20min后的磁滞回线

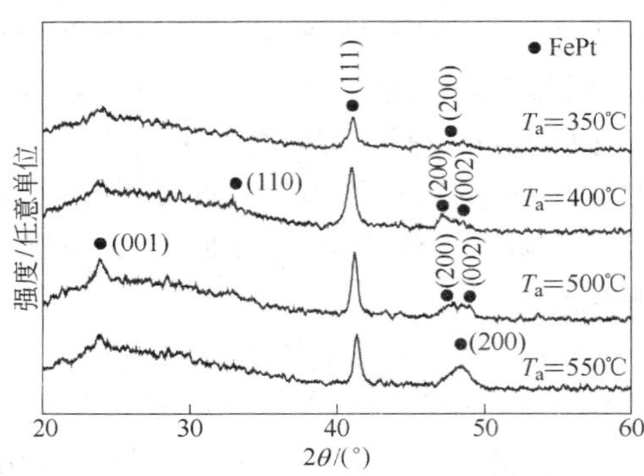

图5-37 Ti/[Fe/Pt]$_{13}$经不同退火温度退火20min后的XRD谱

峰，表明此时薄膜开始有序化；当退火温度达到400℃或500℃时，超晶格衍射峰逐渐增强，FePt（200）和FePt（002）峰有分开的迹象，表明有序度升高。Ti/FePt晶格的 c/a 值也随 T_a 的升高而降低，这一点类似Ag做底层对多层膜的影响趋势；但当退火温度达到550℃时，FePt（200）和FePt（002）峰又合并成一个峰，这表明在高温时，Ti底层会破坏 $L1_0$-FePt相。根据Ti-Fe-Pt三元相图，Ti在Fe和Pt中均有一定的固溶度，可以形成FeTi、Fe_2Ti、PtTi、$PtTi_3$ 和 Pt_8Ti 等金属间化合物[43]，在高温退火过程中，由于扩散和层间界面反应，可能形成上述金属间化合物[44,45]，这些金属间化合物的形成

会破坏 $L1_0$-FePt 结构。

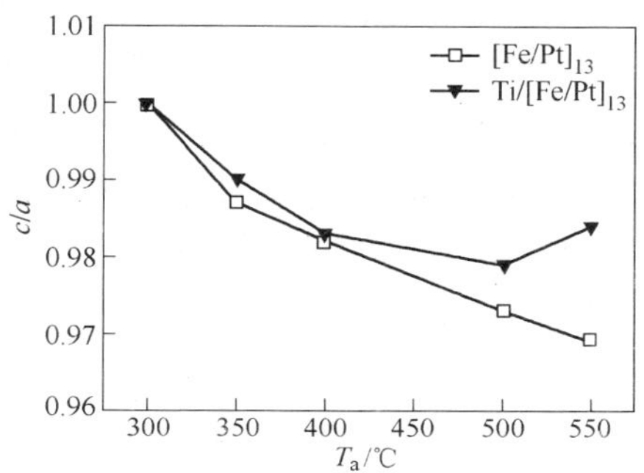

图 5-38 Ag/FePt 晶格的 c/a 值随退火温度 T_a 的变化

图 5-39 是 Ti/[Fe/Pt]$_{13}$ 经不同退火温度退火 20min 后的磁滞回线。在退火温度为 350℃ 时，矫顽力达到 318kA/m，与 Ag 为底层不同的是磁滞回线没有出现明显的峰腰。随着退火温度的升高，在相同的时间内有更多部分的软磁相转化为硬磁相，矫顽力和剩磁比逐渐增大，退火温度达到 400℃时，矫顽力已达到 645kA/m，剩磁比为 0.94；在退火温度为 500℃时，矫顽力达到 700kA/m，剩磁比为 0.94。但当退火温度高于 500℃时，矫顽力和剩磁比下降，这与薄膜中形成了 Ti-FePt 的金属间化合物有关。

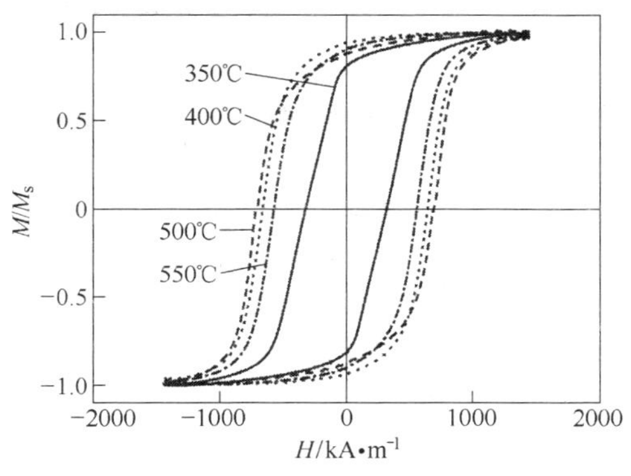

图 5-39 Ti/[Fe/Pt]$_{13}$经不同退火温度退火 20min 后的磁滞回线

李宝河等人还研究了其他底层（Cu 和 Pt）对 Fe/Pt 多层膜有序化、磁性能及表面形貌的影响。图 5-40 为各种底层的 [Fe/Pt]$_n$ 多层膜经 480℃退火 20min 的 XRD 谱，除 Ag 为底层外，其他样品均未显示出很好 $L1_0$-FePt 相结构。由相关合金相图[46,47]可知，除 Ag 外，Cu 或 Pt 原子与 Fe、Pt 之间都有一定的固溶度，而且存在多种二元金属间化合物。例如，Pt 为底层的样品，完全形成了 $L1_2$-Pt_3Fe 相（X 光卡片 29-0716）；Cu 为底层的样品，形成了 $CuFePt_2$ 相（X 光卡片 26-0528），与 $L1_0$-FePt 结构相同，但晶格参数更小，因此其 200 和 002 峰均向大角度方向移动。因此，薄膜经 480℃退火后，除 Ag 外的其他几种底层金属可能扩散到薄膜中，破坏了 $L1_0$-FePt 相结构。

图 5-41 是不同底层样品的矫顽力随热处理温度的变化关系。以

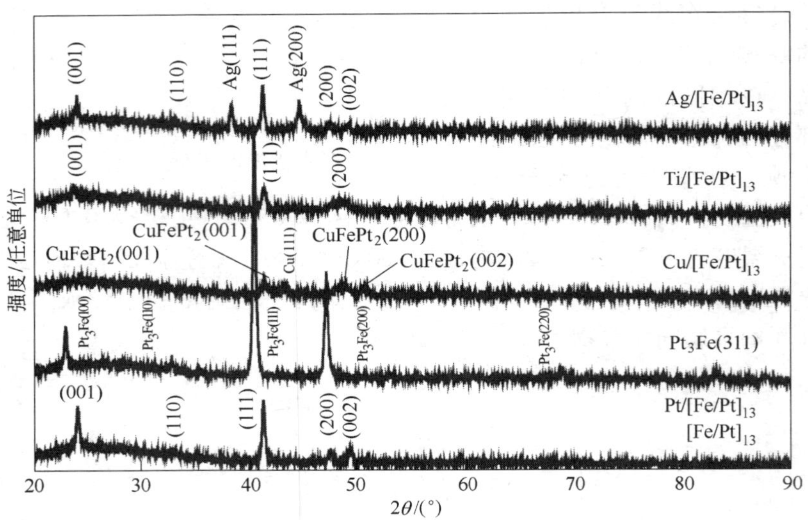

图 5-40　不同底层的［Fe/Pt］$_n$ 多层膜经 480℃退火 20min 的 XRD 谱

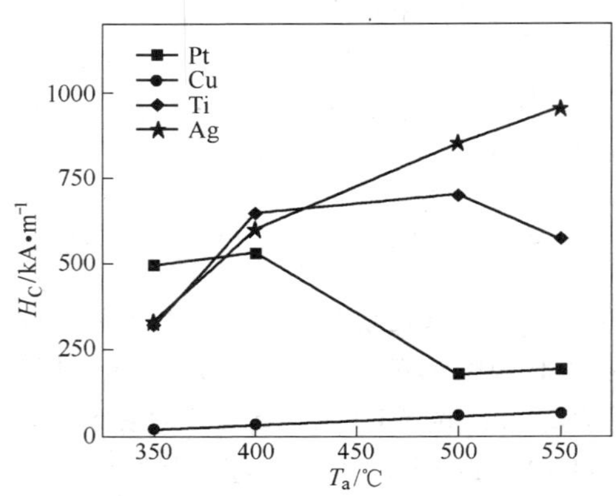

图 5-41　不同底层样品的矫顽力 H_C 随退火温度 T_a 的变化关系

Cu 为底层的样品，随热处理温度的升高，矫顽力始终很低（小于 80kA/m）；以 Pt 为底层的样品，矫顽力在高于 400℃热处理时就开始大幅度下降。比较来看，在 400℃热处理时，以 Ti 为底层的样品可获得最大的矫顽力，而在 480℃热处理时，以 Ag 为底层可获得最大的矫顽力。在高温热处理时，所有底层均扩散到 FePt 薄膜中，除 Ag 为底层以外，其他底层均影响 $L1_0$-FePt 有序相的结构，从而导致矫顽力的下降。

不同的底层会对 FePt 薄膜的表面形貌产生不同的影响。图 5-42 是利用原子力显微镜（AFM）测量的 $[Fe(1.5nm)/Pt(1.5nm)]_{13}$、$Ag/[Fe(1.5nm)/Pt(1.5nm)]_{13}$ 和 $Ti/[Fe(1.5nm)/Pt(1.5nm)]_{13}$

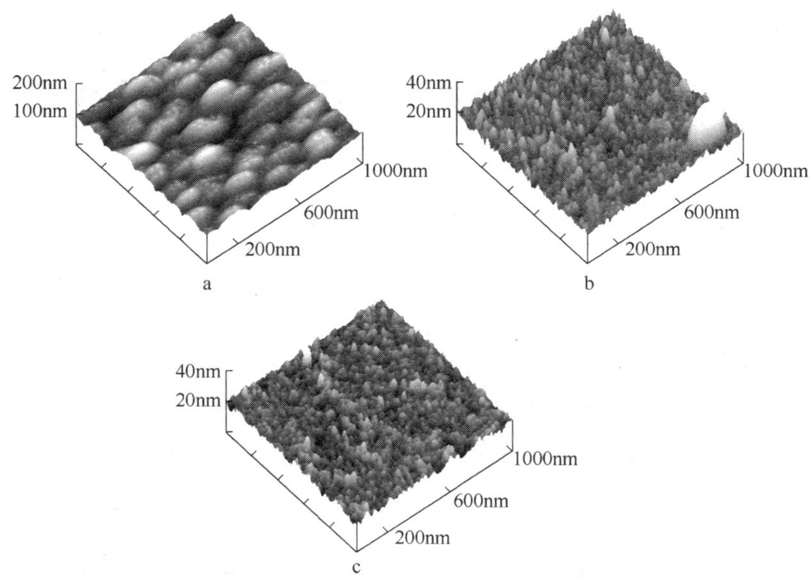

图 5-42 $[Fe(1.5nm)/Pt(1.5nm)]_{13}$、$Ag/[Fe(1.5nm)/Pt(1.5nm)]_{13}$ 和 $Ti/[Fe(1.5nm)/Pt(1.5nm)]_{13}$ 经 400℃退火 20min 后的 AFM 表面形貌立体图

a—$Ag/[Fe(1.5nm)/Pt(1.5nm)]_{13}$，粗糙度 $RMS = 8.02nm$；

b—$Ti/[Fe(1.5nm)/Pt(1.5nm)]_{13}$，粗糙度 $RMS = 1.795nm$；

c—$[Fe(1.5nm)/Pt(1.5nm)]_{13}$，粗糙度 $RMS = 1.372nm$

Pt(1.5nm)$]_{13}$经400℃退火20min后的AFM表面形貌立体图。对于Ti为底层薄膜表面的粗糙度（*RMS*=1.795nm）比没有底层的薄膜（*RMS*=1.372nm）略高，表面颗粒的平均尺寸约为20~30nm。而Ag为底层的样品，表面粗糙度很大（*RMS*=8.02nm），相应的表面颗粒尺寸约为150nm。说明，Ag做底层会促进晶粒的生长以及粗糙度的增加；Ti做底层对晶粒的生长和粗糙度的影响较小。

以上微结构、磁性能以及表面形貌的研究分析表明：底层对FePt薄膜的影响很大，一个合适的底层应该满足：（1）与FePt之间具有极小固溶度，不易与FePt形成合金或金属间化合物。（2）应与$L1_0$-FePt有序结构具有相近的晶体结构和晶格常数。这样才能在不破坏$L1_0$-FePt有序相的基础上有可能获得较好的外延取向生长或良好的微结构。

5.4.2 表面活化剂Bi做底层对FePt薄膜的有序化温度和磁性能的影响[22,23]

国际上很多研究报道表明[5,48]：利用掺杂原子的低表面能、易扩散的特性为薄膜中引入缺陷来降低有序化温度。比如Kitakami等人[49]通过在CoPt薄膜中掺杂少量的表面活化剂原子，利用它们在薄膜中的扩散形成大量的缺陷，以促进Fe、Pt原子的有序化运动，从而将CoPt合金的有序化温度从650℃降低到400~500℃。Yan等人[5]采用在薄膜中掺杂少量的Sb元素，利用自组装方法在275℃退火时获得了矫顽力适中、晶粒尺寸仅有4nm且分布较窄的$L1_0$-FePt薄膜。说明合适的表面活化剂会改善FePt薄膜的微结构，并对磁性能产生重要的影响。

于广华等人研究表明[50]：Bi元素的表面能较低（382mJ/m^2），是一种表面活化剂，将Bi插入磁性薄膜中能够改善薄膜的微结构，从而达到提高磁性能的目的。冯春等人[21]将这一思想移植到磁记录介质材料中，利用表面活化剂Bi做底层，通过Bi原子的扩散作用对FePt薄膜的微结构进行改善，从而将FePt薄膜的有序化温度降低到300~350℃，同时提高薄膜在低温退火后的磁性能如矫顽力。同时，通过薄膜微结构的表征和研究工作，报道了 Bi 原子促进 FePt 薄膜的有序化、提高其磁性能的微观机理。此外，他们还通过研究 FePt 薄膜中的原子数和退火时间对 Bi/FePt 薄膜的有序化和磁性能的影响，制备出能够快速低温有序、磁性能优良且对 FePt 成分依赖较小的 $L1_0$-FePt 薄膜。本节主要介绍以表面活化剂 Bi 作为 FePt 薄膜的底层，对 FePt 薄膜的有序化温度、磁性能以及晶粒生长等方面的影响及机理。

冯春等人利用磁控溅射方法，在玻璃基片上制备了样品结构为 Bi(20nm)/$Fe_{49}Pt_{51}$(20nm)、不同原子数的 Fe_xPt_{100-x}(20nm) 以及 Bi (20nm)/Fe_xPt_{100-x}(20nm) 薄膜（Fe 的原子数 $x=40\sim58$），其中各样品中 Fe、Pt 的原子数通过控制 Fe、Pt 靶材的溅射功率获得，并由电感耦合等离子体原子发射光谱（ICP-AES）测定。溅射时工作气（Ar 气）压恒定在 0.45Pa。溅射完毕的薄膜经真空度为 3×10^{-5}Pa 的真空退火处理后得到 $L1_0$-FePt 薄膜，退火温度为 300～480℃，退火时间为 5～60min。

Bi 底层对 FePt 单层膜的有序化以及磁性能有很大的影响，利用 AGFM 测量了同退火温度退火 20min 后，Bi(20nm)/$Fe_{49}Pt_{51}$ (20nm) 薄膜和 $Fe_{49}Pt_{51}$(20nm) 薄膜的磁滞回线，外加磁场平行于膜面。图 5-43 是上述两种类型的薄膜的平行膜面矫顽力 H_C 随退火温度 T_a 的变化关系，其中 FePt 的成分为 $Fe_{49}Pt_{51}$（以下若没有特别指出 FePt 成分时，即为 $Fe_{49}Pt_{51}$）。从图 5-43 中可见，无论是 FePt 薄膜还是 Bi/FePt 薄膜，H_C 值均随着退火温度的升高而单调地增加，说明退火温度的升高有利于提高 FePt 薄膜的矫顽力，这一趋势与 Sellimyer 等人报道的研究结果一致[38]。更重要的是，FePt 和 Bi/FePt 薄膜的有序化温度不同。由于 FePt 薄膜的 H_C 值大小主要受薄膜的有序化程度影响[38]，所以可以根据薄膜的 H_C 值的大小粗略地判断薄膜的有序化转变温度。在 300℃退火时，FePt 和 Bi/FePt 薄膜的 H_C 值均较低，呈现软磁性，其有序化程度较低，因此主要以无序 fcc-FePt 相为主。FePt 薄膜在 400℃退火后，H_C 值才大幅度提高到 541.3kA/m，说明经过 350～400℃退火后，FePt 晶格才开始由 fcc 结构向 $L1_0$ 结构转变；而 Bi/FePt 薄膜在 350℃退火时，H_C 就已经达到 827.8kA/m，这意味着

Bi/FePt 薄膜的有序化进程开始于 300 ~ 350℃，这比纯 FePt 薄膜的有序化温度低至少 50℃。此外，在 350℃退火时，Bi/FePt 薄膜的 H_C 值远远高于 FePt 薄膜在 500℃退火后的 H_C 值，说明以 Bi 为底层可以有效地降低 FePt 膜的有序化温度，同时大幅度提高低温退火后薄膜的 H_C 值。图 5-44 是在 400℃退火 20min 后，FePt 薄膜和 Bi/FePt 薄膜的平行膜面的磁滞回线。Bi/FePt 薄膜的 H_C 值达到 1074.3kA/m，远高于同温度热处理的 FePt 膜的 H_C 值；同时剩磁比也由 0.85 升高到 0.93。

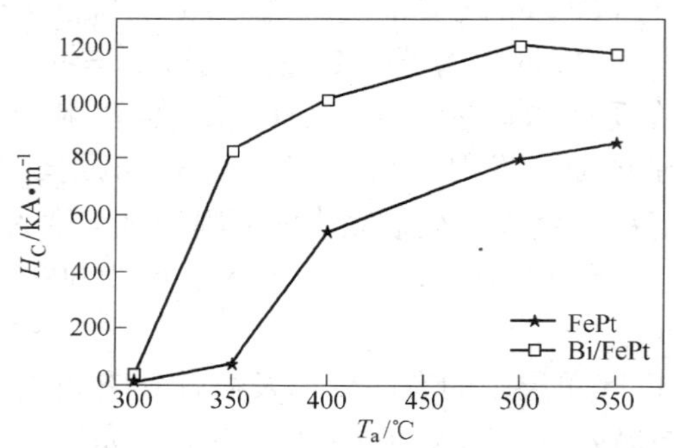

图 5-43　FePt 和 Bi/FePt 薄膜平行膜面的矫顽力 H_C 与退火温度 T_a 的关系

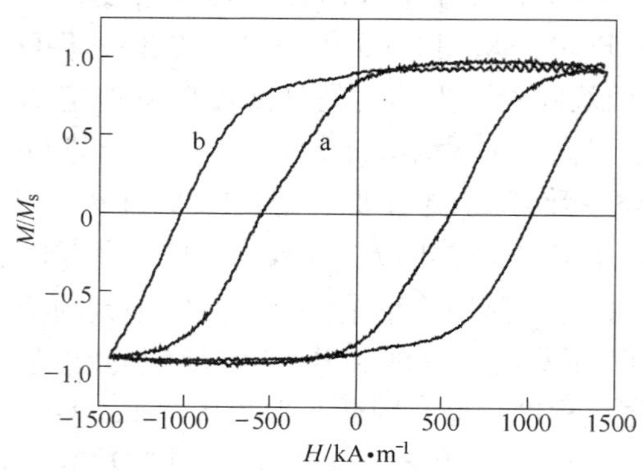

图 5-44　400℃退火 20min 后，FePt 薄膜（曲线 a）和 Bi/FePt 薄膜（曲线 b）的磁滞回线（外加磁场平行于膜面）

为了剖析 Bi 做底层降低 FePt 薄膜的有序化温度以及提高磁性能的原因，冯春等人对上述薄膜的微结构进行了一系列的表征和研究工作。首先，他们利用 X 射线光电子能谱（XPS）研究了在不同温度退火后，Bi/FePt 薄膜中表层 Bi 原子的化学状态及分布情况。X 射线源选择 Mg K_α 靶，能量为 14.5kV，能量分析器的通过能量为 50eV。XPS 的探测深度 d 定义见式 5-3：

$$d = 3\lambda \sin\alpha \tag{5-3}$$

式中，λ 是非弹性平均自由程；α 为入射方向与样品表面的夹角，不同的 α 时，XPS 能够探测的深度和原子信息不同，即 XPS 的角分辨技术。当 X 射线入射方向垂直于样品表面时，Bi 原子的探测深度最大，为 6.45nm[50]，即离样品表面 6.45nm 深度的 Bi 原子信息可以通过 XPS 测定。

图 5-45 是无退火、400℃和 480℃退火后的 Bi 原子的高分辨 XPS 谱图（横轴表示光电子的结合能，纵轴表示谱峰的相对强度）。退火前，仅仅出现了微弱的 Bi 峰（曲线 b），说明样品刚沉积完毕后，Bi 底层中仅有少量的 Bi 原子扩散到 FePt 薄膜的表面。而在 400℃退火时，却出现了较强的 Bi $4f_{7/2}$ 和 $4f_{5/2}$ 峰（曲线 a），说明当温度升高到 400℃时已有大量的 Bi 原子扩散到表面。当退火温度升高到 480℃时，又观察不到明显的 Bi 峰（曲线 c），说明 480℃时大量扩散到薄膜表面的 Bi 原子又消失了，这可能是由于 Bi 具有较低的饱和蒸汽压，因

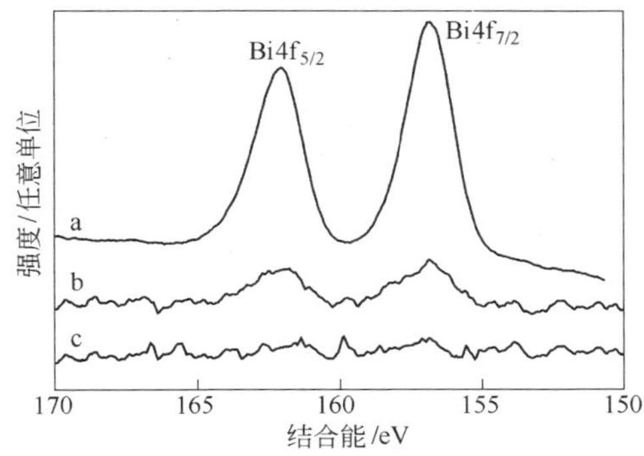

图 5-45 Bi/FePt 薄膜中表面 Bi 元素的 XPS 图谱

a—T_a = 400℃；b—退火前；c—T_a = 480℃

此在高温退火时升华后离开薄膜[5]。这也充分地说明 Bi 底层随着退火过程会逐渐通过 FePt 薄膜扩散到样品的表面，而后升华离开薄膜。

由于薄膜在退火过程中经历了相变，必然伴随着晶体结构、晶粒尺寸以及织构等微结构的变化，图 5-46 是利用 XRD 测量的 FePt 和 Bi/FePt 薄膜在不同退火温度下的晶体学结构的变化。退火前，Bi/FePt 和 FePt 薄膜中的 FePt 晶格都呈现相同的（111）

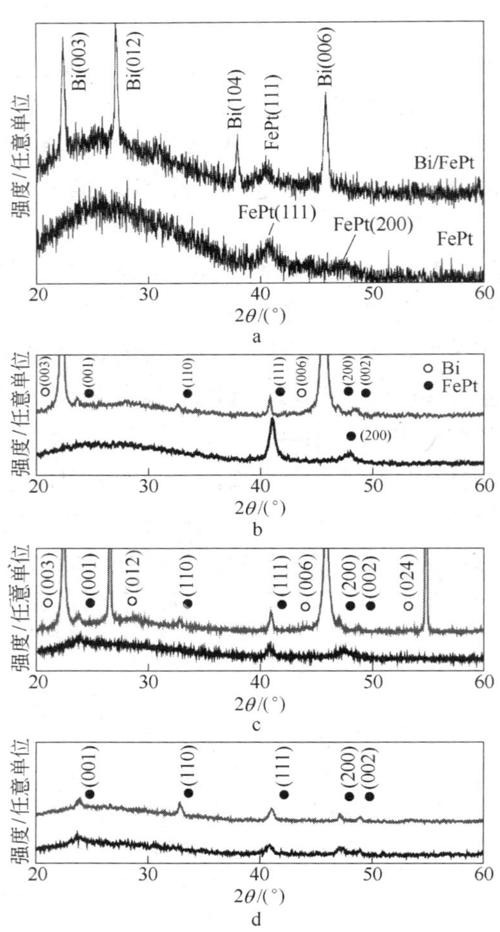

图 5-46 不同温度（T_a）退火后，FePt 和 Bi /FePt 薄膜的 XRD 图谱

a—无退火；b—T_a = 350℃；c—T_a = 400℃；d—T_a = 480℃

织构；两种薄膜均没有出现明显的 FePt 超晶格衍射峰，即仍然保持 fcc-FePt 相。同时，Bi/FePt 薄膜的 FePt（111）衍射峰与纯 FePt 薄膜的（111）峰的峰位一致，说明 FePt 晶格参数并没有因为 Bi 底层的存在而发生改变。此外，根据谢乐公式计算薄膜中 FePt 平均晶粒尺寸的大小[51]，发现退火前 Bi/FePt 和 FePt 薄膜的平均晶粒尺寸分别约为 13nm 和 12nm，这说明在退火前，Bi 底层并没有对 FePt 的晶格、织构以及平均晶粒尺寸产生重要的影响。这是由于溅射完毕的 Bi/FePt 薄膜，Bi 原子仍然处于底层中，并没有大量扩散到 FePt 层中，所以 Bi 底层对溅射态的 FePt 薄膜的微结构影响较小。

通过比较两种薄膜在不同温度退火后的 XRD 图谱，可以发现：退火后，Bi/FePt 和 FePt 薄膜中的 FePt 晶格仍然呈现相同的（111）织构，所以退火后 Bi 底层对 FePt 薄膜的织构影响也较小。XRD 图谱中没有出现明显的 FePt-Bi 合金峰，这说明了 Bi 原子在 FePt 中的固溶度较小，除了 Bi 单质相外，没有其他附加相。Bi/FePt 薄膜经 350℃退火后，除 Bi 衍射峰和 FePt 基本衍射峰外，还出现了明显的 FePt（001）和（110）超晶格衍射峰；FePt（200）和（002）峰分开，并分别向小角度和大角度方向移动，说明 FePt 晶格的 a 轴缩短，c 轴拉伸，即发生了由 fcc-FePt 相向 fct-FePt 相的转变。而此时的 FePt 薄膜未出现明显的超晶格衍射峰，即还没有开始有序化转变，当 T_a 达到 400℃时才出现明显的 FePt 超晶格衍射峰，说明 FePt 薄膜的有序化转变温度比以 Bi 为底层的 FePt 薄膜高至少 50℃，这与前面磁性测量结果一致。此外，Bi 的衍射峰的强度随着退火温度的升高而逐渐降低；当 T_a 达到 480℃时，Bi 的衍射峰消失，这与 XPS 的结果一致，同时也证明了扩散到表面的 Bi 原子随着退火温度的升高而发生升华现象。

根据式 5-1 可以计算出有序度 S，以定量地描述 FePt 薄膜的有序化程度。图 5-47 是薄膜的有序度 S 随 T_a 的变化曲线。在 350℃退火后，Bi/FePt 薄膜的有序度较高（达到 0.63），说明大部分 FePt 晶格已经发生了有序化转变；但此时的 FePt 单层膜 S 较低（只有 0.23），仅有少部分 FePt 晶格发生了有序化转变。随着温度的升高，Bi/FePt

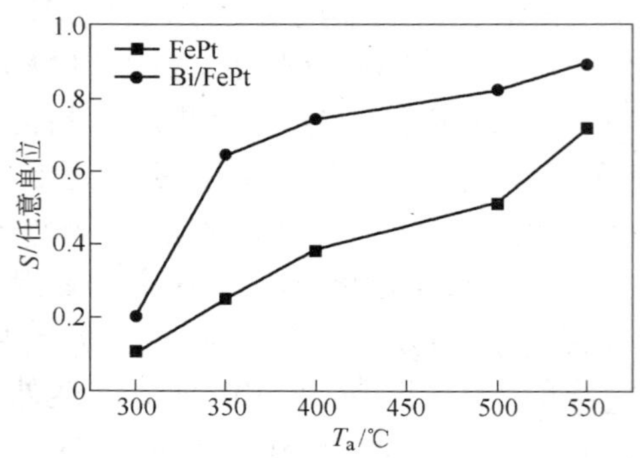

图 5-47　薄膜的有序度 S 随退火温度 T_a 的变化

薄膜的 S 值均明显高于同温度退火后的纯 FePt 薄膜，说明以 Bi 为底层可以促进 FePt 薄膜的有序化。此外，根据谢乐公式粗略地计算 Bi/FePt 和 FePt 薄膜在 T_a = 400℃ 时的 FePt 平均晶粒尺寸。Bi/FePt 薄膜和 FePt 单层膜的平均晶粒尺寸分别约为 25nm 和 15nm。这意味着 Bi 底层能够促进 FePt 晶粒在较低的温度下生长。根据 Wan 等人的报道[52]，FePt 晶粒生长越充分，其有序化越好，FePt 薄膜的 H_C 就越高。因此，以上两方面因素共同作用导致了 Bi 做底层有利于实现 FePt 薄膜的低温有序和薄膜 H_C 的升高。

根据以上 XPS 和 XRD 的微结构分析，可以这样解释 Bi 底层对 FePt 薄膜的作用：与 FePt 原子相比，Bi 原子具有较大的原子半径和较小的表面能，所以 Bi 原子在 FePt 晶格中的溶解度较小，并且很容易在较低温度的退火过程中扩散到 FePt 薄膜的表面。Kitakami 等人[49]研究发现：Bi 的扩散会给 CoPt 薄膜中带来大量的缺陷。由于 FePt 和 CoPt 具有相同的晶体学结构和类似的晶格参数，Bi 的扩散也会给 FePt 薄膜带来大量类似的缺陷，从而带动 Fe、Pt 原子的重新有序化排列；同时 Bi 原子的扩散也会促进 FePt 晶粒在低温时的生长，这两方面共同作用使得以 Bi 为底层的 FePt 薄膜比纯 FePt 薄膜更有利于实现由 fcc 结构向 $L1_0$ 结构的转变，即有序度比纯 FePt 薄膜高，所以以 Bi 做底层可以有效地降低薄膜的有序化温度，并大幅度提高了低温退火后薄膜的 H_C。未退火时，Bi 原子的扩散较少，所以对 FePt

薄膜的晶粒尺寸、有序化以及磁性能影响较小；随着退火温度的升高，Bi 原子的扩散明显，对晶粒生长和有序化的促进作用增强，导致磁性能有明显改善。

以上主要介绍了 Bi 做底层对 FePt 薄膜的有序化、磁性能及晶粒尺寸的影响。许多研究结果表明[13,53]：低温退火后的 FePt 薄膜的磁性能尤其是 H_C 值受 FePt 原子数的影响较大，要想获得高 H_C 的 FePt 薄膜，必须将其成分控制在 $Fe_{50}Pt_{50}$ 附近很窄的成分范围内，所以在尽量大的成分范围内获得具有高磁性能的薄膜也是 $L1_0$-FePt 薄膜应用于超高密度磁记录介质中必须解决的一个问题，以下将主要介绍 Bi/FePt 薄膜的有序化以及磁性能对 FePt 原子数的依赖性。

图 5-48 是 Fe_xPt_{100-x}(20nm) 和 Bi(20nm)/Fe_xPt_{100-x}(20nm) 薄膜 ($x=40\sim58$)，经 400℃ 和 500℃ 退火 20min 后，平行膜面矫顽力 H_C 随 Fe 原子数 x 的变化曲线。根据 Yan 等人报道[54]，实现 156Gb/cm^2 的硬盘面密度，磁记录介质材料的 H_C 需要高于 500kA/m，所以以下将此值作为衡量薄膜性能的标准。从图 5-48 中可见，Fe_xPt_{100-x} 薄膜的 H_C 随 Fe 原子数的变化较大，在 $x=49\sim48$ 范围内，H_C 值高于 500kA/m。而 Bi/Fe_xPt_{100-x} 薄膜的 H_C 值远远高于同成分的 Fe_xPt_{100-x} 薄膜，在 $x=43\sim48$ 之间，H_C 值都稳定在 900～1100kA/m 之间。说明以 Bi 为底层可以大幅度地提高具有相同成分的 FePt 薄膜的 H_C 值，

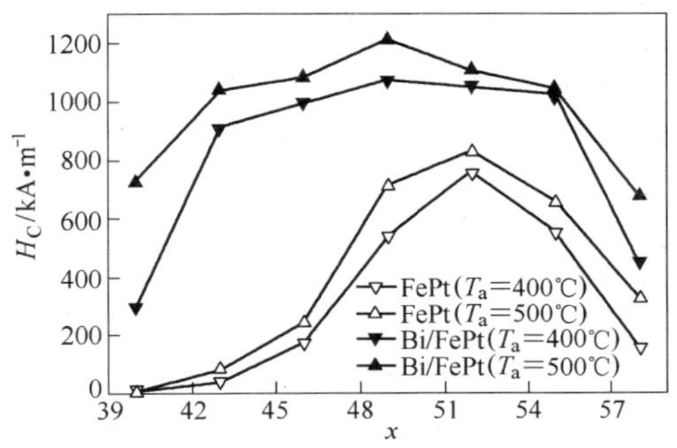

图 5-48　Fe_xPt_{100-x}(20nm) 和 Bi(20nm)/Fe_xPt_{100-x}(20nm) 薄膜的 H_C 随 x 的变化

并且可以在更宽的成分范围（$x=43\sim48$）获得对 FePt 成分依赖较小的 $L1_0$-FePt 薄膜。如果磁性能对成分的依赖性越大，就越要精确地控制薄膜的成分才能获得优良的磁性能，而以 Bi 做底层可以使 FePt 薄膜的成分依赖性降低，这一点是非常有利于工业生产的。

上述的磁性能变化必定与薄膜的微结构有着密切的联系，因此利用角分辨 XPS 技术研究 Bi(20nm) /$Fe_{49}Pt_{51}$(20nm) 薄膜在 400℃退火 20min 后的 Bi 原子分布情况，如图 5-49 所示，α 为入射方向与样品表面的夹角，左上角的插图表示退火前 Bi 元素的 XPS 图谱。插图中无明显的 Bi 峰，说明薄膜刚沉积完毕后，只有很少的 Bi 原子扩散到薄膜样品的表面。对于 400℃退火后的样品，随着掠射角 α 的增大，$Bi4f_{7/2}$ 和 $4f_{5/2}$ 峰逐渐增强，说明退火后的样品中，Bi 底层中大量的 Bi 原子扩散到 $Fe_{49}Pt_{51}$ 薄膜的表面。根据式 5-3，$\alpha=60°$ 和 $\alpha=90°$ 时，探测深度 d 分别为 5.58nm 和 6.45nm，XPS 图谱中的 Bi4f 峰的强度应该不同，但是根据图 5-49 中所示，这两种测试条件下的 Bi4f 峰的相对强度基本相同，说明在 $\alpha=60°$ 基础上，继续增加 α，探测到的 Bi 原子的信号基本不变。也就是说，几乎所有的 Bi 原子都集中在距离样品表面 5.5nm($\alpha=60°$) 以内。换句话说，400℃退火时，底层的 Bi 原子已经充分地扩散到薄膜表面约 5.5nm 以内。由于此时部

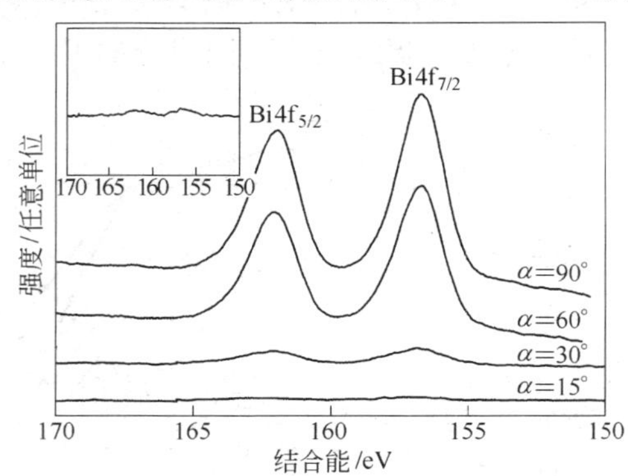

图 5-49 400℃退火 20min 后，Bi/$Fe_{49}Pt_{51}$ 薄膜中 Bi 元素的角分辨 XPS 图谱

（插图为退火前 Bi 元素的 XPS 图谱，$\alpha=90°$）

分扩散到样品表面的 Bi 原子升华，造成最终存留在薄膜表面的 Bi 原子层厚度小于 20nm。

此外，冯春等人还利用 X 光衍射研究了 Bi(20nm)/Fe_xPt_{100-x}(20nm) 薄膜的晶体学结构变化，其 XRD 图如图 5-50 所示。Bi/$Fe_{40}Pt_{60}$和Bi/$Fe_{60}Pt_{40}$薄膜的 XRD 图中未出现明显的超晶格衍射峰，说明这两种薄膜的有序化很差。其他几种成分的薄膜均出现了较强的 FePt (001) 和 (110) 超晶格衍射峰，同时 FePt (200) 和 (002) 峰分开，并分别向小角度和大角度方向移动，说明 FePt 晶格的 a 轴缩短，c 轴拉伸，即发生了明显的有序化转变。图 5-51 是 Fe_xPt_{100-x} 和 Bi/Fe_xPt_{100-x}薄膜的有序度 S 随 x 的变化关系图。由图 5-51 可知，Bi/FePt 薄膜的 S 值远高于同温度退火后的纯 FePt 薄膜的 S 值，这再次说明了 Bi 底层的扩散作用对薄膜有序化的促进效果，从而导致其 H_C 值的改善。此外，纯 FePt 薄膜的 S 值受 FePt 原子配比影响较大，只有当 Fe 原子稍过量时才能形成有序度较高的 FePt 薄膜，这与很多其他研究者的研究结果一致[13,53]。对于 FePt 薄膜，除了 FePt 原子配比外，没有其他因素明显影响薄膜的有序化，所以导致薄膜的 H_C 受 FePt 原子配比变化的影响较大。而对于 Bi/FePt 薄膜来说，Bi/$Fe_{40}Pt_{60}$和 Bi/$Fe_{60}Pt_{40}$薄膜的 S 较低，这是由于 Fe、Pt 的比例严重偏离了 $Fe_{50}Pt_{50}$，薄膜不能形成良好的 $L1_0$-FePt 相造成，所以薄膜的 H_C 也较低。而成分处在 $x=43\sim48$ 之间的 Bi/FePt 薄膜，S 基本不随 FePt 成

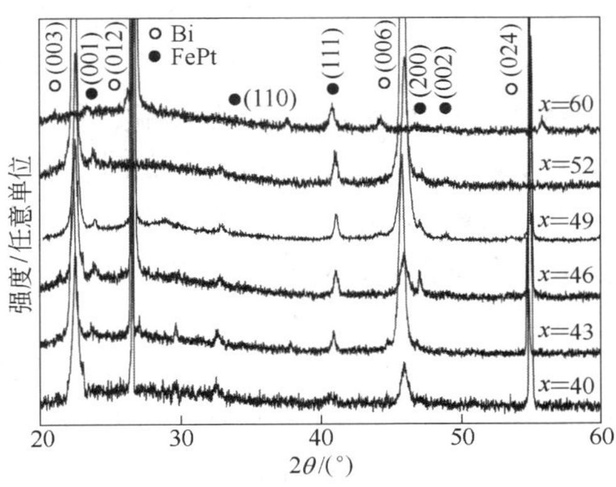

图 5-50 400℃退火 20min 后，Bi/Fe_xPt_{100-x}薄膜的 XRD 图

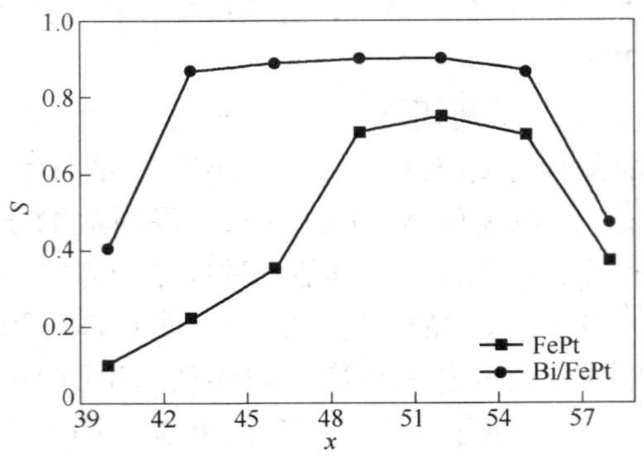

图 5-51 400℃退火 20min 后，Fe_xPt_{100-x}和 Bi/Fe_xPt_{100-x}薄膜的 S 随 x 的变化

分变化，均保持在 0.9 附近。此时，影响薄膜有序化的因素不仅仅是 FePt 原子配比，还有 Bi 原子的扩散对有序化的促进作用。上述的 XPS 结果表明：400℃退火后，Bi 原子就充分地扩散到薄膜表面约 5.5nm 以内；同时 $x=43\sim48$ 内的 Fe_xPt_{100-x}薄膜的 S 都提高到 0.87 以上，所以影响 Bi/FePt 薄膜有序化的主要因素是底层 Bi 原子的扩散对薄膜有序度的促进作用，其作用远远超过了 FePt 自身成分对有序化的影响，这导致薄膜的 H_C 受 FePt 成分的影响也很小。

此外，退火工艺对 Bi/FePt 薄膜的磁性能也有非常大的影响，冯春等人研究了退火时间对 Bi/FePt 薄膜磁性能的影响。图 5-52 是 $Fe_{49}Pt_{51}$(20nm)和 Bi(20nm)/$Fe_{49}Pt_{51}$(20nm)薄膜在 500℃时进行不同时间的热处理，薄膜的 H_C 随退火时间 t 的变化。FePt 薄膜的 H_C 随着退火时间的增加而迅速升高，当 t 达到 30min 时，薄膜的 H_C 才趋近于饱和。而对于 Bi/FePt 薄膜，5min 退火后，H_C 就迅速提高到 750kA/m，接近 FePt 薄膜退火 30min 后的 H_C 值；当 t 达到 10min 时，H_C 趋近饱和。图 5-53 是部分薄膜样品的 XRD 图。可以看到：FePt 薄膜经过 20min 退火后，仅出现很弱的 FePt（001）超晶格衍射峰；Bi/FePt 薄膜在 5min 退火后就已经出现较强的 FePt（001）超晶格衍射峰，同时 FePt（200）和（002）峰明显分开。20min 退火后的 FePt 薄膜和 5min 退火后的 Bi/FePt 薄膜的 S 分别为 0.75 和 0.72，说

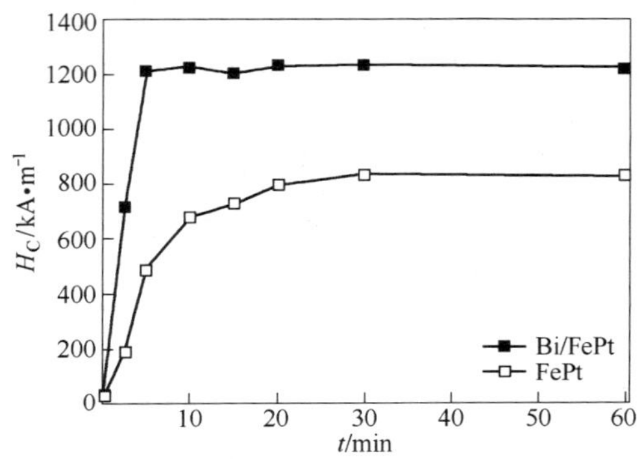

图 5-52 $Fe_{49}Pt_{51}$(20nm)和 Bi(20nm)/$Fe_{49}Pt_{51}$(20nm)薄膜的 H_C 随退火时间 t 的变化

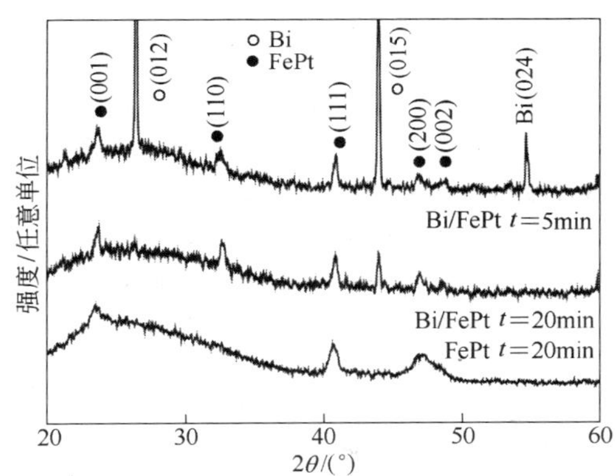

图 5-53 部分 $Fe_{49}Pt_{51}$(20nm)和 Bi(20nm)/$Fe_{49}Pt_{51}$(20nm) 薄膜的 XRD 图谱

明利用 Bi 做底层可以大大缩短达到相同有序度或磁性能所需的退火时间。这将有利于利用快速热处理方法制备低温有序且磁性能优良的 Bi/ FePt 薄膜，有利于 FePt 薄膜的工业化生产。

总结以上内容：

(1) 利用低表面能 Bi 原子的扩散促进 Fe、Pt 原子的有序化运动以及 FePt 晶粒在低温下的生长，将其有序化温度降低到 300 ~ 350℃之间，并使薄膜的 H_C 得到大幅度提高。

（2）Bi 原子的扩散对薄膜有序化的促进作用远远超过了 Fe、Pt 原子数比值对有序化的作用，使得薄膜在更宽的原子比范围内具有较高的 H_C，且 H_C 对原子比的依赖较小。

（3）利用 Bi 做底层可以大大缩短达到相同 H_C 所需的退火时间，有利于利用快速热处理方法制备低温有序且磁性能优良的 Bi/ FePt 薄膜。

参考文献

[1] Maeda T, Kai T, Kikitsu A, et al. Reduction of ordering temperature of a FePt-ordered alloy by addition of Cu [J]. Appl. Phys. Lett., 2002, 80: 2147 ~ 2149.

[2] Kakizaki K, Yamada Y, Kuboki Y, et al. Magnetic properties and fine structure of FePt − $(C_4F_8)_n$ granular thin film [J]. J. Magn. Magn. Mater., 2004, 272-276: 2200 ~ 2201.

[3] Endo Y, Kikuchi N, Kitakami O, et al. Lowering of ordering temperature for fct Fe − Pt in Fe-Pt multilayers [J]. J. Appl. Phys., 2001, 89: 7065 ~ 7067.

[4] Takahashi Y K, Ohuma M, Hono K. Effect of Cu on the structure and magnetic properties of FePt sputtered fillm [J]. J. Magn. Magn. Mater., 2002, 246: 259 ~ 265.

[5] Yan Q Y, Kim T, Purkayastha A, et al. Enhanced chemical ordering and coercivity in FePt alloy nanoparticles by sb-doping [J]. Adv. Mater., 2005, 17: 2233 ~ 2237.

[6] Zhu Y, Cai J W. Low-temperature ordering of FePt thin films by a thin AuCu underlayer [J]. Appl. Phys. Lett., 2005, 87: 032504-1 ~ 032504-3.

[7] Xu X H, Wu H S, Wang F, et al. The effect of Ag and Cu underlayer on the $L1_0$ ordering FePt thin films [J]. Appl. Surf. Sci., 2004, 233: 1 ~ 4.

[8] Lai C H, Yang C H, Chiang C C, et al. Dynamic stress-induced low-temperature ordering of FePt [J]. Appl. Phys. Lett., 2004, 85: 4430 ~ 4432.

[9] Xu Y F, Chen J S, Wang J P. In situ ordering of FePt thin films with face-centered-tetragonal (001) texture on $Cr_{100-x}Ru_x$ underlayer at low substrate temperature [J]. Appl. Phys. Lett., 2002, 80: 3325 ~ 3327.

[10] Ding Y F, Chen J S, Liu E. Structural and magnetic properties of FePt films grown on $Cr_{1-x}Mo_x$ underlayers [J]. Appl. Phys. A: Mater., 2005, 81: 1485 ~ 1490.

[11] Chen J S, Lim B C, Ding Y F, et al. Low-temperature deposition of $L1_0$ FePt films for ultra-high density magnetic recording [J]. J. Magn. Magn. Mater., 2006, 303: 309 ~ 317.

[12] Wang H Y, Mao W H, Sun W B, et al. High coercivity and small grains of FePt films annealed in high magnetic fields [J]. J. Phys. D: Appl. Phys., 2006, 39: 1749 ~ 1753.

[13] Li B H, Feng C, Yang T, et al. Effect of composition on $L1_0$ ordering in FePt and FePtCu thin films [J]. J. Phys. D: Appl. Phys., 2006, 39: 1018~1021.

[14] 李宝河，冯春，杨涛，等. Cu 掺杂对 Fe_xPt_{1-x} 薄膜有序化的影响 [J]. 物理学报，2006，48 (5): 2567~2571.

[15] 李宝河，黄阀，杨涛，等. 利用 $[Fe/Pt]_n$ 多层膜降低 $L1_0$-FePt 有序化温度 [J]. 物理学报，2005，54 (4): 1836~1840.

[16] 李宝河，黄阀，杨涛，等. FePt/Cu 多层膜化降低 $L1_0$-FePt 有序化温度 [J]. 金属学报，2005，41 (6): 659~662.

[17] Feng C, Li B H, Liu Y, et al. Improvement of magnetic property of $L1_0$-FePt film by FePt/Au mutilayer structure [J]. J. Appl. Phys., 2008, 103: 023916~023920.

[18] 冯春，李宝河，滕蛟，等. Ag 和 Ti 底层对 $[FePt]_n$ 多层膜有序化的影响 [J]. 物理学报，2005，54 (10): 4898~4902.

[19] 冯春，李宝河，滕蛟，等. 不同底层 (Ag, Ti, Cu, Pt) 对 $[FePt]_n$ 多层膜磁性的影响 [J]. 稀有金属，2005，29 (5): 752~756.

[20] Feng C, Li B H, Han G, et al. Effect of the underlayer (Ag, Ti or Bi) on the magnetic properties of Fe/Pt multilayer films [J]. Thin solid films, 2007, 515: 8009~8012.

[21] Feng C, Li B H, Han G, et al. Low-temperature ordering and enhanced coercivity of $L1_0$-FePt thin film promoted by a Bi underlayer [J]. Appl. Phys. Lett., 2006, 88: 232109-1~232109-3.

[22] Feng C, Li B H, Han G, et al. Influence of Bi underlayer on the magnetic properties of Fe_xPt_{100-x} ($x=40\sim58$) films [J]. Appl. Phys. A: Mater., 2007, 87: 121~124.

[23] 冯春，李宝河，韩刚，等. Bi 底层对 FePt 薄膜的影响 [J]. 物理学报，2006，48 (12): 6656~6660.

[24] Shima T, Moriguchi T, Mitani S, et al. Low-temperature fabrication of $L1_0$ ordered FePt alloy by alternate monatomic layer deposition [J]. Appl. Phys. Lett., 2002, 80 (2): 288~291.

[25] Ravelosona D, Chappert C, Mathet V, et al. Chemical order induced by ion irradiation in FePt (001) films [J]. Appl. Phys. Lett., 2000, 76 (2): 236~239.

[26] Hsu Y N, Jeong S, Laughlin D E, et al. Effects of Ag underlayers on the microstructure and magnetic properties of epitaxial FePt thin films [J]. J. Appl. Phys., 2001, 89 (11): 7068~7071.

[27] Platt C L, Wierman K W, Svedberg E B, et al. $L1_0$ ordering and microstructure of FePt thin films with Cu, Ag, and Au additive [J]. J. Appl. Phys., 2002, 92 (10): 6104~6110.

[28] Sun X C, Kang S S, Harrell J W, et al. Synthesis, chemical ordering, and magnetic properties of FePtCu nanoparticles films [J]. J. Appl. Phys., 2003, 93 (10): 7337~7340.

[29] Kai K, Maeda T, Kikitsu A, et al. Magnetic and electronic structures of FePtCu ternary or-

dered alloy [J]. J. Appl. Phys., 2004, 95 (2): 609 ~ 613.

[30] 李宝河. 高磁晶各向异性磁记录介质 FePt 薄膜的研究 [D]. 北京科技大学, 2005.

[31] Takahashi Y K, Ohnuma M, Hono K. Ordering process of sputtered FePt films [J]. J. Appl. Phys., 2003, 93 (10): 7580 ~ 7583.

[32] Bae S Y, Shin K H, Jeong J Y, et al. Feasibility of FePt longitudinal recording media for ultrahigh density recording [J]. J. Appl. Phys., 2000, 87 (9): 6953 ~ 6956.

[33] Toney M F, Lee W Y, Hedstrom J A, et al. Thickness and growth temperature dependence of structure and magnetism in FePt thin films [J]. J. Appl. Phys., 2003, 93 (12): 9902 ~ 9908.

[34] Wierman K W, Platt C L, Howard J K, et al. Evolution of stress with $L1_0$ ordering in FePt and FeCuPt thin films [J]. J. Appl. Phys., 2003, 93 (10): 7160 ~ 7163.

[35] Takahashi Y K, Hono K, Shima T, et al. Microstructure and magnetic properties of FePt thin films epitaxially grown on MgO (001) substrates [J]. J. Magn. Magn. Mater., 2003, 267: 248.

[36] Chen S K, Yuan F T, Shiao S N. Magnetic property modification of $L1_0$ FePt thin films by interfacial diffusion of Cu and Au overlayers [J]. IEEE Tran. Magn., 2005, 41: 921 ~ 923.

[37] Maeda T, Kai T, Kikitsu A, et al. Effect of added Cu on disorder - order transformation of $L1_0$ - FePt [J]. IEEE Tran. Magn., 2002, 38: 2796 ~ 2798.

[38] Sellimyer D J, Luo C P, Yan M L, et al. High anisotropy nanocomposite films for magnetic recording [J]. IEEE Tran. Magn., 2001, 37: 1286 ~ 1291.

[39] Lim B C, Chen J S, Wang J P. Thickness dependence of structural and magnetic properties of FePt films [J]. J. Magn. Magn. Mater., 2004, 271: 431 ~ 436.

[40] Lai C H, Chiang C C, Yang C H. Low-temperature ordering of FePt by formation of silicides in underlayers [J]. J. Appl. Phys., 2005, 97: 10H310-1 ~ 10H310-3.

[41] Hadjipanayis G C, Zhang M C, Gao C. High coercivities in as-cast Pr-Fe-B and Nd-Fe-B alloys with impurity additions [J]. Appl. Phys. Lett., 1989, 54: 1812 ~ 1814.

[42] Chen S C, Kuo P C, Kuo S T, et al. Effects of Ti underlayer on the degree of order of $Fe_{50}Pt_{50}$ films [J]. Mater. Sci. Eng. B, 2003, 98: 244 ~ 247.

[43] Okamoto H, Subramanian P R, Kacprzak L. Binary alloy phase diagrams [M]. Second Edition. Asm international: The Materials Information Society, 1992, P1273, P1777.

[44] Hsieh S, Beck D, Matsumoto T, et al. Thermal stability of ultrathin titanium films on a Pt (111) substrate [J]. Thin Solid Films, 2004, 466: 123 ~ 127.

[45] Singh M, Jain I P. Mossbauer and positron life-time studies of FeTi and $Fe_{46}Ti_{50}Mn_4$ hydride systems [J]. Int. J. Hydrogen Energy, 1996, 21: 367 ~ 372.

[46] Villars P, Prince A, Okamoto H. Handbook of Ternary alloy phase diagrams [M]. Asm international: The Materials Information Saciety, 1995, 9407.

[47] Okamoto H, Subramanian P R, Kacprzak L. Binary alloy phase deagrams [M]. Second Edition. Asm international: The Materials Information Saciety, 1992, P36, P1273, P1777, P1785.

[48] Wang H Y, Mao W H, Ma X K, et al. Improvement in hard magnetic properties of FePt films by N addition [J]. J. Appl. Phys., 2004, 95: 2564~2568.

[49] Kitakami O, Shimada Y, Oikawa K, et al. Low-temperature ordering of L10-CoPt thin films promoted by Sn, Pb, Sb and Bi additives [J]. Appl. Phys. Lett., 2001, 78: 1104~1106.

[50] Yu G H, Li M H, Zhu F W, et al. Interlayer segregation in magnetic multilayers and its influence on exchange coupling [J]. Appl. Phys. Lett., 2003, 82: 94~96.

[51] Cullity B D, Stock S R. Elements of X-ray Diffraction [M]. 3rd ed. Prentice Hall, 2001.

[52] Wan J, Stoyanov S, Huang Y, et al. Thickness dependence of coercivity in FePt/C multilayers [J]. J. Magn. Magn. Mater., 2004, 272-276: 1625~1627.

[53] Wierman K W, Platt C L, Howard J K. Impact of stoichiometry on $L1_0$ ordering in FePt and FePtCu thin films [J]. J. Magn. Magn. Mater., 2004, 278: 214~217.

[54] Yan M L, Xu Y F, Li X Z, et al. Highly (001)-oriented Ni-doped $L1_0$-FePt films and their magnetic properties [J]. J. Appl. Phys., 2005, 97: 10H309-1~10H309-3.

6 具有垂直磁各向异性的 $L1_0$ - FePt 磁记录薄膜的合成及表征

6.1 概论

当磁记录介质材料的易磁化轴平行于膜面或垂直于膜面，就可以实现纵向磁记录或垂直磁记录。在第 4 章中已经介绍过，$L1_0$-FePt 有序合金的易磁化轴是 c 轴，由于（111）平面是它的能量最低面，所以直接沉积在普通基片上的 FePt 薄膜通常具有（111）取向，即易磁化轴与膜面成 35.26°，因此无法应用于纵向磁记录介质或垂直磁记录介质中。垂直磁记录介质比纵向磁记录介质具有更小的退磁场，所以更容易实现超高密度磁记录，因此具有更广阔的应用前景，所以如何实现 $L1_0$-FePt 薄膜的垂直磁各向异性也是近年来 FePt 磁记录材料的一个重要研究方向。

国际上进行了很多相关的研究工作，例如：在玻璃或 Si 基片上沉积的 FePt 薄膜仍然具有（111）取向，很难直接实现 FePt 薄膜的垂直磁各向异性，通常需要首先沉积一层能够引导 FePt 晶格沿垂直膜面方向生长的底层。Chen 和 Ding 等人[1]在玻璃基片上分别以 $Cr_{92}Ru_8$ 和 $Cr_{90}Mo_{10}$ 为底层，Pt 为缓冲层，利用 CrX[110] ‖ FePt[100] 晶格外延生长，实现了薄膜的垂直磁各向异性；同时，利用底层与 FePt 晶格间的应力作用，将 FePt 薄膜的有序化温度降低到 400℃。王建平等人[2]利用 RuAl 做底层来引导 FePt 晶格的垂直膜面的沿晶生长；同时，利用 RuAl（001）面和 FePt（001）面的界面应力作用促进薄膜的有序化，最终获得了低温有序、垂直取向、晶粒尺寸较小（约为 6nm）的薄膜。

在 MgO（001）单晶基片上比在玻璃基片上更容易实现 FePt 的垂直磁各向异性，这是因为 MgO 晶格具有面心立方结构（晶格参数 $a = 0.4212$nm），而 FePt 晶格也同样具有面心立方结构（晶格参数 $a = 0.3852$nm），其错配度约为 9.3%，利用 FePt（001）面在 MgO（001）面上的沿晶外延生长，可以实现 FePt 薄膜的垂直磁各向异性。

Takahashi 等人[3,4]在基片温度为700℃时，直接将10nm 的 FePt 沉积在 MgO（001）单晶基片上，制备了具有垂直磁各向异性、H_C 较高的 FePt 薄膜。但是基片温度过高，不利于实现超高密度磁记录。然而，MgO 晶格与 FePt 晶格的错配相对较大，界面会产生太多的缺陷，所以在 MgO 上直接沉积 FePt 并不是实现 FePt 沿晶生长的最佳方法。一般在 MgO 和 FePt 之间沉积一层缓冲层（其晶格参数介于 MgO 和 FePt 之间），如 Pt、Cr、Ag、FeRh 等[5~10]，使外延的晶格逐渐过渡，减小层与层之间的晶格错配度，这样可以形成更好的外延生长。由于在 MgO 基片上生长 FePt，原子排列方式从能量最低面（111）面排列方式转变为（001）面的排列方式，通常情况下都需要克服较高的能量势垒，即需要在较高的基片温度或退火温度下实现，这也导致了部分缓冲层如 Cr、Pt、Ir 元素的扩散，影响薄膜的磁性能。

在实现纳米颗粒复合膜的垂直磁各向异性上，需要综合考虑颗粒膜和垂直取向的要求，一般采用与 FePt 不固溶的金属或非金属作为隔离 FePt 颗粒的基体，并且还需要这些基体能够引导 FePt 的垂直取向。例如，杨涛等人[11]在 MgO（001）单晶基片上，利用激光脉冲沉积的方法沉积了 FePt/Ag 多层膜，高温退火后实现了晶粒尺寸为10nm、矫顽力为120kA/m、具有良好垂直各向异性的纳米颗粒膜。但是退火温度过高，薄膜的矫顽力过低，并不适合于用作磁记录材料。

综上所述，实现 FePt 薄膜的垂直磁各向异性与基片、底层以及缓冲层的选择，各层厚度、基片温度以及退火工艺的优化都有着密切的关系。笔者也在 FePt 薄膜的垂直磁各向异性方面进行了很多相关的研究，例如：冯春等人[12~14]采用 MgO（001）单晶基片和［FePt/Au］$_{10}$多层膜结构并用的方法，利用 MgO、FePt 和 Au 的晶格外延生长实现薄膜的垂直磁各向异性；同时，利用 Au 原子扩散到 FePt 相的边界处以形成 Au 包裹 FePt 相的结构，有效减小 FePt 颗粒的尺寸和颗粒间磁交换耦合作用，并且制备出综合磁学性能优良的 $L1_0$-FePt 垂直磁记录薄膜。李宝河等人[15,16]利用磁控溅射的方法，在100℃的 MgO（001）单晶基片上，制备了具有良好垂直取向、磁性能较好且晶粒尺寸很小（小于 10nm）的 FePt-Ag 纳米颗粒膜。本章首先介绍了基片（如玻璃基片、MgO 单晶基片）、缓冲层对 FePt 薄膜的垂直磁各向异性、晶体结构等的影响及机理；其次，介绍了在 MgO 基片上，采用 FePt/Au 多层膜结构制备具有垂直磁各向异性且磁性能优良的 $L1_0$-FePt/Au 纳米复合薄膜，并剖析了 Au 在薄膜中的界面调控作用及机理；最后，介绍了在 MgO 基片上，如何采用 FePt/Ag 多层膜结构制备具有垂直磁各向异性、磁性能优良且晶粒尺寸较小的 $L1_0$-FePt/Ag 纳米颗粒薄膜，并通过微结构的表征工作介绍了这两种纳米复合薄膜对厚度、基片温度、退火工艺等因素的依赖关系。

6.2 基片及缓冲层对 FePt 单层膜的垂直磁各向异性的影响

6.2.1 玻璃基片上的 $L1_0$-FePt 薄膜磁各向异性的研究[16,17]

基片或缓冲层对 FePt 的垂直磁各向异性及磁性能的作用大相径庭。因此，国际上有很多研究者在这方面进行了一系列研究工作，本节主要介绍部分基片（如玻璃基片、MgO 单晶基片）、缓冲层对 FePt 薄膜的垂直磁各向异性、晶体结构等的影响及机理，为制备高性能的垂直磁记录薄膜材料时选择合适的基片和缓冲层提供实验依据和借鉴。

冯春等人利用磁控溅射方法，在提前加热到 200℃ 的玻璃基片上制备了样品结构为 $Fe_{52}Pt_{48}$(20nm) 和 X(40nm)/$Fe_{52}Pt_{48}$(20nm) 薄膜，其中 X 表示缓冲层（Bi、Ti、Au 或 Ag），溅射时工作气（Ar 气）压恒定在 0.45Pa。溅射完毕的薄膜经真空度为 3×10^{-5}Pa 的真空退火处理后获得 $L1_0$-FePt 薄膜，退火温度为 400℃，退火时间为 30min。并且，通过 X 射线衍射（XRD）以及梯度场磁强计（AGFM）系统地研究了上述缓冲层对 FePt 薄膜的晶体结构、取向以及磁性能的影响。

图 6-1 是在玻璃基片上，不同缓冲层的 FePt 薄膜的磁滞回线，外加磁场分别平行于膜面和垂直于膜面。对于 FePt 单层膜，易磁化轴既不沿平行膜面方向，也不沿垂直膜面方向。由于平行膜面方向的

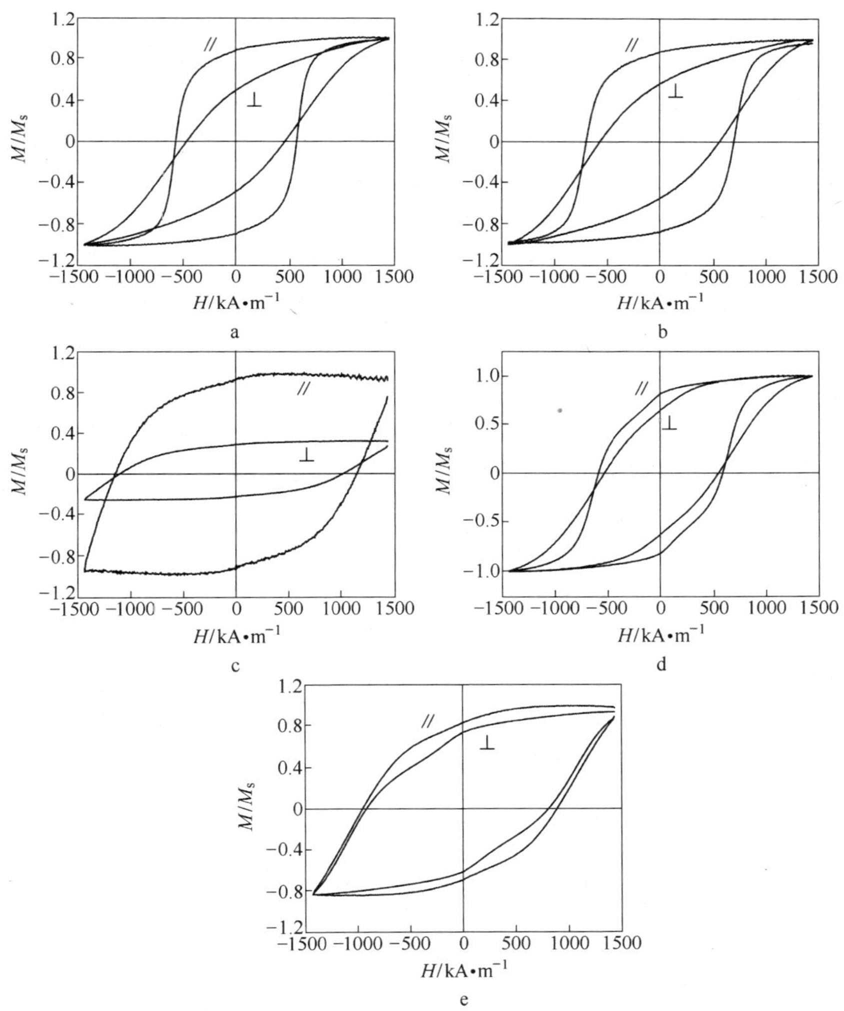

图 6-1 玻璃基片上的不同缓冲层的 FePt 薄膜的磁滞回线

a—FePt；b—Ti/FePt；c—Bi/FePt；d—Ag/FePt；e—Au/FePt

曲线具有更高的矩形度和方形度，所以易磁化轴（*c* 轴）更偏向于平行膜面方向。以 Ti 为缓冲层的 FePt 薄膜，其磁滞回线的形状与纯 FePt 的相同，易磁化轴仍然偏向于平行膜面方向；以 Bi 为缓冲层的

FePt 薄膜，易磁化轴方向更加偏向平行膜面方向；而对于 Ag/FePt 和 Au/FePt 薄膜，垂直膜面的磁化曲线和平行膜面的磁化曲线的形状、矩形度和方形度等都相差不大，说明薄膜的易磁化轴方向向垂直膜面方向转化。这些结果说明：Ti 和 Bi 缓冲层对垂直取向的改善无益；而 Ag 和 Au 缓冲层则有利于垂直取向的改善。

图 6-2 是上述不同缓冲层的 FePt 薄膜的 XRD 图谱，从中可以观察薄膜的取向或织构的变化。对于 FePt 薄膜，XRD 图中出现了强度较高的 FePt（111）峰，而其他取向的峰均较低，说明在玻璃基片上的 FePt 单层膜呈现较强的（111）取向，这是由于 FePt 晶格的能量最低面为其（111）面，所以 FePt 薄膜的易磁化轴（c 轴）与膜面成 35.26°，即 c 轴更偏向于平行膜面方向。对于 Ti/FePt 薄膜和 Bi/FePt 薄膜，仍然呈现较强的（111）取向，因此薄膜的垂直取向也较差。这是由于 Ti 为体心立方结构，其晶格参数为 0.331nm；Bi 为菱方结构，其晶格参数为 $a=0.453$nm，$c=1.183$nm；而 FePt 为面心立方结构，晶格参数为 $a=0.386$nm，这两种缓冲层与 FePt 的晶格类型以及晶格参数都相差较大，所以很难通过晶格外延生长来引导 FePt 的晶格垂直取向，Bi 底层甚至还对垂直取向起到了破坏作用。此外，在 5.4.1 节已经介绍过：Ti 在高温退火时可能会与 FePt 形成多种金属间化合物，导致薄膜的磁性下降，所以 Ti 和 Bi 底层并不适合于改善 FePt 垂直取向。

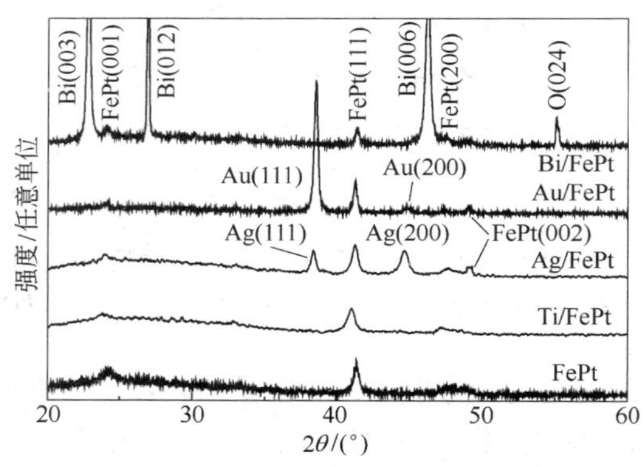

图 6-2　不同缓冲层的 FePt 薄膜的 XRD 图谱

而对于 Ag/FePt 和 Au/FePt 薄膜，除了 FePt（111）峰外，还出现了 FePt（001）和 FePt（002）衍射峰，说明薄膜中出现了具有垂直取向的 FePt 晶粒，薄膜的垂直磁各向异性有所改善。这是由于 Ag 和 Au 都是面心立方结构，其晶格参数为 0.408nm，与 FePt 晶格的错配度为 5.8%，存在 Ag(Au)(111) ∥ FePt(111) 和 Ag(Au)(200) ∥ FePt(002) 两种晶格外延关系，分别引导 FePt 的（111）和（001）面外延生长。由于 Ag 或 Au 缓冲层出现了（200）取向的晶粒，从而导致 FePt 的（001）取向有所改善。但是由于在玻璃基片上，这两种底层也具有较强的（111）取向，所以导致了其上外延生长的 FePt 薄膜仍然无法实现很好的垂直磁各向异性。因此要想实现 FePt 的垂直取向，缓冲层 Ag 或 Au 必须具有（200）取向。

从上述的结果，可以看出缓冲层对 FePt 薄膜的垂直磁各向异性的影响较大，要想实现具有垂直磁各向异性的 FePt 薄膜，必须选择一个合适的底层，这个底层应该满足：（1）与 FePt 之间具有较小固溶度，不易与 FePt 形成合金或金属间化合物；（2）应与 FePt 有序结构具有相近的晶体结构和匹配的晶格常数；（3）底层必须能够引导 FePt（001）取向生长。这样才能在不破坏 $L1_0$-FePt 有序相的基础上，通过外延生长，获得具有良好垂直磁各向异性的 $L1_0$-FePt 薄膜。

6.2.2 MgO（001）单晶基片上的 $L1_0$-FePt 垂直磁各向异性薄膜的研究

国际上很多研究表明：MgO 具有与 FePt 匹配的晶格参数，并且 MgO（200）面可以引导 FePt（001）面的取向生长。Farrow 等人[47]在基片温度高于 500℃ 的 MgO（001）单晶基片上，直接沉积 FePt 薄膜，利用 FePt 晶格在 MgO 基片上的匹配外延生长，获得了具有良好垂直磁各向异性的 $L1_0$-FePt 薄膜。Bian 等人[94]研究也表明：在 MgO 基片上，利用 Pt 作为缓冲层，可以获得垂直取向的 FePt 薄膜。以下主要介绍在 MgO（001）单晶基片上沉积 FePt 薄膜，FePt 薄膜的厚度、基片温度对其垂直取向和磁性能的影响。

冯春和李宝河等人利用磁控溅射方法，在具有（001）取向的单晶 MgO 基片上制备了样品结构为 $Fe_{52}Pt_{48}$（$d$nm）的薄膜（d = 5，10，20，50），基片温度为室温或 200℃。溅射时工作气（Ar 气）压恒定在 0.45Pa。溅射完毕的薄膜经真空度为 3×10^{-5}Pa 的真空退火处理以获得 $L1_0$-FePt 薄膜，退火温度为 550℃或 600℃，退火时间为 30min。

图 6-3 是在单晶 MgO 基片上，不同厚度的 FePt 薄膜经过 600℃退火 30min 后的磁滞回线，基片温度保持为 200℃。图 6-4 是薄膜对应的平行膜面和垂直膜面的矫顽力大小的变化。从图 6-4 中可知，当 FePt 薄膜较薄时（d = 5nm），表明出良好的垂直磁各向异性，垂直方向的矫顽力（H_C）达到 240kA/m，矫顽力矩形度（S^*）达到 0.88。随着 FePt 薄膜厚度的增加，平行膜面方向的曲线也出现明显的磁滞，其 H_C、剩磁比、平行膜面方向曲线的 S^* 值均逐渐升高；而垂直膜面方向曲线的 S^* 值逐渐减小，说明薄膜的易磁化轴逐渐转向平行膜面方向，垂直磁各向异性变差。这一点也可以从薄膜的 XRD 图谱（图 6-5）中得到验证。图 6-6 是利用谢乐公式计算出的薄膜中 FePt 平均晶粒尺寸大小。当薄膜厚度为 5nm 时，薄膜的 XRD 图中仅出现较强的（001）和（002）衍射峰，表明薄膜呈现良好的（001）垂直取向；而且衍射峰比较宽，对应的 FePt 平均晶粒尺寸为 7nm。随着 d 的增加，薄膜出现了明显的（200）衍射峰并逐渐增强，说明薄膜中同时存在（001）取向和（100）取向的 FePt 晶粒，即薄膜的垂直磁各向异性变差；此外，随着 d 的增加，FePt 晶粒尺寸逐渐升高，说明 FePt 越厚，其晶粒生长越充分，晶粒尺寸就越大。

以上结果表明：FePt 越薄，薄膜的矫顽力越小，垂直磁各向异性越好，晶粒尺寸也越小。根据 Lim 等人的报道[18]，FePt 薄膜越薄，其有序化越不充分，同时晶粒生长也受到限制。而薄膜的有序化程度直接关系到 $L1_0$-FePt 相在薄膜中的比例，所以薄膜的矫顽力越小。此外，FePt 越薄，由于 MgO 晶格与 FePt 晶格的错配造成的应变或应力能越小，因此在 MgO 基片上外延的 FePt 晶粒就能够更好地沿垂直膜面方向外延生长，从而导致其垂直磁各向异性增加。

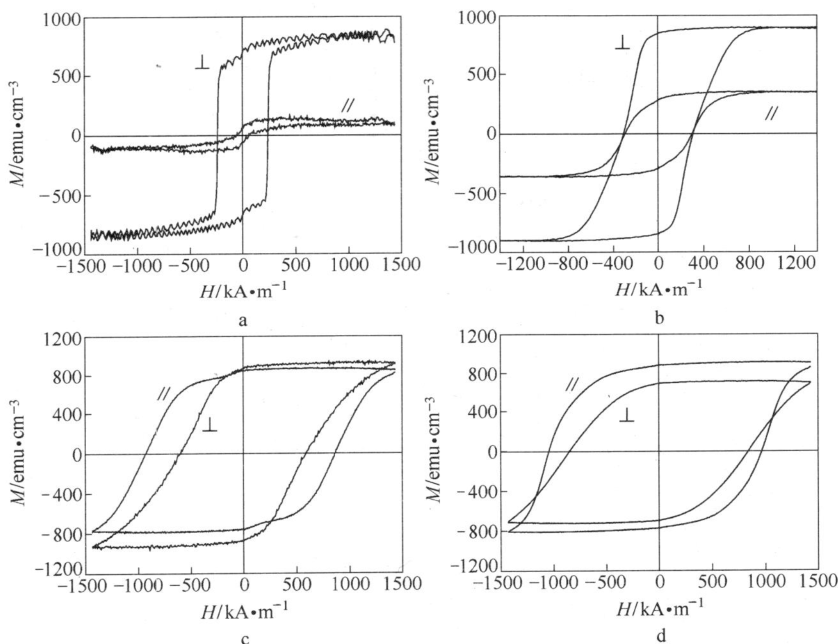

图 6-3 单晶 MgO 基片上的 FePt（$d$nm）薄膜的磁滞回线

（基片温度为 200℃）

a—$d=5$；b—$d=10$；c—$d=20$；d—$d=50$

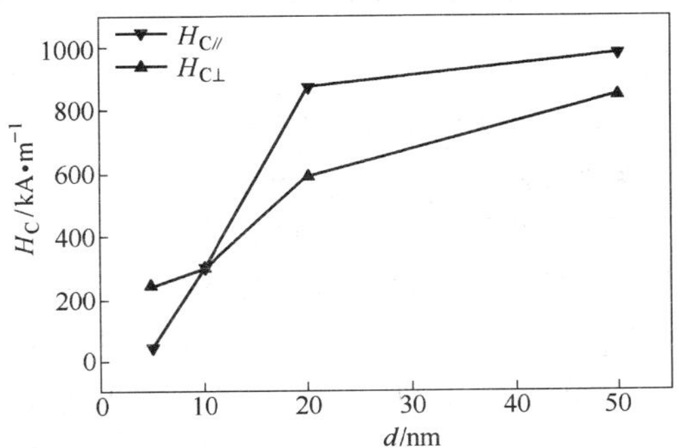

图 6-4 单晶 MgO 基片上的 FePt 薄膜的矫顽力 H_C 随 FePt 厚度 d 的变化

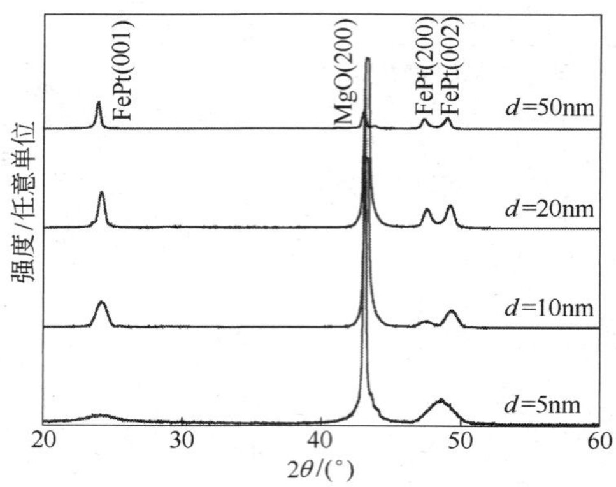

图 6-5　FePt 薄膜的 XRD 图谱

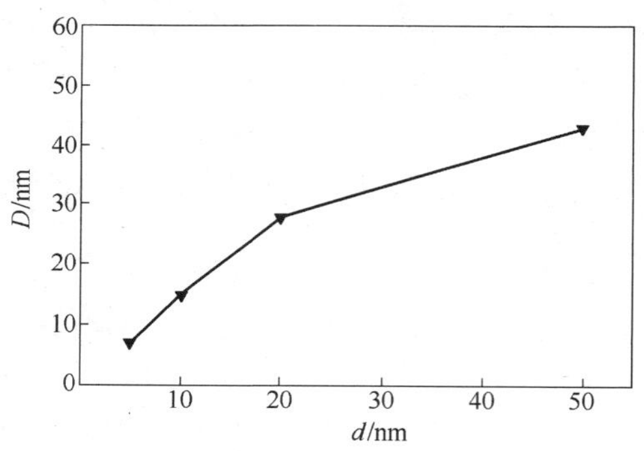

图 6-6　FePt 薄膜的 FePt 平均晶粒尺寸 D 随 d 的变化

基片温度对 FePt 薄膜的垂直取向也具有非常重要的影响，图 6-7 是在 MgO 单晶基片上，基片温度分别是室温和 100℃ 的 FePt 薄膜的磁滞回线，退火条件为 600℃ 退火 30min。从图 6-7 中可知：基片温度的升高有利于垂直取向的改善，这是由于 FePt 的能量最低面为（111）面，通常会按照其（111）面的原子排列方式，一层一层沉积原子层而形成薄膜。而在 MgO 单晶基片上生长的 FePt 晶格，由于具有外延晶格生长，会按照（001）面的原子排列方式，沉积得到薄膜，这需要克服一定的能量势垒。基片加热时，溅射到基片上的 Fe、Pt 原子更容易克服势垒并扩散到 FePt 垂直取向所需要的晶格位置上，导致其垂直取向变好。

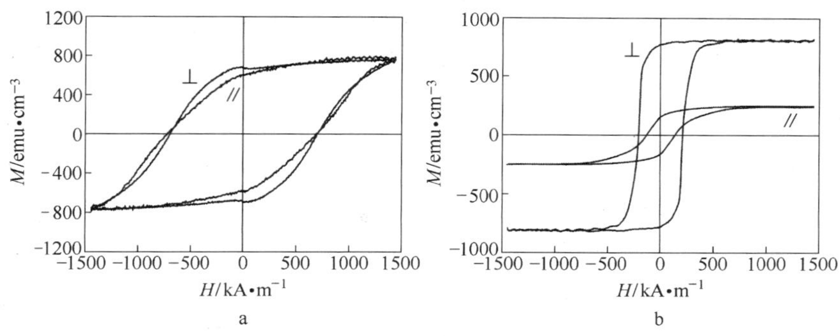

图 6-7 FePt(10nm) 薄膜的磁滞回线

a—沉积的基片温度为室温；b—沉积的基片温度为 100℃

总结上述内容：FePt 薄膜的厚度、基片温度对 MgO 上的 FePt 薄膜的垂直取向和磁性能具有很大影响：（1）FePt 薄膜越薄时，其矫顽力越小，垂直磁各向异性越好，晶粒尺寸也越小。（2）基片加热有利于 FePt 薄膜的垂直取向。所以，在 MgO 基片上要实现 FePt 垂直取向时，应该适当地减小 FePt 层的厚度，并对基片加热。

6.3 具有垂直磁各向异性的 $L1_0$-FePt/Au 纳米复合薄膜的合成、表征及机理

超高密度垂直磁记录硬盘要求磁记录介质既具有较高的矫顽力（H_C），又具有良好的垂直磁各向异性，同时磁性颗粒的尺寸小且无颗粒间磁耦合作用[19]。第 5 章已经介绍过：直接制备的 FePt 薄膜通常需要经过高温退火才能获得良好的 $L1_0$ 相，这导致薄膜具有较大的晶粒尺寸和较强的颗粒间磁耦合作用[20]；此外，沉积在玻璃基片上的 FePt 薄膜的易磁化轴（c 轴）通常不垂直于膜面，不符合垂直磁记录的要求。所以必须使薄膜在低温下有序且具有较高的矫顽力（H_C），同时薄膜又具有良好的垂直磁各向异性、较小的晶粒尺寸且无颗粒间磁耦合作用。围绕这些问题，国际上进行了很多相关研究，例如采用 Fe/Pt 多层膜结构增加界面能[21]，利用适当的底层与 FePt 晶格的错配产生应变能[10,22]，在薄膜中掺杂表面能低的金属如 Bi、

Sb 等以促进 Fe、Pt 原子的有序化运动[23,24]，这些措施均能有效地降低薄膜的有序化温度，提高 H_C。另外，掺杂某些元素、利用与 FePt 晶格匹配的底层或缓冲层也可以引导 FePt 的垂直取向[22,25,26]，但薄膜通常仍具有较强的颗粒间磁耦合作用。此外，利用化学自组装方法[27]或磁控溅射法将 FePt 颗粒埋入非磁性母体中[28,29]，可以有效地减小 FePt 晶粒尺寸和颗粒间磁耦合作用，但通常也导致薄膜有序化温度的升高以及取向分布不一致。如果能综合以上促进有序化、实现垂直取向以及颗粒膜方法中的有利因素，合成出既能够低温有序且具有较高的 H_C，又具有良好的垂直磁各向异性，同时晶粒尺寸小且无颗粒间磁耦合作用的 $L1_0$-FePt 薄膜，这对于实现超高密度磁记录具有十分重要的意义。

冯春等人在 MgO（001）单晶基片上，采用磁控溅射方法交替沉积较薄的 FePt 层和表面能较低的 Au 层以制备 $[Fe_{52}Pt_{48}(2nm)/Au(0\sim5nm)]_{10}$ 以及 $[Fe_{52}Pt_{48}(1nm)/Au(0\sim2.5nm)]_{10}$ 多层膜，根据实验需要，基片温度可从室温到 200℃范围内变化。溅射时工作气压（Ar 气）恒定在 0.45Pa。溅射完毕后的多层膜经过真空度为 3×10^{-5}Pa 的真空退火处理，退火温度为 450～600℃，退火时间为 30min。在这种结构的多层膜中，通过 Au 原子的界面调控作用对薄膜微结构进行改善，合成出具有优良的磁性能、垂直磁各向异性、晶粒尺寸小且无颗粒间磁耦合作用的 $L1_0$-FePt/Au 纳米复合薄膜[12,14]；同时，通过对薄膜微结构的表征和研究工作，剖析了上述 Au 原子的界面调控作用机理[17]；最后，通过对 FePt/Au 多层膜的微磁模拟研究工作[13]，系统地研究薄膜的磁化反转机理、材料内应力的类型和大小、晶粒内和晶粒间的磁耦合作用等，为进一步通过微观结构的调控改善 FePt/Au 纳米复合材料的综合性能提供实验依据。

6.3.1 $L1_0$-FePt/Au 垂直纳米复合薄膜的磁性能及晶体结构

通过制备较厚的 $[FePt(2nm)/Au(d\,nm)]_{10}$（$d=0\sim5$）多层膜，改变 Au 层的厚度，研究了磁性能及微结构随着 Au 层厚度的变化。图 6-8 是基片温度为 200℃时，在 MgO 单晶基片上沉积的［FePt

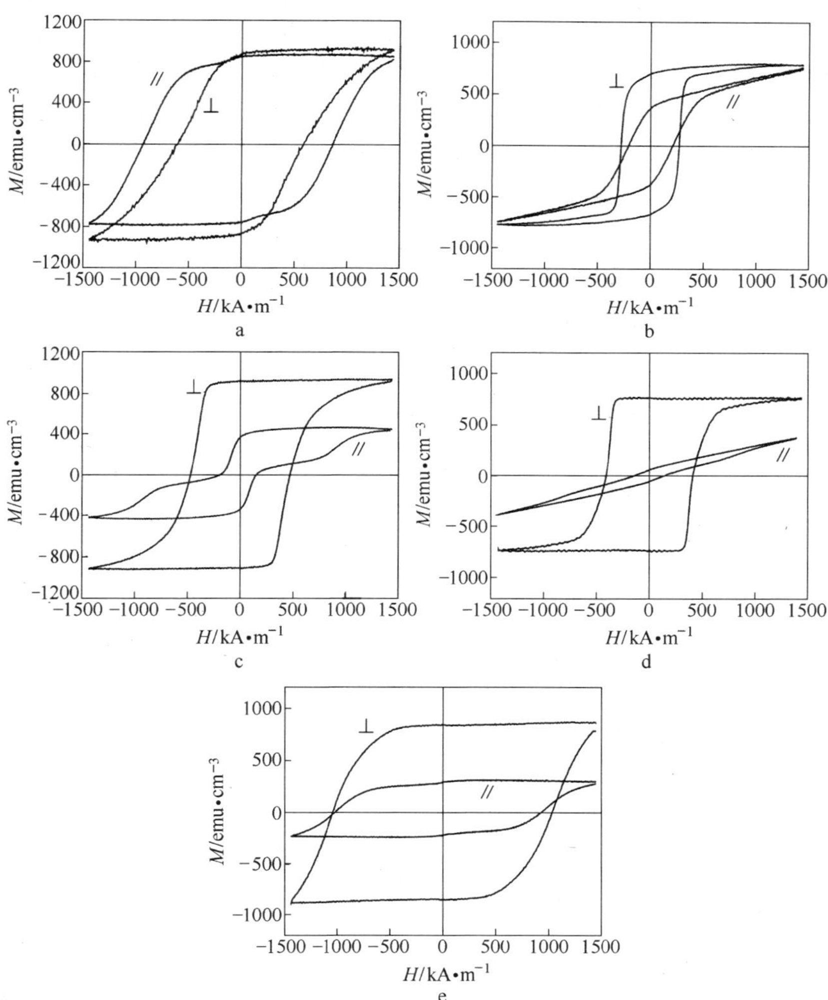

图 6-8 基片温度为 200℃时，[FePt(2nm)/Au(*d*nm)]$_{10}$薄膜的磁滞回线

a—*d* = 0；b—*d* = 1；c—*d* = 2；d—*d* = 3；e—*d* = 5

(2nm)/Au(*d*nm)]$_{10}$（$d = 0 \sim 5$）薄膜的磁滞回线，退火温度为600℃，退火时间为30min。从图 6-8 中可知，纯 FePt 薄膜的平行膜面和垂直膜面的曲线相差不大，说明薄膜的易磁化轴既不沿平行膜面方向，也不沿垂直膜面方向，即垂直磁各向异性较差。当采用 FePt/

Au 多层膜结构后，垂直膜面方向的曲线的矫顽力矩形度（S^*）和剩磁比均明显升高；相反，平行膜面方向的曲线的 S^* 和剩磁比显著下降，说明薄膜的易磁化轴方向逐渐向垂直膜面方向转化，其垂直磁各向异性得到明显改善。当 Au 层厚度达到 3nm 时，垂直膜面曲线的 S^* 和剩磁比都接近为 1，而平行膜面曲线表现出明显的磁化难轴特性，说明薄膜具有良好的垂直磁各向异性。然而，继续增加 Au 层的厚度时，尽管薄膜仍然具有垂直磁各向异性，但其平行膜面方向的曲线也表现出较大的磁滞，即此时薄膜的垂直磁各向异性变差。所以，要想使较厚的 FePt/Au 多层膜具有良好的垂直磁各向异性，必须选择合适的 Au 层厚度（约 3nm）。

图 6-9 是 $[FePt(2nm)/Au(d nm)]_{10}$ 多层膜的 XRD 图谱，从中我们也可以观察到薄膜垂直取向的变化。随着 d 的增加，Au（200）取向逐渐增强；FePt（001）和（002）峰逐渐增强，而 FePt（200）峰逐渐减弱，即（001）取向逐渐增强。说明（200）取向的 Au 层可以促进 FePt 薄膜的（001）取向，使得薄膜的垂直磁各向异性增强。当 d 达到 3nm 时，薄膜的 FePt（200）峰消失，表明此时垂直取向最好。但是继续增加 d，除了 Au（200）衍射峰外，在 XRD 图谱中还出现了 Au（111）衍射峰；FePt（001）和（002）峰减弱，而薄膜中同时出现了 FePt（200）和（111）衍射峰，说明薄膜中出现了其他取向的 FePt 晶粒，其垂直磁各向异性变差。这是由于 Au 层太厚时，Au 晶粒难以一致地保持其（200）

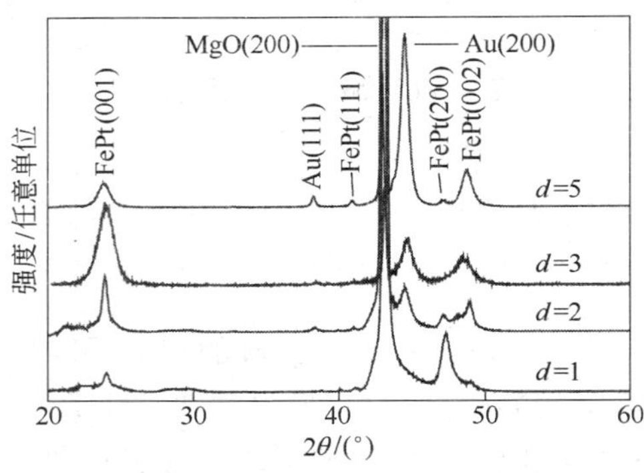

图 6-9 $[FePt(2nm)/Au(d nm)]_{10}$ 薄膜的 XRD 图谱

取向生长，部分晶粒出现（111）取向生长；而Au和FePt的晶格比较匹配，所以Au层不仅引导了FePt晶粒的（001）取向生长，同时也引导了FePt晶粒的（111）取向生长，这必然导致薄膜的垂直磁各向异性变差。

虽然上述$[FePt(2nm)/Au(3nm)]_{10}$薄膜具有良好的垂直磁各向异性，但是在高温600℃退火后，其垂直膜面方向的矫顽力低于纯FePt薄膜的矫顽力，其原因是由于FePt和Au层的厚度太厚，即使在高温退火后，仍然保持着不完整的多层膜结构，所以导致其有序化较差，所以其矫顽力较低。要想在较低的退火温度下获得矫顽力较高、具有（001）垂直取向的$L1_0$-FePt薄膜，必须降低FePt和Au层的厚度，所以以下将详细介绍厚度较薄的$[FePt(1nm)/Au(0\sim2nm)]_{10}$薄膜的磁性和微结构。

图6-10是600℃退火30min后，$[FePt(1nm)/Au(0\sim2.5nm)]_{10}$薄膜的磁滞回线，基片温度为100℃。从图6-10中可知：纯FePt薄膜沿平行和垂直膜面的曲线都表现出明显的磁化易轴特性，说明薄膜中部分FePt晶粒的磁易轴方向沿平行膜面方向，部分沿垂直膜面方向，即磁易轴方向分布不一致。采用FePt/Au多层膜结构后，垂直膜面曲线的S^*明显增加；平行膜面曲线的S^*和剩磁比明显下降，说明薄膜的磁易轴逐渐转为垂直膜面方向。当Au层厚度达到1nm以上时，垂直膜面的曲线的S^*和剩磁比都接近为1，而平行膜面曲线表现出典型的磁化难轴特性。然而，当d超过2nm后，薄膜的垂直磁各向异性明显变差。图6-11显示了薄膜的矫顽力H_C随Au层厚度d的变化情况，由于受到测量场大小的限制，图6-10中部分样品未达到磁化饱和状态，所以其曲线未封闭，但是依然可以反映出H_C的变化趋势。随着d的增加，垂直膜面曲线的矫顽力$H_{C\perp}$逐渐增加，并趋近饱和；当d小于2.5nm时，平行膜面曲线的矫顽力$H_{C//}$随d变化很小，当d达到2.5nm时，$H_{C//}$开始显著增加。以上结果说明：采用适当厚度的Au层（0.5～2nm），不仅可以促进FePt薄膜的垂直磁各向异性，同时还可以大幅度提高薄膜的$H_{C\perp}$，同时抑制$H_{C//}$的增加。

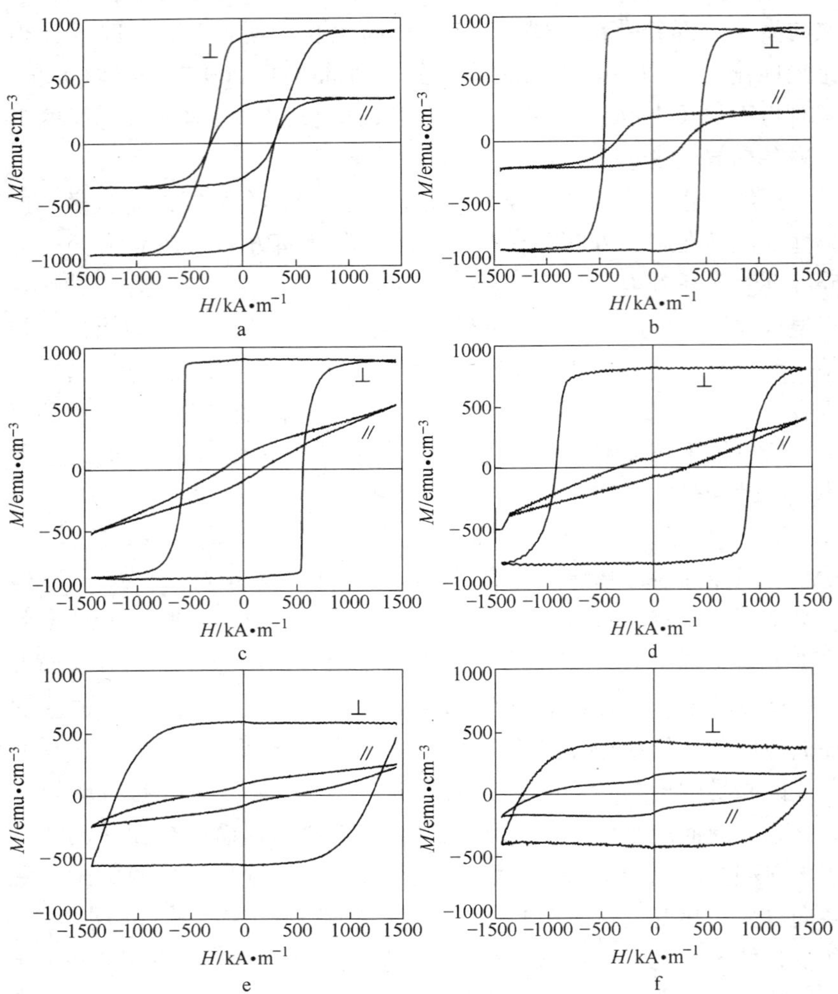

图 6-10 600℃退火 30min 后，[FePt(1nm)/Au($d$nm)]$_{10}$薄膜的磁滞回线

a—d=0；b—d=0.5；c—d=1.0；d—d=1.5；e—d=2.0；f—d=2.5

冯春等人利用 XRD 研究了上述薄膜的晶体学结构变化，以进一步剖析 Au 层对 FePt 薄膜的磁性能、垂直各向异性以及晶粒尺寸大小等的影响，其 XRD 谱如图 6-12 所示。因为 FePt（001）和 FePt（200）峰分别代表具有垂直膜面取向和平行膜面取向的晶粒的衍射

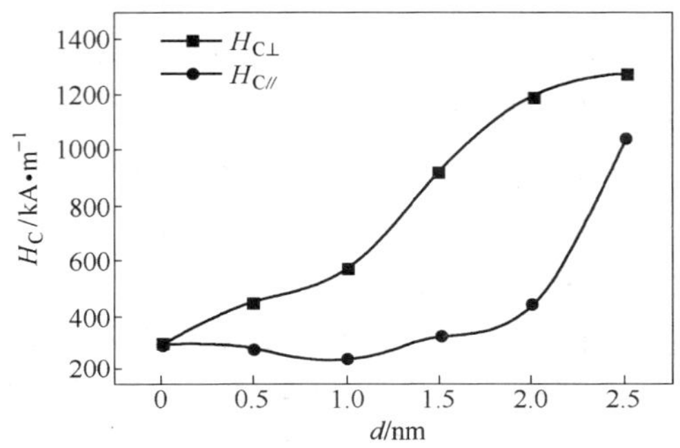

图 6-11 [FePt(1nm)/Au(dnm)]$_{10}$薄膜的 H_C 随 d 的变化情况

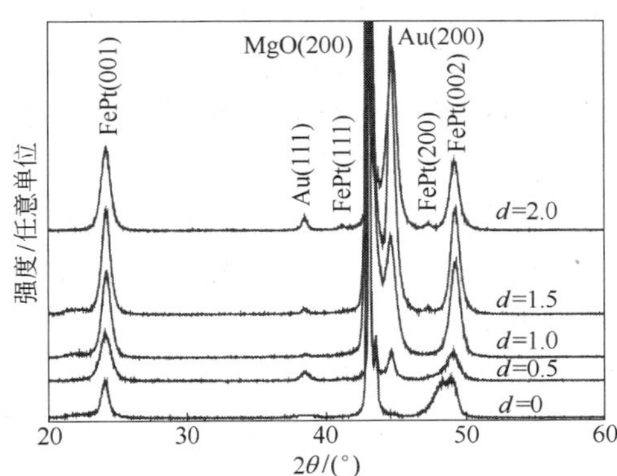

图 6-12 [FePt(1nm)/Au(dnm)]$_{10}$薄膜在 600℃退火后的 XRD 图

峰，所以可以利用 FePt（001）和（200）峰的积分强度比 $I_{(001)}/I_{(200)}$ 来衡量薄膜的垂直取向的程度，如图 6-13a 所示。纯 FePt 薄膜的 XRD 谱中出现了强度比较低的 FePt（001）峰以及（200）和（002）峰的合峰，说明薄膜的晶粒取向不一致。随着 Au 层厚度的增加，Au（200）峰增强；FePt(001)和(002)峰逐渐增强，(200）峰逐渐减弱，对应的 $I_{(001)}/I_{(200)}$ 逐渐升高，说明由于 FePt 和 Au 的晶格匹配，(200）取向的 Au 层引导并促进了 FePt 的（001）取向。当 d 超过 1.5nm 时，薄膜开始出现 Au（111）衍射峰，从而引导了（111）取向的 FePt 晶粒生长；同时 $I_{(001)}/I_{(200)}$ 开始下降，说明垂直磁各向异性变差，这与上述磁性测试结果一致。以上现象说明：对于 FePt/Au 多层膜，适当厚度的 Au 层才能有效地改善 FePt 薄膜的垂直磁各向异性；当 Au 层过厚时，由于（111）取向的 Au 晶粒引导 FePt 晶粒的（111）取向生长，因而薄膜的垂直磁各向异性变差。

此外，从图 6-12 中还可以观察薄膜有序化程度的变化，利用有序化参数 S 来定量描述 FePt 薄膜的有序化程度，图 6-13b 显示了薄膜的 S 随 d 的变化情况。纯 FePt 薄膜的 S 较低，仅有 0.6；采用 FePt/Au 多层膜结构后，FePt（200）峰和（002）峰逐渐分开，并分别向小角度和大角度方向偏移，说明 FePt 晶格的 a 轴增大、c 轴收缩，S 相应地逐渐升高，换句话说，采用 FePt/Au 多层膜结构可以促进薄膜的有序化，其原因将在后面介绍。从图 6-12 中可知：随着 d 的增加，FePt（001）和（002）峰逐渐增强，（200）峰逐渐减弱，说明当 Au 层厚度适当时，Au 层优先引导垂直膜面取向的 FePt 晶粒的外延生长，促进其有序化，所以 $H_{C\perp}$ 随着 d 的增加而升高。但是，当 Au 层达到一定厚度时，出现了（111）取向的 Au 晶粒，从而引导（111）取向的 FePt 晶粒的外延生长，这使得薄膜中 FePt 晶粒的易磁化轴开始偏离垂直膜面方向，从而造成 $H_{C/\!/}$ 升高。

图 6-13c 是根据谢乐公式计算的 FePt 平均晶粒尺寸 D 随 Au 层厚度的变化。FePt 晶粒尺寸随着 d 的增加而减小，说明采用 FePt/Au 多层膜结构可以有效地降低 FePt 晶粒尺寸。

基片加温对于实现 FePt 薄膜的垂直磁各向异性具有至关重要的作用。图 6-14 是在不同基片温度时沉积 $[\mathrm{FePt(1nm)/Au(1.5nm)}]_{10}$ 薄膜的磁滞回线，退火条件均为 600℃/30min；图 6-15 是薄膜对应的 XRD 图谱。从磁滞回线中可知，不同基片温度下沉积的薄膜均表现出垂直磁各向异性。但是在室温下沉积的薄膜，其平行膜面的曲线具有较大的磁滞和剩磁比。对应的 XRD 图中不仅出现了 FePt（001）、（002）衍射峰，同时也出现了较强的 FePt（111）峰，即薄膜中同时存在（001）和（111）取向的 FePt 晶粒，薄膜的垂直磁各向异性相对较差。当基片加温时，薄膜的垂直膜面曲线表现出明显的磁易轴特性，其剩磁比和方形度都较高，而平行膜面曲线的磁滞较小，表现出明显的难磁化轴特性；同时，对应的 XRD 图中的 FePt（111）峰消

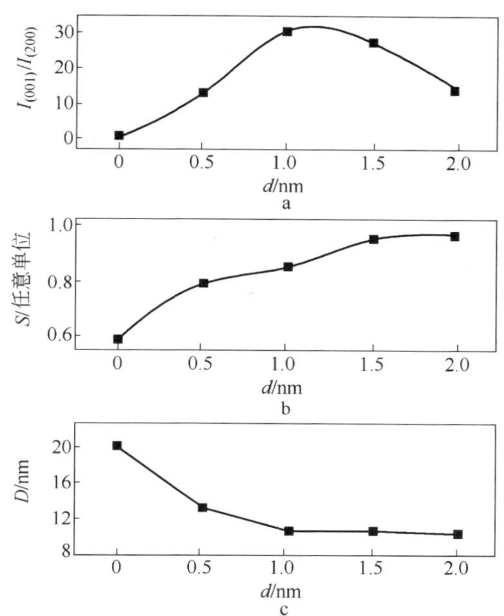

图 6-13 [FePt(1nm)/Au(dnm)]$_{10}$ 薄膜的 $I_{(001)}/I_{(200)}$、有序度 S 和 FePt 晶粒尺寸 D 随 d 的变化

失，仅存在较强的 FePt（001）、（002）衍射峰，即薄膜均表现出非常强的垂直磁各向异性。以上现象说明：基片加热有利于 FePt/Au 多层膜垂直磁各向异性的改善，这是由于基片加热时，沉积到基片上的 Fe、Pt 原子更容易克服势垒并扩散到 FePt 垂直取向所需要的晶格位置上，导致其垂直磁各向异性变好。

图 6-16 是 [FePt(1nm)/Au(1.5nm)]$_{10}$ 薄膜的 H_C 随基片温度 T_S 的变化关系。从图 6-16 中可知，随着基片温度的升高，薄膜的 $H_{C\perp}$ 和 $H_{C/\!/}$ 均呈下降趋势。这是由于基片加热时，磁控溅射仪的真空度下降，部分杂质原子和分子会破坏 $L1_0$-FePt 相的形成，导致磁性能下降。因此，薄膜沉积的真空度对薄膜的磁性能也有很大的影响。虽然基片加热是有利于改善薄膜的垂直磁各向异性，但是也会导致磁性能下降，因此必须综合考虑选择基片温度，100℃ 较为合适。

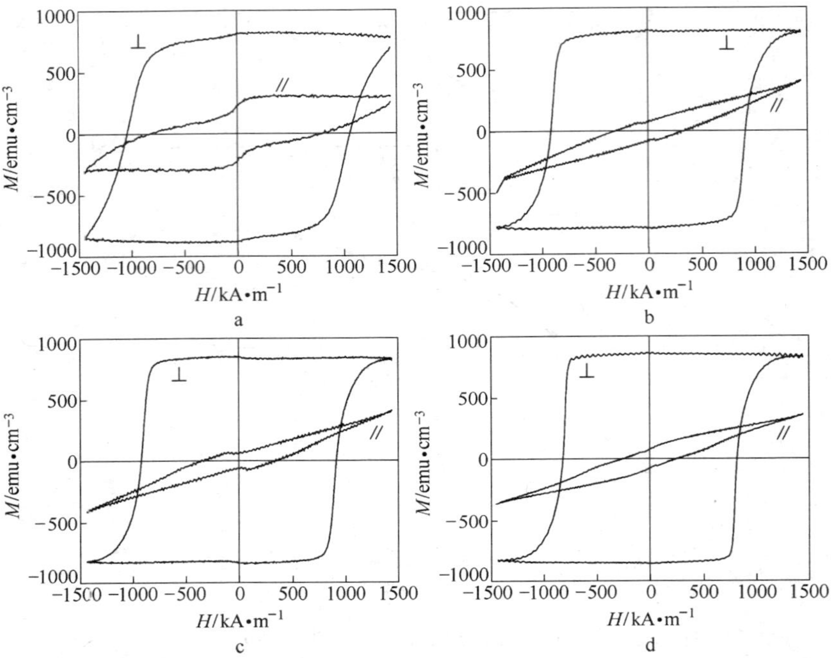

图 6-14　600℃退火 30min 后，[FePt(1nm)/Au(1.5nm)]$_{10}$薄膜的磁滞回线

a—基片温度为室温；b—基片温度为 100℃；c—基片温度为 150℃；d—基片温度为 200℃

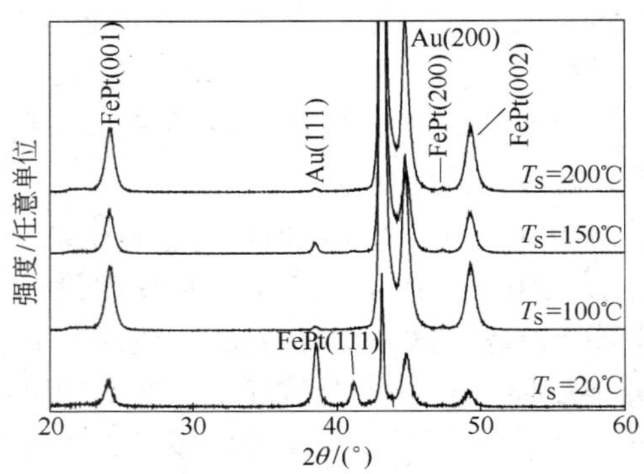

图 6-15　不同基片温度（T_S）时，

[FePt(1nm)/Au(1.5nm)]$_{10}$薄膜的 XRD 图

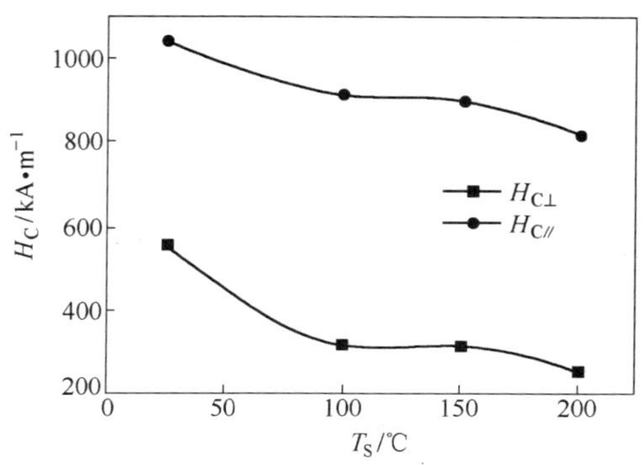

图 6-16 [FePt(1nm)/Au(1.5nm)]$_{10}$薄膜的 H_C 随基片温度 T_S 的变化

6.3.2 $L1_0$-FePt/Au 垂直纳米复合薄膜的有序化温度和磁耦合作用

上面已经介绍：采用 FePt/Au 多层膜结构，可以促进 FePt 薄膜的有序化，那么采用 FePt/Au 多层膜结构能否降低 FePt 薄膜的有序化温度呢？图 6-17 是 FePt(10nm) 和[FePt(1nm)/Au(1.5nm)]$_{10}$多层膜的垂直膜面矫顽力 $H_{C\perp}$ 随退火温度 T 的变化关系，基片温度为 100℃。从图 6-17 中可知，FePt 薄膜只有经过 600℃退火后，其 $H_{C\perp}$ 才能大幅度升高到 294.5kA/m，即纯 FePt 薄膜的有序化温度为 600℃。而 FePt/Au 多层膜在 450℃退火时，其 $H_{C\perp}$ 就可以达到近 160kA/m，呈现明显的硬磁性，所以采用 FePt/Au 多层膜结构，可以将薄膜的有序化温度降低到 450℃，比纯 FePt 薄膜的有序化温度低 150℃。此外，在同等退火条件下，FePt/Au 多层膜的 $H_{C\perp}$ 均明显高于 FePt 薄膜的 $H_{C\perp}$，说明采用 FePt/Au 多层膜结构可以有效地降低 FePt 薄膜的有序化温度，提高薄膜的 H_C。图 6-18 是 500℃退火时 FePt (10nm) 薄膜和 FePt(1nm)/Au(1.5nm) 多层膜的磁滞回线。FePt 薄膜呈现软磁性，其磁易轴方向也不明显。而 FePt/Au 多层膜的 $H_{C\perp}$ 达到 485.6kA/m，剩磁比为 1，开关场分布 S^* 为 0.73，薄膜具有良好的垂直磁各向异性和适中的 H_C，适合应用于垂直磁记录介质中。

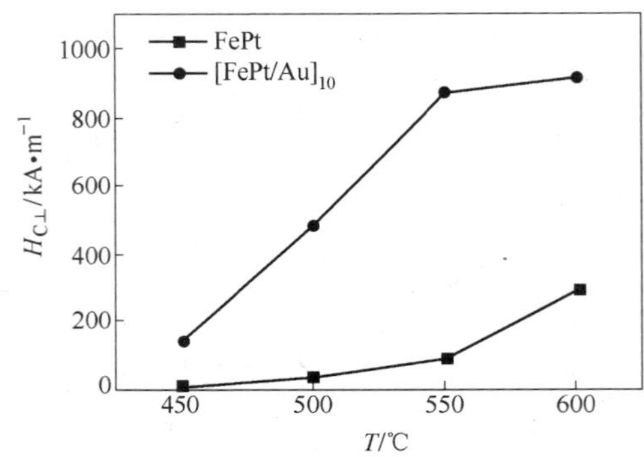

图 6-17 FePt(10nm) 和 [FePt(1nm)/Au(1.5nm)]$_{10}$ 多层膜的 $H_{C\perp}$ 随 T 的变化

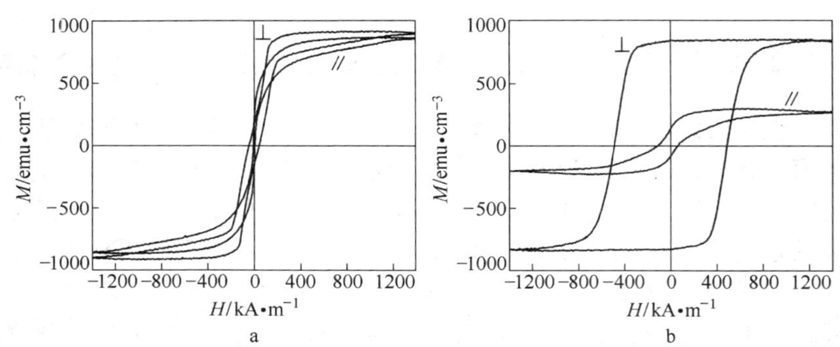

图 6-18 500℃退火时薄膜的磁滞回线

a —FePt（10nm）薄膜；b—[FePt(1nm)/Au(1.5nm)]$_{10}$多层膜

图 6-19 是 [FePt(1nm)/Au(1.5nm)]$_{10}$多层膜在不同温度退火后的 XRD 图谱，基片温度为 100℃。未退火时，XRD 图中出现很强的多层膜周期衍射峰、FePt/Au 超晶格衍射峰以及其卫星峰（S_1 和 S_2），其多层膜周期厚度为 2.4nm，说明薄膜保持良好的多层膜结构。450℃退火时，薄膜的多层膜周期衍射峰、超晶格衍射峰以及卫星峰并没有消失，说明此时薄膜仍然保持完整的多层膜结构。由于 FePt 薄膜厚度越薄，其有序化越困难[86]，所以此时薄膜的有序化并不充分，导致 H_C 相对较低。随着 T 升高，代表多层膜结构的衍射峰消

失，同时出现了较强的FePt（001）和（002）衍射峰，说明多层膜结构消失，形成了良好的（001）取向的$L1_0$-FePt相。此外，FePt（200）和（002）峰逐渐分开，并分别向小角度和大角度方向偏移，说明FePt晶格的a轴增大、c轴收缩，即薄膜的有序化程度升高。

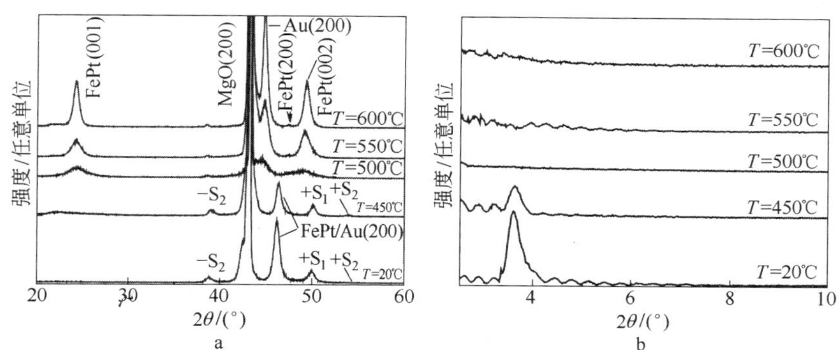

图6-19 [FePt(1nm)/Au(1.5nm)]$_{10}$多层膜在不同温度退火后的XRD图谱
a—大角度衍射部分；b—小角度衍射部分

图6-20是FePt薄膜和FePt/Au多层膜的有序度S随T的变化关系。两种薄膜的S均随着T的升高而增加，说明薄膜的有序化程度随退火温度的升高而增加；然而，FePt/Au多层膜的S均比同温度退火后的FePt薄膜的S值高，这一点再次说明采用FePt/Au多层膜结构可以促进FePt薄膜的有序化。图6-21是利用谢乐公式计算出的FePt平均晶粒尺寸随T的变化。可以发现，两种薄膜的晶粒尺寸均随着T的升高而增加，说明退火温度的升高会促进FePt晶粒的生长；然而FePt/Au多层膜的FePt晶粒尺寸明显小于同温退火的FePt薄膜，说明采用FePt/Au多层膜结构可以有效地抑制FePt晶粒的生长，减小其晶粒尺寸。

磁记录介质薄膜材料的另一个非常重要的参数是FePt颗粒间的磁耦合作用，超高密度磁记录要求垂直磁记录介质具有适当的磁耦合作用，才能使得介质同时具有较高的信噪比和热稳定性。冯春等人利用AGFM测量FePt（10nm）和[FePt(1nm)/Au(1.5nm)]$_{10}$薄膜的Henkel曲线（又叫δM曲线），对两种薄膜的FePt颗粒间磁交换耦合

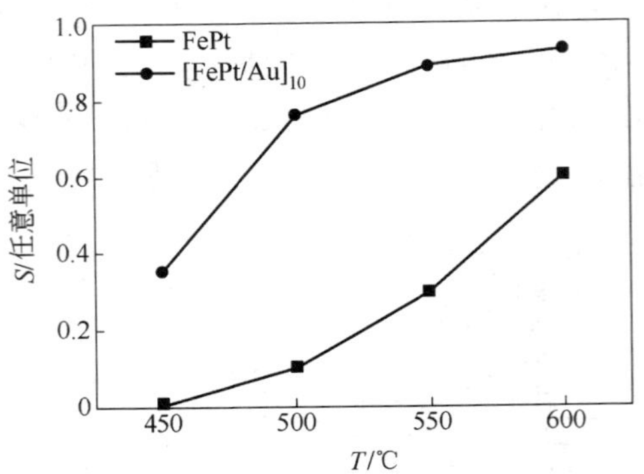

图 6-20 FePt(10nm)薄膜和[FePt(1nm)/Au(1.5nm)]$_{10}$ 多层膜的 S 随 T 的变化

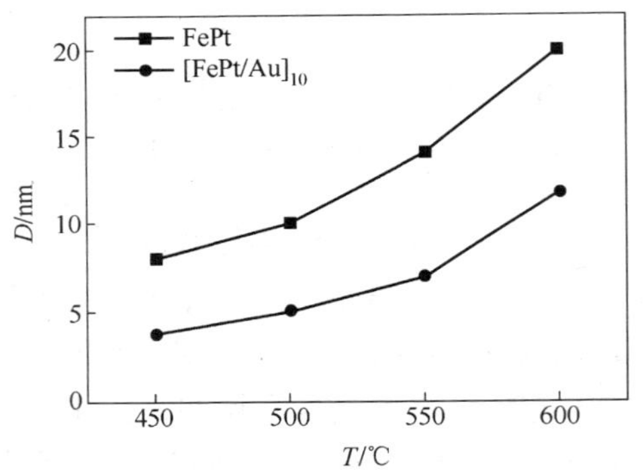

图 6-21 FePt(10nm)和[FePt(1nm)/Au(1.5nm)]$_{10}$ 多层膜的 D 随 T 的变化

作用进行了系统的研究。通过测量两种薄膜的等温剩磁曲线 M_r（H）和直流退磁曲线 M_d（H），由 Henkel 公式计算得到 δM（H）曲线[30]，如图 6-22 所示。根据其形状来判断磁性颗粒间的作用类型和大小：δM 曲线呈现正峰值时，表明磁性颗粒间存在磁耦合作用；δM 曲线无峰值时，表明晶粒间无相互作用；δM 曲线呈现负峰值时，表明晶粒间存在偶极作用。根据峰的相对高度，可以比较样品中磁性颗粒间相互作用的强弱。从图 6-22 中可知，600℃退火后的 FePt 薄膜的 δM 曲线出现一个正值峰，说明 FePt 颗粒间存在较强的磁耦合作用；而 500℃ 和 600℃ 退火后的 FePt/Au 多层膜的 δM 曲线均出现一个负值峰，即磁耦合作用较小，这说明采用 FePt/Au 多层膜结构可以有效地降低 FePt 颗粒间的磁耦合作用，有利于消除由于磁耦合作用带来的记录噪声。

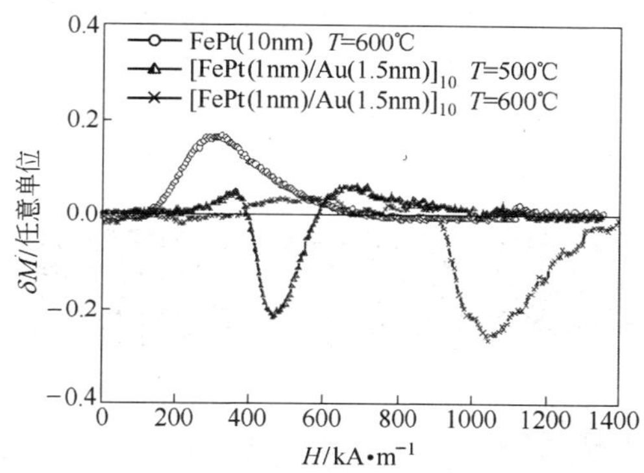

图 6-22 FePt（10nm）和［FePt(1nm)/Au(1.5nm)］$_{10}$ 薄膜的 δM 曲线

6.3.3 $L1_0$-FePt/Au 垂直纳米复合薄膜的微结构和 Au 原子的界面调控作用

采用 FePt/Au 多层膜结构能够改善薄膜的垂直磁各向异性；同时有效地促进薄膜的有序化，从而降低 FePt 薄膜的有序化温度，并大幅度提高其 H_C；此外，这种结构还能降低薄膜中 FePt 晶粒尺寸和 FePt 颗粒间磁耦合作用。为了分析 Au 原子在薄膜中起到的界面调控作用，冯春等人利用高分辨透射电子显微镜（HRTEM）研究了薄膜截面的微结构，图 6-23 是经 600℃ 退火后 FePt（10nm）薄膜的截面高分辨电子显微谱，入射电子束沿 MgO 基片的［100］晶带轴方向。图 6-23a 是薄膜的明场像（BF image），图 6-23b 为局部区域的高分辨像，从图中可以看到 MgO 和 FePt 层形成了良好的晶格外延。选择了其中两个区域（图中用 A 和 B 标记）进行了傅立叶变换研究其外延关系，如图 6-23c 和图 6-23d 所示。可以看出，薄膜中 A 区域存在［010］(010) MgO ‖［010］(010) FePt 的晶格外延关系，$L1_0$-FePt 相的

(001) 面垂直于膜面；而 B 区域则存在［001］(100) MgO ‖［001］(100) FePt 的晶格外延关系，$L1_0$-FePt 相的（001）面平行于膜面。因为在薄膜中存在这两种不同的晶格外延关系，使得 FePt 层中同时存在（001）和（100）两种取向的 FePt 晶粒；而 FePt 晶粒的易磁化轴为其 *c* 轴方向，即（001）面的法线方向，所以薄膜中晶粒的易磁化轴方向部分沿垂直膜面方向，部分沿平行膜面方向，即分布不一致，从而导致薄膜的垂直磁各向异性较差，这与前面介绍的磁性结果一致。

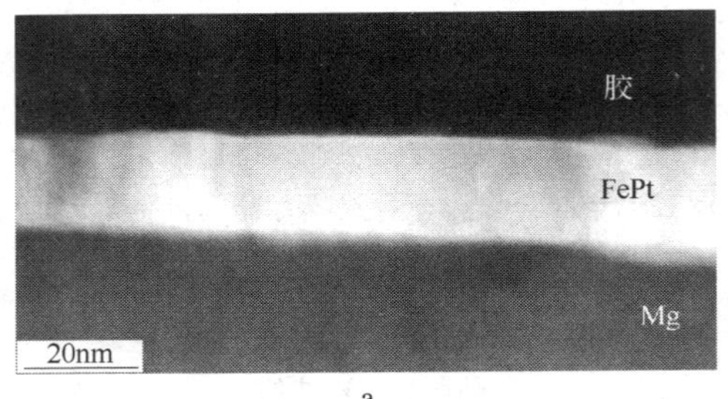

a

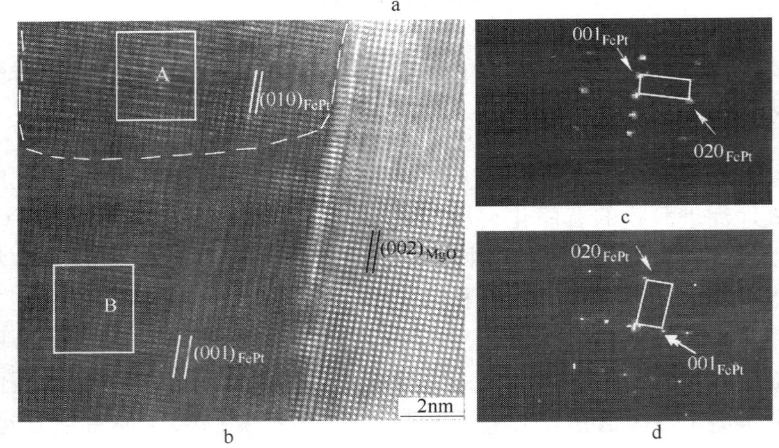

b c d

图 6-23 600℃退火后 FePt（10nm）薄膜的高分辨电子显微谱

a—明场像；b—局部高分辨像；c，d—A 区域和 B 区域对应的傅立叶变换谱

图 6-24 为［FePt(1nm)/Au(1.5nm)］$_{10}$薄膜的截面高分辨电子显微谱，入射电子束沿 MgO 基片的［100］晶带轴方向。图 6-24a 是明

场像；图 6-24b 为高角环形暗场像（HAADF image），其中较为浅色的区域代表原子序数较大的元素，如 Au 和 Pt。图 6-24c 和图 6-24d 分别是局部高分辨像和选区电子衍射谱，从这两张图中均可以看出：薄膜中形成了良好的［001］(100) MgO ‖［001］(100) FePt ‖［001］(100) Au 的晶格外延关系，导致 FePt 晶粒的易磁化轴一致地沿垂直于膜面排列，即薄膜具有良好的垂直磁各向异性。这是由于 MgO 晶格（a = 0.4212nm）与 FePt 晶格（a = 0.3852nm）的错配度较大（约为 9.3%），导致在 MgO 基片上直接沉积较厚的 FePt 薄膜，难以形成一致的垂直外延生长。然而，Au 晶格的大小（a = 0.4078nm）介于 MgO 和 FePt 晶格之间，与 FePt 晶格的错配度较小（约为

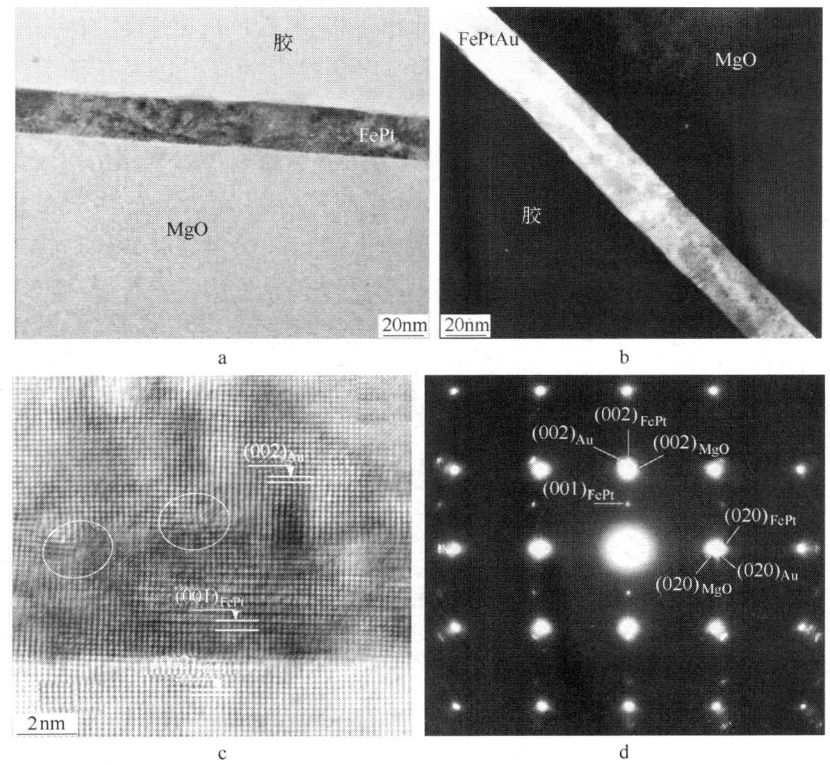

图 6-24　600℃退火后，[FePt(1nm)/Au(1.5nm)]$_{10}$薄膜的高分辨电子显微谱

a—明场像；b—HAADF 像；c—局部高分辨像；d—选区电子衍射谱

5.8%），因此与较厚的纯 FePt 薄膜相比，利用较薄的 FePt 和 Au 层组成的 FePt/Au 多层膜可以有效地缓解 FePt 层的晶格错配，使得薄膜可以更好地实现晶格的垂直外延生长，从而导致 FePt/Au 多层膜的垂直磁各向异性明显优于 FePt 薄膜。

从图 6-24c 中还可以观察到：FePt 和 Au 相的界面处存在一些缺陷和应力集中区（图中圆圈标注），这说明采用 FePt/Au 多层膜结构，为体系增加了 FePt/Au 界面能以及由于 FePt 晶格和 Au 晶格的错配造成的应变能，这为 FePt 薄膜的有序化提供了额外的驱动力[21,22]；同时，由于 Au 元素的表面能较低，在薄膜中易发生扩散，在其扩散过程中给薄膜产生了部分缺陷，这些缺陷有利于 Fe、Pt 原子的有序化运动，这两者共同作用促进了 FePt 薄膜的有序化，有序度 S 升高，从而导致了薄膜的有序化温度的降低以及矫顽力的明显升高[31]。

由于 FePt 和 Au 的晶格参数存在着差异，所以可以利用衍射斑点的傅立叶变换得到薄膜中 FePt 和 Au 相的分布情况。图 6-25 是分别对 FePt 和 Au 沿［001］方向的衍射斑点进行一维傅立叶变换后得到

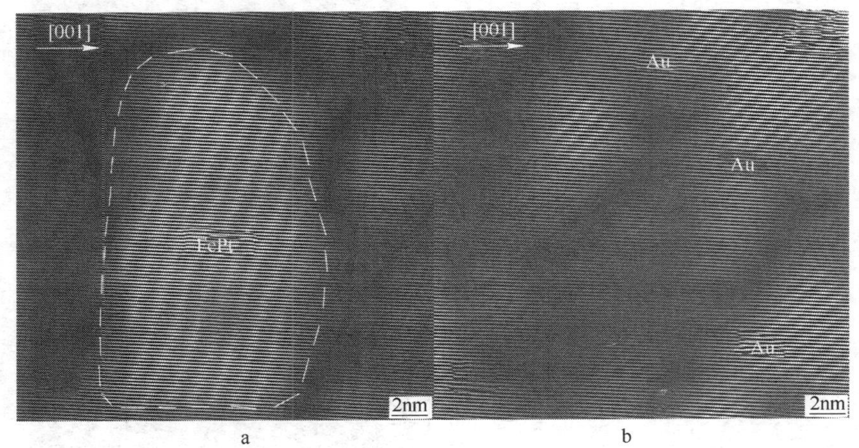

图 6-25 ［FePt(1nm)/Au(1.5nm)］$_{10}$薄膜中，FePt 和 Au 沿［001］方向的衍射斑点的一维傅立叶变换图

a—FePt 相；b—Au 相

的图像。由于 FePt 和 Au 晶格参数相差较小以及光阑的尺寸效应，使得难以完全区分 FePt 和 Au 的衍射斑点，从而导致 FePt 和 Au 相之间存在部分重叠区域，但是我们仍然可以得到相分布的信息。从两张图的对比可知，部分 Au 分布在具有（001）取向的 FePt 相的边界处，局部形成了 Au 隔离 FePt 相的结构。这说明部分 Au 原子在退火过程中会扩散到 FePt 相的边界处，一方面可以起到抑制 FePt 晶粒长大、细化晶粒的作用[32]，减小了 FePt 晶粒尺寸；另一方面也起到了隔离 FePt 颗粒的作用，从而降低了薄膜的磁耦合作用[28,29]。

6.3.4 $L1_0$-FePt/Au 垂直纳米复合薄膜的微磁模拟研究

上面主要介绍了 FePt/Au 纳米垂直复合薄膜中 Au 原子的界面调控作用，而对于磁性纳米复合薄膜材料的磁化反转机理和微磁模拟学研究工作（包括磁化反转行为、薄膜内的应力以及磁相互作用等）将有助于进一步认识复合薄膜材料中的微观作用机理，并通过调控微观结构来进一步改善材料的综合性能，具有十分重要的研究意义，因此本节主要针对综合性能良好的 FePt/Au 纳米复合材料，通过微磁模拟计算和高分辨透射电子显微镜的微结构表征，介绍其磁化反转行为、内应力以及磁相互作用等[13]。

在 6.3.2 节中，基片温度为 100℃ 时，[FePt(1nm)/Au(1.5nm)]$_{10}$薄膜在 500℃退火时可以形成有序度较高的 $L1_0$-FePt 相；同时薄膜具有良好的垂直磁各向异性，其 H_C 值达到 485.6kA/m，剩磁比为 1，S^* 为 0.73；此外，薄膜还具有较小的 FePt 晶粒尺寸（约 5nm）和 FePt 颗粒间磁交换耦合作用，这种综合性能非常好的 FePt 纳米复合薄膜适合应用于超高密度垂直磁记录介质中。针对这种薄膜，冯春等人对其磁化反转机制或矫顽力的形成机理进行了研究[13]。图 6-26a 是 500℃退火时 FePt/Au 多层膜从退磁状态逐渐施加不同大小外磁场时的连续磁滞回线（Recoin loops），每条曲线都是在退磁状态下，施加不同大小的外磁场磁化后测量到的曲线；图 6-26b 是上述各磁滞回线的 H_C 值随外磁场 H 的变化关系。磁化曲线在 H 小于 80kA/m 的低场下基本为可逆直线，H_C 很小；在 H 大于 160kA/m 时变为不可逆曲线，H_C 迅速升高，这正是畴壁钉扎型薄膜的典型特征，其矫顽力取决于钉扎场大小。在 6.3.3 节中已经介绍过：FePt/Au 多层膜中，Au 原子易于扩散到 FePt 颗粒的边界处，起到抑制 FePt 颗粒长大和减小 FePt 颗粒间磁耦合作用的目的，而这些处于边界处的 Au 原子很可能成为反磁化过程中 FePt 畴壁移动的钉扎中心，阻碍 FePt 磁畴的运动，导致 H_C 升高。

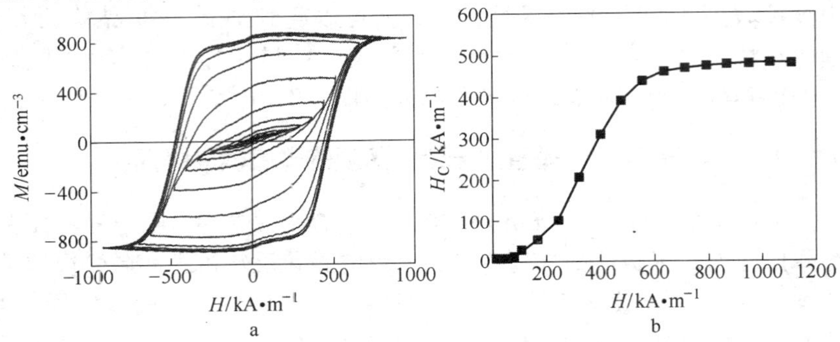

图 6-26 500℃退火时的 [FePt(1nm)/Au(1.5nm)]$_{10}$ 薄膜的小磁滞回线（a）和对应的 H_C 随外磁场 H 的变化关系（b）

冯春等人通过建立几何模型，利用微磁学计算模拟磁滞回线，定量地研究了 [FePt(1nm)/Au(1.5nm)]$_{10}$ 薄膜中的应力类型和大小、晶粒内和晶粒间的磁耦合作用等。在建立三维的几何模型时，考虑到 FePt 相的交换相互作用长度为 1 ~ 5nm[33]，因此选择大小为 2.5nm × 5nm × 2.5nm 的格子作为模拟单元，模拟的体积为 64 × 2 × 32 个四方格子。在此基础上，在每一层格子上撒下呈三角点阵排列的晶粒形核中心，之后形核中心无规则行走、晶粒长大，从而得到单层柱状颗粒的 FePt 薄膜，如图 6-27a 所示。$L1_0$-FePt 晶粒的磁晶各向异性能密度由式 6-1 表示[34]：

$$E_T^i = -K_{u1}^i(\hat{\boldsymbol{m}}_i \cdot \hat{\boldsymbol{C}}_i)^2 + K_{u2}^i[1-(\hat{\boldsymbol{m}}_i \cdot \hat{\boldsymbol{C}}_i)^2]^2 + K_c^i(\hat{\boldsymbol{m}}_i \cdot \hat{\boldsymbol{A}}_i)^2(\hat{\boldsymbol{m}}_i \cdot \hat{\boldsymbol{B}}_i)^2 \tag{6-1}$$

式中，$\hat{\boldsymbol{A}}_i$、$\hat{\boldsymbol{B}}_i$、$\hat{\boldsymbol{C}}_i$ 是四方点阵晶胞三个基轴方向基矢；$\hat{\boldsymbol{m}}_i = \boldsymbol{M}/M_s$，是第 i 个格子归一化的磁矩；基矢 $\hat{\boldsymbol{C}}_i$ 的分布满足 $f(\theta) = \exp(-\alpha\sin^2\theta)$[35]；各向异性常数 K_{u1}^i、K_{u2}^i、K_c^i 的分布满足 $p(K^i) = C\exp[-(\ln K^i)^2/\beta^2]\exp(-K^i)^2$。

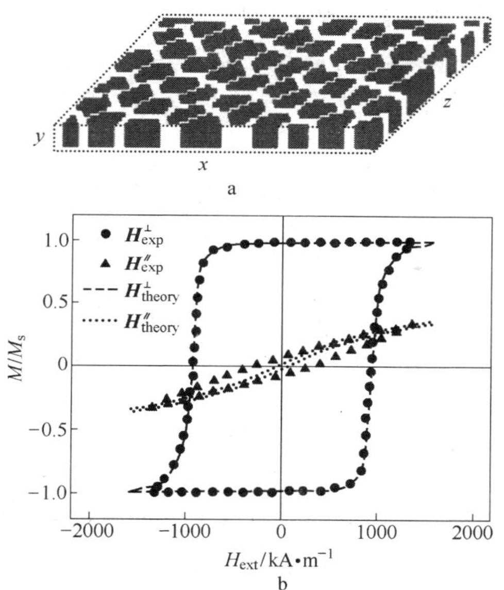

图6-27 模拟的3D微结构图（a）和模拟的磁滞回线（$H^{\perp}_{theory}$和$H^{/\!/}_{theory}$表示垂直和平行膜面的曲线）以及实验测得的磁滞回线（$H^{\perp}_{exp}$和$H^{/\!/}_{exp}$表示垂直和平行膜面的曲线）（b）

由于薄膜中存在着由于Au和FePt晶格错配而产生的应变，因此在能量项中还必须考虑磁致伸缩能密度，由式6-2表示[34]：

$$E_{m-el} = -\boldsymbol{a}_{iklm}\boldsymbol{\sigma}_{ik}\hat{\boldsymbol{m}}_l\hat{\boldsymbol{m}}_m \tag{6-2}$$

式中，$\boldsymbol{a}_{iklm}$是无量纲的四阶张量；$\boldsymbol{\sigma}_{ik}$是拉应力张量。在本模型中，应力假设加在薄膜平面内的X方向，因此，第i个格子的磁致伸缩能由式6-3表示：

$$E^i_{m-el} = -a\boldsymbol{\sigma}_{xx}(\hat{\boldsymbol{m}}^i_x)^2 = -\lambda\boldsymbol{\sigma}_{xx}(\hat{\boldsymbol{m}}^i_x)^2 \tag{6-3}$$

式中，λ是磁致伸缩常数；$\boldsymbol{\sigma}_{xx}$是应力常数，$\boldsymbol{\sigma}_{xx}$的影响因素主要包括：薄膜和基片的热膨胀系数差异、薄膜结构（晶格不匹配引起的应力）、薄膜的制备工艺等。

因此，本研究中，薄膜中总的能量密度由式6-4表示：

$$E^i_{total} = E^i_{ext} + E^i_{T} + E^i_{sk} + E^i_{ex} + E^i_{m} + E^i_{m-el} \tag{6-4}$$

式中，E^i_{ext}、E^i_{sk}、E^i_{ex}和 E^i_m 分别为塞曼能密度、形状各向异性能密度、交换相互作用能密度和静磁相互作用能密度。相应地，每个四方格子的有效场包括如下六项：外磁场、磁晶各向异性场、形状各向异性场、交换相互作用场、退磁场和磁致伸缩场，有效场的计算如式 6-5 所示[34]：

$$\boldsymbol{H}^i_{eff} = \boldsymbol{H}^i_{ext} + \boldsymbol{H}^i_{T} + H_{sk}(\hat{\boldsymbol{y}} \cdot \hat{\boldsymbol{m}}_i)\hat{\boldsymbol{y}} + H^{ij}_{ex}\sum_j(\hat{\boldsymbol{m}}_j - \hat{\boldsymbol{m}}_i) + 4\pi M_s \sum_j N_{ij} \cdot \hat{\boldsymbol{m}}_i + \boldsymbol{H}^i_{m-el} \tag{6-5}$$

式中，H^{ij}_{ex}有两个值：$H^1_{ex} = 2A^*_1/(M_s a^2_L)$是磁性晶粒内的交换相互作用场，$H^2_{ex} = 2A^*_2/(M_s a^2_L)$是磁性晶粒间的交换相互作用场（$a_L$ 是格子中心间距）。

利用快速傅立叶变换计算退磁场，磁滞回线的模拟计算基于 Landau- Lifshitz- Gilbert 方程，模拟过程中用到的几何和磁性能的主要参数如表 6-1 所示，其中薄膜的厚度 δ 和饱和磁化强度 M_s 的数值均来源于真实的实验数据，平均晶粒尺寸 D_{grain}是利用 XRD 图谱和谢乐公式计算得到的。图 6-27b 为模拟后的磁滞回线（用 $H^{\perp}_{theory}$和 $H^{/\!/}_{theory}$分别表示垂直膜面和平行膜面的曲线）以及实验测得的磁滞回线（用 $H^{\perp}_{exp}$和 $H^{/\!/}_{exp}$分别表示垂直膜面和平行膜面的曲线），由图中可知：实验得到的垂直于膜面曲线与拟合的曲线十分吻合，其中一个主要原因是：能量项中考虑了因 FePt 和 Au 晶格错配而产生的磁致伸缩能。由于 Au 的晶格（a = 0.424nm）比 $L1_0$- FePt 晶格（a = 0.385nm，c = 0.371nm）稍大，因此在 Au（200）面上外延生长的 FePt（001）面的晶格会受到 Au 格子的拉伸，从而在 FePt 层中产生剩余拉应力 σ。根据模拟结果，其应力 σ 值约为 1.8GPa。实际上，薄膜内的应力值也可以根据测量的 XRD 图定量地计算出来，由式 6-6 计算：

$$\sigma = Y\varepsilon \tag{6-6}$$

式中，Y 为 FePt 薄膜的杨氏模量（约为 180GPa）；$\varepsilon = (a - a_0)/a_0$为 $L1_0$- FePt 晶格的弹性应变，a_0 和 a 分别是退火前后的 FePt 晶格的 a 轴晶格常数。根据实验中测得的 XRD 图可以计算得到，退火前（fcc- FePt 相）的晶格常数 a_0 = 0.384nm；退火后（$L1_0$- FePt 相）的晶格常数 a = 0.388nm。根据式 6-6，可估算出薄膜内的剩余应力为

1.87GPa，与模拟计算得到的结果（$\sigma_{xx}=1.8$GPa）基本吻合。这一结果也充分说明薄膜中应变能的存在，而这个应变能是 FePt/Au 复合薄膜的有序化的驱动力之一。

表 6-1 模拟过程中的几何和磁性能主要参数

D_{grain}/nm	δ/nm	M_s/emu · cm^{-3}	K_c/Memu · cm^{-3}	H_k^a/kA · m^{-1}
11.7	10	860	1.9	2880.0
α_θ	β	σ_{xx}/GPa	A_1^*/erg · cm^{-1}	A_2^*/erg · cm^{-1}
6	0.4	1.8	1.161×10^{-6}	0.484×10^{-6}

注：D_{grain} 为磁性晶粒的平均晶粒尺寸；δ 为磁介质的厚度；M_s 为饱和磁化强度；H_k^a 为平均单轴磁晶各向异性场；α_θ 为各向异性场取向的分布常数；β 为各向异性场大小的分布常数；K_c 为 xz 面内立方磁晶各向异性常数；σ_{xx} 为 FePt 相 a 轴方向的内禀应力；A_1^* 为晶粒内格子间的交换相互作用场常数；A_2^* 为相邻晶粒间的交换相互作用场常数。

另外，当施加不同外磁场（H_{ext}）时，可以对 [FePt(1nm)/Au(1.5nm)]$_{10}$的 x-z 平面的磁畴结构进行模拟，其结果如图 6-28 所示。在磁场达到正向饱和或剩磁状态（磁场方向垂直膜面向上），薄膜内所有的磁畴都一致地沿着垂直膜面向上排列（图 6-28a 和 6-28b）；大部分磁畴仍然沿着垂直膜面向上排列直至反向磁场 H_{ext} 达到 716kA/m（图 6-28c）；只有当外加反向磁场达到 860kA/m 时，一些局部地区的磁畴才开始反转（图 6-28d）；随着外加反向磁场达到 1003kA/m 时，反向磁畴扩展到其他区域，并且大部分磁畴反转过来（图 6-28e）；最后，外加反向磁场达到 1576kA/m 时，所有的磁畴都被反转过来，并沿着垂直膜面向下排列（图 6-28f）。这正是畴壁钉扎型薄膜的磁化反转典型特征，与图 6-26 中的小磁滞回线的结果一致。

此外，通过模拟结果可以对晶粒内和晶粒间的磁耦合作用进行定量的衡量：晶粒内的磁相互作用场 H_{ex}^1 为 1719kA/m，其作用常数 A_1^*（1.161×10^{-6}erg/cm）较大，说明晶粒内的交换相互作用场很强，这是有利于晶粒内磁矩在外场作用下的一致翻转（如图 6-28 所示），因此是有利于提高磁记录介质的信噪比。然而，晶粒间的磁相互作用

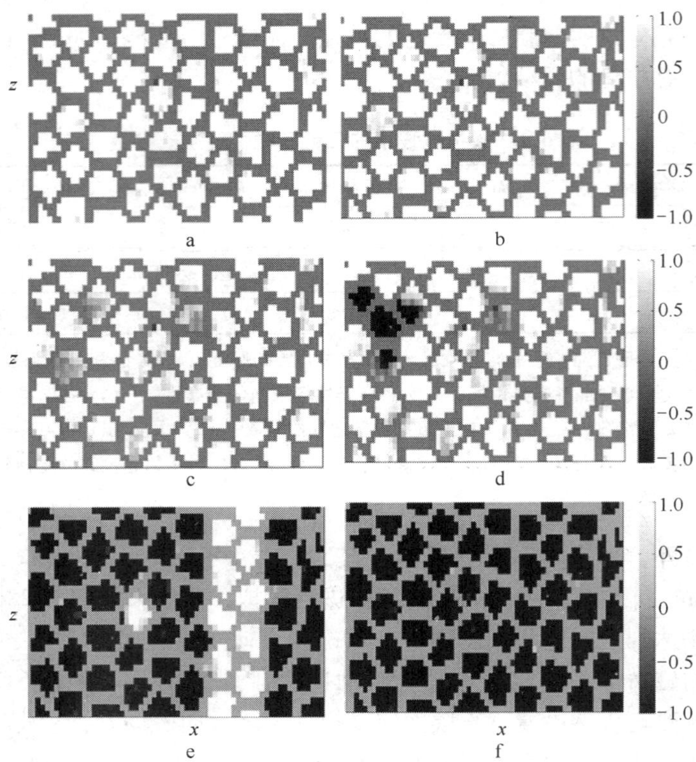

图 6-28 施加不同外磁场（H_{ext}）时，[FePt(1nm)/Au(1.5nm)]$_{10}$ 的 x-z 平面的磁畴结构

a—H_{ext} = 1576kA/m，$\hat{\boldsymbol{m}}_y$ = 0.991；b—H_{ext} = 0kA/m，$\hat{\boldsymbol{m}}_y$ = 0.981；
c—H_{ext} = −716kA/m，$\hat{\boldsymbol{m}}_y$ = 0.936；d—H_{ext} = −860kA/m，$\hat{\boldsymbol{m}}_y$ = 0.816；
e—H_{ext} = −1003kA/m，$\hat{\boldsymbol{m}}_y$ = −0.584；f—H_{ext} = −1576kA/m，
$\hat{\boldsymbol{m}}_y$ = −0.990（$\hat{\boldsymbol{m}}_y$ 是沿垂直膜面的归一化磁化强度矢量）

场 H_{ex}^2 为 717kA/m，其作用常数 A_2^* 值达到 0.484×10^{-6}erg/cm，而应用于硬盘磁介质的 A_2^* 值应小于 0.1×10^{-6}erg/cm，说明晶粒间的交换相互作用也较强，所以目前制备的 FePt/Au 多层膜还需要进一步优化工艺条件来达到磁记录介质工业生产的要求。另外，实验得到的磁场平行于膜面的曲线与拟合结果偏离较大。造成以上两个模拟结果的

主要原因是：模拟的 FePt 薄膜为理想的颗粒膜结构（图 6-27a），即 FePt 晶粒被非磁相 Au 原子完全隔开；而实际制备的薄膜中并不是完整的颗粒膜结构，部分区域仍然存在 FePt 晶粒连通的结构，造成模拟的结果与实际结果偏差。

冯春等人利用透射显微镜研究了 600℃ 退火不同时间后的 [FePt(1nm)/Au(1.5nm)]$_{10}$ 薄膜的截面微结构，以观察多层膜结构的存在形式以及层间原子扩散，并证实了上述结论。图 6-29a 是薄膜在 600℃ 退火 30min 的高分辨像，入射电子束沿 MgO 基片的 [100] 晶

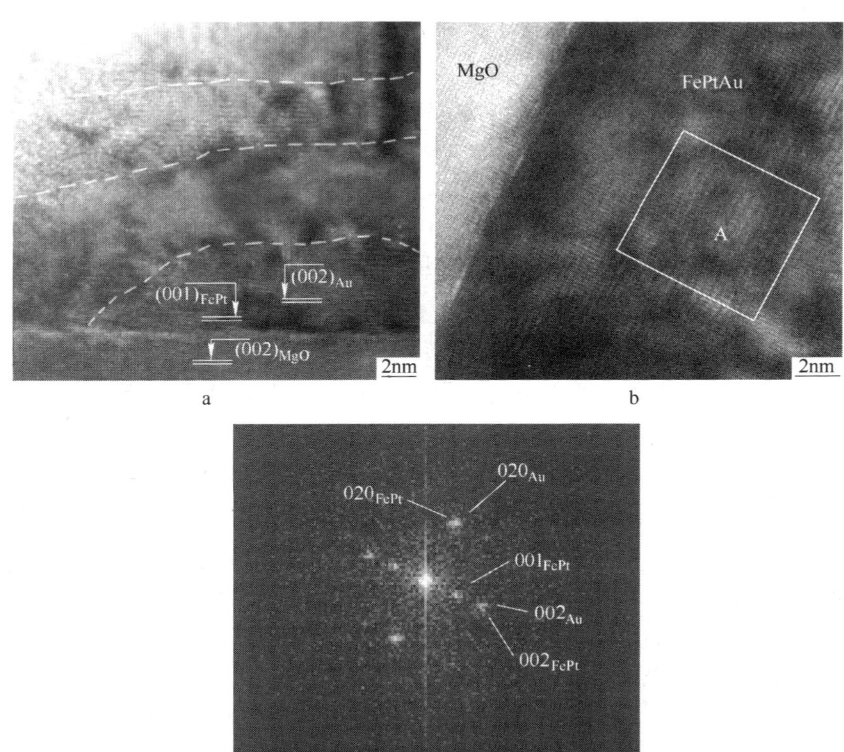

图 6-29 600℃ 退火不同时间后，[FePt(1nm)/Au(1.5nm)]$_{10}$ 薄膜的高分辨电子显微谱

a—退火 30min；b—退火 60min；c—A 区域的傅立叶变换谱

带轴方向。贯穿薄膜方向形成了良好的晶格外延关系：[001]（100）MgO ‖ [001]（100）FePt ‖ [001]（100）Au，导致 $L1_0$-FePt 晶格的易磁化轴一致地沿垂直于膜面排列，这正是薄膜具有良好的垂直磁各向异性的原因。此外，从图中可以观察薄膜的层状结构特征：不规则的 4 层结构（图中用白色线粗略地区分），这说明在退火过程中 Au 原子和 FePt 原子发生了互扩散，Au 原子会沿着具有（001）取向的 FePt 相的边界处扩散，这导致局部形成 Au 隔离 FePt 相的结构，因而局部地区的磁耦合作用较小。但是，由于退火时间较短，造成层间的原子扩散不完全，薄膜还具有不完整的层状结构，导致薄膜内还存在 FePt 晶粒连通的区域，这是导致模拟结果中晶粒间磁耦合作用还较大的主要原因。图 6-29b 和图 6-29c 为 600℃退火 60min 的高分辨像以及 A 区域对应的傅立叶变换谱。从图中可知，由于退火时间的延长，Au 原子更加充分地扩散到 FePt 层中，使得多层膜结构消失。此时，部分 Au 原子仍然分布在 FePt 相的边界处，起到隔离 FePt 颗粒的作用，从而使得薄膜仍然具有较小的磁耦合作用，如图 6-30a 所示。另外，从图 6-29c 中可以发现：$L1_0$-FePt 相的 c 轴垂直于膜面，即薄膜仍然具有良好的垂直磁各向异性，薄膜的磁滞回线如图 6-30b 所示。所以，退火时间的适当增加有利于层状结构的消失以及磁性能的进一步改善。

根据以上实验和模拟结果，可知：非磁性 Au 原子的扩散会对 FePt/Au 纳米复合薄膜的矫顽力、应力以及晶粒间磁耦合作用大小产生重要的影响，因此可以通过控制 Au 原子的扩散（如控制退火温度和时间等因素）来进一步调控薄膜的矫顽力、应力以及晶粒间磁耦合作用大小，以达到磁记录介质工业生产的要求。

总结本节内容：

（1）在 MgO（001）单晶基片上交替沉积较薄的 FePt 层和表面能较低的 Au 层，通过 Au 原子对薄膜微结构的调控作用，制备出具有优良的磁性能和垂直磁各向异性、晶粒尺寸小且无颗粒间磁耦合作用的 $L1_0$-FePt 薄膜；

（2）薄膜的磁化反转过程中畴壁钉扎机制起到主要的作用；

（3）薄膜内存在拉应力，其大小约为 1.8GPa；

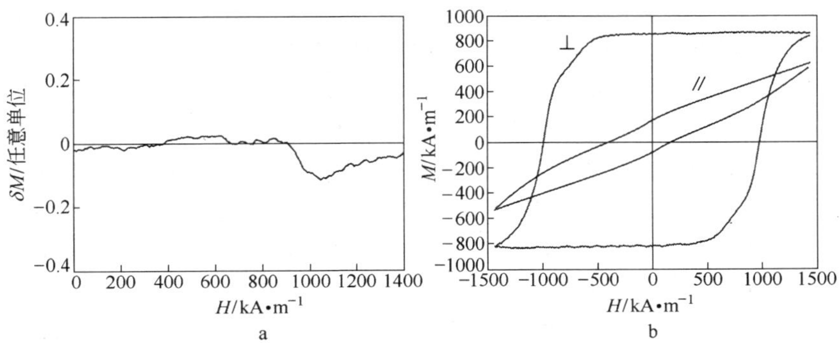

图 6-30 [FePt(1nm)/Au(1.5nm)]$_{10}$薄膜在600℃退火 60min 后的磁性能曲线

a—δM 曲线；b—磁滞回线

(4) 晶粒内交换相互作用场很强，这有利于 FePt 晶粒内磁矩在外场作用下的一致翻转；

(5) 通过控制 Au 原子的扩散可以进一步调控薄膜的磁性能、应力大小以及晶粒间的磁耦合作用大小，以达到磁记录介质工业生产的要求。

6.4 垂直磁各向异性的 $L1_0$-FePt/Ag 纳米复合颗粒膜的设计、合成与表征

直接溅射或退火后的 FePt 薄膜通常具有较强的磁耦合作用，会导致较大的记录噪声和磁激活体积，不利于实现超高密度的磁记录。国际上很多研究者利用非磁性的金属或氧化物如 Al_2O_3[36]、BN[37]、C[38]等为母体制备 FePt 纳米颗粒膜，可以降低或消除 FePt 颗粒间的磁耦合作用，但是由于这些基体材料与 FePt 不具有适合的晶格匹配关系，所以这些颗粒膜又很难实现垂直磁各向异性。因此，找到一种能够与 FePt 晶格匹配且能够引导 FePt 垂直膜面生长的基体，并利用这种基体制备出具有垂直磁各向异性的 $L1_0$-FePt 纳米颗粒膜是近几年来研究的一个热点问题。

在 6.1 节中已经介绍过，采用 MgO（001）单晶基片，有利于

FePt 有序化过程中形成共格外延生长，可以控制 FePt 有序结构的［001］晶轴垂直于膜面。因此，通常在加热的 MgO（001）单晶基片上，外延生长出具有垂直磁各向异性的 Fe/Pt 多层膜或超薄 FePt 薄膜，但往往需要很高的基片温度[39]。在 6.3 节中已经介绍：冯春等人通过 Au 原子的界面调控作用对薄膜的微结构进行改善，在 MgO 单晶基片上合成出具有优良的磁性能、垂直磁各向异性、晶粒尺寸小且无颗粒间磁耦合作用的 $L1_0$-FePt/Au 纳米复合薄膜。然而，Au 晶格（a=0.4078nm）与 FePt 晶格的错配度约为 5.9%，而 Ag 晶格也具有面心立方结构，晶格常数为 a=0.4067nm，Ag 与 FePt 的晶格错配度（约 5.5%）比 Au 与 FePt 的晶格错配更小。因此，与 FePt/Au 多层膜相比，利用 Ag 层与 FePt 组成的 FePt/Ag 多层膜可以更好地实现晶格的垂直外延生长。杨涛等人[11]采用脉冲激光沉积方法，在室温 MgO（001）单晶基片上制备的 FePt/Ag 多层膜，经 630℃ 真空热处理得到垂直取向很好的纳米复合薄膜，但薄膜的矫顽力比较低。本节主要介绍如何利用磁控溅射方法，在加热的 MgO（001）单晶基片上制备的 $L1_0$-FePt/Ag 纳米颗粒膜。

李宝河等人[15,16]利用磁控溅射方法，在基片温度为 100～250℃ 的 MgO（100）单晶基片上交替沉积 FePt 和 Ag 层，制备了 $[Fe_{52}Pt_{48}/Ag]_n$ 多层膜；再经过真空热处理（真空度优于 5×10^{-5}Pa，退火温度为 350～600℃，退火时间为 15～20min），获得了高矫顽力、垂直取向和无磁耦合作用的 FePt-Ag 纳米颗粒薄膜。通过一系列微结构的表征工作，如利用 XRD 分析样品的晶体结构、利用 AGFM 测量样品的磁性能（包括磁滞回线、δM 曲线等）、利用 HRTEM 观察薄膜的截面微结构（包括晶格匹配、成相和颗粒分布等），剖析了 Ag 原子的界面调控作用机理。

6.4.1 $L1_0$-FePt/Ag 纳米复合薄膜的垂直磁各向异性和晶体结构

图 6-31 是在室温下的 MgO 基片上，溅射沉积的 $[Fe_{52}Pt_{48}(2nm)/Ag(d nm)]_{10}$（$d$=0，3，9）多层膜，经 600℃ 热处理 15min 后的 XRD 谱。所有样品的 XRD 谱都出现了 FePt 的（001）、（110）、（111）、（200）、（002）等衍射峰，说明经 600℃ 热处理

15min 后这些样品均由无序面心立方结构转变为面心四方 $L1_0$-FePt 有序相。由于仍存在较强的（110）、（111）和（200）衍射峰，因此 FePt 薄膜并没有形成良好的（001）织构。另外，XRD 谱中同时出现了强度较高的 Ag（111）衍射峰；小角衍射峰消失，说明多层膜结构消失，退火热处理后形成了 $L1_0$-FePt 有序相与 Ag 相共存的复合薄膜。

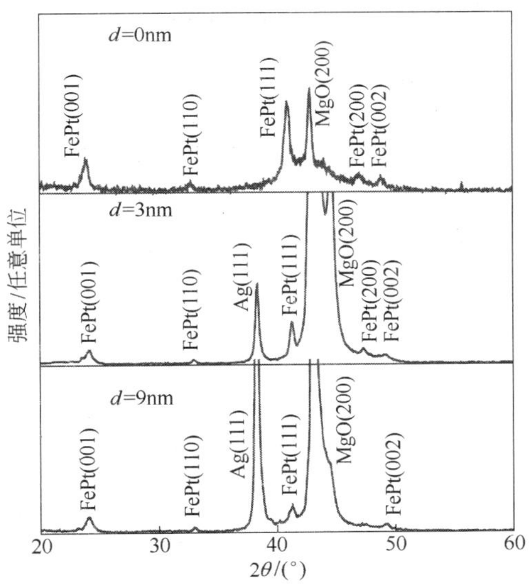

图 6-31 室温下沉积的 $[Fe_{52}Pt_{48}(2nm)/Ag(d nm)]_{10}$（$d=0$，3，9）多层膜的 XRD 谱

图 6-32 是基片温度为 100℃，$[FePt(2nm)/Ag(d nm)]_{10}$（$d=0$，3，5，7，9）多层膜经 600℃ 热处理 15min 后的 XRD 谱。除了无 Ag 层的 FePt 单层膜外，所有样品的 XRD 谱中都仅仅出现了 FePt（001）、FePt（002）衍射峰；而上述在室温基片上溅射的薄膜中出现的 FePt（110）、FePt（111）和 FePt（200）衍射峰均消失了，所有样品均形成了非常好的（001）择优取向。这表明加热 MgO 基片有利于 FePt 和 Ag 沿着 MgO 晶格的外延生长。然而，在同样的制备条件下溅射的 FePt（20nm）单层膜的 XRD 谱中仍然存在较强的 FePt

(200) 衍射峰，即没有获得严格的［001］择优取向。因此，Ag 层在 FePt 外延生长过程中起到了关键性的作用。

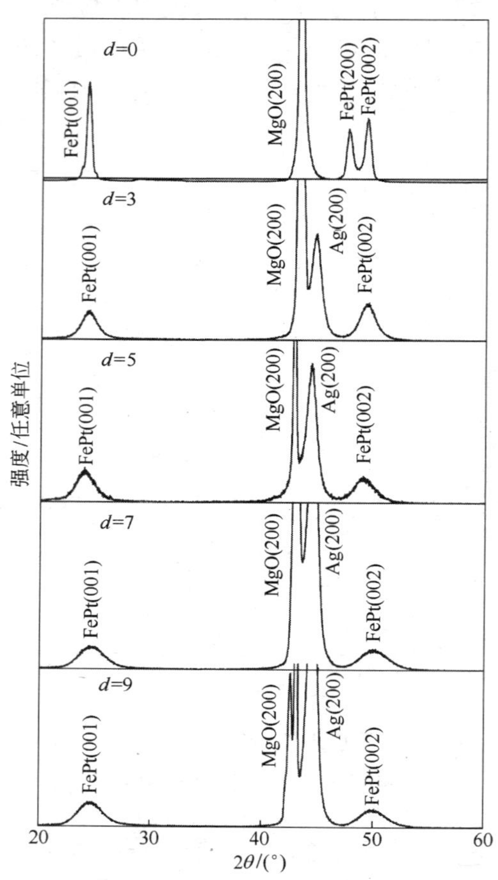

图 6-32 ［FePt(2nm)/Ag(*d*nm)］$_{10}$（$d=0，3，5，7，9$）多层膜的 XRD 谱（基片温度为 100℃）

实际上，FePt 无序相为面心立方结构（fcc），其晶格常数 $a=0.382$nm。$L1_0$-FePt 有序相为面心四方结构（fct），其晶格常数为 $a=0.385$nm，$c=0.371$nm。MgO 属面心立方系，晶格常数为 $a=0.4212$nm。Ag 为面心立方结构，晶格常数为 $a=0.4067$nm。Ag 与

MgO 的（100）面的晶格错配度只有 3.3%。在 FePt 的 fcc-fct 相变过程中，Ag 作为过渡层降低了 FePt（001）面与单晶基片 MgO（001）面的晶格错配度，有利于 FePt 的（001）面沿 Ag（001）面外延生长，从而使 FePt 的 c 轴沿垂直膜面方向生长，形成很好的（001）织构或垂直磁各向异性。

图 6-33 是在 250℃ 和室温下沉积的 $[FePt(2nm)/Ag(9nm)]_{10}$ 多层膜的磁滞回线，退火条件为 600℃ 热处理 15min。虚线表示外磁场沿平行膜面方向的曲线，实线表示外磁场方向沿垂直膜面方向的曲线。可以看出，在加热的基片上溅射的样品，垂直膜面方向的曲线的剩磁比几乎达到 1，矫顽力达到 692kA/m；而平行膜面方向的曲线表现出明显的磁化难轴的特点，矫顽力也只有 127kA/m。这表明样品的磁化易轴方向沿垂直膜面方向，而难轴沿平行膜面方向。但是，在室温基片上溅射的 $[FePt(2nm)/Ag(9nm)]_{10}$ 多层膜，平行膜面和垂直膜面方向的磁滞回线的形状差不多，而且两个方向在施加最大外磁场时都没有达到饱和，说明样品的易磁化轴既不在面内也不在垂直膜面的方向。因此，基片加热是有利于薄膜中 Ag 和 FePt 沿着 MgO 单晶基片外延生长的。这是由于基片加热时，沉积到基片上的 Fe、Pt 原子更容易克服势垒并扩散到 FePt 垂直取向所需要的晶格位置上，导致其垂直磁各向异性

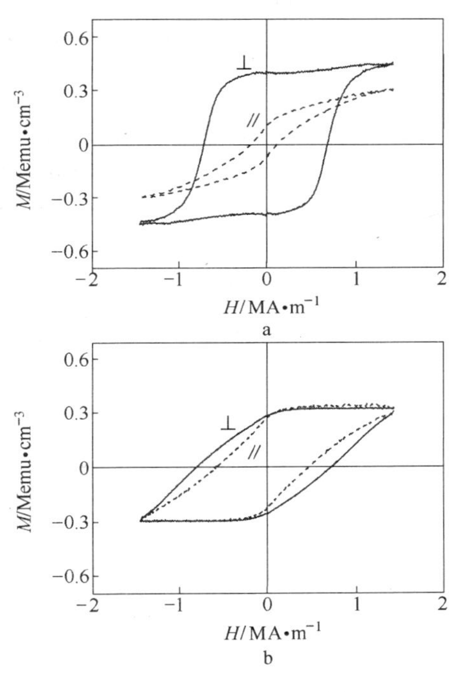

图 6-33 $[FePt(2nm)/Ag(9nm)]_{10}$ 多层膜的磁滞回线

a—基片温度为 250℃；b—基片温度为室温

变好。

图 6-34 是在不同的基片温度下沉积的 $[FePt(2nm)/Ag(5nm)]_{10}$ 多层膜经过 600℃ 热处理 15min 后的 XRD 谱。所有样品均显示出很强的（001）织构，在基片温度为 100℃ 下沉积的多层膜样品，经 600℃

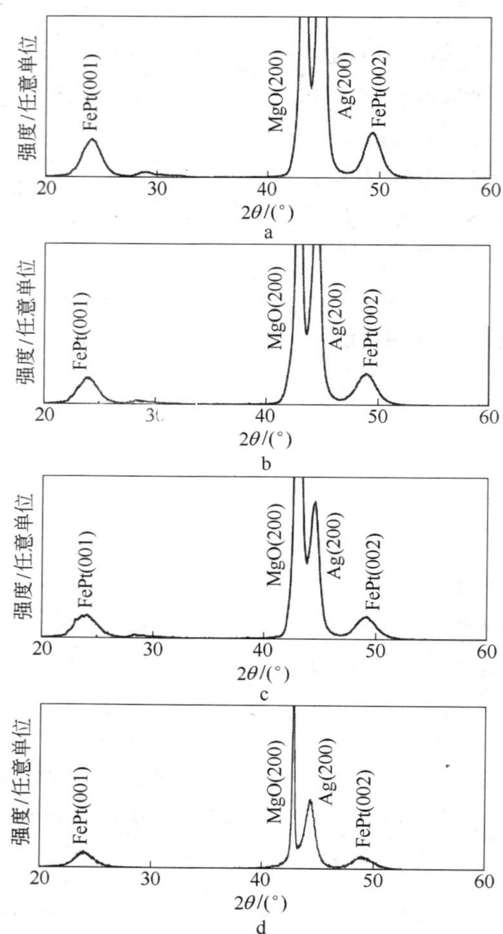

图 6-34 不同基片温度 T_s 下沉积的 $[FePt(2nm)/Ag(5nm)]_{10}$ 多层膜的 XRD 谱

a—T_s = 250℃；b—T_s = 200℃；c—T_s = 150℃；d—T_s = 100℃

热处理 15min 后已经具有非常好的垂直取向。随着基片温度的升高，FePt 的（001）和（002）衍射峰略有增高。所以，基片温度只要达到 100℃就能够实现薄膜的垂直取向。图 6-35 是在不同的基片温度下沉积的[FePt(2nm)/Ag(5nm)]$_{10}$多层膜经 600℃热处理 15min 后的磁滞回线。各个样品的平行膜面方向曲线的磁滞都很小，垂直膜面方向的曲线均具有很高的方形度和矩形比，因此都显示出很强的垂直磁各向异性。图 6-36 是[FePt(2nm)/Ag(5nm)]$_{10}$多层膜经 600℃热处理 15min 后的垂直和平行膜面的矫顽力与基片温度的关系。随着基片温度的升高，垂直方向的矫顽力和平行膜面方向的矫顽力均略有下降。这是由于基片温度升高，虽然有利于实现薄膜的垂直磁各向异性，但高温时本底真空下降（室温和 250℃时，真空室本底真空分别

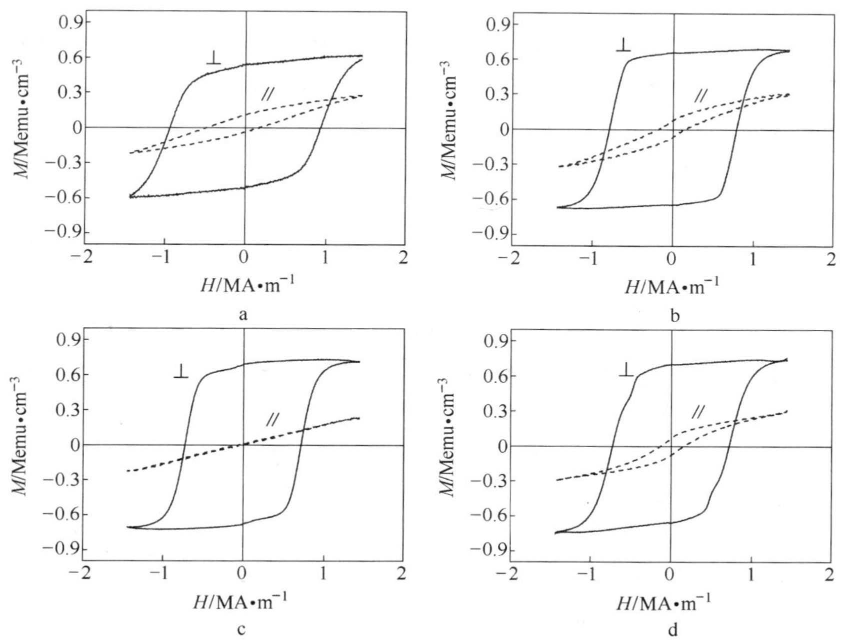

图 6-35 不同基片温度 T_s 下沉积的

[FePt(2nm)/Ag(5nm)]$_{10}$多层膜的磁滞回线

a—T_s = 100℃；b—T_s = 150℃；c—T_s = 200℃；d—T_s = 250℃

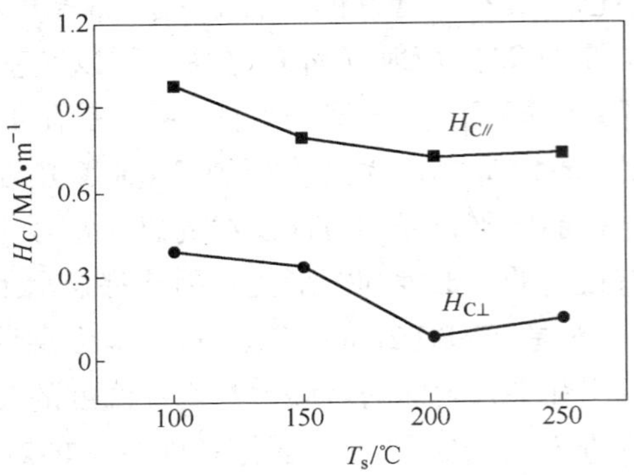

图 6-36 [FePt(2nm)/Ag(5nm)]$_{10}$经 600℃热处理 15min 后的 H_C 与基片温度的关系

为 4×10^{-5}Pa 和 4×10^{-4}Pa)，造成基片磁性能下降。因此，合适的基片温度（100℃）对实现 FePt/Ag 复合薄膜的垂直磁各向异性及优良的磁性能具有重要的作用。

6.4.2 $L1_0$-FePt/Ag 纳米复合薄膜的有序化、晶粒生长和磁耦合作用

图 6-37 是基片温度为 100℃时沉积的 [FePt(2nm)/Ag(5nm)]$_{10}$ 多层膜经 450～600℃热处理 15min 的磁滞回线。虚线表示外磁场沿平行膜面方向，实线表示外磁场沿垂直膜面方向。所有样品的磁化易轴沿垂直膜面方向，而难轴在面内，均呈现很好的垂直膜面的磁各向异性。在低于 500℃退火时，平行膜面的矫顽力和垂直膜面的矫顽力均非常小，而且薄膜并未呈现出明显的磁各向异性；随着热处理温度的提高，垂直膜面方向的矫顽力逐渐增加到 979kA/m，而平行膜面方向的回线的磁滞一直很小，矫顽力很低，薄膜呈现出明显的垂直磁各向异性。这说明 $L1_0$-FePt/Ag 的有序化温度为 550℃。

磁性颗粒的尺寸是决定磁记录薄膜材料应用的一个重要参数，超高密度磁记录要求介质材料具有尽量小的晶粒或颗粒尺寸。根据谢乐公式可以估算出 $L1_0$-FePt/Ag 纳米复合薄膜中 FePt 的晶粒尺寸。图 6-38 是根据薄膜样品的 XRD 谱中的（002）峰半高宽估算的 FePt 晶粒大小随 Ag 层厚度的变化关系。FePt（20nm）单层膜的晶粒尺寸为

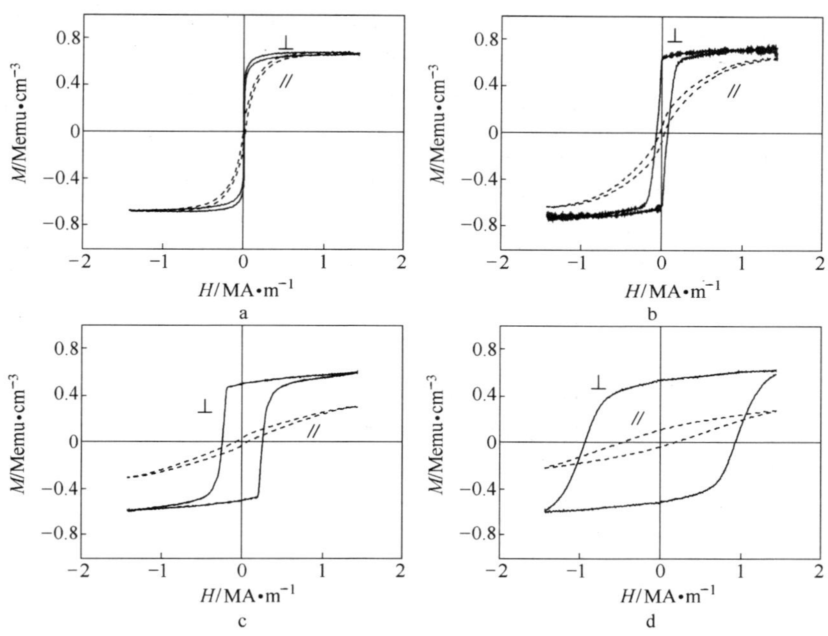

图 6-37 在不同退火温度下退火后的 [FePt(2nm)/Ag(5nm)]$_{10}$ 多层膜的磁滞回线

a—T_a = 450℃；b—T_a = 500℃；c—T_a = 550℃；d—T_a = 600℃

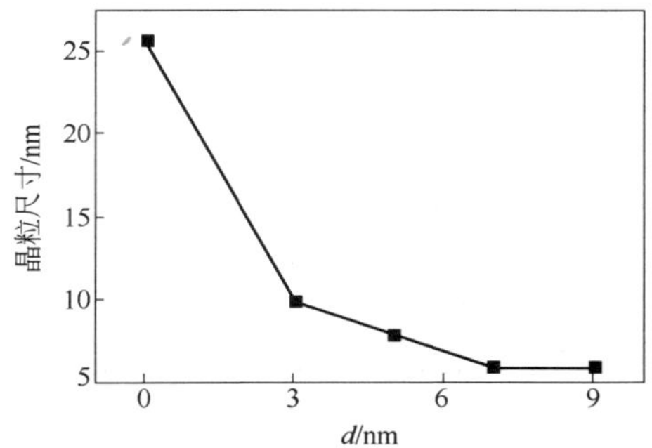

图 6-38 [FePt(2nm)/Ag(dnm)]$_{10}$多层膜的晶粒尺寸与 Ag 层厚度 d 的关系

26nm；随着 Ag 层厚度由 3nm 增加到 9nm，$L1_0$-FePt 的晶粒尺寸也由

10nm 降低到 6nm。可见，利用 Ag 原子的界面调控作用，可以有效减小 FePt 磁性晶粒的尺寸，达到超高密度磁记录的要求。

另外，磁性颗粒间的磁耦合作用也是决定磁记录薄膜材料应用的另一个重要参数，超高密度磁记录要求介质材料具有尽可能小的磁耦合作用。可以利用 AGFM 测量样品的等温剩磁曲线和直流退磁曲线，由 Henkel 公式计算得到 δM 曲线。图 6-39 是 [FePt(2nm)/Ag(5nm)]$_{10}$多层膜和 FePt（20nm）单层膜经 600℃热处理 15min 后的 δM 曲线。结果表明，FePt（20nm）单层膜的 δM 曲线出现一个正值峰，说明 FePt 晶粒间存在较强的磁耦合作用。[FePt(2nm)/Ag(5nm)]$_{10}$多层膜 δM 曲线出现一个较低的负值峰，即 $L1_0$-FePt 晶粒间存在比较弱的磁耦合作用。说明利用 Ag 的调控作用，可以大幅度降低薄膜中的 FePt 颗粒间磁耦合作用，这将有利于在实现超高密度磁记录的同时消除由于磁耦合作用带来的记录噪声。

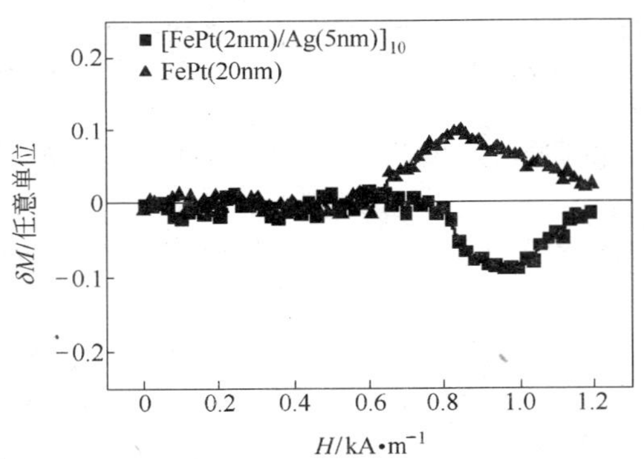

图 6-39 [FePt(2nm)/Ag(5nm)]$_{10}$多层膜和 FePt(20nm)单层膜的 δM 曲线

6.4.3 $L1_0$-FePt/Ag 纳米复合薄膜的表面形貌和截面微结构

上面已经介绍了 $L1_0$-FePt/Ag 纳米复合薄膜具有很好的垂直磁各向异性、低 FePt 颗粒间磁耦合作用，这与薄膜的表面形貌和微结构有着密切的关系。图 6-40 是利用原子力显微镜（AFM）测到的 [FePt(2nm)/Ag($d$nm)]$_{10}$(d=0，3，9）的表面形貌图。薄膜的沉积温度保持在 100℃，退火条件为 600℃ 真空热处理 15min。FePt (20nm) 单层膜的表面粗糙度很小，只有 0.233nm；其表面颗粒的平均大小约为 25nm。由于 MgO 单晶基片的表面粗糙度仅约为 0.1nm，因此 MgO 单晶基片上直接生长的 FePt 薄膜，其粗糙度主要是来源于 FePt 晶粒的贡献。而对于 FePt/Ag 多层膜而言，经高温真空热处理后，多层膜结构消失，形成了 FePt/Ag 纳米颗粒薄膜，因此测到的表面粗糙度和表面颗粒大小是 FePt 晶粒和 Ag 晶粒共同的作用，与两相的晶粒大小、成分、厚度以及晶粒间的团簇等有关，因此多层膜的表面粗糙度和颗粒大小均比单层膜的大。$[\mathrm{FePt}(2\mathrm{nm})/\mathrm{Ag}(3\mathrm{nm})]_{10}$ 多

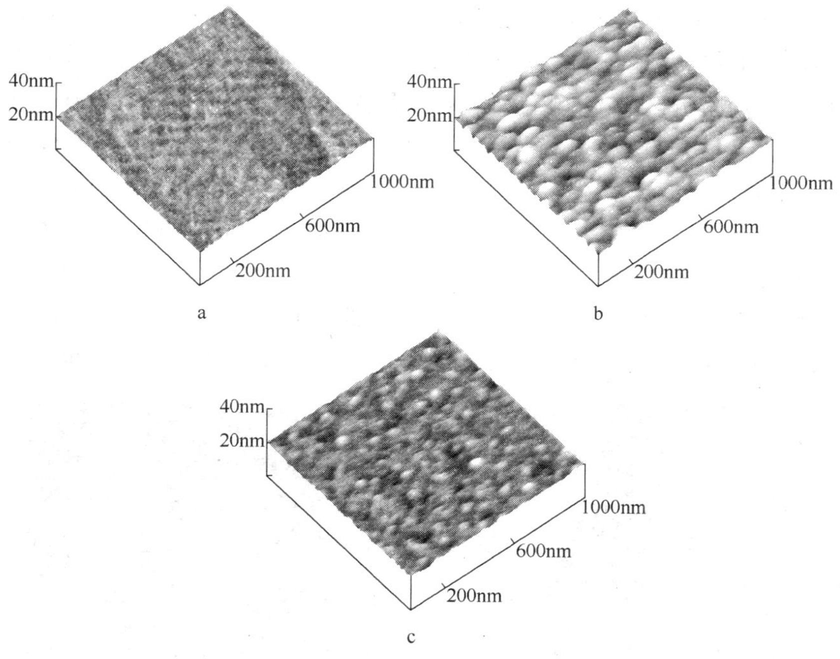

图 6-40 $[\mathrm{FePt}(2\mathrm{nm})/\mathrm{Ag}(d\mathrm{nm})]_{10}$ (d = 0, 3, 9) 薄膜的 AFM 表面形貌图

a—FePt(20nm)，粗糙度 RMS = 0.233nm；

b—$[\mathrm{FePt}(2\mathrm{nm})/\mathrm{Ag}(3\mathrm{nm})]_{10}$，粗糙度 RMS = 0.904nm；

c—$[\mathrm{FePt}(2\mathrm{nm})/\mathrm{Ag}(9\mathrm{nm})]_{10}$，粗糙度 RMS = 0.444nm

（退火条件：600℃ 真空热处理 15min）

层膜，经 600℃ 真空热处理后，其表面粗糙度为 0.904nm，比单层膜的表面粗糙度要大，表面颗粒的平均大小约为 80nm。而 [FePt(2nm)/Ag(9nm)]$_{10}$ 多层膜，经 600℃ 真空热处理后，其表面粗糙度为 0.444，比 Ag 层厚度为 3nm 的样品的表面粗糙度降低了 50%；表面颗粒的平均大小约为 50nm，也比 Ag 层厚度为 3nm 的样品减小了约 30nm。表明：随着 Ag 层厚度的增加，其表面粗糙度和颗粒尺寸减小，Ag 层厚度的增加导致 FePt 颗粒的细化。

图 6-41 是 [FePt(2nm)/Ag(5nm)]$_{10}$ 多层膜经 600℃ 热处理 15min 后的截面 TEM 像。图 6-41a 是薄膜的低倍形貌图，尽管多层膜中 FePt 和 Ag 的周期厚度比已经偏离了 2/5，还是可以明显地观察到多层膜的结构特征。此外，图 6-42 是分别选取 MgO 基片和 MgO/FePt 界面附近区域的能谱（EDX），用来测量区域的成分。MgO 基片内的成分只有 Mg 和 O 元素；而在 MgO/FePt 的界面处除了存在 Fe 和 Pt 元素外，还存在大量 Ag 元素，说明 FePt 与 Ag 层之间已经发生了显著的互扩散现象，Ag 已经扩散到了 MgO/FePt 的界面。而扩散到 FePt 晶界处的 Ag 原子会起到抑制 FePt 晶粒生长、隔离 FePt 晶粒的作用，因此薄膜具有较小的 FePt 间磁耦合作用。图 6-41b 是薄膜的局部放大高分辨相，FePt 的晶粒尺寸为 5～10nm。椭圆指示线圈中的

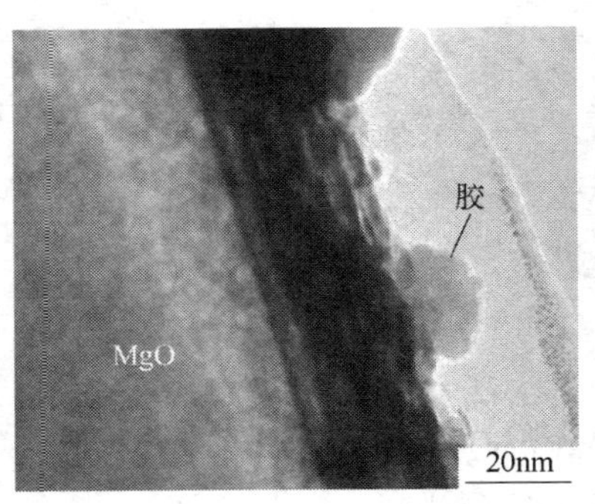

a

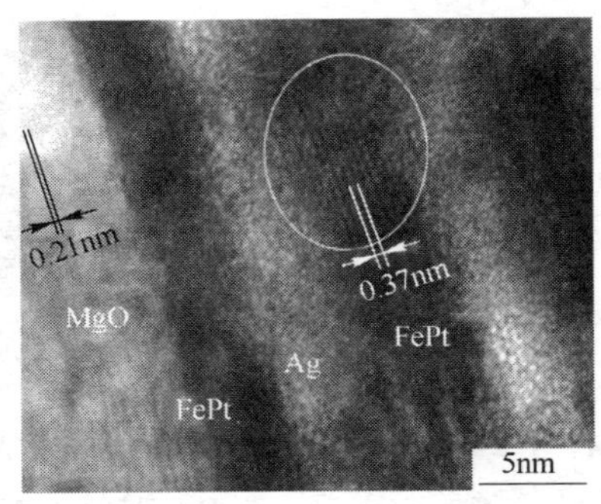

b

图 6-41 [FePt(2nm)/Ag(5nm)]$_{10}$ 多层膜经 600℃ 热处理 15min 后的截面 TEM 像

a—薄膜的低倍形貌图；b—局部放大高分辨像

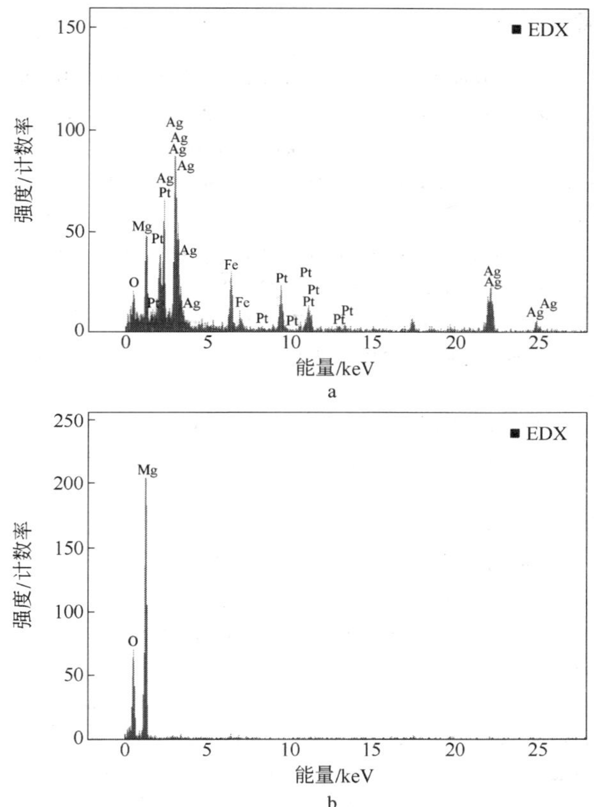

图 6-42　MgO/FePt 界面附近区域和 MgO 基片的 EDX 能谱

FePt 的晶面间距为 0.37nm，对应于 $L1_0$-FePt 有序相结构的（001）面的面间距，它与 MgO（001）面平行，说明 MgO、FePt 和 Ag 之间形成了良好的晶格外延生长，导致薄膜具有很好的垂直磁各向异性。

总结本节内容：在 MgO（001）单晶基片上交替沉积较薄的 FePt 层和与 FePt 晶格匹配的 Ag 层，通过控制沉积温度、Ag 层的厚度以及利用 Ag 原子对薄膜微结构的调控作用，制备出具有优良的垂直磁各向异性（垂直矫顽力达到 979kA/m）、晶粒尺寸小（8nm）且无颗粒间磁耦合作用的 $L1_0$-FePt/Ag 纳米复合薄膜。

参考文献

[1] Chen J S, Lim B C, Ding Y F, et al. Low-temperature deposition of $L1_0$ FePt films for ultra-high density magnetic recording [J] . J. Magn. Magn. Mater. , 2006, 303: 309 ~ 317.

[2] Shen W K, Judy J H, Wang J P. In situ epitaxial growth of ordered FePt (001) films with ultra small and uniform grain size using a RuAl underlayer [J] . J. Appl. Phys. , 2005, 97: 10H301-1 ~ 10H301-3.

[3] Takahashi Y K, Hono K. Interfacial disorder in the $L1_0$ FePt Particles capped with amorphous Al_2O_3 [J] . Appl. Phys. Lett. , 2004, 84: 383 ~ 385.

[4] Takahashi Y K, Hono K, Shima T, et al. Microstructure and magnetic properties of FePt thin films epitaxially grown on MgO (001) substrates [J] . J. Magn. Magn. Mater. , 2003, 267: 248 ~ 255.

[5] Lairson B M, Visokay M R, Sinclair R, et al. Epitaxial PtFe (001) thin films on MgO (001) with perpendicular magnetic anisotropy [J] . Appl. Phys. Lett. , 1993, 62: 639 ~ 641.

[6] Farrow R F C, Weller D, Marks R F, et al. Growth temperature dependence of long-range alloy order and magnetic properties of epitaxial Fe_xPt_{1-x} ($x = 0.5$) films [J] . Appl. Phys. Lett. , 1996, 69: 1166 ~ 1168.

[7] Bian B, Sato K, Hirtsu Y. Ordering of island-like FePt crystallites with orientations [J] . Appl. Phys. Lett. , 1999, 75: 3686 ~ 3688.

[8] Hong M H, Hono K, Watanabe M. Microstructure of FePt/Pt magnetic thin films with high perpendicular coercivity [J] . J. Appl. Phys. , 1998, 84: 4403 ~ 4409.

[9] Goto T, Ogata H, Sato T, et al. Growth of FeRh thin films and magnetic properties of FePt/FeRh bilayers [J] . J. Magn. Magn. Mater. , 2004, 272-276: 791 ~ 792.

[10] Hsu Y N, Jeong S, Lambeth D N, et al. Effects of Ag underlayer on the microstructure and magnetic properties of epitaxial FePt thin films [J] . J. Appl. Phys. , 2001, 89: 7068 ~ 7070.

[11] Yang T, Ahmad E, Suzuki T. FePt - Ag nanocomposite film with perpendicular magnetic anisotropy [J] . J. Appl. Phys. , 2002, 91: 6860 ~ 6862.

[12] Feng C, Zhan Q, Li B H, et al. Magnetic properties and microstructure of FePt/Au mutilayers with high perpendicular magnetocrystalline anisotropy [J], Appl. Phys. Lett. , 2008, 93: 152513-1 ~ 152513-3.

[13] Feng C, Li H J, Wei D, et al. Micromagnetic analysis of $L1_0$-FePt/Au nanocomposite films [J] . J. Phys. D: Appl. Phys. , 2011, 44: 245001-1 ~ 245001-5.

[14] 冯春，詹倩，李宝河，等. 利用 FePt/Au 多层膜结构制备垂直磁记录 $L1_0$-FePt 薄膜 [J] . 物理学报，2009，58 (5)：3503 ~ 3508.

[15] Li B H, Feng C, Yang T, et al. Approach to enhance of coercivity in perpendicular FePt/Ag nanoparticle film [J]. J. Appl. Phys., 2006, 99: 016102-1 ~016102-3.

[16] 李宝河. 高磁晶各向异性磁记录介质 FePt 薄膜的研究 [D]. 北京: 北京科技大学, 2005.

[17] 冯春. 高磁晶各向异性磁记录薄膜材料的研究 [D]. 北京: 北京科技大学, 2008.

[18] Lim B C, Chen J S, Wang J P. Thickness dependence of structural and magnetic properties of FePt films [J]. J. Magn. Magn. Mater., 2004, 271: 431 ~436.

[19] 莫青. 硬盘驱动器发展现状及分析 [J]. 新材料产业, 2006, 1: 39 ~42.

[20] Kuo C M, Kuo P C, Wu H C, et al. Magnetic hardening mechanism study in FePt thin films [J]. J. Appl. Phys., 1999, 75: 4886 ~4888.

[21] Endo Y, Kikuchi N, Kitakami O, et al. Lowering of ordering temperature for fct Fe - Pt in Fe-Pt multilayers [J]. J. Appl. Phys., 2001, 89: 7065 ~7067.

[22] Xu Y F, Chen J S, Wang J P. In situ ordering of FePt thin films with face-centered-tetragonal (001) texture on $Cr_{100-x}Ru_x$ underlayer at low substrate temperature [J]. Appl. Phys. Lett., 2002, 80: 3325 ~3327.

[23] Kitakami O, Shimada Y, Oikawa K, et al. Low-temperature ordering of $L1_0$ - CoPt thin films promoted by Sn, Pb, Sb and Bi additives [J]. Appl. Phys. Lett., 2001, 78: 1104 ~1106.

[24] Yan Q Y, Kim T, Purkayastha A, et al. Enhanced chemical ordering and coercivity in FePt alloy nanoparticles by sb-doping [J]. Adv. Mater., 2005, 17: 2233 ~2237.

[25] Zhu Y, Cai J W. Low-temperature ordering of FePt thin films by a thin AuCu underlayer [J]. Appl. Phys. Lett., 2005, 87: 032504-1 ~032504-3.

[26] Kang K, Zhang Z G, Papusoi C, et al. Composite nanogranular films of FePt-MgO with (001) orientation onto glass substrates [J]. Appl. Phys. Lett., 2004, 84: 404 ~406.

[27] Sun S, Murray C B, Weller D, et al. Monodisperse FePt nanoparticles and ferromagnetic FePt nanocrystal superlattices [J]. Science, 2000, 287: 1989 ~1992.

[28] Luo C P, Sellmyer D J. Structural and magnetic properties of FePt: SiO_2 granular thin films [J]. Appl. Phys. Lett., 1999, 75: 3162 ~3164.

[29] Huang Y, Okumura H, Hadjipanayis G C, et al. Perpendicularly oriented FePt nanoparticles sputtered on heated substrates [J]. J. Magn. Magn. Mater., 2002, 242-245: 317 ~320.

[30] 都有为. 巨磁电阻效应 [J]. 自然杂志, 1996, 18 (2): 73 ~79.

[31] Sellimyer D J, Luo C P, Yan M L, et al. High anisotropy nanocomposite films for magnetic recording [J]. IEEE Tran. Magn., 2001, 37: 1286 ~1291.

[32] Hadjipanayis G C, Zhang M C, Gao C. High coercivities in as-cast Pr-Fe-B and Nd-Fe-B alloys with impurity additions [J]. Appl. Phys. Lett., 1989, 54: 1812 ~1814.

[33] Piao K, Li D J, Wei D. The role of short exchange length in the magnetization processes of $L1_0$-ordered FePt perpendicular media [J], J. Magn. Magn. Mater., 2006, 303: 39 ~43.

[34] Landau L D, Lifshitz E M. Electrodynamics of Continuous Media, 2nd ed. (Pergamon, New York, 1984), pp. 138 ~ 140; Wei D and Liu B, Effect of anisotropy field magnitude distribution on signal-to-noise ratio [J]. IEEE Trans. Magn., 1997, 33: 4381 ~ 4384.

[35] Yu G H, Li M H, Zhu F W, et al. Interlayer segregation in magnetic multilayers and its influence on exchange coupling [J]. Appl. Phys. Lett., 2003, 82: 94 ~ 96.

[36] Ping D H, Ohnuma M, Hono K, et al. Microstructures of FePt-Al-O and FePt-Ag nanogranular thin films and their magnetic properties [J]. J. Appl. Phys., 2001, 90 (9): 4708 ~ 4717.

[37] Daniil M, Farber P A, Okumura H, et al. FePt/BN granular films for high-density recording media [J]. J. Magn. Magn. Mater., 2002, 246: 297 ~ 302.

[38] Christodoulides J A, Huang Y, Zhang Y, et al. CoPt and FePt thin films for high density recording media [J]. J. Appl. Phys., 2000, 87 (9): 6938 ~ 6941.

[39] Yang T, Kang K, Suzuki T. Structural and magnetic properties of (001) oriented FePt/Ag composite film [J]. J. Phys. D: Appl. Phys., 2002, 35: 2897 ~ 2901.

7 弱磁耦合作用的 $L1_0$ - FePt 纳米复合薄膜的设计及合成

7.1 概论

超高密度磁记录意味着在有限的盘片面积上记录尽可能多的数据，而记录数据的多少直接取决于记录单元的尺寸，所以记录单元的体积或磁性颗粒的晶粒尺寸必须尽可能小[1]。另外，为了提高垂直磁介质材料的信噪比，还要求尽可能地降低晶粒间磁耦合作用；然而，为了保证记录介质材料的热稳定性和磁性颗粒的一致反转，又要求晶粒间磁耦合作用应尽可能大，以克服退磁场和热扰动的影响，所以介质材料必须具有适中的晶粒间磁耦合作用[2]。然而在成膜和热处理过程中，FePt 颗粒的生长使颗粒间的间距变小，颗粒间通常存在着很强的磁交换耦合作用，这是不利于实现超高密度磁记录的。所以，如何降低 FePt 晶粒尺寸和 FePt 颗粒间的磁耦合作用也是近年来 FePt 磁记录材料的一个重要研究方向。

在控制晶粒尺寸、晶粒大小分布以及 FePt 颗粒间磁耦合作用方面，国际上尝试了很多方法，目前最有效的方法是将 FePt 有序颗粒埋在非磁性金属或化合物母体中，以制备具有纳米尺寸的颗粒膜。目前，纳米颗粒膜的母体一般选择与 FePt 不固溶的非磁性金属 Ag[3,4] 等、非磁性非金属 C[5~7] 等、非磁性氮化物 BN、Si_3N_4、AlN 等[8~10] 以及非磁性氧化物 Al_2O_3、HfO_2、MnO、SiO_2、B_2O_3 等[5,11~14]。而制备颗粒膜的方式一般有两种：以 FePt 和母体材料共溅射方式，或以 FePt 和母体材料组成的多层膜方式。例如，Luo 等人[12] 在玻璃基片上，采用 $[FePt/B_2O_3]_5$ 多层膜结构，通过控制多层膜中 B_2O_3 的厚度调节其在颗粒膜中的含量，从而制备出矫顽力可控（320 ~ 1000kA/m）、晶粒尺寸可控（4 ~ 17nm）、具有弱磁耦合作用和高磁各向异性的 FePt 颗粒膜。Bai 等人[13] 在玻璃基片上，采用共溅射 FePt 和 Al_2O_3 的方式（Al_2O_3 含量为 25 %），制备出晶粒尺寸为

10nm、矫顽力为 400kA/m、矫顽力矩形比高达 0.9 的 $FePt/Al_2O_3$ 纳米颗粒膜；并且，随着 Al_2O_3 掺杂量的增加，颗粒膜的磁化反转机理从畴壁移动为主转变为磁畴旋转为主。Luo 和赛米尔（Sellmyer）等人[15]在玻璃基片上，采用 $[FePt/SiO_2]_n$ 多层膜结构，通过控制多层膜中 FePt 和 SiO_2 的厚度比例调节 SiO_2 的含量，从而制备出矫顽力可控（160 ~ 640kA/m）、晶粒尺寸小于 10nm、无磁耦合作用的 FePt 颗粒膜。以上这些颗粒膜的一般规律是：随着母体元素含量或厚度的增加，FePt 晶粒尺寸逐渐减小，颗粒间的磁耦合作用逐渐减小；然而，母体的添加同时也会抑制 FePt 晶粒的有序化，因此颗粒膜的矫顽力和饱和磁化强度也会随之下降，需要升高热处理温度来获得高磁性能，所以纳米颗粒膜的有序化温度较高（一般高于 550℃），矫顽力有限。

笔者在具有低磁耦合作用的 FePt 纳米颗粒膜方面也进行了很多相关的研究，例如：李宝河等人[16~18]利用磁控溅射方法，在 MgO 单晶基片上制备了以非磁性 BN 为母体的 FePt/BN 多层膜，通过控制 BN 的含量来控制垂直磁各向异性、矫顽力、晶粒尺寸以及颗粒间磁耦合作用；并通过微结构的表征工作，研究了颗粒膜中 FePt 和 BN 颗粒的取向和分布情况。冯春等人[19~22]利用非磁性相 AlN 对 FePt 相生长的界面调控作用以及沉积原子面对 FePt 晶格取向的调控作用，在连续薄膜中实现了具有“磁岛”结构、H_C 适中、无磁耦合作用的超薄 $L1_0$-FePt 垂直纳米复合薄膜；同时，通过微结构的系统表征，研究了非磁性 AlN 相和 MgO 基片对 FePt 沉积的取向、岛状生长模式以及晶粒生长大小的调控机理。本章主要介绍如何通过非磁性 BN 或 AlN 对微结构的界面调控作用，制备具有垂直磁各向异性、磁性能适中且低磁耦合作用的超薄 $L1_0$-FePt 纳米复合薄膜；另外，本章还介绍了 $L1_0$-FePt/BN 和 $L1_0$-FePt/AlN 纳米颗粒薄膜的磁性能和微结构对厚度、基片温度、退火工艺等因素的依赖关系；最后，介绍了非磁性 BN 和 AlN 在薄膜中起到的界面调控机理。

7.2 $L1_0$-FePt/BN 垂直纳米复合薄膜的研究

Daniil 等人[8]在 Si 基片上沉积 FePt/BN 多层膜，经 600 ~ 700℃

真空退火，获得 FePt/BN 颗粒膜，FePt 颗粒为 5 ~ 10nm，且大小非常均匀，所以 BN 是一种良好的 FePt 颗粒膜的基体材料。但是，这种颗粒膜难以具有垂直磁各向异性，不能适用于垂直磁记录介质的需要。李宝河等人利用磁控溅射方法，采用基片加热和后续退火两步热处理，在 250℃ 的 MgO 单晶基片上制备了高矫顽力、具有垂直磁各向异性的 $L1_0$-FePt/BN 纳米复合薄膜[16~18]。本节主要以李宝河等人的工作为例，介绍了非磁性 BN 的界面调控作用，并利用这种调控作用制备符合超高密度磁记录要求的 $L1_0$-FePt 垂直纳米复合薄膜。

7.2.1 $L1_0$-FePt/BN 纳米复合薄膜的磁性能对 BN 含量的依赖关系

李宝河等人采用磁控溅射方法，在加热到 250℃ 的 MgO（001）单晶基片上交替沉积 FePt 和 BN 层，制备了 [FePt（2nm）/BN（1 ~ 5nm）]$_{10}$多层膜和 [FePt（2nm）/BN（0.5 ~ 5nm）]$_{10}$多层膜。溅射时 Ar 工作气压为 0.4Pa。上述直接溅射的 [FePt/BN]$_n$ 多层膜经过 600℃ 或 700℃ 真空热处理 1h。

图 7-1 是基片温度为 250℃ 下溅射沉积的 [FePt（2nm）/BN（$d$nm）]$_{10}$（d = 1，3，5）多层膜，经 600℃ 热处理 1h 后的 XRD 谱。可以看出，所有样品的 XRD 谱只出现了非常宽化的 FePt（001）和 FePt（002）衍射峰，说明 FePt 晶粒细小且呈现出较强的（001）织构。由（001）和（002）衍射峰的半高宽计算出 FePt 晶粒平均尺寸为 2.9 ~ 3.7nm，这说明了在垂直膜面方向的晶粒生长受到厚度的限制。另外，图中并没有观察到 BN 的任何衍射峰，说明在较低的温度（600℃）热处理较短的时间（1h），BN 未形成晶化相。图 7-1 中的插图为各样品的小角衍射谱，均出现了很强的小角衍射峰，说明虽然经过 600℃ 真空热处理，但样品仍存在多层膜结构的周期性。插图上的数字表示衍射级次（k 值），由于测量设备的限制，只能测量到衍射角 2θ 大于 2° 的衍射谱线，因此 [FePt（2nm）/BN（3nm）]$_{10}$ 和 [FePt（2nm）/BN（5nm）]$_{10}$薄膜观察不到 1 级小角衍射峰。根据布拉格公式可以计算多层膜的调制周期，如表 7-1 所示。所有的计算周期值均小于设计的周期值，这是由于 600℃ 真空热处理后，FePt 层和 BN 在界面处有原子互扩散的原因。

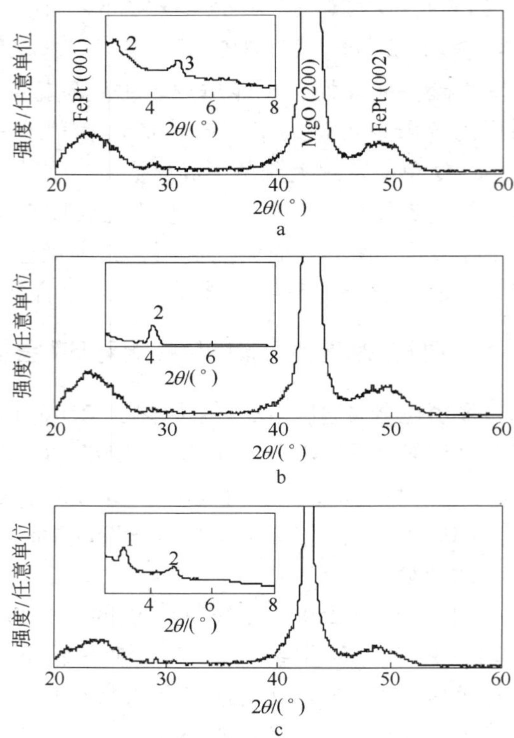

图 7-1 [FePt(2nm)/BN(*d*nm)]$_{10}$多层膜，经 600℃退火 1h 的 XRD 谱

a—$d=5$；b—$d=3$；c—$d=1$

表 7-1 [FePt(2nm)/BN(*d*nm)]$_{10}$（$d=1$，3，5）多层膜的周期厚度

多层膜结构	计算周期 Λ/nm	设计周期 Λ/nm	百分偏差/%
[FePt(2nm)/BN(1nm)]$_{10}$	2.84（$k=1$）	3.0	5.3
[FePt(2nm)/BN(3nm)]$_{10}$	4.37（$k=2$）	5.0	12.6
[FePt(2nm)/BN(5nm)]$_{10}$	6.41（$k=2$）	7.0	8.4

图 7-2 是在加热到 250℃的 MgO 基片上溅射的 [FePt(2nm)/BN(*d*nm)]$_{10}$（$d=1$，3，5）多层膜，经 600℃热处理 1h 后的磁滞回线，虚线表示外磁场沿平行膜面方向，实线表示外磁场沿垂直膜面方向。所有样品的磁滞均非常小，矫顽力很低，而且未表现出明显的垂直磁

各向异性。这主要是因为 FePt 晶粒平均尺寸为 2.9 ~ 3.7nm，而 $L1_0$-FePt 的超顺磁临界尺寸为 2.8nm。所以经过 600℃ 热处理 1h 后，FePt/BN 多层膜的 FePt 晶粒尺寸很接近其超顺磁临界尺寸，部分 FePt 晶粒处于超顺磁晶粒的边缘，磁性能相对较差。这些特征并不符合超高密度垂直磁记录的要求，因此需要进一步改善。

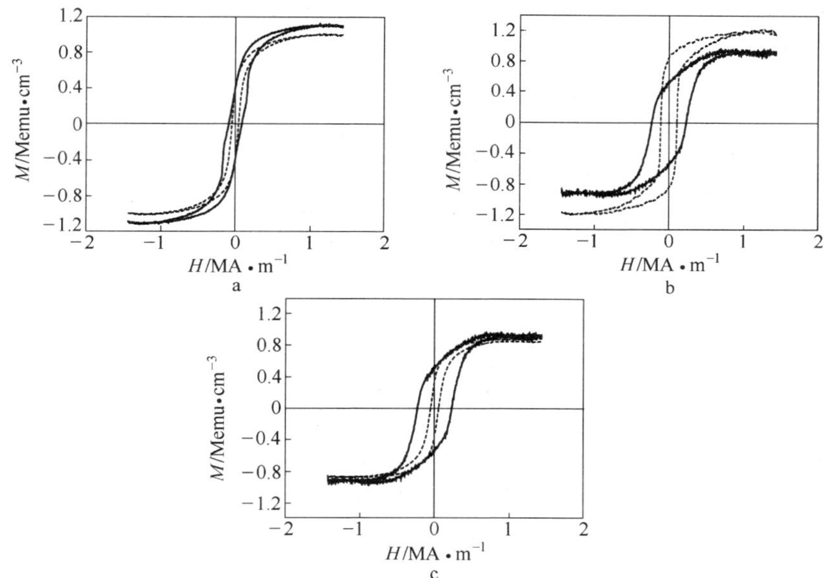

图 7-2 [FePt(2nm)/BN($d$nm)]$_{10}$多层膜经 600℃ 热处理 1h 后的磁滞回线

a—d=5；b—d=3；c—d=1

为了获得矫顽力更高、垂直磁各向异性更好的 $L1_0$-FePt/BN 纳米颗粒膜，李宝河等人尝试提高热处理温度和减小多层膜的膜厚。图 7-3 是 [FePt（2nm）/BN（$d$nm）]$_{10}$（d=0.5，1，3，5）多层膜，经 700℃ 热处理 1h 的 XRD 谱。[FePt（2nm）/BN（0.5nm）]$_{10}$多层膜和 [FePt（2nm）/BN（1nm）]$_{10}$多层膜经 700℃ 热处理 1h 后，XRD 图中只有 $L1_0$-FePt 的（001）、（002）、（200）峰和 MgO 的（200）峰，未发现 FePt 的（111）峰，而且 FePt（200）峰与 FePt（002）峰相比非常弱，因此薄膜表现出了很强的（001）垂直磁各向异性。然而，随着 BN 的加厚，FePt（001）和 FePt（002）峰逐渐减

弱，并且出现了较强的 FePt（111）峰，说明 BN 过厚会对薄膜的垂直磁各向异性产生负面影响。图 7-3 中的插图为各样品的小角度衍射谱，所有样品的小角衍射峰全部消失，表明提高退火温度到 700℃后，多层膜结构消失。根据 FePt（001）和（002）衍射峰的半高宽计算出，FePt 晶粒平均尺寸约为 15 ~ 20nm，这也充分证明了薄膜多层膜结构消失，各层的 FePt 晶粒连通，导致了其晶粒尺寸比薄膜在 600℃退火后的晶粒尺寸增加很多。

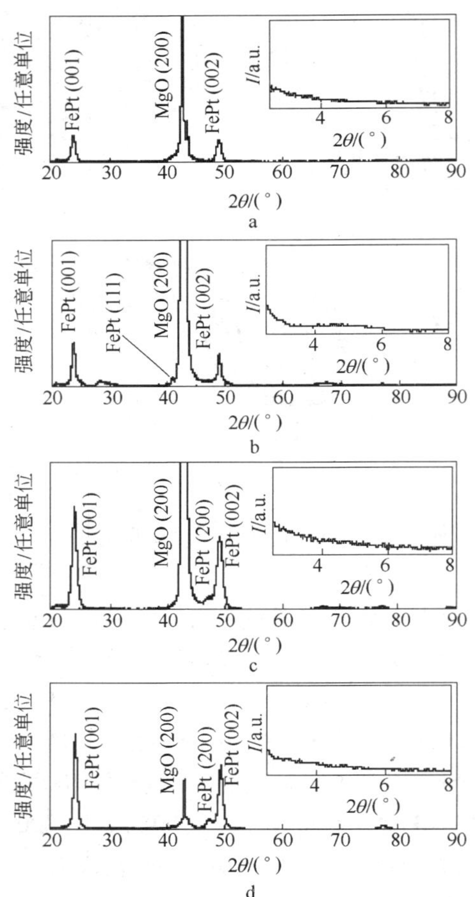

图 7-3 ［FePt(2nm)/BN($d$nm)］$_{10}$多层膜经 700℃热处理 1h 后的 XRD 谱

a—d = 5；b—d = 3；c—d = 1；d—d = 0.5

图 7-4 为［FePt(2nm)/BN(dnm)]$_{10}$（$d=0.5\sim7$）多层膜，经 700℃热处理 1h 后的磁滞回线。由于受到 AGFM 所能加的最大外场（1.4×10^6A/m）的限制，部分样品并没有磁化到饱和状态。当 BN 厚度为 0.5nm 时，样品具有明显的垂直磁各向异性，垂直矫顽力达

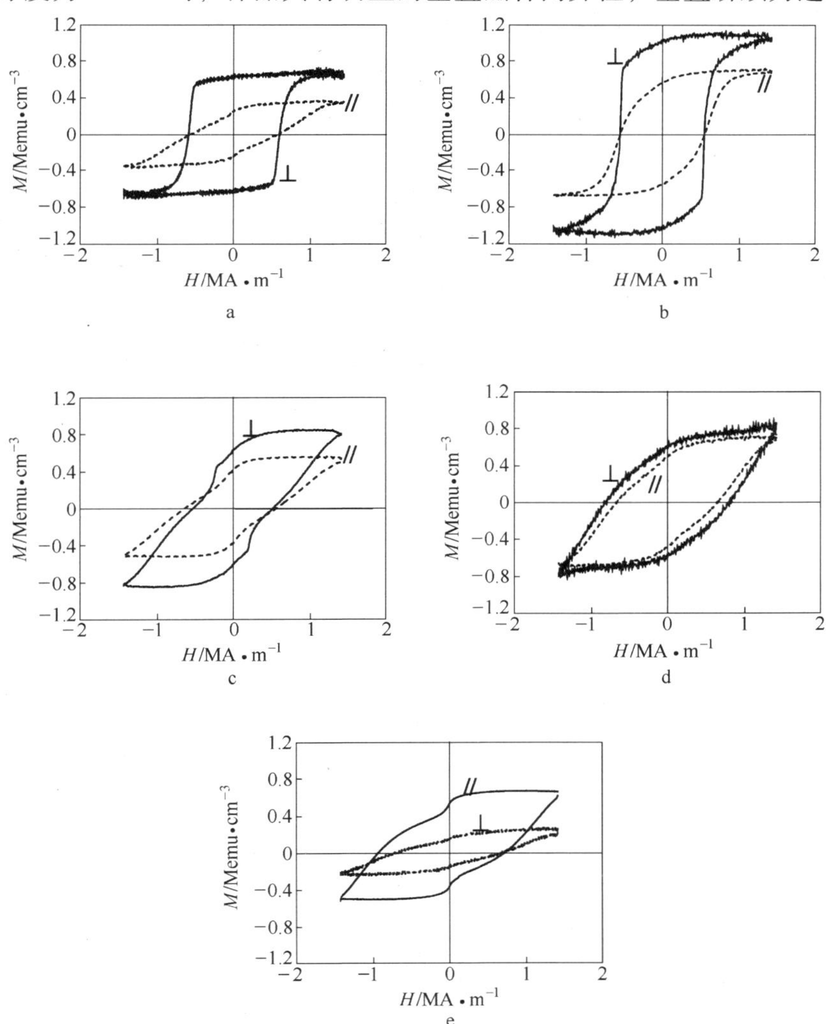

图 7-4 ［FePt(2nm)/BN(dnm)]$_{10}$多层膜经 700℃热处理 1h 后的磁滞回线

a—$d=0.5$；b—$d=1$；c—$d=3$；d—$d=5$；e—$d=7$

到 595kA/m；并且，垂直磁滞回线的矩形度很好，剩磁比达到 0.93，具有很好的开关场特性，开关场分布 S^* 为 0.87。随着 BN 厚度的逐渐增加，薄膜的垂直磁各向异性逐渐变差，并出现了严重的蜂腰现象，可能由 FePt 颗粒取向的散乱所致。这说明，[FePt(2nm)/BN($d$nm)]$_{10}$多层膜的垂直磁各向异性对 BN 的厚度依赖性较大，仅当 BN 的厚度小于 1nm 时，薄膜才具有明显的垂直磁各向异性。过厚的 BN 会导致 FePt 在 MgO 基片上的沿晶生长受到破坏，因此垂直磁各向异性变差。

由于较薄的 FePt 层在 MgO 基片上的沿晶生长更好，因此李宝河等人改变多层膜中磁性层和 BN 的厚度，在相同的条件下，制备了 [FePt(1nm)/BN($d$nm)]$_{20}$ （d = 0.25 ~ 3）多层膜。图 7-5 是样品经 700℃热处理 1h 的 XRD 谱。[FePt(1nm)/BN(0.25nm)]$_{20}$多层膜和 [FePt(1nm)/BN(0.5nm)]$_{20}$多层膜出现了很强的 FePt 的（001）和

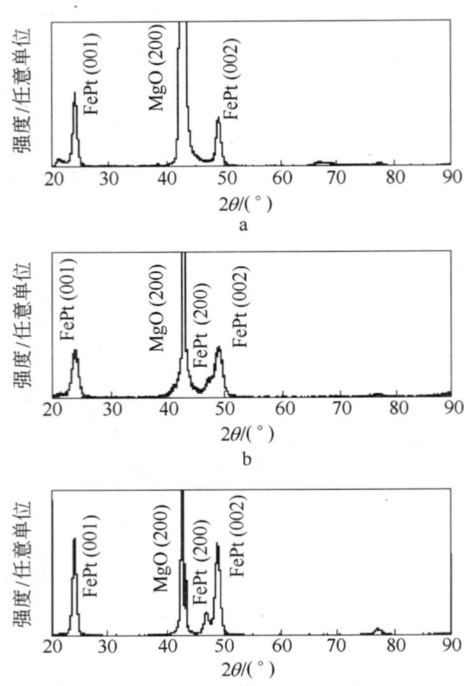

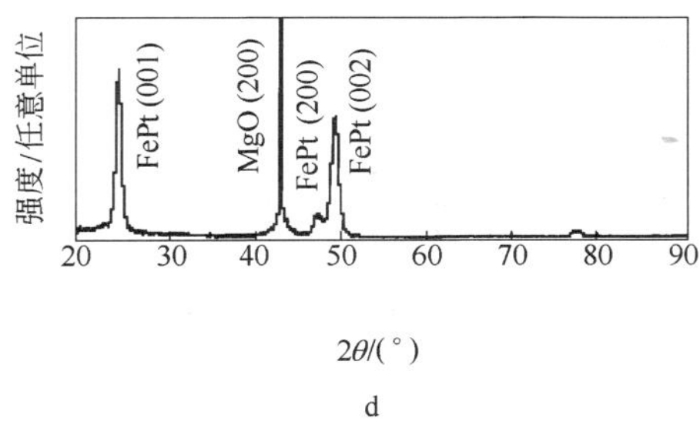

图 7-5 [FePt(1nm)/BN($d$nm)]$_{20}$ 多层膜经 700℃ 热处理 1h 后的 XRD 谱

a—d=0.25；b—d=0.5；c—d=1；d—d=3

(002) 峰，FePt(200) 峰相对较弱，样品基本表现为（001）织构。随着 BN 厚度的增加，FePt(200) 衍射峰逐渐增强，说明垂直磁各向异性会逐渐变差。

图 7-6 为 [FePt(1nm)/BN($d$nm)]$_{20}$（d=0.25～3）多层膜经 700℃ 热处理 1h 后的磁滞回线。[FePt(1nm)/BN(0.25nm)]$_{20}$ 多层膜，其垂直膜面的磁滞回线具有很好的矩形度和开关场特性（垂直膜面方向的矫顽力达到 522kA/m，剩磁比达到 0.99，开关场分布 S^*=0.94）；而平行于膜面的磁滞很小，剩磁也很低，所以磁化易轴接近于垂直于膜面。随着 BN 厚度的逐渐增加，平行膜面的磁滞和剩磁逐渐增大，薄膜的垂直磁各向异性被破坏。[FePt(1nm)/BN(0.25nm)]$_{20}$ 多层膜出现了明显的蜂腰，并且矫顽力和剩磁比均很小，其原因在前面已经介绍过。

在 FePt/BN 颗粒薄膜中，FePt 与 BN 层的厚度比（即 BN 所占的体积分数）对薄膜的磁性能及微结构起着决定性的作用。FePt 和 BN 层的厚度比为 2 或 4 的样品都具有较好的垂直磁各向异性，垂直膜面的磁滞回线具有很高的矩形度和剩磁比。而当 FePt 和 BN 层的厚度比为 0.4～0.5 时，垂直膜面和平行膜面的磁滞回线几乎重合，样品磁化易轴既不在面内也不在垂直膜面方向。而当 FePt 和 BN 层的厚度比为 0.29～0.33 时，样品会出现明显的蜂腰。因此，通过控制 FePt 和 BN 层的厚度比，可以制备出具有良好磁性能的 FePt/BN 纳米垂直复合薄膜。

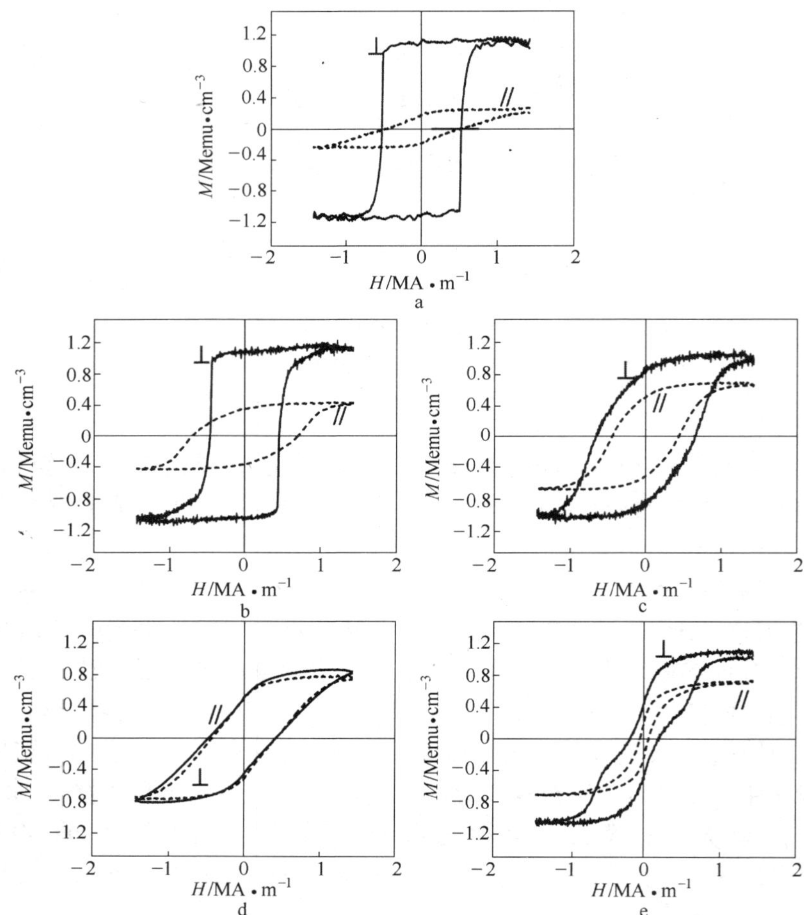

图 7-6 [FePt(1nm)/BN(*d*nm)]$_{20}$多层膜经 700℃热处理 1h 后的磁滞回线

a—d=0.25；b—d=0.5；c—d=1；d—d=2；e—d=3

7.2.2 $L1_0$-FePt/BN 纳米复合薄膜的微结构和界面调控机理

BN 对纳米复合薄膜的磁性能的影响与其微结构有着密切的联系，为了剖析 BN 的界面调控机理，李宝河等人利用高分辨电子显微镜研究了 $L1_0$-FePt/BN 纳米复合薄膜的截面微结构。图 7-7 是 [FePt (2nm) /BN (1nm)]$_{10}$多层膜经 700℃热处理 1h 后的横截面 TEM 图，

图 7-7a 为低倍形貌像，其中的多层膜结构已经消失，这直接验证了上述的小角衍射测量结果。图 7-7b 为局部放大像，反映 MgO 基片和 FePt 之间的外延生长情况：$L1_0$-FePt（001）面沿着 MgO（002）面外延生长，在界面处存在部分位错或空位缺陷，这是由于 MgO（002）面与 FePt（001）面存在约 10% 的晶格错配，因此产生缺陷。图 7-7c 显示出放大倍数稍小的局部像，反映了远离 MgO 基片的 FePt 晶格的取向。可以发现：薄膜中未观察到 BN 晶格相，为非晶状态。

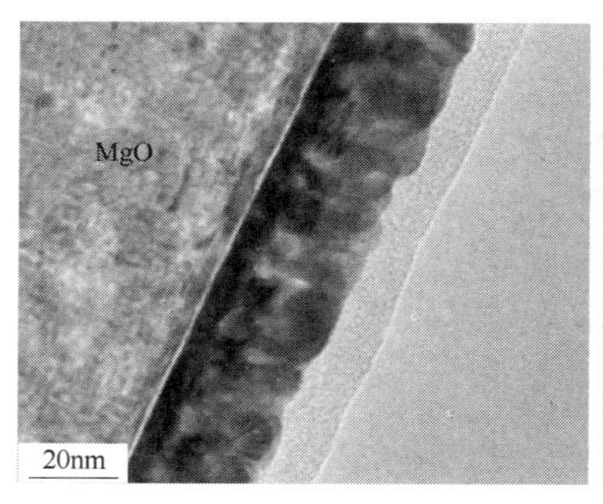

a

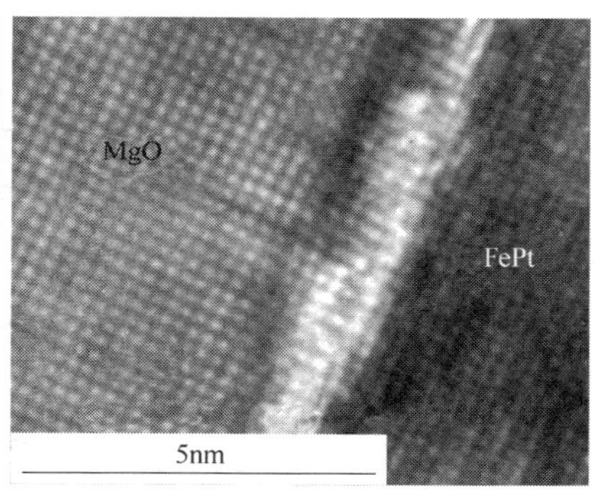

b

c

图 7-7 ［FePt(2nm)/BN(1nm)］$_{10}$ 多层膜经 700℃ 热处理 1h 后的横截面 TEM 图

a—低倍形貌像；b—接近 MgO 基片的高倍像；c—远离 MgO 基片的高倍像

部分 FePt 晶粒由于存在上述的 MgO(002) ‖ FePt(001)外延关系，仍然保持很好的（001）取向，其 c 轴垂直于薄膜表面；但是，由于非晶 BN 阻碍了部分 FePt 晶粒在 MgO（002）面上的外延生长，导致远离 MgO 基片的 FePt 晶粒取向比较散乱，部分 FePt 晶粒已经不再保持(001）取向了。因此，薄膜的 XRD 谱中出现了其他取向的衍射峰，如 FePt（200）峰（图 7-3），在宏观上表现出薄膜并不具有完全的垂直磁各向异性。图 7-4 中，外磁场平行膜面的磁滞回线仍有较大的磁滞现象，就是由薄膜的微观结构上靠近 MgO 基片和远离 MgO 基片的 FePt 晶粒具有不同的取向所决定。当 BN 较薄（即 BN 含量较少）时，BN 对 FePt 在 MgO 基片上外延生长的破坏较小，因此（001）垂直取向生长的 FePt 晶粒在薄膜中所占比例增大，因此具有更好的垂直磁各向异性。此外，FePt/BN 多层膜经高温真空退火，可以获得较好的（001）取向，还源于 FePt/BN 多层膜的界面效应，界面各向异性增加了纳米复合薄膜的垂直各向异性。

7.3 （001）取向的 $L1_0$-FePt/AlN “磁岛”颗粒膜的设计、制备与表征

7.3.1 $L1_0$-FePt/AlN 颗粒膜的研究背景和设计思路

近几十年，硬盘磁记录技术得到了飞速的发展，并向着超高面密度、小型化方向发展，因此对超薄磁记录介质材料的性能尤其是热稳定性和信噪比的研究变得十分重要。在提高超薄薄膜的热稳定性方面，应制备高磁晶各向异性（K_u）的垂直磁记录薄膜材料；在提高超薄薄膜的信噪比方面，应尽可能地降低记录单元尺寸和磁性颗粒间的磁耦合作用。综合以上对超薄介质材料热稳定性和信噪比的要求，如何通过材料的综合设计，获得一个 H_C 适中、弱磁耦合作用的超薄垂直磁记录薄膜材料是实现超高密度硬盘的关键。

针对以上这个问题，国际上进行了一系列的相关研究：日立公司提出一种晶格介质（Bit Patterned Media）结构[23]，即在光刻好的掩模板上沉积磁性薄膜，由小尺寸、有序排列、非连续的“单畴磁岛”代替目前由多个连续的磁性颗粒作为磁记录单元，从而提高介质的热

稳定性。然而，这种结构需要纳米级的光刻技术和相关配套技术的发展，目前还有很多问题需要解决。对于连续薄膜而言，利用层间的耦合作用，如具有交换耦合复合（Exchange Coupled Composite，ECC）结构的垂直磁记录薄膜[24]，可以在保持薄膜材料具有高 K_u 的同时，控制其矫顽力（H_C）。这需要薄膜具有平整且有梯度的软磁/硬磁界面，增加了材料设计的复杂性和难度。此外，利用纳米颗粒膜结构可以控制薄膜的晶粒尺寸、H_C 和磁耦合作用，比如将 FePt 有序颗粒埋入非磁性金属、非金属、氮化物或氧化物母体中形成纳米颗粒膜结构[4,7,15]，通过非磁性物质隔离磁性相的母体作用以调节薄膜的磁耦合作用，可以获得上述 H_C 适中、无磁耦合作用的超薄垂直磁记录薄膜。

冯春等人通过材料的综合设计以及薄膜微结构的控制，利用非磁性 AlN 相对 FePt 相生长的界面调控作用以及沉积原子面对 FePt 晶格取向的调控作用，在连续薄膜中实现了具有“磁岛”生长结构、弱磁耦合作用的超薄 $L1_0$-FePt 垂直磁记录薄膜（示意图如图 7-8 所示）[19~22]。在材料设计上，采用与 FePt 晶格匹配、能引导其垂直取向的 MgO（001）面作为 FePt 的沉积原子面，以获得具有垂直磁各向异性的有序 FePt 颗粒。同时，在 FePt 的沉积过程中，掺入与 FePt 不固溶的非磁性 AlN 化合物，一方面通过调节 AlN 的掺杂量和薄膜厚度来控制 FePt 颗粒的岛状生长模式；另一方面利用非磁性 AlN 作为隔离 FePt 颗粒的母体，从而降低 FePt 颗粒间的磁耦合作用。此外，通过 FePt 成分的调节控制薄膜的有序化程度，从而达到对薄膜的矫顽力调控的作用。最终，通过上述的材料综合设计和对薄膜微结构的控制，制备出 H_C 适中、具有垂直磁各向异性、弱磁耦合作用的超薄

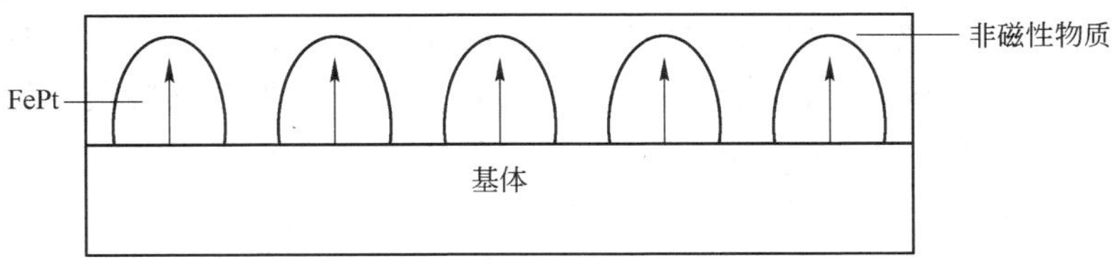

图 7-8 超薄 $L1_0$-FePt“磁岛”颗粒膜的结构示意图

$L1_0$-FePt/AlN “磁岛” 颗粒膜。本节主要介绍如何通过材料的综合设计以及薄膜微结构的控制，制备上述的超薄 $L1_0$-FePt/AlN “磁岛” 颗粒膜；同时，介绍了 AlN 在 “磁岛” 颗粒膜起到的界面调控作用。

7.3.2 $L1_0$-FePt/AlN 纳米复合薄膜的磁性能对 AlN 含量的依赖关系

冯春等人采用磁控溅射方法，在加热到 200℃ 的 MgO（001）基片上沉积结构为 FePt-AlN（6 ~ 20nm）/Ta（5 ~ 7nm）的薄膜，其中 FePt-AlN 层采用共溅射高纯 Fe 靶、Pt 靶和 AlN 靶的方法制备，Ta 保护层的沉积温度为 20℃。溅射时 Ar 工作气压恒定在 0.45 Pa。固定 FePt 的溅射功率（FePt 的原子数比为 52∶48），通过调节 AlN 的溅射功率来控制 AlN 在 FePt-AlN 层的含量，本节中均采用 AlN 的溅射速率与 FePt-AlN 共溅射的总速率的比值来衡量薄膜中 AlN 的含量（文中 x 为名义上的 AlN 掺杂含量）。沉积完毕的薄膜再经过真空度为 3×10^{-5}Pa 的真空退火处理，退火温度均为 550 ~ 700℃，退火时间为 1 h。

为了研究采用 MgO 单晶基片以及掺杂 AlN 对 FePt 薄膜的磁性能的影响，他们在单晶 MgO（001）基片上制备了掺杂不同含量 AlN 的 $(Fe_{52}Pt_{48})_{100-x}AlN_x$(6nm)/Ta(5nm) 薄膜，其平行膜面和垂直膜面方向测到的磁滞回线，如图 7-9 所示。从图中可知：没有掺杂 AlN 的 FePt 薄膜的磁滞回线虽然具有较小的 H_C 值，但是仍然具有明显的垂直磁各向异性；当掺杂不同含量的 AlN 时，薄膜均保持良好的垂直磁各向异性，说明 AlN 的掺杂并没有破坏超薄 FePt 薄膜的垂直磁各向异性。图 7-10 为上述薄膜的垂直膜面矫顽力 $H_{C\perp}$ 随 AlN 含量的变化关系图，可以发现：随着 AlN 含量的增加，薄膜的 $H_{C\perp}$ 逐渐升高。在 AlN 含量为 25% 之前，$H_{C\perp}$ 增加的幅度较小；在 AlN 含量达到 35% 时，$H_{C\perp}$ 有较大幅度的增加（达到 800kA/m），说明 AlN 的掺杂有利于超薄 FePt 薄膜 $H_{C\perp}$ 的升高，同时也可以通过控制掺杂 AlN 的含量来实现对超薄 FePt 薄膜 H_C 的调控。

此外，通过 AGFM 测量上述掺杂不同 AlN 的薄膜的 δM-H 曲线，可以衡量薄膜中的磁耦合作用，如图 7-11 所示。纯 FePt 薄膜的 δM 曲线呈现一个正峰值，即薄膜中 FePt 颗粒间具有较大的磁耦合作用；

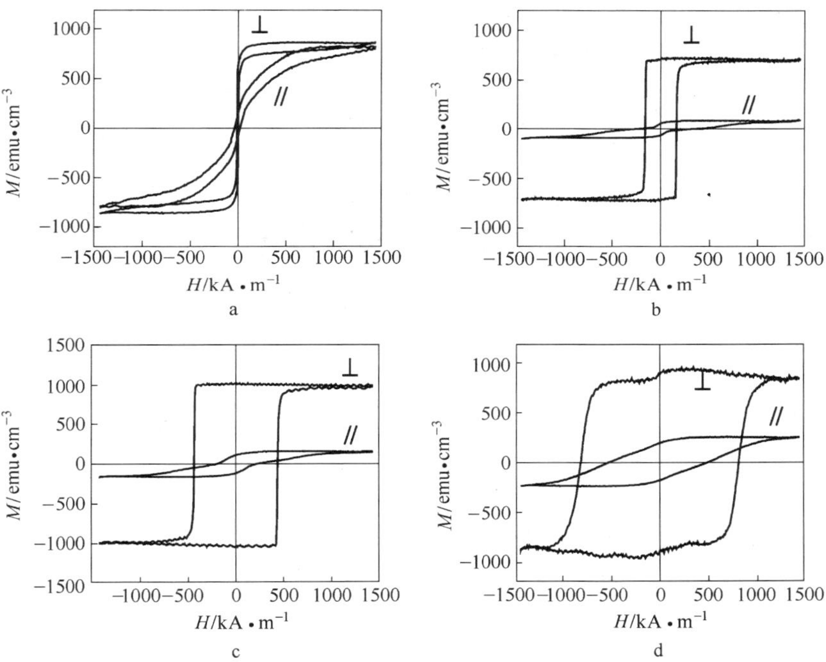

图 7-9 掺杂不同含量 AlN 的 $(Fe_{52}Pt_{48})_{100-x}AlN_x$(6nm)/Ta(5nm)薄膜的磁滞回线

a—$x=0$；b—$x=18$；c—$x=25$；d—$x=35$

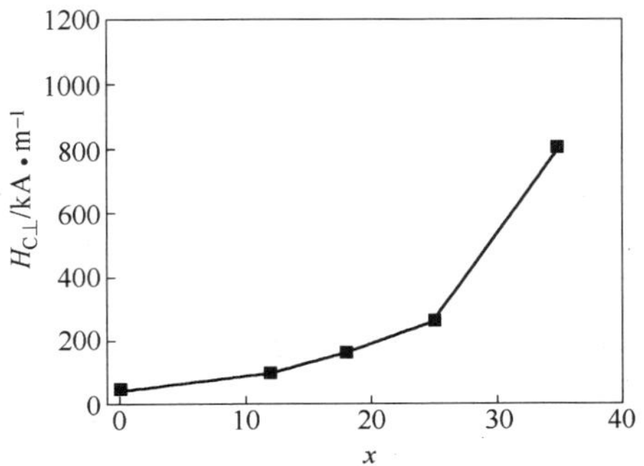

图 7-10 $(Fe_{52}Pt_{48})_{100-x}AlN_x$(6nm)/Ta(5nm)薄膜的垂直膜面矫顽力 $H_{C\perp}$ 随 AlN 含量 x 的变化

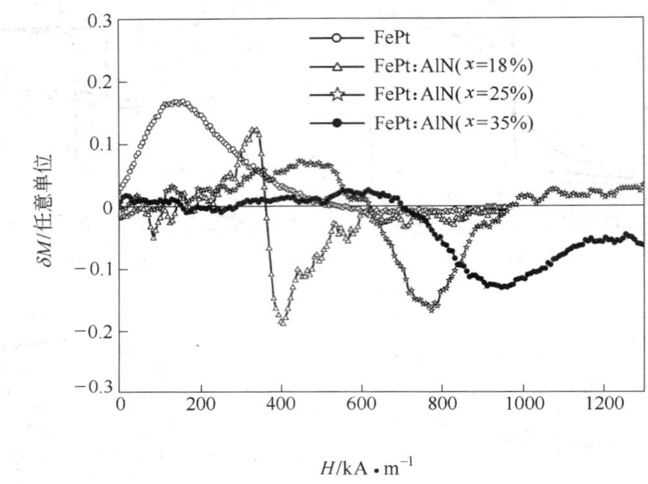

图 7-11 $(Fe_{52}Pt_{48})_{100-x}AlN_x$(6nm)/Ta(5nm)薄膜的 δM-H 曲线

掺杂 18% 的 AlN 时，δM 曲线呈现正负两个峰值，即此时薄膜的磁耦合作用有一定程度的降低，但仍存在磁耦合作用；当掺杂量达到 25% 时，薄膜 δM 曲线的正峰值进一步减弱，即薄膜的磁耦合作用进一步减小；当掺杂量达到 35% 时，薄膜 δM 曲线仅呈现一个负峰值，即此时薄膜呈现非常弱的磁耦合作用，这表明掺杂 AlN 可以有效地降低超薄 FePt 薄膜的磁耦合作用。

7.3.3 $L1_0$-FePt/AlN 纳米复合薄膜的晶体结构和 AlN 化学状态

冯春等人利用 X 光衍射测量了 $(Fe_{52}Pt_{48})_{100-x}AlN_x$(6nm)/Ta(5nm)薄膜的晶体学结构的变化，其 XRD 图如图 7-12 所示。从图中可知，掺杂不同含量 AlN 的超薄 FePt 薄膜均出现比较强的 FePt(001) 和 FePt(002)衍射峰，表明薄膜的（001）取向良好，即薄膜保持良好的垂直磁各向异性，这一点与上面的磁性测量结果一致。图 7-13 是根据谢乐公式计算出来的 FePt 平均晶粒尺寸随着 AlN 的变化情况，可知：随着 AlN 掺杂量的增多，FePt 平均晶粒尺寸呈下降趋势，这说明 AlN 的掺入有利于减小 FePt 晶粒尺寸。

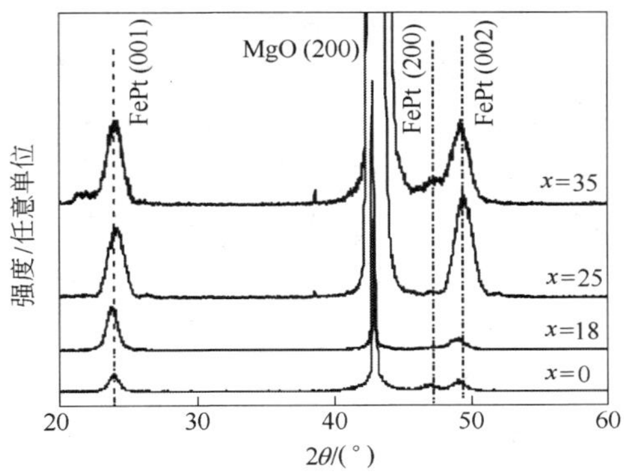

图 7-12 $(Fe_{52}Pt_{48})_{100-x}AlN_x$(6nm)/Ta(5nm)薄膜的 XRD 图谱

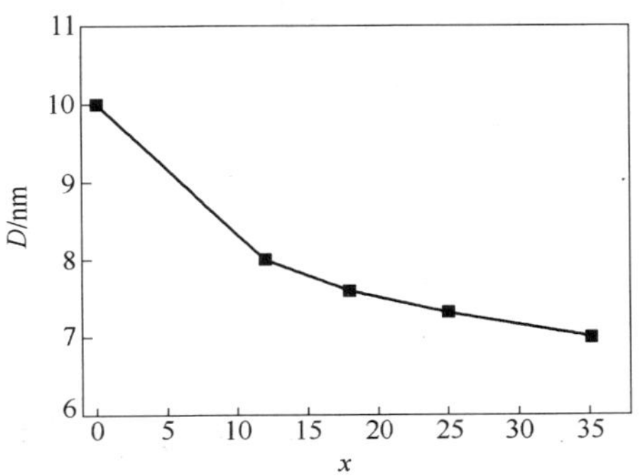

图 7-13 $(Fe_{52}Pt_{48})_{100-x}AlN_x$(6nm)/Ta(5nm)薄膜的平均晶粒尺寸 D 随 x 的变化

从图 7-12 中可以发现一个有趣的现象：即使当 AlN 掺杂量达到 35% 时，薄膜中仍然没有出现明显的 AlN 衍射峰、Al 或 N 的相关衍射峰，导致此现象的原因可能是由于 AlN 晶化较差，形成非晶态 AlN，因此 XRD 图未出现晶化的 AlN 衍射峰。为了研究 Al、N 元素在薄膜中的化学状态，冯春等人还利用 X 射线光电子能谱（XPS）探测了 $(Fe_{52}Pt_{48})_{65}AlN_{35}$（6nm）/Ta（3nm）薄膜在 700℃退火后的 Al 和 N 原子的 XPS 高分辨图谱，如图 7-14 所示。X 射线源选择 AlK_α 靶，能量为 1486.6 eV。XPS 的探测深度 d 可以用式 5-3 表示。对于

Al K_α射线源，Al 2p 和 N 1s 的非弹性平均自由程分别为 2.39nm 和 3.22nm，当 $\alpha = 90°$ 时，Al 原子和 N 原子的 d 分别是 7.17nm 和 9.66nm，均大于膜厚（6nm）。因此，可以利用 XPS 可以探测到薄膜样品中的几乎全部 Al 和 N 原子的化学状态信息。图 7-14a 中的 74.3 eV 处的峰和图 7-14b 中的 396.8 eV 处的峰分别对应于 Al-N 化学键中的 Al $2p_{3/2}$和 N 1s 峰，这表明薄膜中存在大量的非晶态的 AlN 合金相。

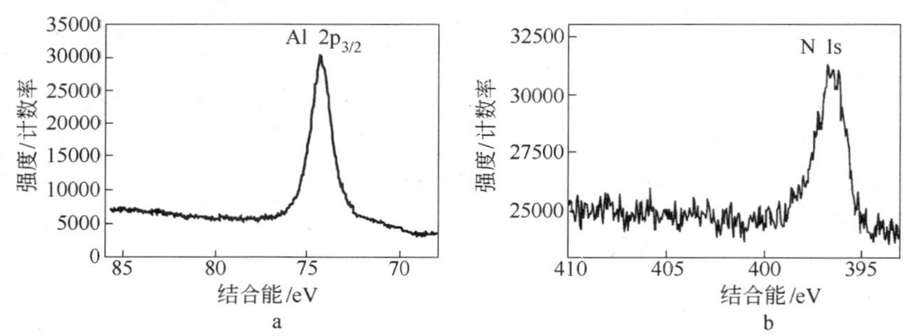

图 7-14　$(Fe_{52}Pt_{48})_{65}AlN_{35}$(6nm)/Ta(3nm)薄膜的 XPS 高分辨图谱

a—Al 元素；b—N 元素

7.3.4　$L1_0$-FePt/AlN 纳米复合薄膜的微结构和 AlN 界面调控机理

利用 MgO 基片作为超薄 FePt 薄膜的沉积面、掺杂 AlN 对薄膜的调控作用，可以实现薄膜的垂直磁各向异性、提高薄膜的 H_C，同时有利于降低 FePt 晶粒尺寸和磁耦合作用，这一结果与薄膜微结构的变化密切相关。为了进一步研究掺杂 AlN 对超薄 FePt 薄膜的微结构的影响，冯春等人利用透射电镜研究薄膜的生长形貌、晶格外延关系以及相分布情况等。根据上述 XRD 和 XPS 结果，AlN 可能以非晶态或晶粒较小的晶态存在于薄膜中，因此难以利用透射电镜直接确定 AlN 相，进而研究 AlN 对薄膜微结构的调控作用。他们巧妙地设计了结构为（$Fe_{52}Pt_{48}$）$_{65}$ AlN_{35}(6nm)/AlN(1nm)/Ta(7nm)的薄膜，此薄膜的磁性能与（$Fe_{52}Pt_{48}$）$_{65}$ AlN_{35}(6nm)/Ta(7nm)薄膜的磁性能相差不大，通过高分辨电镜对中间的 AlN（1nm）层的观察首先确定 AlN

的晶化情况；然后再通过高分辨电镜研究 $(Fe_{52}Pt_{48})_{65}AlN_{35}$ (6nm) 层，更好地研究 AlN 在 FePt 层中对薄膜微结构的调控作用。

图 7-15 是经 700℃ 退火 1h 后，$(Fe_{52}Pt_{48})_{65}AlN_{35}$(6nm)/AlN (1nm)/Ta(7nm)薄膜的截面高分辨像，入射电子束沿 MgO 基片的[100]

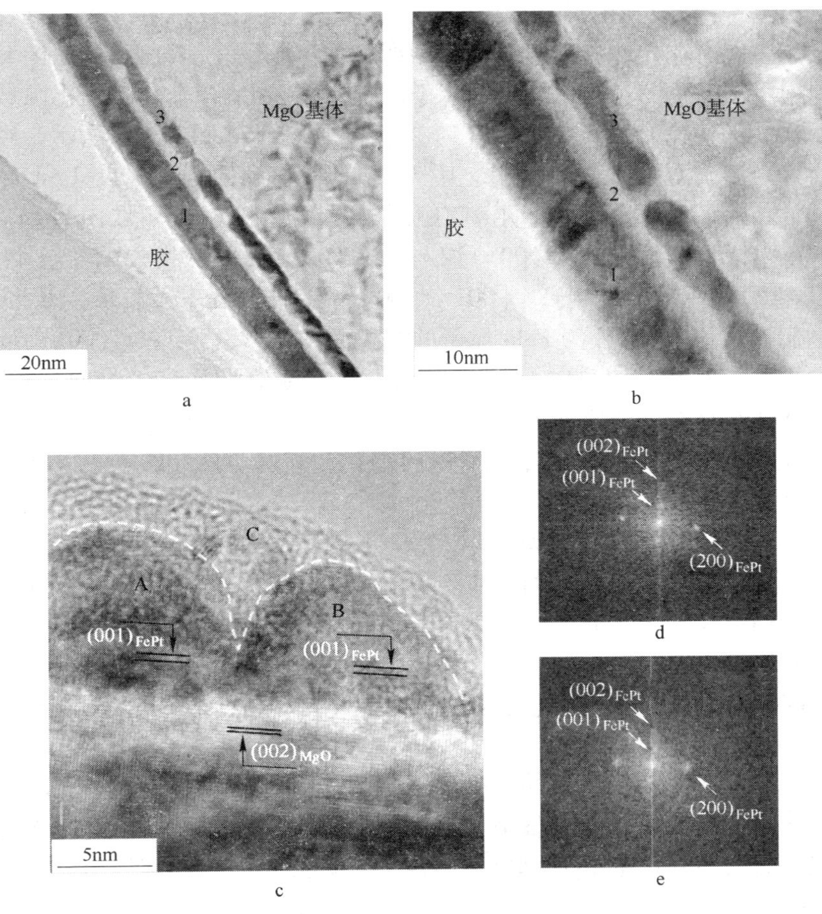

图 7-15 $(Fe_{52}Pt_{48})_{65}AlN_{35}$(6nm)/AlN(1nm)/Ta(7nm)薄膜的高分辨电子显微谱

a，b—低倍形貌像，1，2，3 层为 Ta(7nm)，AlN(1nm)，$(FePt)_{65}AlN_{35}$(6nm)层；
c—$(FePt)_{65}AlN_{35}$(6nm)层的局部高分辨像；d，e—A 和 B 区域的 FFT 像

晶带轴方向。图 7-15a 和 7-15b 分别是放大倍数不同的低倍形貌像，薄膜中形成了界面清晰的三层膜结构，Ta 保护层由于其原子序数较大，所以呈现深色；中间的一层为非晶层，是设计的 AlN（1nm）层；最靠近 MgO 基片的一层为 FePt 和 AlN 的共溅射混合层，图 7-15c 是这个混合层的局部高分辨像。可以发现：在 FePt 和 AlN 的混合层中，同时存在着晶化区域（图中标记的 A 和 B 区域）和非晶区域（图中标记的 C 区域），其中非晶区域应该是 AlN 合金相；晶化区域 A 和 B 的快速傅立叶变换（FFT）图，如图 7-15d 和 7-15e 所示，经过标定后确定为 $L1_0$-FePt 相，其（001）面平行于膜面，即 $L1_0$-FePt 相的 c 轴垂直于膜面，说明薄膜中形成了良好的（001）取向的 $L1_0$-FePt 相，并且由于 MgO(001)面与 FePt(001)面的晶格失配度较小，存在［001］（100)MgO ‖［001］(100)FePt 的晶格外延关系，因此，利用 MgO(100)面作为 FePt 原子的沉积面，可以引导 FePt（001）取向生长，使得 $L1_0$-FePt 晶格的易磁化轴一致地沿垂直于膜面排列，导致薄膜具有良好的垂直磁各向异性。换句话说，通过 MgO(001)沉积面对超薄 FePt 薄膜的晶体取向的控制，实现了良好的垂直磁各向异性。

另外，从图 7-15 中还可以发现：$L1_0$-FePt 晶粒在 MgO 基片上呈三维“岛状”生长，岛的尺寸约为 7nm。这是由于：在热平衡态时，原子的生长模式取决于沉积原子的表面自由能（$\gamma_{overlayer}$)、沉积基体的表面自由能（$\gamma_{substrate}$）以及界面自由能（$\gamma_{interface}$)。(001)FePt 和 (100)MgO 的表面自由能分别为 2.18J/m^2 和 1.2J/m^2 [25]，所以有式 7-1 成立：

$$\gamma_{FePt} + \gamma_{AlN} + \gamma_{interface} > \gamma_{MgO} \tag{7-1}$$

为了尽可能地减小整个体系的能量，FePt 和 AlN 原子趋向于以三维岛状的方式在 MgO 基体上形核，使低能量的 MgO 基体尽可能地“暴露”。同时，从图 7-15c 中可以清晰地发现：非晶 AlN 分布于 $L1_0$-FePt 相的边界处，这种结构中的 AlN 通过抑制 $L1_0$-FePt 岛的生长（减小 FePt 晶粒尺寸），进一步控制 FePt 在 MgO 基片上的三维 Volmer-Weber 型岛状生长。因此，通过控制表面自由能和 AlN 的界面调控作用，在连续薄膜中实现了具有岛状生长、垂直磁各向异性的

$L1_0$-FePt 纳米“磁岛”结构。

此外，AlN 作为非磁性相，分布于 $L1_0$-FePt 相的边界处的 AlN 相又能够起到隔离 FePt 颗粒的作用，从而有效地降低了 FePt 颗粒间的磁耦合作用（图 7-11）。在掺杂 AlN 较少时，FePt 颗粒可能未被完全隔离，即相邻 FePt 颗粒的磁畴仍然通过 AlN 连通，因此处于 FePt 相边界处的 AlN 作为 FePt 畴壁移动的钉扎位，增加了 FePt 畴壁移动的势垒，因而造成薄膜的 H_C 升高。随着 AlN 的增多，FePt 颗粒逐渐减小，并逐渐被 AlN 隔离开，薄膜的磁化模式也逐渐由畴壁移动转变为磁畴旋转模式。由于具有磁畴旋转的磁性颗粒在反磁化时需要克服各向异性能，而具有畴壁钉扎的磁性颗粒在反磁化时需要克服反向畴的形核能（通常情况下比各向异性能小很多）[26~28]，造成磁畴旋转模式的薄膜在反磁化时需要克服的势垒增加，从而导致薄膜的 H_C 进一步升高。

这种具有垂直磁各向异性、H_C 适中、弱磁耦合作用的 $L1_0$-FePt/AlN“磁岛”颗粒膜，从性能上非常适合应用于垂直磁记录介质。然而，这种薄膜还需要通过优化工艺条件以控制“磁岛”的单畴结构、尺寸分布、间距以及均匀性等，才能有望在连续薄膜中实现“单畴磁岛”的记录方式，即每个纳米级的磁岛都具有单畴结构且只记录一个数据位（类似晶格介质结构），从而大幅度提高记录面密度。

7.3.5 厚度、基片温度以及退火对 $L1_0$-FePt/AlN 纳米复合薄膜的磁性能影响

前面已经介绍了利用 MgO 基片作为超薄 FePt 薄膜的沉积面、掺杂 AlN 对 FePt 薄膜的磁性能及微结构的调控作用，本小节主要介绍薄膜厚度、基片温度、退火温度对具有（001）取向的 FePt/AlN 纳米复合颗粒膜的磁性能和微结构的影响。

薄膜的厚度和基片温度对 FePt/AlN 纳米复合颗粒膜的垂直磁各向异性具有很大的影响。图 7-16 和图 7-17 分别为掺杂 AlN 含量为 25% 时，不同厚度的 FePt 薄膜的磁滞回线和对应的 XRD 谱，退火温度为 700℃，退火时间为 1h。与图 7-9c 相比可知，将薄膜厚度由 10nm 降低到 6nm 时，其平行膜面方向的曲线的矫顽力以及饱和磁化

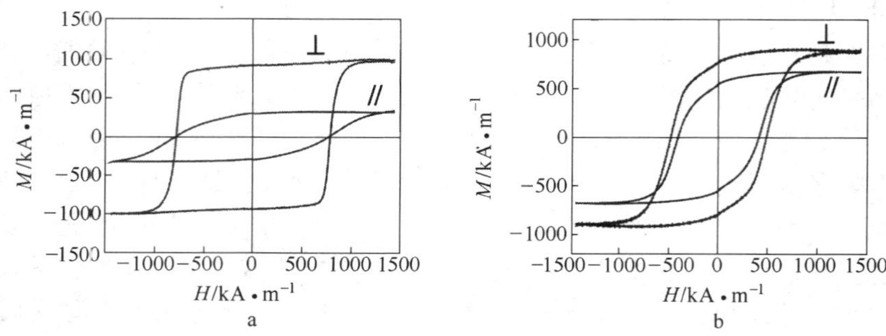

图 7-16　$(Fe_{52}Pt_{48})_{75}AlN_{25}$($d$nm)/Ta(5nm)薄膜的磁滞回线

a—$d=10$；b—$d=20$

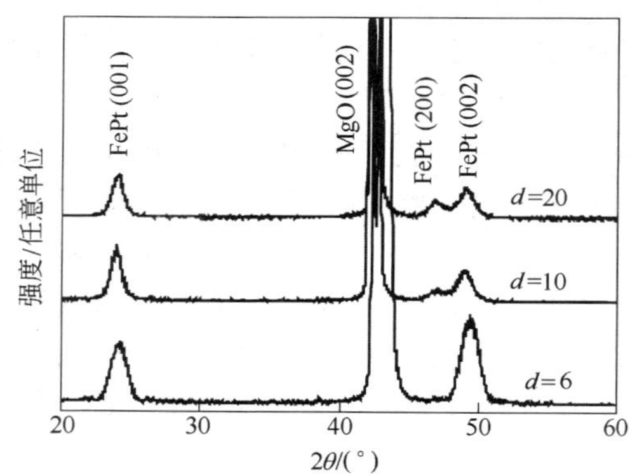

图 7-17　$(Fe_{52}Pt_{48})_{75}AlN_{25}$($d$nm)/Ta(5nm)薄膜的 XRD 图谱

强度均有明显下降，对应的 XRD 图中也仅出现较强的 FePt(001)和(002）衍射峰，FePt(200)峰消失，即薄膜的垂直磁各向异性得到了明显改善，但同时薄膜垂直膜面的矫顽力明显下降；相反，当薄厚升高到 20nm 时，其平行膜面和垂直膜面方向的曲线磁化难易程度相当，对应的 XRD 图中不仅出现了较强的 FePt(001)和（002）衍射峰，也出现了较强的 FePt(200)峰，即薄膜同时存在平行膜面和垂直膜面取向的晶粒，薄膜的垂直磁各向异性变差。此外，根据谢乐公式可以估算出薄膜的 FePt 平均晶粒尺寸：薄膜厚度为 6nm 和 10nm 时对应的 FePt 晶粒尺寸分别为 7.6nm 和 10.6nm，说明降低膜厚有利于减小晶粒尺寸。

因此，通过降低薄膜的厚度，可以有效地改善 FePt 的垂直磁各向异性，并且降低 FePt 晶粒尺寸；然而，薄膜的矫顽力也明显地下降。这是由于 FePt 层越薄，FePt 晶粒就能够越好地在 MgO 基片上沿垂直膜面方向外延生长，从而导致其垂直磁各向异性增加；但是随着 FePt 厚度的降低，其 FePt 晶粒的有序化越困难，同时晶粒生长也受到限制[29]，从而导致薄膜的矫顽力和晶粒尺寸下降。

图 7-18 和图 7-19 分别是在不同基片温度下沉积 $(Fe_{52}Pt_{48})_{89}AlN_{11}$(6nm)/Ta(5nm) 薄膜的磁滞回线和 XRD 图谱（AlN 含量为 11%），退火温度为 700℃，退火时间为 1h。不同基片温度下沉积的薄膜均具有垂直磁各向异性。当基片处于室温时，虽然薄膜也具有垂直磁各向异性，但是薄膜平行膜面的曲线也存在较大的磁滞；而当基

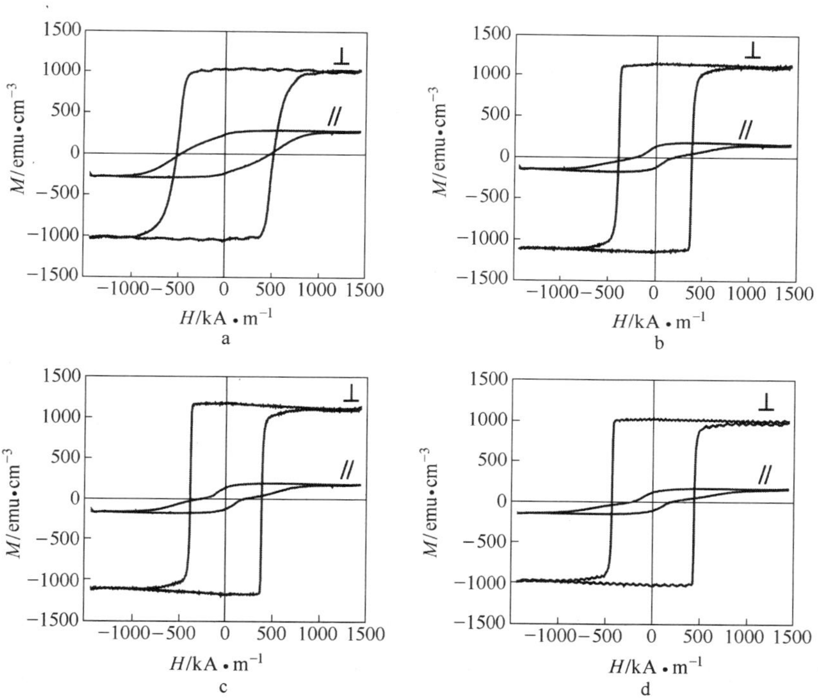

图 7-18 不同基片温度沉积的 $(Fe_{52}Pt_{48})_{89}AlN_{11}$(6nm)/Ta(5nm) 薄膜的磁滞回线

a—室温；b—100℃；c—150℃；d—200℃

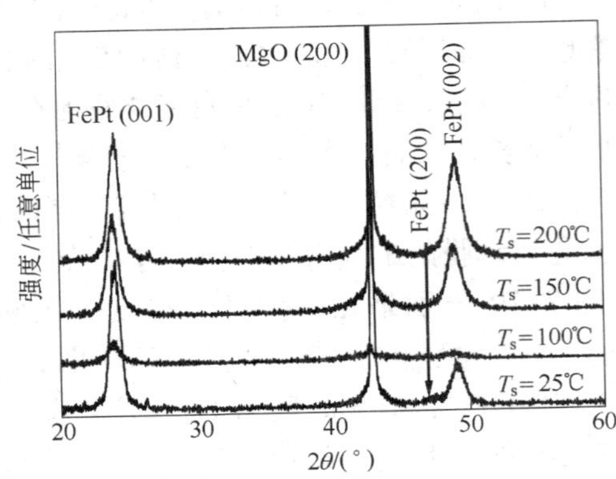

图 7-19 不同基片温度 T_s 的 $(Fe_{52}Pt_{48})_{89}AlN_{11}$(6nm)/Ta(5nm) 薄膜的 XRD 谱

片温度升至 100℃以后，其平行膜面曲线的磁滞明显减小，同时薄膜的垂直膜面曲线表现出明显的磁易轴特性，其剩磁比和方形度较高，即薄膜表现出较好的垂直磁各向异性。另外，薄膜的 XRD 图也可验证薄膜垂直磁各向异性的变化。当基片温度为室温时，薄膜的 XRD 图谱中不仅出现了 FePt(001) 和 FePt(002) 衍射峰，而且存在明显的 FePt(200) 衍射峰；而当基片温度升至 100℃以后，FePt(200) 衍射峰基本消失，即表明 FePt 晶粒更多地沿垂直膜面方向生长，具有较好的垂直磁各向异性。因此，基片加热有利于提高 FePt 薄膜的垂直磁各向异性，这是因为基片加热时，沉积在基片上的 Fe、Pt 原子获得额外的能量来克服沿垂直膜面方向生长的势垒，从而其垂直磁各向异性随基片温度的升高得到改善。

退火处理尤其是退火温度的选择对温度对 FePt/AlN 纳米复合颗粒膜的硬磁性能具有很重要的影响。图 7-20 为 $(Fe_{52}Pt_{48})_{65}AlN_{35}$(6nm)/Ta(5nm) 薄膜经不同温度退火 1h 后的磁滞回线。FePt 薄膜在 600℃退火时呈现较弱的硬磁性，表明此时开始有序；当退火温度为 650℃时，FePt 薄膜具有良好的垂直磁各向异性，说明此时有序化较好。因此，FePt/AlN 的有序化温度高达 600℃，比一般的纯 FePt 薄膜的有序化温度还要高，这与国际上大多数关于颗粒膜的报道结果一致。其原因是由于非磁性 AlN 的掺杂会抑制 FePt 晶粒的生长，其 FePt 晶粒的有序化越困难[29]，从而导致薄膜的有序化温度较高。

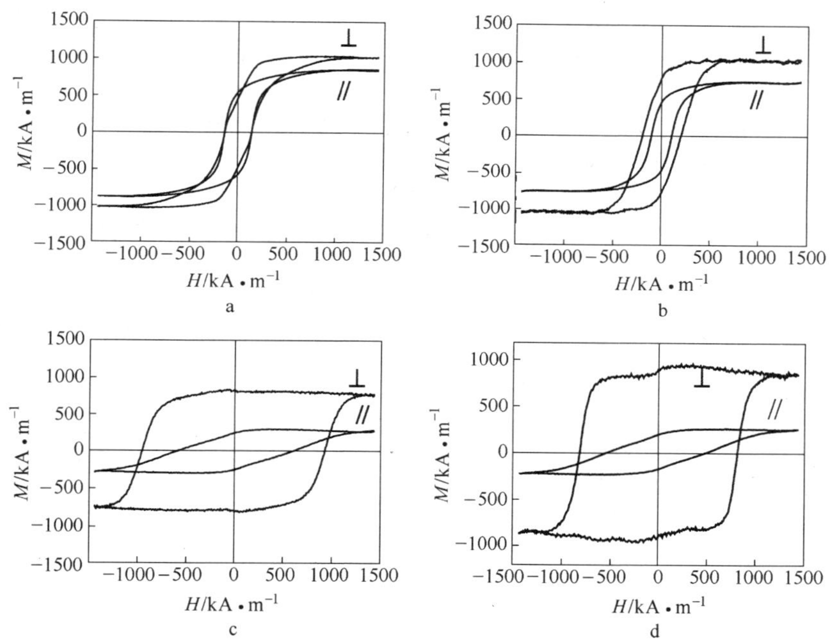

图 7-20 $(Fe_{52}Pt_{48})_{65}AlN_{35}$(6nm)/Ta(5nm)
薄膜经不同温度退火 1h 后的磁滞回线
a—550℃；b—600℃；c—650℃；d—700℃

参 考 文 献

[1] Wood. The feasibility of magnetic recording at 1 terabit per square inch [J]. IEEE Trans. Magn., 2000, 36 (1): 36 ~ 42.

[2] Weller D, Moser A, Folks L, et al. High Ku materials approach to 100Gb/in^2 [J]. IEEE Tran. Magn., 2000, 36 (1): 10 ~ 15.

[3] Yang T, Ahmad E, Suzuki T. FePt - Ag nanocomposite film with perpendicular magnetic anisotropy [J]. J. Appl. Phys., 2002, 91: 6860 ~ 6862.

[4] Chen S, Kuo P L, Sun A C, et al. Granular FePt - Ag thin films with uniform FePt particle size for high-density magnetic [J]. Mater. Sci. and Eng. B, 2002, 88: 91 ~97.

[5] Yan M L, Sabirianov R F, Xu Y F, et al. $L1_0$ ordered FePtC composite films with (001) texture [J]. IEEE Tran. Magn., 2004, 40: 2470 ~2472.

[6] Xu X H, Wu H S, Li X L, et al. Structure and magnetic properties of FePt and FePt/C thin films by post-annealing [J]. Phys. B, 2004, 348: 436 ~439.

[7] Huang Y, OKumura H, Hadjipanayis G C, et al. Perpendicularly oriented FePt nanoparticles sputtered on heated substrates [J]. J. Magn. Magn. Mater., 2002, 242-245: 317 ~320.

[8] Daniil M, Farber P A, Kumura H O, et al, FePt: BN granular films for high-density recording media [J]. J. Magn. Magn. Mater., 2002, 246: 297 ~302.

[9] Chen S C, Kuo P C, Sun A C, et al. Effects of Cr and SiN Contents on the Microstructure and Magnetic Grain Interactions of Nanocomposite FePtCr - SiN Thin Films [J]. IEEE Tran. Magn., 2003, 39: 584 ~589.

[10] Xu X H, Li X L, Wu H S. Effect of AlN layer thickness on structure and magnetic properties of FePt/AlN multilayers [J]. Vaccum, 2006, 80: 390 ~394.

[11] Kuo C M, Kuo P C, Wu H C, et al. Magnetic hardening mechanism study in FePt thin films [J]. J. Appl. Phys., 1999, 75: 4886 ~4888.

[12] Luo C P, Liou S H, Gao L. Nanostructured FePt: B_2O_3 thin films with perpendicular magnetic anisotropy [J]. Appl. Phys. Lett., 2000, 77: 2225 ~2227.

[13] Bai J, Yang Z, Wei F, et al. Nano-composite FePt - Al_2O_3 films for high-density magnetic recording [J]. J. Magn. Magn. Mater., 2003, 257: 132 ~137.

[14] Platt C L, Wierman K W, Howard J K, et al. A comparison of FePt thin films with HfO_2 or MnO additive [J]. J. Magn. Magn. Mater., 2003, 260: 487 ~491.

[15] Luo C P, Sellmyer D J. Structural and magnetic properties of FePt: SiO_2 granular thin films [J]. Appl. Phys. Lett., 1999, 75: 3162 ~3164.

[16] 李宝河，冯春，杨涛，等. 磁控溅射方法制备垂直取向 FePt/BN 颗粒膜 [J]. 物理学报，2006，55：2562 ~2566.

[17] Li B H, Feng C, Gao X, et al. Magnetic properties and microstructure of FePt/BN nanocomposite films with perpendicular magnetic anisotropy [J]. Appl. Phys. Lett., 2007, 91: 152502-1 ~152502-3.

[18] 李宝河. 高磁晶各向异性磁记录介质 FePt 薄膜的研究 [D]. 北京：北京科技大学，2005.

[19] Feng C, Zhang E, Xu C C, et al. Magnetic properties and microstructure of L1-FePt/AlN perpendicular nanocomposite films [J]. J. Appl. Phys., 2011, 110: 063910.

[20] Feng C, Wang S G, Yang M Y, et al. Tunable magnetic properties by interfacial manipulation of $L1_0$-FePt perpendicular ultrathin film with island-like structures [J]. J. Nanosci.

Nanotechno., 2011, In press.

[21] 张恩，冯春，李宁，等．不同工艺条件对 FePt-AlN 纳米薄膜磁性影响的研究［J］．功能材料，2009，40（9）：1449～1451.

[22] 冯春．高磁晶各向异性磁记录薄膜材料的研究［D］．北京：北京科技大学，2008.

[23] Lodder J C. Methods for preparing patterned media for high-density recording［J］. J. Magn. Magn. Mater., 2004, 272-276: 1692～1697.

[24] Hong M H, Hono K, Watanabe M. Microstructure of FePt/Pt magnetic thin films with high perpendicular coercivity［J］. J. Appl. Phys., 1998, 84: 4403～4409.

[25] Trichy G R, Chakraborti D, Narayan, et al. Structure-magnetic property correlations in the epitaxial FePt system［J］. Appl. Phys. Lett., 2008, 92: 102504-1～102504-3.

[26] 章吉良．磁记录原理与技术［M］．上海：上海交通大学出版社，1990.

[27] 都有为，罗河烈．磁记录材料［M］．北京：电子工业出版社，1992.

[28] 田民波．磁性材料［M］．北京：清华大学出版社，2001.

[29] Lim B C, Chen J S, Wang J P. Thickness dependence of structural and magnetic properties of FePt films［J］. J. Magn. Magn. Mater., 2004, 271: 431～436.

8 磁记录介质薄膜材料的磁学性能和微结构的调控

8.1 磁学性能和微结构调控问题的提出及研究现状

超高密度磁记录硬盘要求记录介质材料具有非常高的热稳定性和信噪比。随着硬盘记录密度的不断升高，记录单元或磁性材料的晶粒尺寸以及颗粒间的磁耦合作用必须随之减小，才能减小磁性颗粒的退磁场作用，并保持介质材料的高信噪比。如果此时介质材料仍然保持原来的磁晶各向异性能密度（K_u），就会使磁性颗粒的各向异性能降低。当介质的各向异性与外界的热能相当时，记录单元上的信息就很容易在外界干扰磁场的作用下发生反转或改变，即超顺磁效应出现。因此，为了避免这一现象，必须提高原有介质材料的 K_u 值或采用更高 K_u 值的磁性材料，如 CoCr 合金、$L1_0$-FePt 合金或 SmCo 合金作为记录介质[1]。但是，这些具有高 K_u 值的材料通常也具有很高的矫顽力（H_C），远远超过目前硬盘写入磁头具有的最大写入场，所以很难利用目前已有的磁头实现这些材料的充磁过程，这造成了介质的热稳定性（Thermal Stability）、写入能力（Writability）以及信噪比（SNR）之间的“三角形”矛盾（Trilemma），如图 8-1 所示。也就是

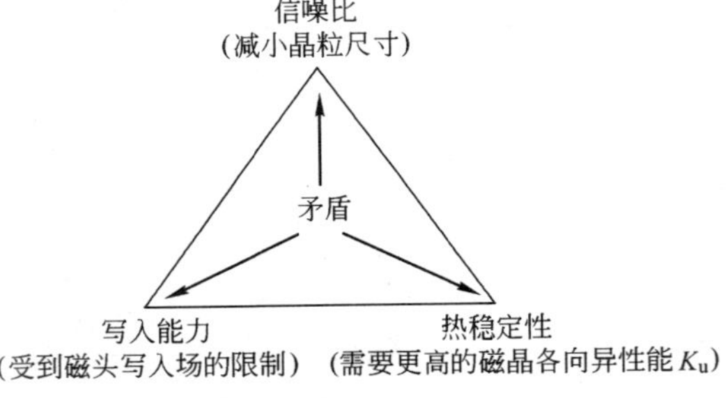

图 8-1 超高密度磁记录介质材料的热稳定性（Thermal Stability）、写入能力（Writability）以及信噪比（SNR）之间的“三角形”矛盾（Trilemma）

说，一方面性能的改善会导致另一方面性能的降低，因此垂直磁记录介质材料必须在写入能力、热稳定性以及信噪比之间找到最佳点。

因此，超高密度磁记录要求介质材料同时具有高 K_u 值、适中或可控的矫顽力以及较小的晶粒尺寸和颗粒间磁耦合作用，所以必须对磁记录介质薄膜材料的磁学性能（如 K_u、H_C、磁耦合作用等）进行调控，这需要对薄膜材料结构的综合设计和对薄膜微结构的有效控制。针对不同的材料体系，实现磁学性能调控的手段和方法也各不相同。

对于 Co 基合金薄膜而言，由于纯 Co 的饱和磁化强度（M_s）太高，会导致作用在垂直膜面方向的退磁场大于 Co 的单轴各向异性场，因此必须降低 Co 薄膜的 M_s 值，以实现 Co 颗粒的垂直磁记录。另外，纯 Co 薄膜的 Co 晶粒间存在着很强的磁耦合作用，因此需要对薄膜中的磁耦合作用进行调控，以提高介质的信噪比。此外，由于纯 Co 的 K_u 和 H_C 值均较低，不适合于超高密度磁记录，因此需要提高薄膜的 K_u 值，以增加介质的热稳定性。针对以上性能调控的要求，国际上做了很多研究工作，比如：在 Co 薄膜中加入 Cr 元素，可以有效地降低薄膜的 M_s 值[2~4]，实现 Co 薄膜的垂直磁各向异性；同时，Cr 在垂直于膜面柱状生长的 Co 晶体的晶界处偏聚，使 Co 晶粒间的磁交换相互作用大大降低，从而提高 Co 薄膜的矫顽力。在 CoCr 薄膜中添加 Ta 元素，能够起到抑制 CoCr 合金的晶粒生长和增强 Cr 的晶界隔离作用的作用[5~19]。Pt 可以增加 Co 薄膜的 K_u 值，提高 H_C 值；B 和 Nb 起到细化晶粒、降低噪声的作用[20~22]。Ru 缓冲层可以引导 CoCr 层的延晶生长[23]，形成更好的织构；同时，通过柱状晶生长，减小 CoCr 晶粒尺寸和表面粗糙度，以提高 CoCr 基薄膜的磁性能。以上这些方法大多数是通过控制 Co 基薄膜的微结构（晶体结构、晶粒生长或晶粒分布等），从而实现对磁学性能的调控作用。目前，如何进一步有效地提高 CoCr 基合金薄膜的 K_u 值和 H_C 值、控制薄膜的磁耦合作用仍然是其应用于超高密度磁记录硬盘的一个重要研究课题。

$L1_0$-FePt 有序合金薄膜比 CoCr 基合金薄膜的 K_u 值高一个数量级，通常具有非常高的 H_C 值（800 ~ 1600kA/m），目前的磁头难以有效地对具有过高矫顽力的 $L1_0$-FePt 介质进行充磁，因此限制了它在实际硬盘中的应用，所以必须在保证 $L1_0$-FePt 有序合金薄膜具有高 K_u 值的同时，实现对矫顽力的调控。此外，和纯 Co 薄膜一样，纯 FePt 薄膜也具有很强的颗粒间磁耦合作用，因此必须对 $L1_0$-FePt 有序合金薄膜的颗粒间磁耦合作用进行有效的调控，以提高介质材料的信噪比。针对这些磁学性能的调控问题，国际上进行了很多相关的研究工作。例如，佐贺（Saga）等人[24]提出了热辅助磁记录介质(Thermal Assisted Magnetic Recording Media)，在写入数据时，使用聚焦的激光束对写入区域局部加热，降低介质的矫顽力，以实现信息的写入。然而，磁头需要用极细的激光束，而且激光加热对润滑层的抗高温性和记录层的导热性都提出了巨大的挑战[25]。王建平教授[26]提出了倾斜记录介质（Tilted Media)，其易磁化轴和薄膜法线方向呈一定的角度，可以使介质的磁化反转变得容易，而介质的热稳定性不受影响，因而大大降低了对写入磁场的要求，但在实际制备中存在很大的难度。此外，通过对 FePt 薄膜微结构的控制也可以实现对部分磁学性质的调控，比如：在 FePt 合金薄膜中掺杂某些元素或利用合适的底层或缓冲层可以引导 FePt 的垂直膜面外延生长，提高薄膜的 K_u 值[23,27~29]，但这些方法通常也会带来 H_C 值的过快增加。通过在 FePt 合金薄膜中掺杂非磁性原子或将 FePt 有序颗粒埋入非磁性母体中形成纳米颗粒膜[30~33]，通过掺杂原子或母体的调控作用来实现薄膜的 H_C 和颗粒间磁耦合作用的调控，但有时也会导致薄膜的其他性能如 M_s、K_u 值的降低，或需要较高的热处理温度等。

2005 年美国的维克托（Victora）教授和奥地利学者休斯(Suess) 分别从理论上提出了软磁/硬磁交换耦合复合介质（Exchange Coupled Composite，ECC)[34]和交换弹性介质（Exchange Spring，ES)[35]，它们是由软磁层和硬磁层通过界面间接或者直接的交换耦合而成的。介质中的硬磁层具有高 K_u 值，以此来保证介质的高热稳定性；介质中具有低 K_u 值的软磁层在低磁场下先反转，然后带动硬磁层在较低的外磁场下实现反转，从而实现低场写入，因此这种介质在具有高 K_u 值的同时能够实现对 H_C 的调控。在 ECC 和 ES 介质的研究基础上，2006 年，Suess 又从理论上提出 K_u 值连续变化的交换耦合梯度介质（Exchange Coupled Graded，ECG）[36]。这种梯度介质由于其 K_u 值呈现“连续梯度”分布，因而可以在保持介质热稳定性的前提下，通过无限减小相邻区域的 K_u 值之差来更有效地减小其矫顽力，它被认为是实现超高密度磁存储的一种非常有效的介质。此后，Goll 等人[37]通过变化部分 Fe 软磁层的基片温度制备出具有梯度 K_u 值的 $L1_0$-FePt/Fe 薄膜；新加坡数据存储中心和国立大学的两个课题组[38,39]又通过调节溅射功率和时间来改变硬磁层中非磁性氧化物的含量分布，制备出 FePt-TiO_2 和 CoPt-Ta_2O_5 梯度介质；王芳等人[40]制备了 FeAu/FePt 双层膜，通过后退火的方法在界面处形成了 K_u 值连续梯度的 ECG 介质；Zha 等人利用在不同的 FePt 层中掺杂不同含量的 Cu，制备了 FePtCu 梯度薄膜[41]。然而，由于这种介质需要具有平整且有梯度的软磁/硬磁界面，因此增加了材料制备的复杂性和难度。所以，如何通过材料的综合设计和微结构控制，制备具有高 K_u 值、H_C 和磁耦合作用可控的 $L1_0$-FePt 纳米复合薄膜具有十分重要的意义。

SmCo 合金薄膜具有更高的 K_u 值（比 Co 基薄膜大 1～2 个数量级），同样也具有非常高的 H_C（1600～4000kA/m），因此与 $L1_0$-FePt 合金薄膜相同，也需要对热稳定性较高的 SmCo 薄膜的矫顽力进行有效调控。另外，Sm 含量偏低（原子分数通常为 16.7%～20%）的 SmCo 薄膜一般以 $SmCo_5$ 相为主，通常具有较大的磁耦合作用，这必然会导致磁记录介质中相邻记录单元的磁化相互影响，增加 SmCo 磁介质的噪声。因此，需要通过控制微结构降低 SmCo 薄膜的颗粒间磁耦合作用，以获得低噪声的 SmCo 磁记录薄膜。目前，国际上关于 SmCo 薄膜的研究大多数集中在如何实现 SmCo 薄膜的垂直磁各向异性、高热稳定性或高磁能级等方面，而关于降低颗粒间磁耦合作用、矫顽力调控等方面的研究较少，这与 Sm 和 Co 元素的特殊化学性质有关。对于 SmCo 薄膜而言，很多非磁性元素如 Sn、Ti、Nb、V、W、Si 等易与 Sm、Co 形成合金[42～47]，不能有效地降低薄膜的磁耦合作用；另外，由于 Sm 具有较强的还原性，容易和氧元素、氮元素反应[48]，易于破坏薄膜磁性能，所以很难利用常用的非磁性氧化物或氮化物来调控 SmCo 薄膜的矫顽力，或者利用它们作为隔离 SmCo 颗粒的母体来调控薄膜的磁耦合作用。因此，在保证高热稳定性的前提下，有效地调控 SmCo 薄膜磁耦合作用和矫顽力是 SmCo 薄膜应用于超高密度磁记录介质中必须解决的一个重要问题。

本章主要介绍了如何通过材料的综合设计和微结构的控制，解决上述高 K_u 值的磁记录介质薄膜材料中存在的磁学性能调控的问题。比如，如何通过在 FePt 基合金薄膜中引入界面调控作用，以实现对其矫顽力、磁耦合作用以及垂直磁各向异性的调控，以制备低磁耦合作用、矫顽力可控的 $L1_0$-FePt 垂直纳米复合薄膜；如何通过在 CoCr 基合金薄膜中引入反铁磁材料的交换耦合作用，以实现对薄膜的垂直磁各向异性和矫顽力的调控，以制备具有高 K_u 值和高 H_C 值的 CoCr 基垂直薄膜；如何通过控制 SmCo 薄膜中的相变过程，利用自身产生的非磁性相作为母体，实现对薄膜的矫顽力和磁耦合作用的调控，以制备出具有高热稳定性、可控的 H_C、低磁耦合作用的 SmCo 薄膜。

8.2 FePt 基垂直纳米复合薄膜的界面调控作用及机理

前面已经介绍，$L1_0$-FePt 有序合金薄膜虽然具有非常高的 K_u，但是通常也具有非常高的 H_C，给磁头的充磁提出了很大的挑战；另外，纯 FePt 薄膜也具有很强的颗粒间磁耦合作用，会降低介质的信噪比。因此，必须在保证 $L1_0$-FePt 有序合金薄膜具有高 K_u 值的同时，实现对矫顽力和颗粒间磁耦合作用的调控，以提高介质的热稳定性和信噪比，这需要通过材料的综合设计和微结构控制来实现。国际上有很多关于这方面的研究报道，在 8.1 节中已经简要地介绍了。本节将重点介绍 FePt 垂直磁记录介质材料中的磁学性能和微结构的调控机理、设计思路和实现方法等，为读者在设计、制备可写入的 FePt 基纳米复合薄膜提供部分理论和实验数据。

8.2.1 $[FePtBi/Au]_{10}$ 多层膜中的界面调控设计及实现

北京科技大学的冯春等人[49]基于多层膜结构和表面活性原子对材料的界面调控作用，设计了结构为 $[FePtBi/Au]_{10}$ 的复合多层膜。一方面，利用 Au 原子的晶格引导作用改善薄膜的垂直磁各向异性，另一方面，利用非磁性 Au 原子隔离 FePt 颗粒的作用，降低薄膜的磁耦合作用；同时，在FePt层中掺杂少量表面活化剂Bi，通过Bi原子的扩散增加薄膜的缺陷浓度，以控制薄膜的有序化程度，从而实现对薄膜H_C值的控制，最终获得一个H_C可控、弱颗粒间磁耦合作用、热稳定性优良的FePt垂直磁记录薄膜。

基于上述界面调控的思路，他们利用磁控溅射方法，在加热到100℃的MgO（100）单晶基片上制备了结构为$[(Fe_{52}Pt_{48})_{100-x}Bi_x/Au]_{10}$的多层膜，其中FePtBi层和Au层的厚度均为0.5nm或1nm。利用等离子体感应原子发射光谱（ICP-AES）测定薄膜中FePtBi的相对原子数，Bi的原子数x约为9.1~28.6。溅射时工作气压（Ar气）恒定在0.45Pa。溅射完毕后的薄膜经真空度为3×10^{-5}Pa的真空退火处理，退火温度为400~600℃，退火时间为1h。

首先，通过设计不同结构的多层膜，可以研究Au原子的界面调控对$L1_0$-FePt薄膜的垂直磁各向异性和磁耦合作用的影响。图8-2是FePtBi(5nm)、[FePtBi(0.5nm)/Au(0.5nm)]$_{10}$和[FePtBi(1nm)/Au(1nm)]$_{10}$薄膜的磁滞回线，上述三种薄膜中的Bi原子在FePt层中的原子数均为16.7，样品均在450℃时退火1h。由图8-2a可知：$(Fe_{52}Pt_{48})_{83.3}Bi_{16.7}$薄膜的平行膜面和垂直膜面方向的磁滞回线相差不大，说明此薄膜的易磁化轴既不沿平行膜面方向，也不沿垂直膜面方向，即垂直磁各向异性较差。当采用FePtBi/Au多层膜结构时，[FePtBi(1nm)/Au(1nm)]$_{10}$薄膜的易磁化轴偏向垂直膜面方向，即垂直磁各向异性得到了改善（图8-2c）。通过降低多层膜中FePtBi和Au的厚度至0.5nm时，[FePtBi(0.5nm)/Au(0.5nm)]$_{10}$薄膜的平行膜面方向曲线的磁滞显著减小（图8-2b）；同时，垂直膜面方向的矫顽力（$H_{C\perp}$）和饱和磁化强度（$M_{s\perp}$）分别为630.5kA/m和730emu/cm^3，垂直方向曲线的矩形度为1，说明薄膜具有良好的垂直磁各向异性。

FePt和Au晶格的错配（5.8%）比MgO和FePt晶格的错配（9.3%）小[50]，因此FePt/Au多层膜中的较薄的Au层可以有效地减小FePt层中的晶格错配，使得FePt层可以更好地实现其垂直外延生长，从而导致FePt/Au多层膜的垂直磁各向异性明显优于FePt薄膜。对于FePtBi/Au多层膜而言，尽管Bi原子的晶格类型以及晶格

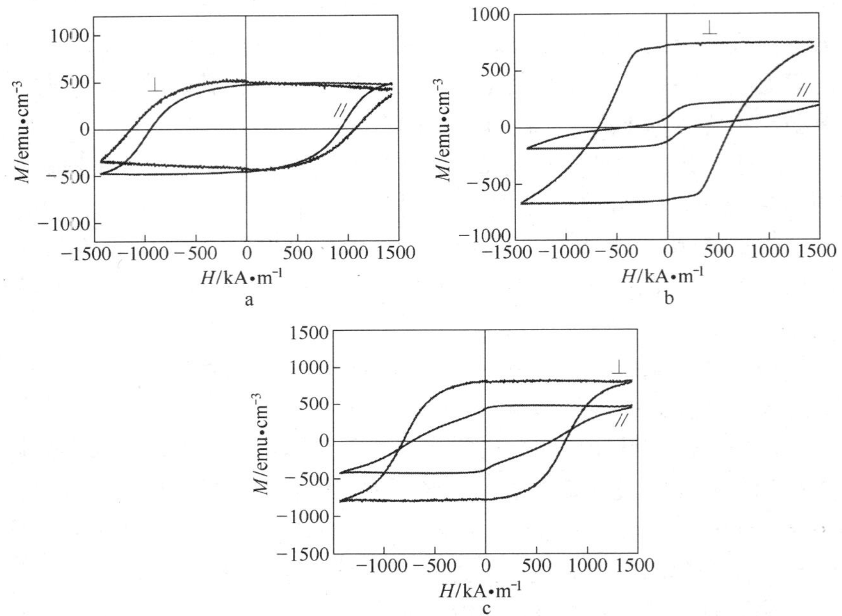

图 8-2 450℃退火后，薄膜的磁滞回线

a—$(FePt)_{83.3}Bi_{16.7}$(5nm)；b—[$(FePt)_{83.3}Bi_{16.7}$(0.5nm)/Au(0.5nm)$]_{10}$；

c—[$(FePt)_{83.3}Bi_{16.7}$(1nm)/Au(1nm)$]_{10}$

常数均与 FePt 相差较大，但当 Bi 原子的掺杂量较少时，MgO、FePt 以及 Au 之间仍存在着上述的晶格外延错配关系，导致 FePtBi/Au 多层膜的垂直磁各向异性明显优于 FePt(Bi)薄膜。由于薄膜中 FePt (Bi) 和 Au 之间的晶格畸变以及应力会随着多层膜中其厚度的增加而逐渐增大，所以，薄膜越薄，FePt 和 Au 在 MgO 基片上晶格外延生长越好，晶格畸变以及应力的程度也越小，导致薄膜的垂直磁各向异性得到改善。因此，可以通过降低 FePtBi/Au 多层膜中 FePtBi 和 Au 层的厚度进一步改善薄膜的垂直磁各向异性。换句话说，采用 FePt-Bi/Au 多层膜结构，通过 Au 原子在界面处的调控作用，可以对薄膜的垂直磁各向异性进行调控。

采用 AGFM 测量薄膜的 δM-H 曲线[51]，以衡量 Au 的掺入对薄膜的磁耦合作用的调控。图8-3是450℃退火1h后，$(FePt)_{83.3}Bi_{16.7}$(5nm)和$[(FePt)_{83.3}Bi_{16.7}(0.5nm)/Au(0.5nm)]_{10}$薄膜的$\delta M$-$H$曲线。$(FePt)_{83.3}Bi_{16.7}$薄膜的$\delta M$曲线出现了一个较强的正值峰，说明此薄膜中FePt颗粒间磁耦合作用较强；而$[(FePt)_{83.3}Bi_{16.7}(0.5nm)/Au(0.5nm)]_{10}$薄膜仅出现一个较低的负值峰，即FePt颗粒间磁耦合作用较小，说明通过Au原子的界面调控作用，还可以有效地降低薄膜中FePt颗粒间的磁耦合作用。此外，FePtBi/Au多层膜的$H_{C\perp}$比FePtBi单层膜的$H_{C\perp}$降低很多，在6.3节中已经介绍过：部分Au原子在退火过程中仍然能够扩散到FePt相的边界处，起到了隔离FePt颗粒的作用，降低了FePt颗粒间的磁耦合作用，因此导致FePtBi/Au薄膜具有较小的磁耦合作用；由于FePt颗粒间的磁耦合作用降低，使得单个FePt颗粒在反向磁化过程中需要克服的势垒降低，从而导致薄膜的H_C降低[52]。因此，通过Au原子的界面调控作用，有效地降低了薄膜的磁耦合作用。

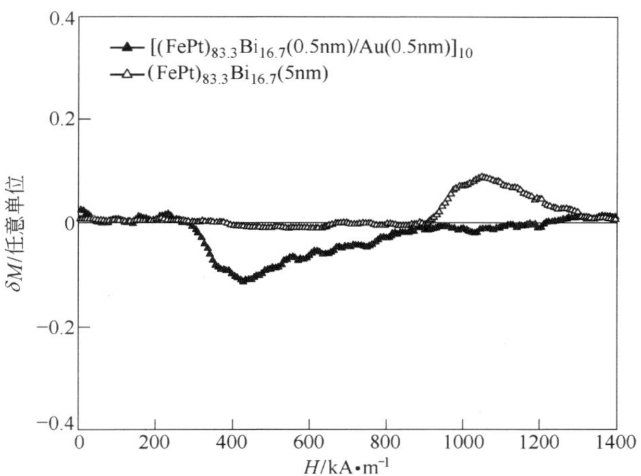

图8-3 $(FePt)_{83.3}Bi_{16.7}$(5nm)薄膜和$[(FePt)_{83.3}Bi_{16.7}(0.5nm)/Au(0.5nm)]_{10}$薄膜的$\delta M$-$H$曲线（退火条件为450℃下1h）

由于FePt薄膜的H_C值通常与薄膜的有序化程度密切相关[53]，因此，可以通过控制薄膜的有序化程度来实现对薄膜H_C的控制，基于这一物理思想，制备了掺入不同 Bi 原子数的［FePtBi/Au］$_{10}$多层膜，以研究 Bi 原子的界面调控作用对薄膜 $H_{C\perp}$ 的影响。图 8-4 是 450℃退火后，［(FePt)$_{1-x}$Bi$_x$(1nm)/Au(1nm)］$_{10}$薄膜的垂直矫顽力 $H_{C\perp}$ 随 Bi 含量 x 的变化情况，从图中可知：$H_{C\perp}$ 随着 Bi 含量的增加而逐渐增大。利用 XRD 研究了上述薄膜的晶体学结构，其 XRD 谱如图 8-5 所示。从图中可知：随着 Bi 含量的增加，FePt(001)衍射峰逐渐增强，FePt(002)和 FePt(200)峰逐渐分开，说明 FePt 晶格的 a 轴增大、c 轴缩短，薄膜逐渐由面心立方结构的 FePt 相转变为面心四方结

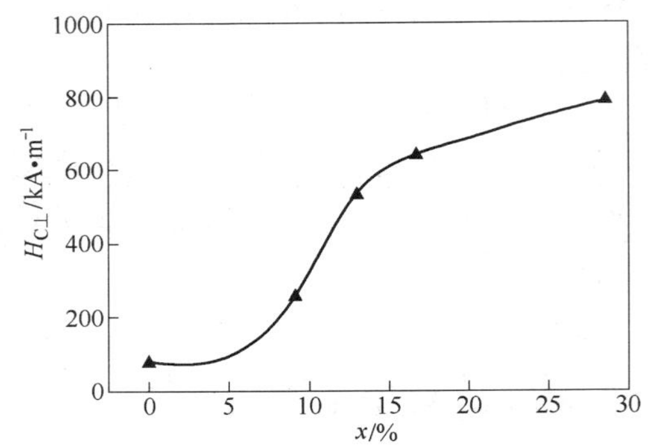

图 8-4 450℃退火 1h，［(FePt)$_{1-x}$Bi$_x$(1nm)/Au(1nm)］$_{10}$薄膜的 $H_{C\perp}$ 随 x 的变化

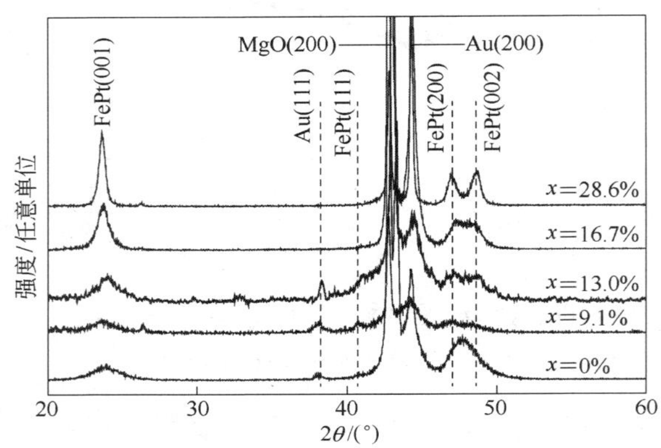

图 8-5 ［(FePt)$_{1-x}$Bi$_x$(1nm)/Au(1nm)］$_{10}$薄膜的 XRD 图谱

构的$L1_0$-FePt相。根据各薄膜的XRD图中的FePt(002)和FePt(200)峰的位置，可以计算有序度参数S[53]来衡量薄膜的有序化程度，如图8-6所示。随着Bi原子掺入量的增多，S逐渐增高，对应的薄膜的有序化程度增高，这说明Bi原子的掺杂可以有效地促进薄膜的有序化过程和fct-FePt相的增多。由于FePt薄膜的有序化越好，其H_C值越高，因此薄膜的$H_{C\perp}$随着x的增加而逐渐升高。由此说明，在FePt/Au多层膜中掺杂表面活化剂Bi原子，通过Bi原子的界面调控可以控制薄膜的有序化程度，从而使得薄膜的矫顽力可控。

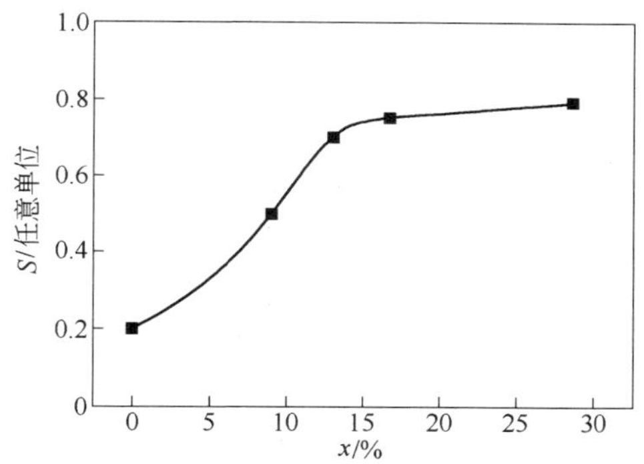

图8-6　$[(FePt)_{1-x}Bi_x(1nm)/Au(1nm)]_{10}$薄膜的有序度$S$随$x$的变化

Bi原子的界面调控作用对FePt/Au多层膜中的有序化也起到了很重要的影响。对$[(Fe_{52}Pt_{48})_{83.3}Bi_{16.7}(0.5nm)/Au(0.5nm)]_{10}$薄膜进行不同温度的退火处理后，薄膜的$H_{C\perp}$随温度的变化关系如图8-7所示；上述薄膜对应的XRD图如图8-8所示。当退火温度为400℃时，薄膜表现出软磁性能，XRD图中的FePt(001)峰很弱，说明薄膜基本处于无序状态；在退火温度达到450℃时，XRD图中的FePt(001)峰逐渐增强，薄膜开始具有硬磁性能（$H_{C\perp}$达到630.5kA/m），即FePtBi/Au多层膜的有序化温度为450℃，这比冯春等人报道的FePt/Au多层膜的有序化温度（500℃）[54]进一步降低了50℃。这说明，通过Bi原子扩散对薄膜的界面调控作用，可以进一步降低薄膜的有序化温度。

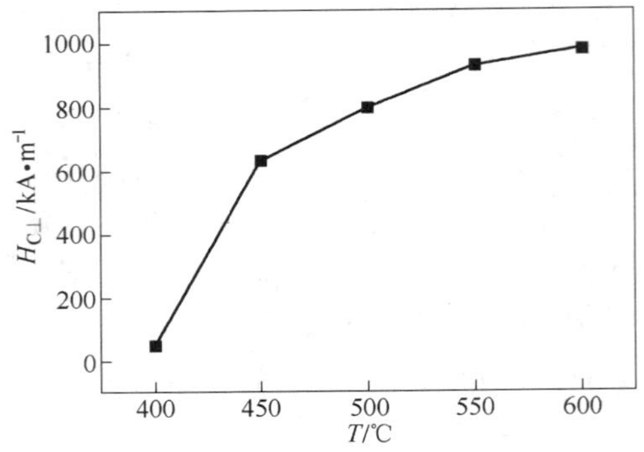

图 8-7 [(FePt)$_{83.3}$Bi$_{16.7}$(0.5nm)/Au(0.5nm)]$_{10}$薄膜的 $H_{C\perp}$ 随温度的变化

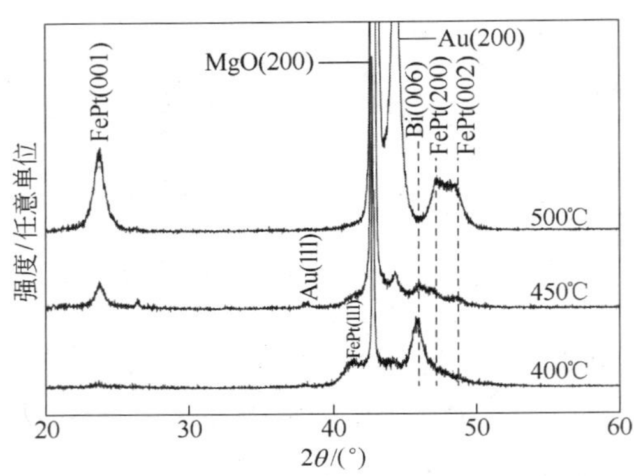

图 8-8 不同温度退火的 [(FePt)$_{83.3}$Bi$_{16.7}$(0.5nm)/Au(0.5nm)]$_{10}$的 XRD 图

从图 8-8 中可知，薄膜在 400℃退火后仍具有较强的 Bi(006)衍射峰，其强度随着退火温度的上升而显著减弱；当退火温度为 500℃时，Bi(006)峰基本消失，说明单质态的 Bi 原子减少。Bi 原子在薄膜中是如何分布的呢？可以利用 X 射线光电子能谱（XPS）分析 [(FePt)$_{1-x}$Bi$_x$/Au]$_{10}$多层膜中的表层 Bi 原子的化学状态及分布情况，图 8-9 是 [(FePt)$_{83.3}$Bi$_{16.7}$(0.5nm)/Au(0.5nm)]$_{10}$ 薄膜在无退火、400℃和 500℃退火后的 Bi 原子的 XPS 高分辨图谱。X 射线源选择 Al K_α 靶，Bi 元素的最大探测深度约为 7.32nm[55]，所以可以探测到薄膜样品中的大部分 Bi 原子的信息。图 8-9 中的 157.3eV 和 162.7eV

处的峰分别对应于 Bi $4f_{7/2}$ 和 Bi $4f_{5/2}$ 峰，在未退火时，XPS 谱图（曲线 a）中出现了很强的 Bi $4f_{7/2}$ 和 $4f_{5/2}$ 峰，说明样品沉积完毕后，Bi 原子以单质态存在于薄膜中；400℃退火后，XPS 谱图（曲线 b）中仍然存在 Bi 峰，但是其相对强度已经减弱到未退火时的 1/2，说明 Bi 原子减少；500℃退火后，XPS 谱图（曲线 c）中只有很弱的 Bi $4f_{7/2}$ 和 $4f_{5/2}$ 峰，说明大量存在于薄膜中的 Bi 单质原子消失了。

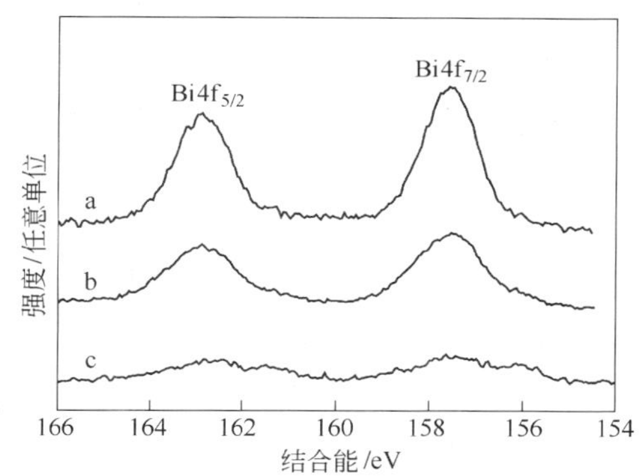

图 8-9 $[(FePt)_{83.3}Bi_{16.7}(0.5nm)/Au(0.5nm)]_{10}$ 薄膜中 Bi 原子的 XPS 高分辨图谱

a—无退火；b—400℃退火；c—500℃退火

导致上述实验结果的原因是：由于 Bi 原子的表面能较低，在退火过程中它会逐渐扩散到样品的表面；当退火温度较高时，表面的 Bi 原子由于具有较低的饱和蒸汽压[56]，因而升华后离开薄膜，导致了薄膜的 XRD 图中 Bi 衍射峰以及 XPS 谱图中的 Bi 峰随退火温度的升高而逐渐减弱。而 Bi 原子的扩散可能会给薄膜带来大量的缺陷如空位等[56]，这些缺陷会带动 Fe、Pt 原子的有序化运动，从而提高 FePt 薄膜的有序化程度，使得通过 Bi 原子的界面调控，FePtBi/Au 多层膜的矫顽力可控。

8.2.2 $[Fe/Pt/Au]_{10}$ 多层膜中的界面调控作用及机理

冯春等人在上述研究的基础上，基于多层膜结构和表面活性原子对材料的界面调控作用，又设计了另一种复合多层膜：$[Fe/Pt/Au]_{10}$

多层膜[57]。在这种结构中，利用 Fe/Pt/Au 多层膜结构增加体系的界面能，以克服退磁能对磁各向异性的影响，使得薄膜具有优良的垂直磁各向异性；并利用 Au 原子的晶格引导作用来对薄膜的 K_u 值进行调控；另外，表面能较低的 Au 原子还会起到表面活化剂的作用，通过 Au 原子的扩散增加薄膜的缺陷浓度，以控制薄膜的有序化程度，从而实现对薄膜 H_C 值的控制，最终获得高 K_u 值且 H_C 可控的 FePt 垂直磁记录薄膜。

基于上述界面调控的思路，他们利用磁控溅射方法，在加热到 100℃的 MgO（100）单晶基片上制备了结构为 [Fe（0.5nm）/Pt（0.5nm）/Au]$_{10}$的薄膜，Au 层厚度为 0～2nm。溅射时工作气压（Ar 气）恒定在 0.45 Pa。溅射完毕后的薄膜经真空度为 3×10^{-5}Pa 的真空退火处理，退火温度为 500℃，退火时间为 1h。

通过比较 FePt（10nm）单层膜、[Fe(0.5nm)/Pt(0.5nm)]$_{10}$和 [Fe(0.5nm)/Pt(0.5nm)/Au(1.5nm)]$_{10}$多层膜的磁滞回线（图 8-10），研究引用不同的界面能对 FePt 薄膜的磁学性能尤其是 K_u 值和 H_C 值的影响，所有样品均在 500℃时退火 1h。FePt(10nm)单层膜的平行膜面和垂直膜面方向的磁滞回线相差不大，说明此薄膜的易磁化轴既不沿平行膜面方向，也不沿垂直膜面方向，即薄膜的垂直磁各向异性较差。当采用 Fe/Pt 多层膜结构时，[Fe(0.5nm)/Pt(0.5nm)]$_{10}$ 薄膜的易磁化轴偏向垂直膜面方向，即薄膜的垂直磁各向异性得到了改善；同时，薄膜的垂直膜面矫顽力（$H_{C\perp}$）有了明显的升高。在 Fe/Pt 多层膜的基础上，在体系中增加 Au 原子以进一步增加界面能对薄膜的影响时，[Fe(0.5nm)/Pt(0.5nm)/Au(1.5nm)]$_{10}$多层膜的平行膜面方向曲线的磁滞显著减小；同时，$H_{C\perp}$值和垂直膜面的饱和磁化强度 $M_{s\perp}$分别为 580.5kA/m 和 740 emu/cm^3，垂直方向曲线的矩形度为 1，说明薄膜具有良好的垂直磁各向异性，并且 $H_{C\perp}$得到进一步改善。

图 8-11 是上述薄膜的 XRD 图谱。对于 FePt 单层膜（曲线 a），XRD 图中出现比较弱的 FePt（001）、FePt（200）和 FePt（002）衍射峰，说明此时薄膜中既具有平行膜面取向的晶粒，也具有垂直膜面取向的晶粒，即 FePt 晶粒的取向分布比较杂乱；同时，薄膜的有序化

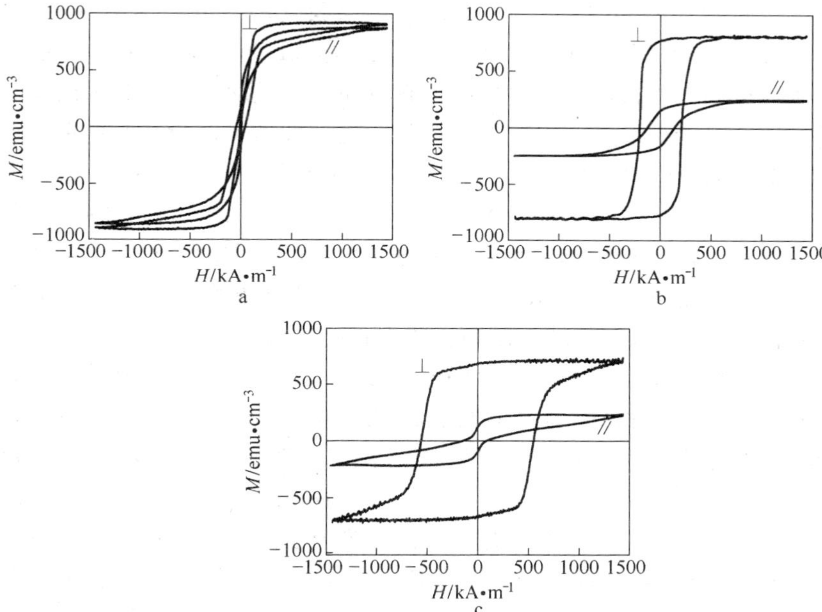

图 8-10 500℃退火 1h 后，薄膜的磁滞回线

a—FePt(10nm)单层膜；b—[Fe(0.5nm)/Pt(0.5nm)]$_{10}$；

c—[Fe(0.5nm)/Pt(0.5nm)/Au(1.5nm)]$_{10}$

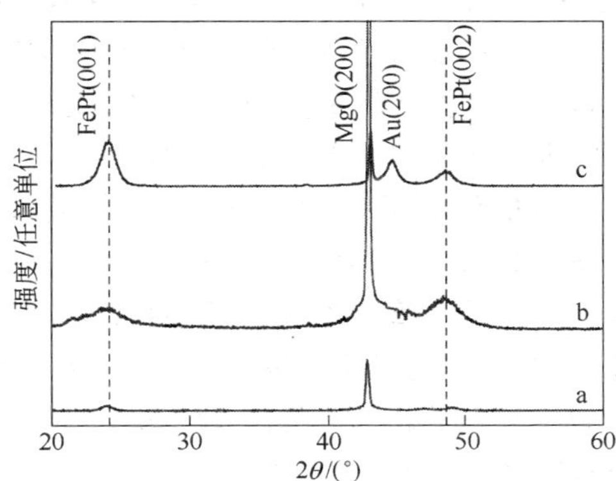

图 8-11 500℃退火 1h 后，薄膜的 XRD 图

a—FePt(10nm)单层膜；b—[Fe(0.5nm)/Pt(0.5nm)]$_{10}$；

c—[Fe(0.5nm)/Pt(0.5nm)/Au(1.5nm)]$_{10}$

程度也较差（$S=0.23$）。对于 Fe/Pt 多层膜（曲线 b），XRD 图只出现较强的 FePt(001)和（002）衍射峰，说明 FePt 晶粒大部分沿垂直于膜面分布，即薄膜具有良好的垂直取向；并且此薄膜的有序化程度升高（$S=0.56$）。对于 Fe/Pt/Au 多层膜（曲线 c），XRD 图的 FePt (001)和（002）衍射峰进一步增强，说明薄膜不仅保持良好的垂直取向，而且有序化程度进一步升高（$S=0.76$），从而导致薄膜的 H_C 随之升高。以上实验结果表明：通过在 FePt 体系中引入适当的界面能和与 FePt 晶格匹配的表面活化剂原子的界面调控作用（后面将做详细阐述），可以有效地控制薄膜的垂直磁各向异性和 H_C。

很显然，Au 原子在 Fe/Pt/Au 多层膜中的界面调控作用对薄膜的垂直磁各向异性和 H_C 值有至关重要的影响，因此有必要系统地研究 Au 厚度对界面调控作用的影响。图 8-12 为［Fe(0.5nm)/Pt(0.5nm)/Au(0.5～1.5nm)]$_{10}$ 多层膜的磁滞回线，所有样品均在 500℃时退火 1h。可以利用有效各向异性常数（K_{eff}）来反映薄膜的垂直磁各向异性，其定义为单位体积内的样品，沿膜面和垂直膜面方向磁化时的能量差，即平行膜面和垂直膜面两个方向的起始磁化曲线与纵轴所包围的面积差。当 K_{eff} 大于零时，薄膜具有垂直磁各向异性，反之薄膜具有水平磁各向异性。图 8-13 和图 8-14 分别是上述薄膜的 H_C 和 K_{eff} 随 Au 层厚度 d 的变化情况。随着 Au 层厚度的增加，薄膜均保持良好的垂直磁各向异性，K_{eff} 随着 Au 层厚度的增加而逐渐升高；同时，薄膜的 H_C 也随着 Au 层厚度的增加而逐渐升高，这些磁性能的变化可以进一步通过 X 光衍射来验证，如图 8-15 所示。除了［Fe(0.5nm)/Pt(0.5nm)/Au(0.5nm)]$_{10}$ 多层膜外，其他厚度的多层膜均出现较强的 FePt(001)和 FePt(002)衍射峰，说明薄膜均具有良好的垂直取向；同时，随着 Au 层厚度的增加，薄膜的有序化程度逐渐升高（图 8-16）。由于有序化程度越高，FePt 薄膜的 H_C 会随之增加，因此导致上述薄膜的 H_C 随着 Au 层厚度的增加而增加。因此，通过多层膜结构以及 Au 原子在界面处的调控作用（后面将做进一步阐述），使得薄膜在具有较高的 K_{eff} 值（可达到 2×10^6 J/m^3）的同时，H_C 控制在 150～600kA/m 范围内（磁头易写入的范围），这正是我们所需要的磁性能。

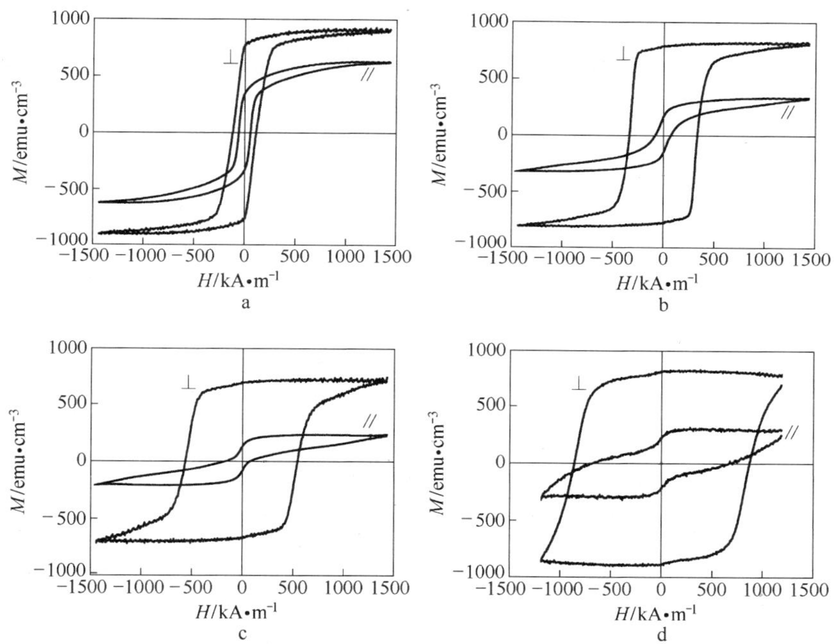

图 8-12 [Fe(0.5nm)/Pt(0.5nm)/Au($d$nm)]$_{10}$多层膜的磁滞回线

a—d=0.5；b—d=1.0；c—d=1.5；d—d=2.0

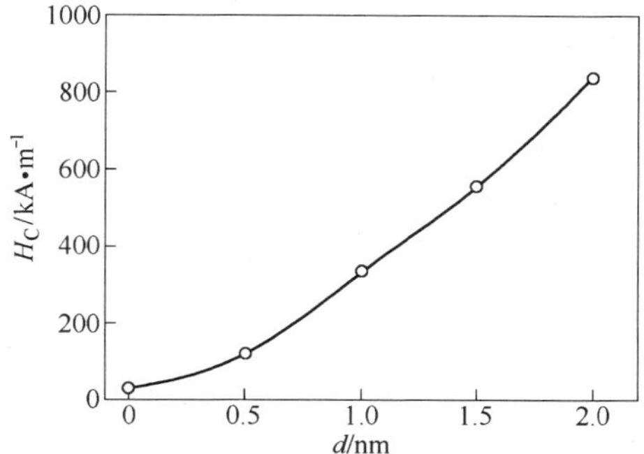

图 8-13 [Fe(0.5nm)/Pt(0.5nm)/Au($d$nm)]$_{10}$多层膜的矫顽力 H_C 随 d 的变化

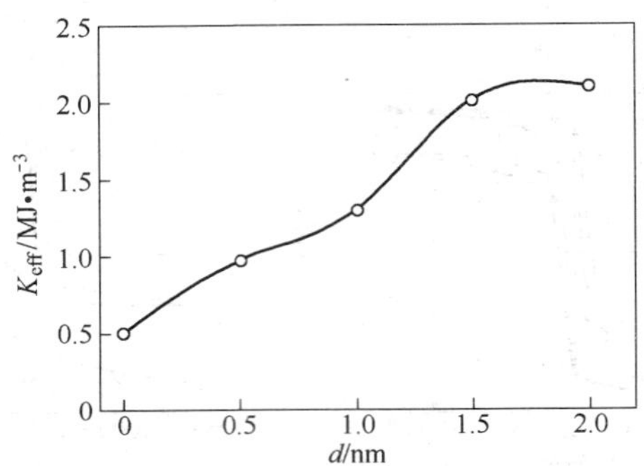

图 8-14　[Fe(0.5nm)/Pt(0.5nm)/Au($d$nm)]$_{10}$多层膜的垂直磁各向异性 K_{eff}随 Au 层厚度 d 的变化

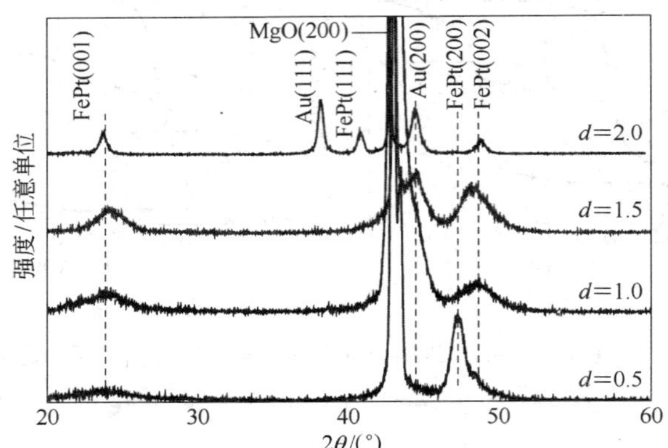

图 8-15　500℃退火 1h 后，[Fe(0.5nm)/Pt(0.5nm)/Au($d$nm)]$_{10}$的 XRD 图

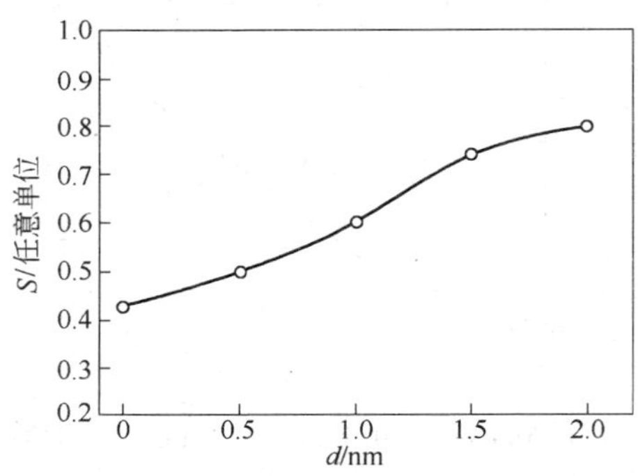

图 8-16　[Fe(0.5nm)/Pt(0.5nm)/Au($d$nm)]$_{10}$的 S 随 Au 层厚度 d 的变化

实际上，K_{eff}值可以由式 8-1 来描述[66]：

$$K_{eff} = K_u - \frac{1}{2}\mu_0 M_s^2 + \frac{2K_s}{t} \tag{8-1}$$

式中，K_u 为磁晶各向异性常数；M_s 为饱和磁化强度；K_s 为界面各向异性常数；t 为多层膜中磁性层厚度。式 8-1 中的三项分别表示磁晶各向异性（K_u）、形状各向异性以及界面各向异性对有效各向异性（K_{eff}）的贡献。对于 FePt 单层膜而言，界面各向异性很小，磁晶各向异性难以克服形状各向异性引起的退磁能，因此 $K_{eff} < 0$，薄膜没有表现出明显的垂直各向异性。对于 Fe/Pt/Au 多层膜而言，体系增加了较多的界面各向异性能，因而可以有效克服退磁能的影响，使得薄膜表现出垂直各向异性（$K_{eff} > 0$）。另外，由于 FePt 和 Au 晶格的错配度比 MgO 和 FePt 晶格的错配度小，因此 Fe/Pt/Au 多层膜中的较薄的 Au 层可以有效地减小 FePt 层中的晶格错配，使得 FePt 层可以更好地实现在 MgO 基片上的垂直外延生长。在一定的 Au 厚度范围内，Au 越厚，其织构越强，对 FePt 的取向调控作用越明显，因此利用 Fe/Pt/Au 多层膜结构增加体系的界面能和 Au 原子在界面处的取向调控作用，可以对 Fe/Pt/Au 多层膜的 K_{eff}值进行调控。

Au 原子对薄膜的 H_C 值的调控作用在于：一方面，由于 Fe/Pt/Au 多层膜结构中界面能的存在增加了无序 FePt 薄膜（制备态）的能量，因而增加了由无序 FePt 相向 $L1_0$-FePt 相转化的能量差，更有利于上述的相变过程，即界面能的增加为 FePt 原子的有序化提供了额外驱动力，从而导致薄膜的有序化程度会随着多层膜界面的增多而升高。另一方面，由于体系中引入的界面附近存在很多缺陷；同时，Au 作为一种表面活化剂原子，在退火过程中易于扩散，而 Au 原子的扩散可能也会给薄膜带来大量的缺陷如空位等[64]，这些缺陷会促进 Fe、Pt 原子的有序化运动，提高 FePt 薄膜的有序化程度，因此 H_C 随之升高。由于缺陷浓度会随着 Au 原子的增多（Au 层厚度的增加）而升高，导致薄膜的 H_C 会随着 Au 厚度的增加而升高。

图 8-17 是利用磁力显微镜（MFM）测量到的［Fe(0.5nm)/Pt(0.5nm)/Au(0.5nm)］$_{10}$多层膜的磁畴结构。从图 8-17 中可知：FePt 磁畴呈现多畴结构，磁畴大小约为 100nm；条状的正向畴和反向畴交

替排列，形成了“迷宫状”的畴结构。

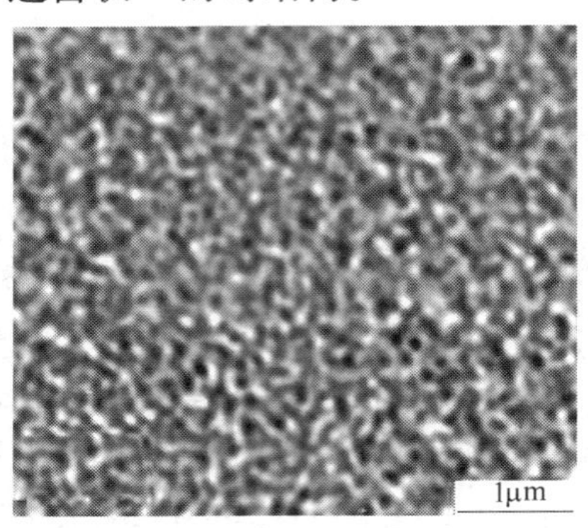

图 8-17 [Fe(0.5nm)/Pt(0.5nm)/Au(0.5nm)]$_{10}$多层膜的 MFM 像

总结本节内容：基于多层膜结构和表面活性原子对材料的界面调控作用，利用 FePtBi/Au 或 Fe/Pt/Au 多层膜结构增加的界面能以及 Au 原子在界面处的取向调控作用，使薄膜具有可控的垂直磁各向异性（K_{eff}值）；同时，利用多层膜结构以及表面活化剂 Bi 或 Au 原子的扩散增加薄膜的缺陷浓度，以控制薄膜的有序化程度，从而实现对薄膜矫顽力（H_C）的控制，最终获得高 K_{eff}值、H_C 值和颗粒间磁耦合作用可控的 $L1_0$-FePt 纳米复合垂直薄膜。

8.3 反铁磁材料对垂直磁记录薄膜的热稳定性和磁学性能的影响及机理

1956 年，米克尔约翰（Meiklejohn）和皮恩（Pean）就发现了反铁磁（Anti- Ferromagnetism，AFM）材料与铁磁（Ferromagnetism，FM）材料之间的交换耦合作用[58]。交换耦合作用是指在低于反铁磁材料的奈尔温度（Neel Temperature，T_N）时，当反铁磁材料与铁磁材料接触时，反铁磁材料的未补偿磁矩会在界面处“钉扎”铁磁材料的磁矩沿同一方向排列，使得铁磁材料的磁滞回线沿外磁场方向偏离原点，其偏离量被称为交换偏置场（记为 H_E）；同时伴随着铁磁材料的矫顽力（H_C）的增加，如图 8-18 所示[59]。

之后，由于这一作用在计算机读头、磁传感器以及磁随机存储器等方面的应用，人们对其进行了大量的研究工作。例如，很多研究都

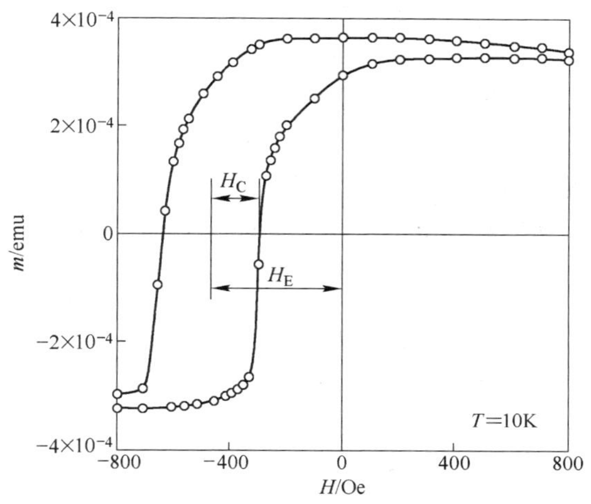

图 8-18 温度为 10K 时，测量的 FeF_2/Fe 双层膜的磁滞回线

（H_C 为矫顽力场；H_E 为交换偏置场[59]）

表明[60,61]：交换耦合作用可以使软磁材料的矫顽力（H_C）升高；少特（Sort）等人研究发现[62]：利用 IrMn 和 $[Co/Pt]_5$ 多层膜的交换耦合作用可以增大 $[Co/Pt]_5$ 多层膜的矩形度保持为 1 的温度范围；斯库姆（Skumryev）等人研究发现[63]：CoO 对 Co 颗粒的交换耦合作用可以增加铁磁 Co 颗粒的各向异性，从而提高 Co 的热稳定性和超顺磁极限温度，这些工作主要集中在研究反铁磁材料对软磁材料的磁性能的影响上。那么，反铁磁材料对硬磁材料如磁记录介质、永磁材料等的磁性能是否也有影响呢？本节主要介绍反铁磁材料对垂直磁记录薄膜材料的磁性能的作用和影响机理，并通过这种作用调控薄膜的热稳定性和磁学性质，这为利用反铁磁材料提高磁介质材料的热稳定性和磁性能调控提供一种新的物理思想和方法。

8.3.1 反铁磁 FeMn 对 CoCr 基合金垂直薄膜的作用

CoCr 基合金薄膜是目前广泛应用于硬盘磁记录介质的最简单的磁记录材料，Svedberg 等人[64]曾利用 Pt 做缓冲层，制备了具有良好垂直磁各向异性的 CoCr/Pt 多层膜。因此，本节选择最基本的 CoCr/

Pt 多层膜作为典型的垂直磁记录材料体系，介绍反铁磁 FeMn 对具有垂直磁各向异性的磁记录材料的影响及其作用机制。

冯春等人[65]利用磁控溅射方法，在加热到 220℃ 的玻璃基片上沉积了 Pt(20nm)/CoCr(2.5nm)、Pt(20nm)/[CoCr(0.5nm)/Pt(1.5nm)]$_5$ 多层膜以及 Pt(5 ~ 30nm)/[CoCr(0.3 ~ 1.3nm)/Pt(1.5nm)]$_5$/FeMn(2 ~20nm)/Pt(2.5nm)薄膜。所有样品中的 Co、Cr 的原子数由电感耦合等离子体感应原子发射光谱（ICP-AES）测定，均为 $Co_{85}Cr_{15}$；FeMn 层的成分为 $Fe_{50}Mn_{50}$，溅射时工作气（Ar 气）压恒定在0.9 Pa。溅射过程中，基片表面外需要施加垂直于膜面方向的磁场，大小为55.7kA/m。

图 8-19 分别是 Pt(20nm)/CoCr(2.5nm)、Pt(20nm)/[CoCr(0.5nm)/Pt(1.5nm)]$_5$ 多层膜（样品 1）以及 Pt(20nm)/[CoCr(0.5nm)/Pt(1.5nm)]$_5$/FeMn(7nm)/Pt(2.5nm)薄膜（样品 2）的平行和垂直膜面方向磁滞回线。从图 8-19 中可知：CoCr 单层膜呈现明显的水平各向异性；而样品 1 和 2 的垂直膜面方向曲线的剩磁比接近 1，其平行膜面方向的曲线也表现出明显的难轴特性，说明 [CoCr/Pt]$_5$ 多层膜具有良好的垂直磁各向异性。由式 8-1 可知 [CoCr/Pt]$_5$ 多层膜的等效各向异性常数 K_{eff}可以表示为：

$$K_{eff} = K_u - \frac{1}{2}\mu_0 M_s^2 + \frac{2K_s}{t_{CoCr}} \tag{8-2}$$

式中，t_{CoCr}为多层膜中每层 CoCr 的厚度。式中的三项分别表示磁晶各向异性、形状各向异性以及界面各向异性对有效各向异性的贡献。对于较薄的 CoCr 单层膜，无界面各向异性能、磁晶各向异性难以克服形状各向异性引起的退磁能，$K_{eff}<0$，薄膜的磁易轴方向沿平行膜面方向；而 CoCr/Pt 多层膜化为体系增加了界面磁各向异性能，由于每一层 CoCr 很薄，所以这一项的增加导致整个体系的 K_{eff}值大幅增加，薄膜的易磁化轴也由平行膜面转向垂直膜面方向。

反铁磁 FeMn 对 CoCr/Pt 多层膜的垂直磁各向异性和 $H_{C\perp}$ 具有很明显的影响，冯春等人通过制备 Pt(20nm)/[CoCr(0.5nm)/Pt(1.5nm)]$_5$/FeMn(2 ~20nm)/Pt(2.5nm)薄膜，系统、定量地研究了

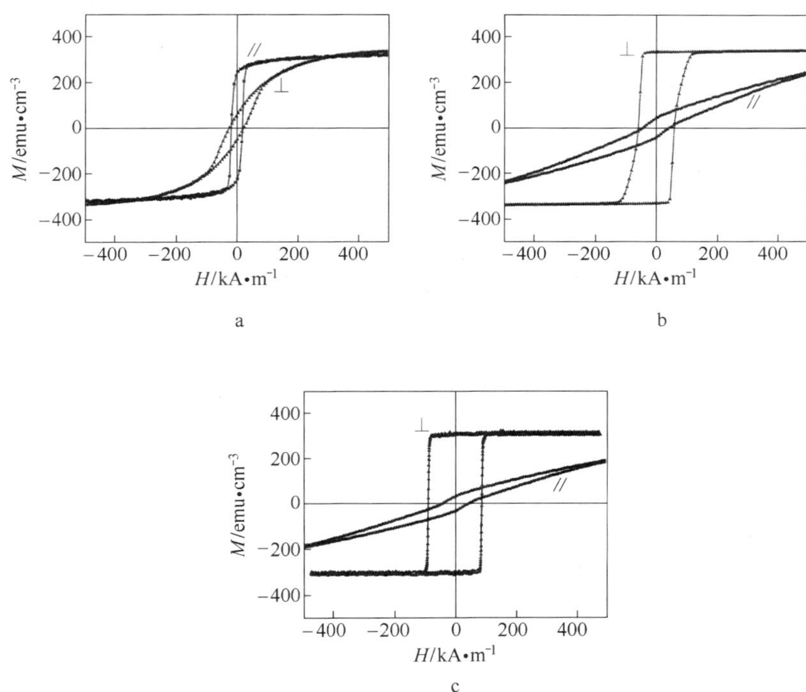

图 8-19 薄膜样品的磁滞回线

a—Pt(20nm)/CoCr(2. 5nm)；b—Pt(20nm)/[CoCr(0. 5nm)/Pt(1. 5nm)]$_5$；

c—Pt(20nm)/[CoCr(0. 5nm)/Pt(1. 5nm)]$_5$/FeMn(7nm)/Pt(2. 5nm)

上述薄膜的 $H_{C\perp}$ 和 K_{eff} 随 FeMn 层厚度 d 的变化关系，如图 8-20 和图 8-21 所示。从图 8-20 和图 8-21 中可知，无 FeMn 层时，CoCr/Pt 多层膜的 $H_{C\perp}$ 值和 K_{eff} 值较低，分别只有 59. 7kA/m 和 3.0×10^5J/m^3。在 CoCr/Pt 多层膜上面沉积 FeMn 层后，随着 FeMn 层厚度的增加，$H_{C\perp}$ 和 K_{eff} 逐渐增加，当 d 达到 7nm 时，薄膜的 $H_{C\perp}$ 达到 86. 9kA/m，比无 FeMn 层的 CoCr/Pt 多层膜的矫顽力有了明显提高；同时，薄膜的 K_{eff} 也提高到 4.1×10^5J/m^3。随着 FeMn 层厚度的进一步增加，$H_{C\perp}$ 和 K_{eff} 趋近于饱和。因此，通过引入反铁磁 FeMn 层，可以有效地提高垂直磁记录材料 CoCr/Pt 多层膜的 $H_{C\perp}$ 和 K_{eff} 值。

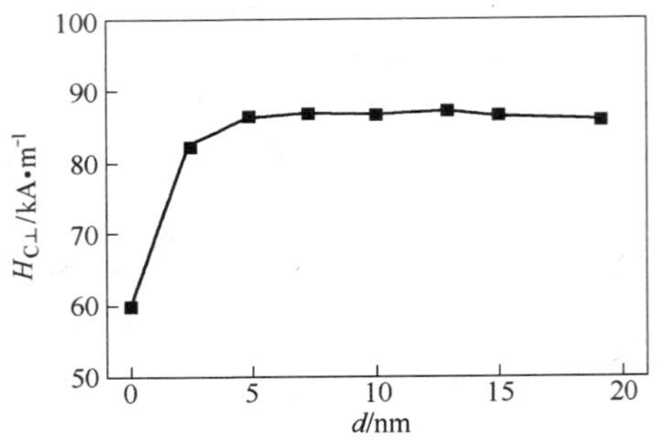

图 8-20 Pt(20nm)/[CoCr(0.5nm)/Pt(1.5nm)]$_5$/FeMn($d$nm)/Pt(2.5nm)薄膜的 $H_{C\perp}$ 随 FeMn 层厚度 d 的变化

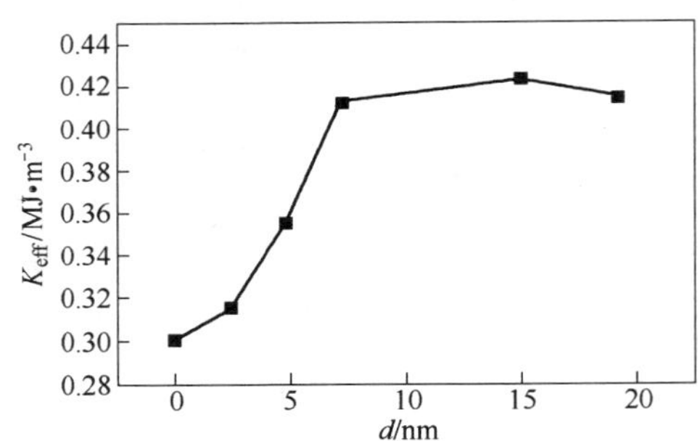

图 8-21 Pt(20nm)/[CoCr(0.5nm)/Pt(1.5nm)]$_5$/FeMn($d$nm)/Pt(2.5nm)薄膜的有效各向异性常数 K_{eff} 随 FeMn 层厚度 d 的变化

磁性能的变化通常与样品的晶体结构的变化有关，因此利用 X 射线衍射研究了样品的晶体结构，可以分析反铁磁 FeMn 对 CoCr/Pt 多层膜 K_{eff} 和 $H_{C\perp}$ 的影响的原因，其 XRD 图谱如图 8-22 所示。从图 8-22 中可知，所有薄膜在 $2\theta \approx 4.9°$ 和 $9.9°$ 位置上都存在很强的小角衍射峰，分别对应于多层膜结构的一级和二级小角衍射峰，根据布拉格衍射公式，计算出 CoCr/Pt 多层膜的周期厚度为 1.81nm，与设计的厚度 2nm 很接近，说明制备的多层膜具有良好的周期性层状结构。Pt (111) 和 Pt(200) 衍射峰是由 Pt 缓冲层产生的。由于 Pt 为面心立方结构，其晶格常数 a = 0.3931nm；CoCr 为六方密堆结构，其晶格

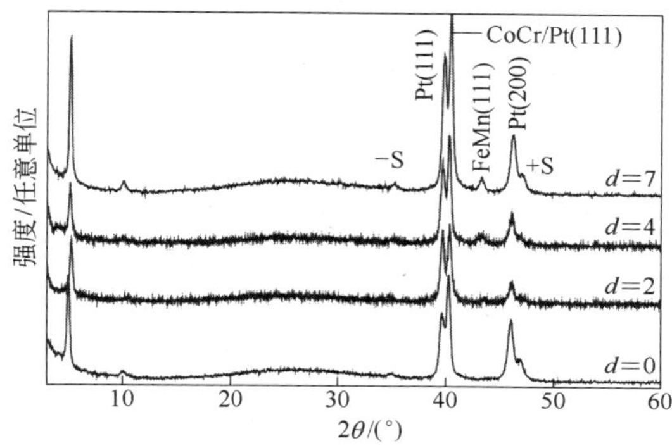

图 8-22　Pt(20nm)/[CoCr(0.5nm)/Pt(1.5nm)]$_5$/FeMn($d$nm)/Pt(2.5nm)的 XRD 图

常数 a = 0.2512nm，Pt 的（111）面和 CoCr 的（002）面原子排列方式相同，并且原子间距十分接近，所以多层膜中的 CoCr 层（002）面以外延方式在 Pt 的（111）面上生长，导致多层膜中的 Pt（111）和 CoCr（002）峰合并成 CoCr/Pt（111）超晶格衍射峰，－S 和＋S 分别是多层膜 CoCr/Pt 的卫星峰。

从图 8-22 中可以看出 CoCr/Pt 多层膜的（111）织构的变化：FeMn 呈现（111）取向，并随着 FeMn 层厚度的增加，其（111）织构越明显；另外，Pt（111）与 Pt（200）峰的相对强度比、CoCr/Pt（111）与 Pt（200）峰的相对强度比均随着 FeMn 层厚度的增加而增加，因此具有（111）取向的 FeMn 促进了 Pt 缓冲层和 CoCr/Pt 多层膜的（111）取向的增强。由于 CoCr（002）面在 Pt（111）面上的外延生长，导致了 CoCr 层垂直磁各向异性 K_{eff}增加，薄膜的 $H_{C\perp}$ 也随之升高 [66,67]。至于顶层织构影响底层织构方面的研究，李（Lee）等人[68]在研究 NiFeCr/NiFe 体系时，也发现了类似的现象，顶层 NiFe 会引起底层 NiFeCr 的重构，导致 NiFeCr 由体心立方结构变为有序的面心立方结构。

另外，FeMn 和 CoCr/Pt 多层膜之间存在的交换耦合作用也是导致磁性能变化的一个重要原因。常温下测量的 Pt(20nm)/[CoCr(0.5nm)/Pt(1.5nm)]$_5$FeMn(7nm)/Pt(2.5nm)薄膜（样品 2）的磁滞回线（图 8-19c）向正磁场方向发生了偏移，交换偏置场（H_E）约为 3.2kA/m。利用振动样品磁强计（VSM）测量 Pt(20nm)/[CoCr(0.5nm)/Pt(1.5nm)]$_5$FeMn(7nm)/Pt(2.5nm) 薄膜（样品 2）在温度为 120 K 时的磁滞曲线，如图 8-23 所示。外加磁场垂直于膜面，最大磁场为 1194kA/m。从图中可观察到更明显的曲线偏移，此时的 H_E 值达到 18.8kA/m，即 FeMn 和具有垂直磁各向异性的 CoCr/Pt 多层膜间存在交换耦合作用。实际上，Nakajima 等人在研究 Co/Pt 多层膜体系时发现[69]，Co 原子的 3d 轨道和 Pt 原子的 5d 轨道存在杂化，导致 Pt 原子的自旋极化。由于 CoCr 层中 Cr 的含量较少，可以认为 Pt 与 CoCr 层也具有类似的作用，使本来无磁性的 Pt 原子被极化，所以 FeMn 和 CoCr 层之间虽然存在较薄的 Pt 层，FeMn 磁矩仍然能够钉扎 CoCr 磁矩，即 FeMn 和 CoCr/Pt 多层膜间存在交换耦合作用。

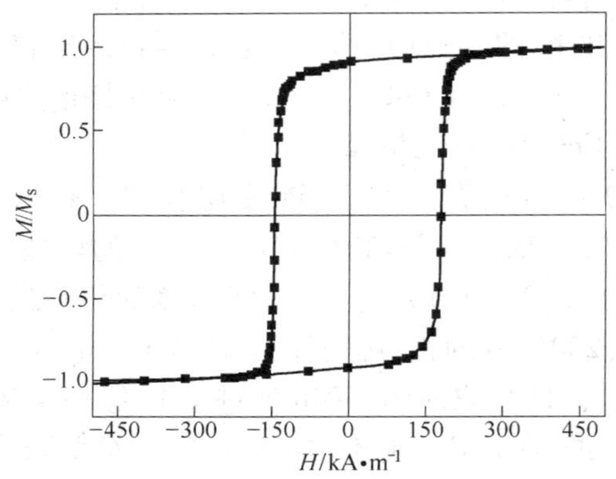

图 8-23　Pt(20nm)/[CoCr(0.5nm)/Pt(1.5nm)]$_5$/FeMn(7nm)/Pt(2.5nm) 薄膜在温度为 120 K 时测量的磁滞回线

思卡尔斯（Schulthess）和巴特勒（Butler）[70]在研究 CoO/FM 体系时，就发现了铁磁与反铁磁之间的交换耦合作用可以增加铁磁材料的单轴各向异性，同时增加未补偿缺陷的密度，即增加了铁磁层畴壁的钉扎位，从而提高 H_C。此外，罗曼斯（Romanens）等人[71]在研究 $(Co/Pt)_4$/ FeMn 体系时也发现，$(Co/Pt)_4$ 多层膜的反磁化过程主要由畴壁扩展过程决定，加入 FeMn 层后薄膜的反磁化过程由反磁化形核和畴壁扩展过程共同决定，即增加了畴壁移动的势垒高度，从而提高 H_C。与此类似，FeMn 和 CoCr/Pt 多层膜之间既然存在交换耦合作用，那么这种作用可以提高薄膜的垂直磁各向异性，并且可能增加了铁磁层畴壁的钉扎位密度以及畴壁移动的势垒高度，从而导致 $H_{C\perp}$ 的提高。

综上所述，FeMn 层对 CoCr/Pt 多层膜的作用表现为：交换耦合作用和织构改善作用，这两方面作用对磁性能的影响表现为：提高了 CoCr/Pt 多层膜的 K_{eff} 值和 $H_{C\perp}$ 值。因此，当 $d<2.5$nm 时，FeMn 具有较小的单轴各向异性和较弱的（111）取向，对 CoCr/Pt 多层膜的交换耦合作用以及对其（111）取向的促进作用还不明显，所以没有明显地提高薄膜的 K_{eff} 和 $H_{C\perp}$；随着 d 的增加，FeMn（111）取向和单轴各向异性逐渐增强，导致薄膜的 $H_{C\perp}$ 和 K_{eff} 逐渐提高（图 8-20 和图 8-21）。实际上，摩瑞（Mauri）等人[72]在研究 NiFe/FeMn 体系时也发现了类似的变化趋势。

Pt/[CoCr/Pt]$_5$/FeMn 薄膜的磁性能对 Pt 缓冲层和 CoCr 层的厚度具有很强的依赖性，图 8-24 是 Pt($d_1$nm)/[CoCr(0.5nm)/Pt(1.5nm)]$_5$/FeMn(7nm)/Pt(2.5nm) 薄膜的 K_{eff} 随 Pt 缓冲层厚度 d_1 的变化。K_{eff} 随着 Pt 缓冲层厚度的增加而升高，当 d_1 达到 20nm 时，薄膜的 K_{eff} 趋近饱和。这是由于 Pt 缓冲层越厚，其（111）织构越明显，由于多层膜中的 CoCr（002）面在 Pt（111）面上外延生长，从而促进了 CoCr（002）取向，即薄膜的垂直磁各向异性增加。图 8-25 是 Pt(20nm)/[CoCr($d_2$nm)/Pt(1.5nm)]$_5$/FeMn(7nm)/Pt(2.5nm) 薄膜的 K_{eff} 随 CoCr 层厚度 d_2 的变化。CoCr 层很薄时（0.3nm），薄膜的 K_{eff} 值较小，这由于 CoCr 层太薄时，还不能形成连续的 CoCr 层，难以形成 CoCr/Pt 多层膜结构，界面面积太少，导致薄膜的 K_{eff} 较低；随着 CoCr 层厚度的增加，逐渐形成连续的多层膜结构，当 d_2 达到 0.5nm 时，薄膜的 K_{eff} 增加到 $4.1\times10^5 J/m^3$；再继续增加 d_2，单位厚度的多层膜中包含的 CoCr/Pt 界面减少，界面各向异性对 K_{eff} 的增加就越少，导致 K_{eff} 值下降，这一趋势与卡西亚（Carcia）在研究 Co/Pd 多层膜时发现的界面各向异性随 Co 厚度的变化类似[73]。

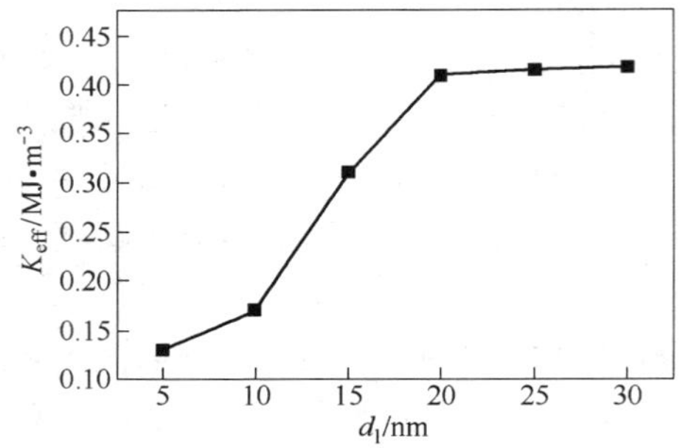

图 8-24 Pt($d_1$nm)/[CoCr(0.5nm)/Pt(1.5nm)]$_5$/ FeMn(7nm)/Pt(2.5nm)薄膜的 K_{eff} 随 Pt 缓冲层厚度 d_1 的变化

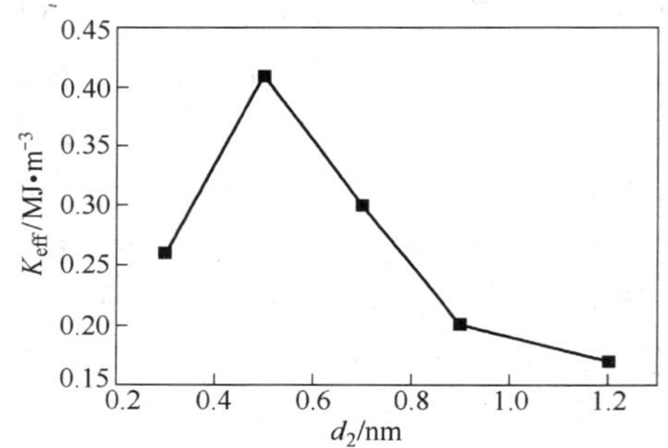

图 8-25 Pt(20nm)/[CoCr($d_2$nm)/Pt(1.5nm)]$_5$/ FeMn(7nm)/Pt(2.5nm)薄膜的 K_{eff} 随 CoCr 层厚度 d_2 的变化

8.3.2 反铁磁材料对其他磁记录介质材料的磁性能的影响

8.3.1 节介绍了利用反铁磁 FeMn 层可以提高垂直磁记录材料 CoCr/Pt 多层膜的 K_{eff} 和 $H_{C\perp}$，其原因与具有（111）取向的 FeMn 促进了 CoCr/Pt 多层膜的（111）取向的增强以及 FeMn 和 CoCr/Pt 多层膜的交换耦合作用有关。事实上，其他 Mn 系合金如 IrMn 对垂直磁记录材料 CoCrPt 合金薄膜也具有存在类似的交换耦合作用。斯里尼瓦桑（Srinivasan）等人[74]利用 IrMn 作为 CoCrPt 记录层的缓冲层，通过 IrMn 和 CoCrPt 层之间的交换耦合作用提高了 CoCr 垂直薄膜的热稳定性因子（Stability Factor，$K_u V/k_B T$）和矫顽场 H_0，它们随 IrMn 层厚度的变化如图 8-26 所示[74]。

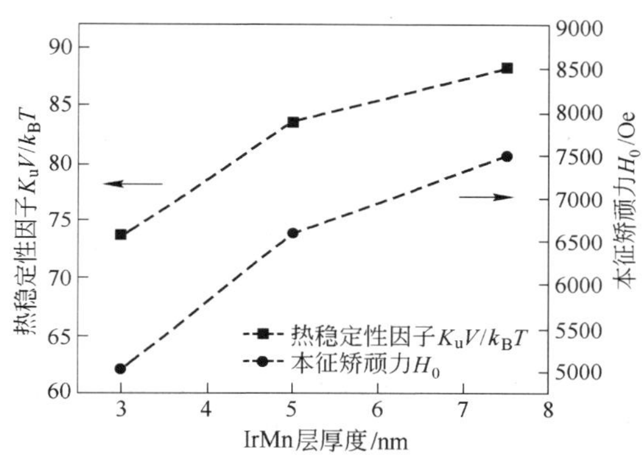

图 8-26 CoCrPt 垂直薄膜的热稳定性因子（$K_u V/k_B T$）和矫顽场 H_0 随 IrMn 层厚度的变化[74]

此外，反铁磁材料对其他磁记录材料的磁学性能也有不同程度的影响作用，比如蒋（Chiang）等人[75]将磁记录材料 FePt 薄膜沉积在反铁磁 PtMn 上，利用在低温（250℃）就能够有序化的 $L1_0$-PtMn 引导 FePt 的低温有序化（325℃）；同时，通过 $L1_0$-PtMn 和 FePt 层之间的交换耦合作用，增加了 FePt 层的各向异性，因此大幅度提高矫顽力，图 8-27 是 FePt（50nm）和 PtMn（50nm）/FePt（50nm）薄膜的矫顽力随退火温度的变化。Sort 等人[76]通过球磨磁性 $SmCo_5$ 颗粒和反铁磁 NiO 粉末时，可使 $SmCo_5$ 粉末的 H_C 值和剩磁比得到明显的提高，这也与 $SmCo_5$ 颗粒和 NiO 粉末之间的交换耦合作用有关。图 8-28 是球磨 $SmCo_5$、$SmCo_5$ + CoO（1∶1）和 $SmCo_5$ + NiO（1∶1）粉末的矫顽力随球磨时间的变化[76]。

以上这些研究充分表明：利用反铁磁材料（如 FeMn、PtMn、IrMn 等）与磁记录介质材料（CoCr 合金、$L1_0$-FePt、$SmCo_5$ 等）的相互作用可以增加磁记录介质材料的各向异性或改善其织构，从而调控磁记录介质材料的磁学性能以及热稳定性，这一结果对高磁晶各向异性的材料具有普遍性，因此为利用反铁磁材料提高磁介质材料的热

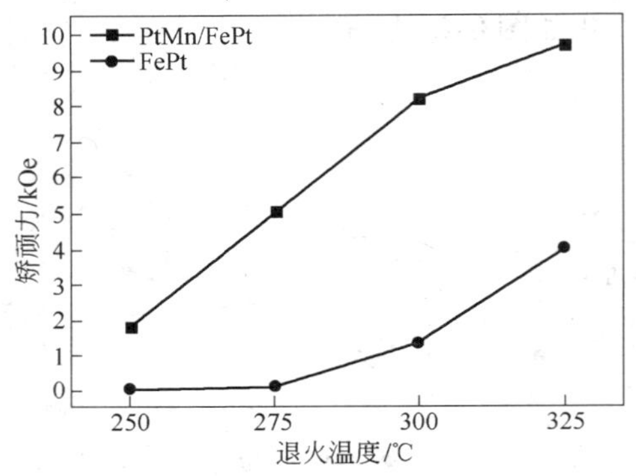

图 8-27 FePt(50nm)和 PtMn(50nm)/FePt(50nm)薄膜的矫顽力随退火温度的变化[75]

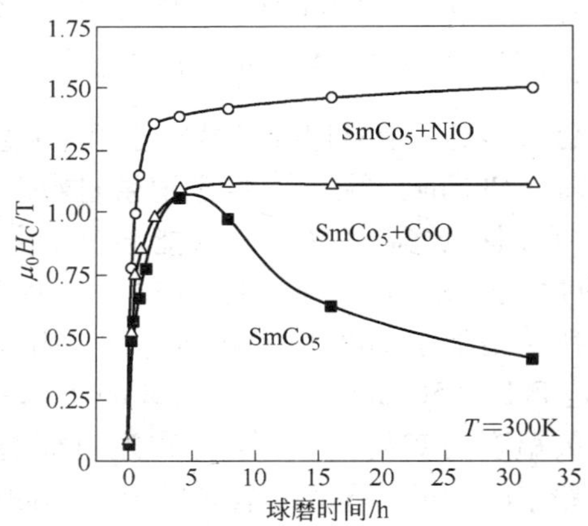

图 8-28 球磨 $SmCo_5$、$SmCo_5$ + CoO(1∶1)和 $SmCo_5$ + NiO(1∶1)粉末的矫顽力随球磨时间的变化[76]

稳定性和磁性能调控提供一种新的物理思想和方法。

8.4 SmCo 磁记录薄膜材料的相变控制及磁耦合作用的调控

SmCo 合金具有非常高的磁晶各向异性常数和很好的硬磁性能，

能产生较高的磁能积（BH）$_{max}$；同时，它还具有较高的居里温度（约为 1020K），能够在高温环境下保持其永磁特性，因此适合应用于超高密度磁记录介质材料、航空航天永磁材料、微机电系统（MEMS）以及纳米传感器和制动器中[77~79]。其中，SmCo 合金薄膜作为超高密度磁记录介质材料，必须具有高热稳定性（要求薄膜具有较高的 K_u 值和适中的矫顽力 H_C 值）、低噪声（要求较低的 SmCo 颗粒间磁耦合作用）。

针对这些问题，国际上进行了很多相关研究工作：首先，在制备 SmCo 薄膜方面，人们曾经尝试利用磁控溅射、激光脉冲沉积、化学自组装等方法制备出 SmCo 纳米磁性薄膜[80~82]。其次，在改善 SmCo 薄膜的磁性能、增加热稳定性方面，安德雷斯克（Andreescu）等人通过控制退火条件有效地改善了 SmCo 薄膜的晶化程度，从而制备出高 K_u 和 H_C 值的 SmCo 薄膜[83]。当控制薄膜中的 Sm 和 Co 的成分比例处于 1∶5 附近时，可以获得单轴各向异性最大的 $SmCo_5$ 相，因此改善了薄膜的磁性能[84]。此外，底层对 SmCo 薄膜的磁性能和取向也有很大影响，Velu 等人利用 Cr 底层引导 $SmCo_5$ 相的易磁化轴平行于薄膜表面[85]；Sayama 和 Takei 利用 Cu 底层引导 $SmCo_5$ 相的易磁化轴垂直于薄膜表面[86]，这两种底层分别改善了 SmCo 薄膜的水平磁各向异性和垂直磁各向异性。

然而，以上这些研究工作的特点是：所研究的 SmCo 薄膜中的 Sm 含量偏低（原子分数通常为 16.7% ~20%），此时的薄膜中以 $SmCo_5$ 相为主，薄膜通常具有较大的磁耦合作用，这必然会增加介质的噪声，不利于 SmCo 薄膜的超高密度磁记录。在降低磁记录材料的磁耦合作用方面已有一些报道，例如在制备磁记录材料 $L1_0$-FePt 合金薄膜时，通常是利用非磁性金属 Ag、非磁性非金属 C、非磁性氮化物 BN、非磁性氧化物 SiO_2 等作为隔离 FePt 颗粒的母体，以降低 FePt 颗粒间的磁耦合作用[30,32,87]。然而，对于 SmCo 薄膜而言，很多非磁性元素如 Sn、Ti、Nb、V、W、Si 等元素易与 Sm、Co 形成合金[42~47]；另外，由于 Sm 具有较强的还原性，容易和氧元素、氮元素反应[48]，破坏薄膜磁性能，所以也很难利用非磁性氧化物或氮化物等作为隔离 SmCo 颗粒的母体。因此，在材料制备时，如何通过微结构的调控作用，获得高热稳定性、低磁耦合作用的 SmCo 薄膜是目前应用于超高密度磁记录介质的一个重要问题。

在这方面，北京科技大学的冯春和北京工商大学的李宝河教授经过长期的探索和研究，设计了一种新结构，通过控制 SmCo 材料制备过程中的相变，利用高 Sm 含量的 SmCo 薄膜自身产生的 $SmCo_2$ 相作为 $SmCo_5$ 相的母体，实现对具有高 K_u 的 SmCo 薄膜的磁耦合作用的调控，从而获得高热稳定性、低磁耦合作用的 SmCo 薄膜[88~90]。基于上述新颖的思路，本节首先介绍了如何设计和制备高 Sm 含量的 SmCo 薄膜，通过调整 Sm 含量以控制 $SmCo_2$ 相与 $SmCo_5$ 相的比例，通过优化退火工艺（包括退火温度和时间）以改善薄膜的晶化程度以及 $SmCo_2$ 相与 $SmCo_5$ 相的分布等微结构，并从机理上剖析了上述界面调控的机理。其次，本节还介绍了这种高 Sm 含量的 SmCo 薄膜的磁性能和晶体结构对 SmCo 层的厚度、退火温度和时间等工艺条件的依赖关系。

8.4.1 利用 Sm 含量控制 SmCo 薄膜的相变和磁性能

根据 Sm-Co 二元合金相图，当 Sm 含量约为 16.7% 附近时（低 Sm 含量），$SmCo_5$ 为稳定相，随着 Sm 含量的增加，合金中出现 Sm_2Co_7、$SmCo_3$、$SmCo_2$ 等合金相，部分 SmCo 合金相的各向异性场 K_u、饱和磁化强度 M_s、居里温度 T_C 如表 8-1 所示[91~93]，其中 $SmCo_2$ 在常温下是非磁性相。如果能够通过控制微结构，利用自身形成的非磁性相 $SmCo_2$ 作为磁性相 $SmCo_5$ 的母体（结构示意图如图 8-29 所示），就可以实现在不引入其他掺杂原子的前提下降低磁耦合作用，这种结构的优点在于：

（1）由于薄膜中存在高 K_u 的 $SmCo_5$ 相，使得薄膜具有很好的热稳定性和磁性能；

（2）通过自身产生的非磁性 $SmCo_2$ 作为磁性相 $SmCo_5$ 的母体，有效地降低薄膜的磁耦合作用，避免了 Sm 或 Co 原子与其他掺杂原子间的化学反应或合金化。

基于上述思路，作者设计了一种新结构，通过提高 SmCo 薄膜中的 Sm 含量来控制材料制备过程中的相变，并利用高 Sm 含量的 SmCo

表 8-1 部分 SmCo 合金相的磁晶各向异性常数（K_u）、各向异性场（H_K）、饱和磁化强度（M_s）和居里温度（T_c），所有参数均在室温下测量

项　目	K_u/erg · cm^{-3}	H_K/A · m^{-1}	M_s/emu · cm^{-3}	T_c/K
$SmCo_5$	$1.1\times10^8\sim2.0\times10^8$	16000 ~ 32000	910	1020
$SmCo_2$	0	0	0	203
Sm_2Co_7	1.2×10^8	22400	851	705

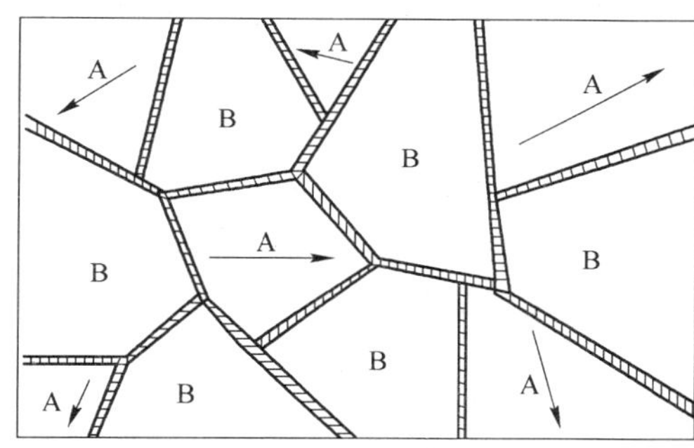

图 8-29　非磁性相 $SmCo_2$ 隔离 $SmCo_5$ 颗粒的结构示意图

（A 区为 $SmCo_5$ 颗粒；B 区为 $SmCo_2$ 颗粒）

薄膜自身产生的 $SmCo_2$ 相作为 $SmCo_5$ 相的母体，以调控薄膜中的颗粒间磁耦合作用。在材料的合成上，他们利用磁控溅射方法，在硅基片上制备了结构为 Cr(100nm)/SmCo(70nm)/Cr(20nm) 薄膜，其中 SmCo 层中 Sm、Co 的比例通过 Sm 靶和 Co 靶的溅射功率调节，并采用电感耦合等离子体发射光谱仪（ICP-AES）测定，原子分数分别为 20.5%，34.2%，37.7% 和 40.1%，Sm 含量为 20.5% 属于通常国际上研究的低 Sm 含量样品，34.2%，37.7% 和 40.1% 均属于高 Sm 含量样品。工作 Ar 气压为 0.4 Pa。室温下溅射的薄膜在真空度优于 3×10^{-5}Pa 的真空退火炉中进行热处理，退火前先使薄膜在 200℃ 预热 20min，以降低 Sm 元素在高温退火过程中的氧化，退火温度为 650℃，退火时间为 45min。

图 8-30 是利用综合物性测试系统（PPMS）测量的不同 Sm 含量的 Cr(160nm)/SmCo(70nm)/Cr(60nm) 的薄膜样品（以下简称 Cr/

SmCo/Cr 薄膜）的初始磁化曲线及其磁滞回线，外加磁场平行于膜面，磁场最大为4800kA/m。所有样品均经过650℃退火45min。从样品的初始磁化曲线中可以发现：当外磁场低于1000kA/m时，磁化曲线具有可逆性，磁化强度较低；当外磁场达到1500kA/m时，磁化曲线变为不可逆，磁化强度显著升高并达到饱和，这反映出SmCo薄膜中的磁化反转模式为畴壁钉扎模式。另外，低Sm含量的样品（原子分数为20.5%）的 H_C 值达到4000kA/m，具有很好的硬磁性能。Sm含量为34.2%和37.7%的高Sm含量样品，其 H_C 均在2500kA/m以上；同时曲线具有良好的矩形度，这表明虽然增加了Sm的含量会减低薄膜的 H_C 值，但仍然可以保持良好的硬磁性能，然而 M_s 却呈现下降趋势。Sm含量（原子分数）为40.1%的薄膜的 H_C 和 M_s 均接近为0，即此时样品为弱磁性。以上实验现象说明：适当地提高Sm含量，薄膜仍然可以保持良好的硬磁性能。

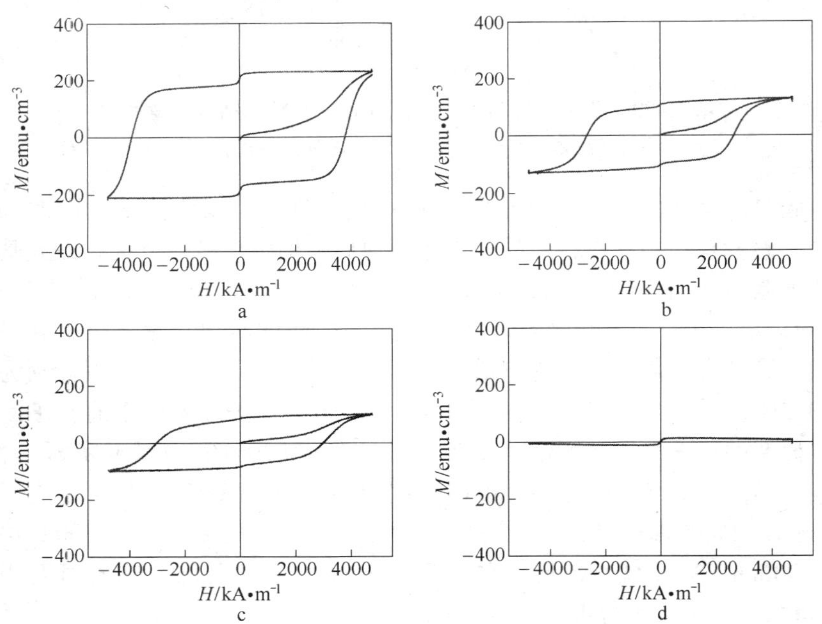

图8-30 Cr/SmCo/Cr薄膜的平行膜面方向的初始磁化曲线和磁滞回线

a—20.5%；b—34.2%；c—37.7%；d—40.1%

SmCo 薄膜中的磁耦合作用是决定介质噪声的重要参数，可以通过 PPMS 测量 δM^*-H 曲线来衡量[94]，δM^*-H 曲线与 δM-H 曲线具有相同的峰位和相对峰强[95]，其定义如式 8-3 所示：

$$\delta M^*(H) = m_{\text{initial}}(H) - \frac{m_{\text{up}}(H) + m_{\text{down}}(H)}{2} \tag{8-3}$$

式中，$m_{\text{up}}(H)$ 和 $m_{\text{down}}(H)$ 分别是磁滞回线在第一象限的半支和第四象限的半支的归一化磁化强度；$m_{\text{initial}}(H)$ 为初始磁化曲线的归一化磁化强度。当 δM^*-H 曲线的峰值为正时，表示磁性晶粒间的交换耦合作用占主要地位；当 δM^*-H 曲线的峰值为负时，磁性晶粒间磁偶极子相互作用占主要地位；δM^*-H 的峰值越大，耦合也就越大。

图 8-31 是不同 Sm 含量的 Cr/SmCo/Cr 薄膜的 δM^*-H 曲线。从图中可知，Sm 含量（原子分数）为 20.5% 的样品的 δM^*-H 曲线具有很大的峰值，约为 0.29，说明低 Sm 含量的薄膜内存在较强的磁耦合作用；而 Sm 含量为 34.2%、37.7% 的高 Sm 含量薄膜的 δM^*-H 曲线峰值逐渐减小，分别为 0.21、0.05，这说明随着 Sm 含量的增加，薄膜中的磁耦合作用明显降低。

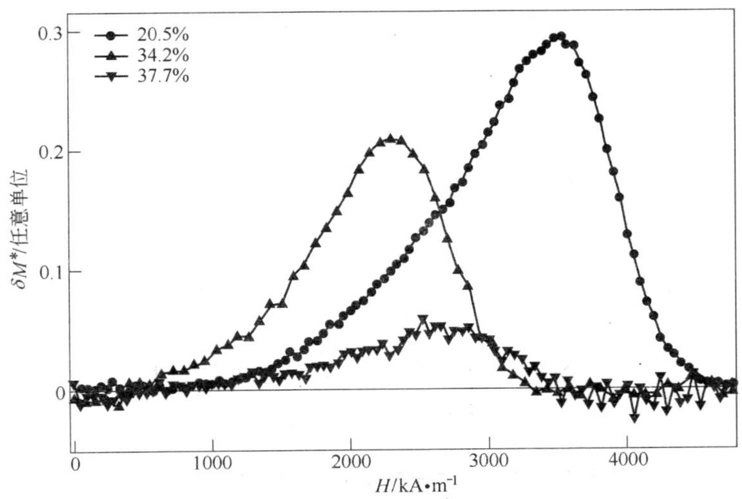

图 8-31 不同 Sm 含量的 Cr/SmCo/Cr 薄膜的 δM^*-H 曲线

磁性薄膜的热稳定性可以通过测量薄膜的动态磁矫顽力曲线（Dynamic coercivity measurement）以获得热稳定性因子（Thermal Stability Factor，TSF）来衡量[68]。测量数据利用 Sharrock 公式拟合，如式 8-4 所示：

$$H_{Cr} = H_0\{1 - [C\ln(f_0 t/\ln 2)]^{2/3}\} \tag{8-4}$$

式中，热稳定性因子 $TSF = \frac{1}{C} = \frac{K_u V}{kT}$，$V$ 是晶粒的体积，k 是玻耳兹曼常数，T 是介质的温度；H_{Cr} 和 H_0 分别为剩磁矫顽力值和瞬时矫顽力值；f_0 是瞬时频率（设为 1×10^9/s）；t 是反向场施加的时间。

图 8-32 是高 Sm 含量的 SmCo 薄膜（Sm 含量为 37.7%）的剩磁矫顽力 H_{Cr} 和时间 t 的关系图，H_{Cr} 和 $[\ln(f_0 t/\ln 2)]^{2/3}$ 呈线性关系。通过拟合曲线的斜率计算得到高 Sm 含量的 SmCo 薄膜的热稳定性因子 TSF 可以达到 341，这个数值远远高于目前磁记录介质的热稳定性因子（70 ~ 100），这保证了高 Sm 含量的 SmCo 薄膜具有足够的热稳定性，可以应用于磁记录介质中。综上所述，高 Sm 含量的 SmCo 薄膜具有较高的热稳定性、磁性能以及可控的磁耦合作用，这正是 SmCo 薄膜作为磁记录介质需要具有的特质。

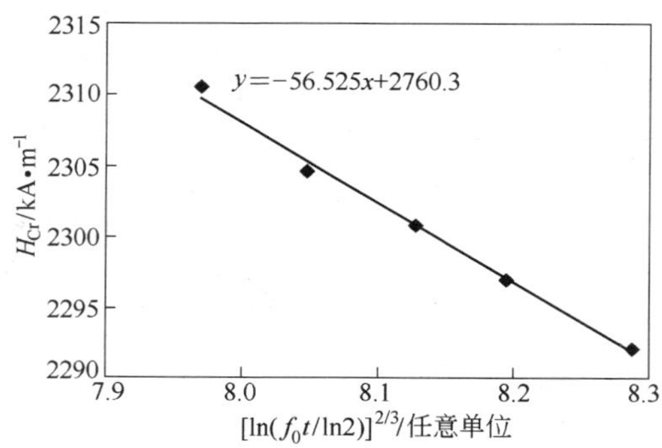

图 8-32 剩磁矫顽力 H_{Cr} 和时间 t 的关系图
（f_0 为瞬时频率，假设为 1×10^9/s）

8.4.2 高 Sm 含量的 SmCo 薄膜的微结构调控机理

磁性能的变化与薄膜中成相变化、晶体结构的变化等有着密切的关联，图 8-33 是通过 X 射线衍射（XRD）测量的晶体结构。从图 8-33 中可以看出，Sm 含量（原子分数）为 20.5% 的薄膜样品出现 $SmCo_5$ 的（110）和（200）峰，而未发现明显的 $SmCo_2$ 衍射峰；随着 Sm 含量的增加，磁性相 $SmCo_5$ 的衍射峰相对强度逐渐减弱，非磁性相 $SmCo_2$ 的（220）和（311）衍射峰相对强度明显增强；当 Sm 含量为 40.1% 时，未发现明显的 $SmCo_5$ 衍射峰，却出现了结晶较好的 Laves 相 $SmCo_2$ 衍射峰。实际上，当 Sm 含量为 20.5% 时，$SmCo_5$ 相为 SmCo 薄膜中稳定存在的相，所以薄膜中以 $SmCo_5$ 相为主。由于 $SmCo_5$ 相具有很高的磁晶各向异性，$SmCo_5$ 相越多，其薄膜的硬磁性能就越好，M_s 也越高，所以低 Sm 含量的样品具有很高的 H_C 和 M_s 值。然而，对于 Sm 含量为 34.2% 和 37.7% 的样品，其 Sm 含量已经远远超出了相图中 $SmCo_5$ 相稳定存在的区域，因此 $SmCo_5$ 以亚稳相形式存在于薄膜中，而 $SmCo_2$ 相为稳定相。随着 Sm 含量的增加，$SmCo_2$ 相增多，$SmCo_5$ 相相应地减少，薄膜中出现了 $SmCo_2$ 相和 $SmCo_5$ 相共存的现象。由于高 Sm 含量的 SmCo 薄膜中仍有明显的 $SmCo_5$ 相存在，导致薄膜仍然具有良好的硬磁性能。但是，相对于低 Sm 含量的样品，高 Sm 含量的样品中的非磁性 $SmCo_2$ 相增多，导致薄膜的 M_s 也相应地下降。当 Sm 含量为 40.1% 时，仅出现明显的 $SmCo_2$ 相，说明此时 $SmCo_2$ 相基本成为薄膜中的主相，因此不能继续

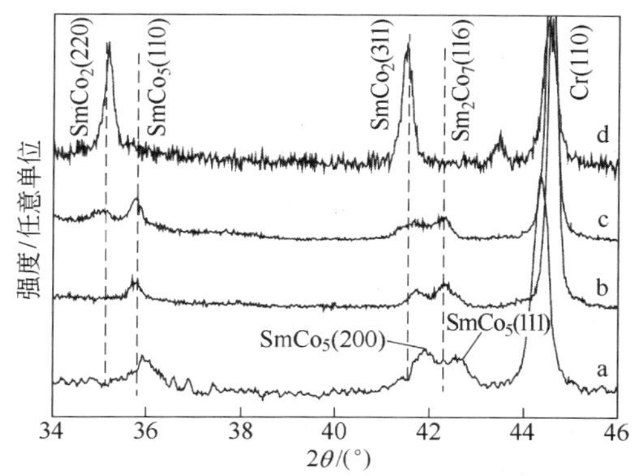

图 8-33 不同含量的 Cr/SmCo/Cr 薄膜在 650℃退火 45min 的 XRD 图谱

a— 20.5%；b—34.2%；c—37.7%；d— 40.1%

保持其硬磁性能。通过以上分析可知，利用高 Sm 含量的 SmCo 薄膜自身产生的 $SmCo_2$ 相，可以调控薄膜的 H_C 值和磁耦合作用。只要控制好 Sm 的含量，就能控制好 $SmCo_2$ 相与 $SmCo_5$ 相的比例，保证薄膜既具有良好的硬磁性能，又具有较低的磁耦合作用。

$SmCo_2$ 相与 $SmCo_5$ 相在薄膜中的分布情况，尤其是 $SmCo_2$ 颗粒是否形成了 $SmCo_5$ 颗粒的母体，直接决定了 $SmCo_5$ 颗粒间磁耦合作用的大小。因此有必要对高 Sm 含量的 SmCo 薄膜的微结构进行研究。图 8-34 是通过 JEOL-2010 高分辨透射电子显微镜测量到的 SmCo 薄膜（Sm 含量为 37.7%、650℃退火 45min）的微结构。图 8-34a 是薄膜样品的低倍形貌像，清晰地显示了薄膜的层状结构，层与层之间界面平整清晰；同时 160nm 的 Cr 底层和 SmCo 层均形成了很好的柱状晶生长，这是由于 $SmCo_5$（110）与 Cr（200）面具有良好的晶格外延关系：$SmCo_5(110)[001] \parallel Cr(200)[011] \parallel MgO(200)[001]$，Cr 的柱状晶生长引导了 SmCo 层的外延柱状生长。图 8-34b 为对应的选取电子衍射谱，图中出现了明显的 $SmCo_5$（110）和 $SmCo_2$（311）衍射斑点，这一点与 XRD 图中出现 $SmCo_5$（110）和 $SmCo_2$（311）衍射峰一致，这说明了薄膜中形成了良好的 $SmCo_2$ 和 $SmCo_5$ 共存的现象。

图 8-34c 是 SmCo 磁性层的局部高分辨像，图 8-34d 为 A 区域的快速傅立叶变换谱。通过标定，A 区域为 $SmCo_5$ 相，电子束方向沿 $SmCo_5$ $[1\bar{1}0]$ 晶带轴方向。通过面间距的测量后，B 或 C 区域标定为具有（311）取向的 $SmCo_2$ 相。从图中可以看出，$SmCo_2$ 颗粒和 $SmCo_5$ 颗粒的尺寸分别约为 20nm 和 30nm，这个尺寸大小离实用化还有一定差距，还需要进一步优化。此外，$SmCo_5$ 相的周围被 $SmCo_2$ 相包围，即形成了 $SmCo_5$ 相被 $SmCo_2$ 相隔离的微观结构，$SmCo_2$ 作为非磁性相起到了隔离磁性相 $SmCo_5$ 的作用，从而有效地降低了 $SmCo_5$ 颗粒间的磁耦合作用。另外，分布于 $SmCo_5$ 相边缘的 $SmCo_2$ 非磁性相作为 $SmCo_5$ 磁畴的钉扎位，也起到了阻碍 $SmCo_5$ 磁畴移动的作用，因此导致了畴壁钉扎模式成为薄膜中主要的磁化反转机理。

以上微观结构的研究说明：通过适当增加 SmCo 薄膜中的 Sm 含量，利用薄膜自身产生的 $SmCo_2$ 相作为 $SmCo_5$ 相的母体，可以制备

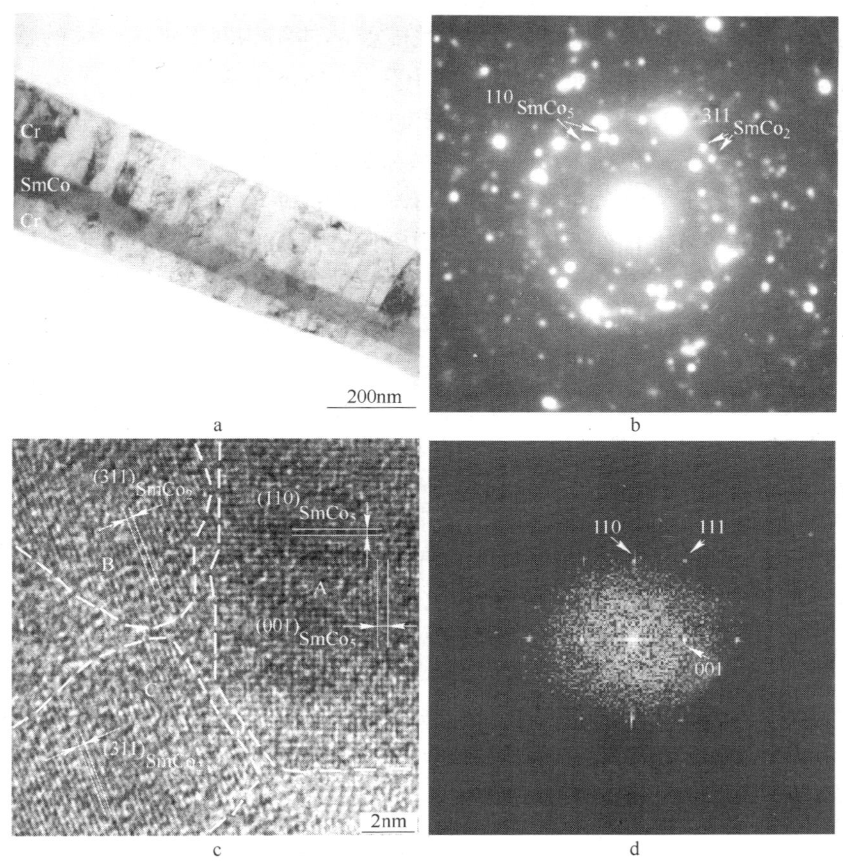

图 8-34 SmCo 薄膜的微结构

a—Cr/SmCo/Cr 薄膜的形貌像；b—薄膜的选取电子衍射谱；

c—SmCo 层的局部高分辨像；d—A 区对应的快速傅立叶变换谱

高热稳定性、磁耦合作用可控的 SmCo 薄膜。通过工艺的进一步优化，这种 SmCo 磁记录薄膜是有望应用于超高密度、低噪声硬盘磁记录介质中的。

8.4.3 高 Sm 含量的 SmCo 薄膜的磁性能对 SmCo 厚度的依赖关系

前面已经介绍了，通过控制 SmCo 薄膜中的相变，高 Sm 含量的

SmCo 薄膜可以具有较高的热稳定性和可控的磁耦合作用。本节主要介绍高 Sm 含量的 SmCo 薄膜的磁性能及晶体结构对 SmCo 厚度的依赖关系。图 8-35 是不同厚度的 Cr(100nm)/SmCo(dnm)/Cr(20nm)薄膜（$d=30$，50，70，100）的磁滞回线，所有样品的 Sm 含量均为 37.7%（高 Sm 含量），退火条件为 550℃/20min。厚度为 30nm、50nm 和 70nm 的 SmCo 薄膜均具有较高的硬磁性能，H_C 均高于 2000kA/m，同时曲线具有较高的剩磁比。而 100nm 厚的 SmCo 薄膜只有很弱的磁性。上述磁性能的变化与薄膜的晶体结构的变化有关，图 8-36 是不同厚度的 Cr/SmCo(*d*nm)/Cr 薄膜的 XRD 图。从 Cr/SmCo（30nm）/Cr 薄膜的 XRD 图中并没有发现明显的 SmCo 衍射峰。但是，$SmCo_5$ 和 $SmCo_2$ 衍射峰随着 SmCo 厚度的增加而逐渐增加，说明随着 SmCo 厚度的增加，晶化的 $SmCo_5$ 和 $SmCo_2$ 相增多。Cr/SmCo（100nm）/Cr 薄膜仅出现比较强的晶化 $SmCo_2$ 相。另外，薄膜中的

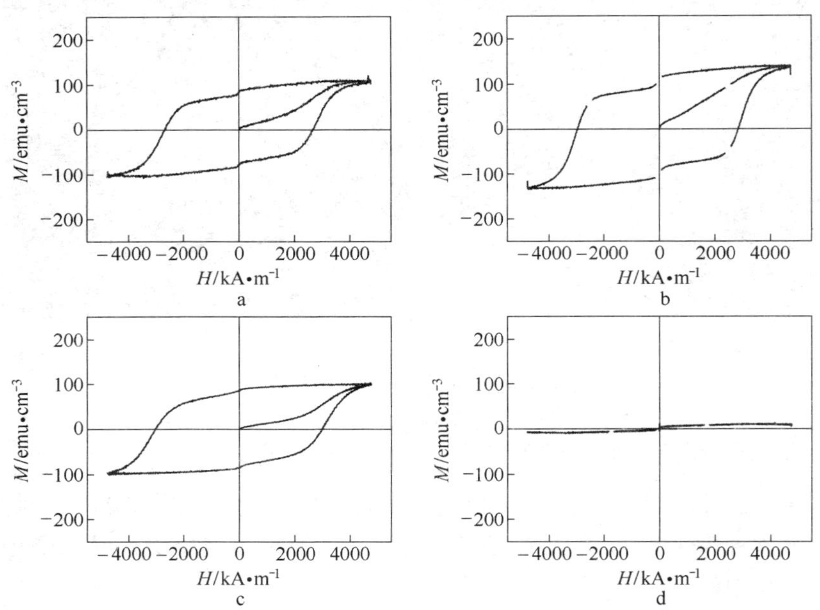

图 8-35 不同厚度的 Cr/SmCo(*d*nm)/Cr 薄膜的平行膜面方向的磁滞回线

a—$d=30$；b—$d=50$；c—$d=70$；d—$d=100$

δM^*-H 曲线如图 8-37 所示，随着厚度的增加，颗粒间的磁耦合作用逐渐降低。因此，高 Sm 含量的 SmCo 薄膜的磁性能、成相以及磁耦合作用对 SmCo 层厚度具有很大的依赖性，适当厚度的 SmCo 层对 SmCo 薄膜的磁耦合作用具有调控作用，过厚的 SmCo 层会导致生产大量的 $SmCo_2$ 相，破坏 SmCo 薄膜的硬磁性能。

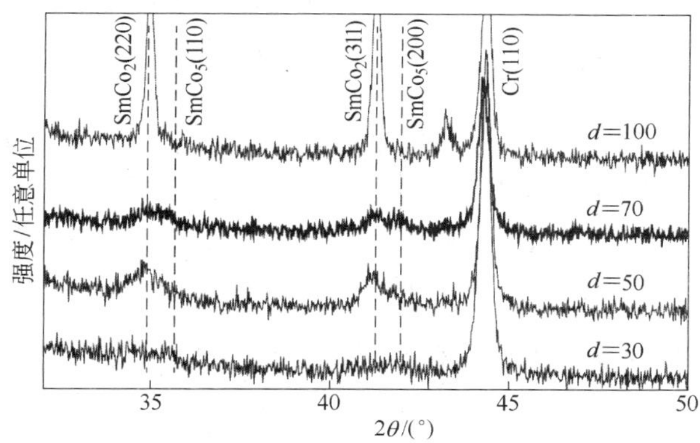

图 8-36 不同厚度的 Cr/SmCo($d$nm)/Cr 薄膜的 XRD 图

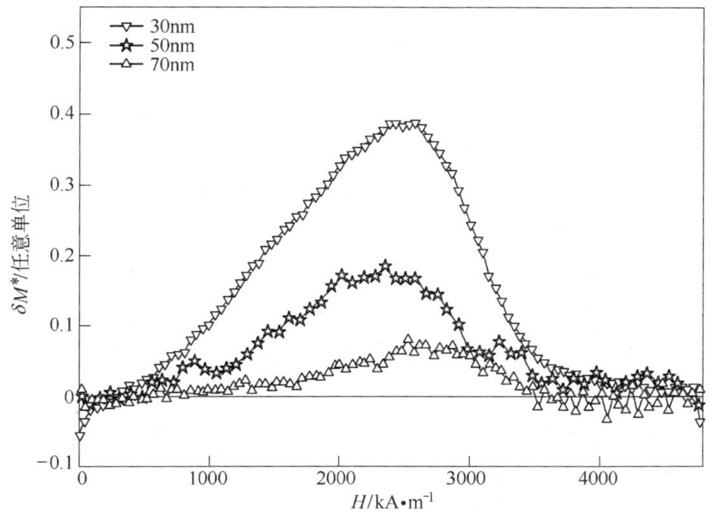

图 8-37 不同厚度的 Cr/SmCo/Cr 薄膜的 δM^*-H 曲线

前面已经介绍，Sm 含量为37.7%的 SmCo 薄膜是高 Sm 含量的样品，$SmCo_5$ 合金相是亚稳相，$SmCo_2$ 合金相为稳定相。因此，$SmCo_2$ 相易于从 $SmCo_5$ 相中析出。当 SmCo 层的厚度较薄（30nm），$SmCo_5$ 和 $SmCo_2$ 晶粒的生长受到限制，导致了 SmCo 晶粒较小且晶化较差，所以 XRD 谱中的 SmCo 衍射峰不明显；并且，SmCo 相随机分布，造成薄膜中的磁耦合作用较大。随着 SmCo 层厚度的增加，$SmCo_5$ 相在 Cr 底层上的外延生长变好；而且，SmCo 晶粒增大，因此 $SmCo_5$ 和 $SmCo_2$ 相的晶化程度逐渐增加，XRD 谱中的 $SmCo_5$ 和 $SmCo_2$ 衍射峰强度增加。由于 $SmCo_2$ 晶粒从 $SmCo_5$ 相中析出并分布于 $SmCo_5$ 晶粒的边界，因此 $SmCo_2$ 晶粒起到晶粒细化作用和调控 $SmCo_5$ 颗粒的磁耦合作用。当 SmCo 层的厚度达到 100nm 时，SmCo 相难以一致地外延生长，同时破坏了 $SmCo_5$ 相的形成，因此薄膜具有弱磁性。

8.4.4 高 Sm 含量的 SmCo 薄膜的晶化和磁性能对退火条件的依赖关系

从上面的研究发现：SmCo 薄膜的晶化程度对薄膜的磁性能有着重要的影响，因此非常有必要改善薄膜的晶化程度。退火热处理是实现 SmCo 薄膜晶化的一个重要手段，所以本节主要介绍如何通过适当的退火工艺来实现 SmCo 薄膜的晶化，以及退火工艺对磁耦合作用的影响。

图 8-38 和图 8-39 分别是在不同的退火温度（450～650℃）下制备的高 Sm 含量的 Cr/SmCo(70nm)/Cr 薄膜的磁滞回线和 XRD 谱，退火时间恒定为 45min。在 400℃退火时，薄膜仍然呈现明显的软磁性，SmCo 大部分仍以非晶形式存在。当退火温度升高到 450℃时，磁滞回线出现蜂腰，并呈现双相的特性。衍射谱中出现了微弱的 $SmCo_5$（200）和 $SmCo_2$（311）峰，即薄膜在 450℃退火时已经开始晶化，形成 $SmCo_5$ 和 $SmCo_2$ 合金相，所以薄膜表现出硬磁性，而晶化的 $SmCo_5$ 相（硬磁相）和非晶 SmCo 相（软磁相）双相共存导致曲线出现蜂腰。当退火温度继续升高到 550℃和 650℃时，薄膜表现出良好的硬磁性。XRD 图中的 $SmCo_5$（110）和 $SmCo_2$（311）峰强度变强。这意味着提高退火温度为 SmCo 薄膜的晶化提供了热力学驱动力，因此有利于提高 SmCo 薄膜的晶化程度。

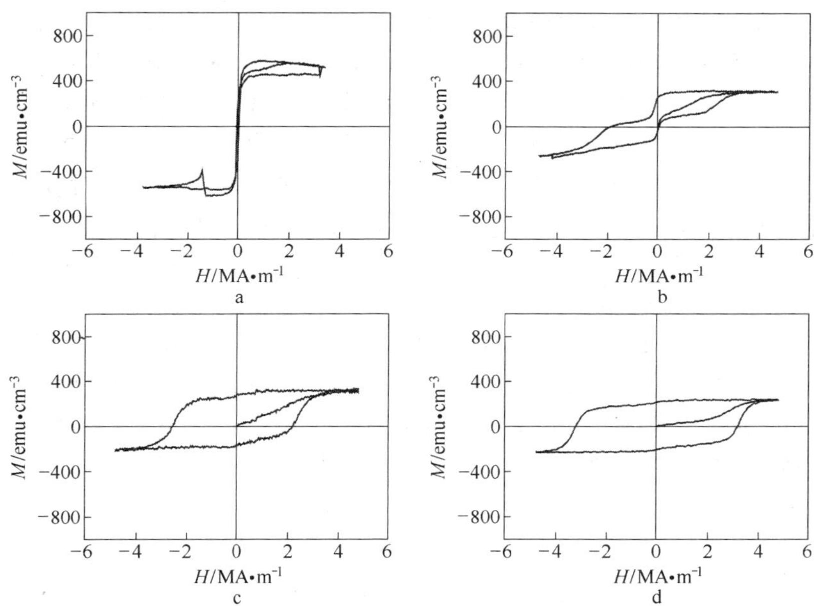

图 8-38 Cr(100nm)/SmCo(70nm)/Cr(20nm)在不同温度退火 45min 的磁滞回线

a—400℃；b—450℃；c—550℃；d—650℃

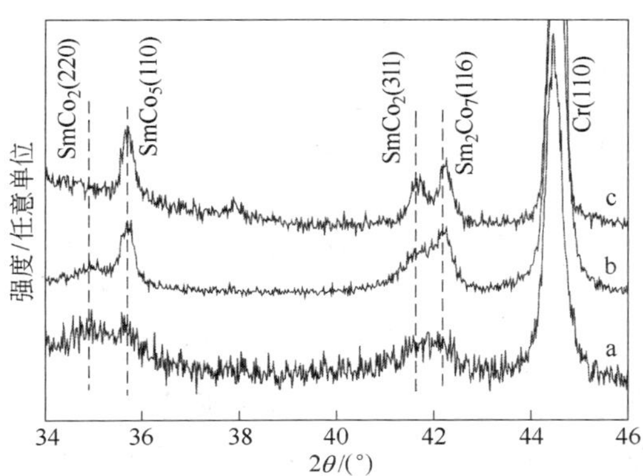

图 8-39 高 Sm 含量的 Cr(100nm)/SmCo(70nm)/Cr(20nm)薄膜在不同温度退火 45min 的 XRD 谱

a—450℃；b—550℃；c— 650℃

退火时间的选择对薄膜的晶化和磁性能也有明显的影响，图 8-40 和图 8-41 分别是 Cr/SmCo(70nm)/Cr 薄膜在 650℃ 退火不同时间（30～90min）的 XRD 谱和 δM^{*} - H 曲线。在退火时间为 30min 时，$SmCo_2$（220）和 $SmCo_2$（311）峰相对较弱，说明退火时间过短不利于 $SmCo_2$ 相的形成和晶化；并且，此时薄膜的磁耦合作用相对较大。当退火时间延长到 45min 时，$SmCo_2$（220）和 $SmCo_2$（311）峰增强；并且，薄膜的磁耦合作用降低。但是当退火时间继续延长到 60min 或 90min，$SmCo_2$（220）峰消失，$SmCo_2$（311）峰减弱，Sm_2Co_7（116）峰增强，说明过分地延长退火时间并不利于 $SmCo_2$ 相的形成，但是却有利于 Sm_2Co_7 相的形成；而且薄膜的磁耦合作用又会再次增加。因此，适当的退火时间才可以形成晶化的 $SmCo_2$ 和 $SmCo_5$ 相共存的微结构，并且有利于磁耦合作用的最佳优化。

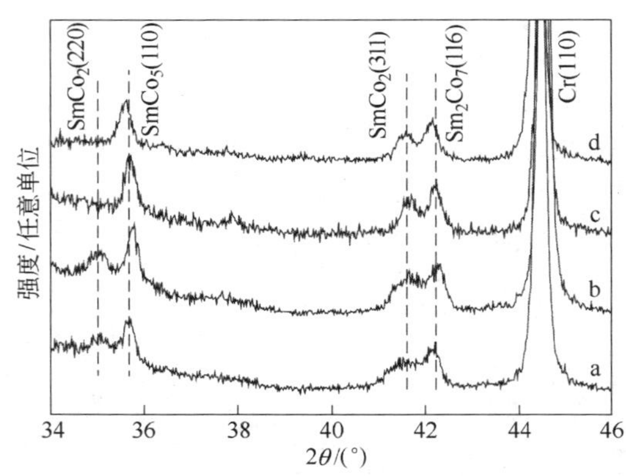

图 8-40 高 Sm 含量的 Cr(100nm)/SmCo(70nm)/Cr(20nm) 薄膜在 650℃ 退火不同时间的 XRD 谱

a—30min；b—45min；c—60min；d—90min

综合本节内容：通过适当增加 SmCo 薄膜中的 Sm 含量、选择适当的 SmCo 层厚度以及适当的退火工艺可以控制 SmCo 材料制备过程中的相变和晶化程度，利用高 Sm 含量的 SmCo 薄膜自身产生的 $SmCo_2$ 相作为 $SmCo_5$ 相的母体，对具有高热稳定性的 SmCo 薄膜的磁耦合作用进行调控，制备高热稳定性、低磁耦合作用的 SmCo 薄膜，这为 SmCo 薄膜中的磁性能和微结构的调控提供了一种新的物理思想和方法。

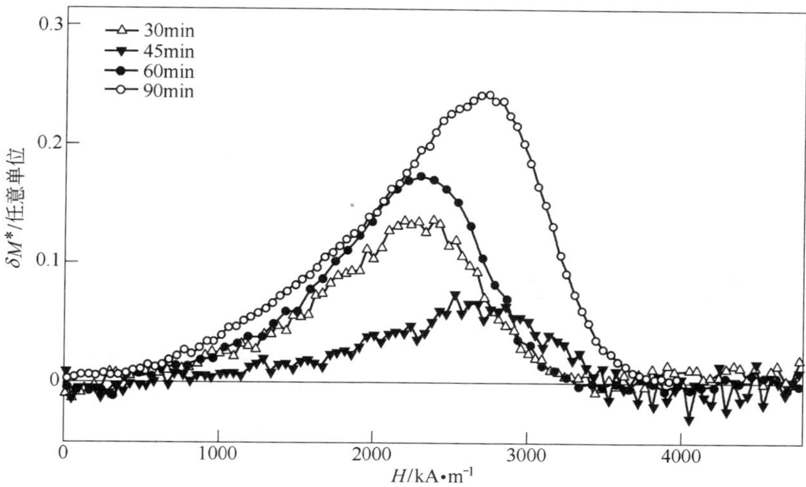

图 8-41 高 Sm 含量的 Cr(100nm)/SmCo(70nm)/Cr(20nm)
薄膜在 650℃退火不同时间的 δM^*-H 曲线

参 考 文 献

[1] Sun S, Murray C B, Weller D, et al. Monodisperse FePt nanoparticles and ferromagnetic FePt nanocrystal superlattices [J]. Science, 2000, 287: 1989~1992.

[2] Honda Y, Futamoto M, et al. Microstructure and micromagnetics of future thin film media [J]. J. Magn. Magn. Mater., 1999, 193: 36~43.

[3] Uchiyama Y, Ishibashi K, Sato H, et al. Magnetic properties and microstructure of sputtered Co-Cr films [J]. IEEE Trans. Magn., 1987, 23 (5): 2058~2060.

[4] Kranenburg H, Lidder J C, Maeda Y, et al. Microstructure of Co-evaporated filmes with perpendicular anisotropy [J]. IEEE Trans. Magn., 1990, 26 (5): 1620~1622.

[5] Sagoi M, Inoue T. Effect of third-element additions on properties of Co-Cr based films [J]. J. Appl. Phys., 1990, 67 (10): 6394~6399.

[6] Miyamoto T, Nakai J, Matsumura H, et al. Magnetic properties and microstructure of Co-

CrW films for longitudinal recording media [J]. IEEE Trans. Magn., 1995, 31 (6): 2839 ~ 2841.

[7] Inaba N, Futamoto M. Effects of Pt and Ta addition on compositional microstructure of CoCr-alloy thin film media [J]. J. Appl. Phys., 2000, 87 (9): 6863 ~ 6966.

[8] Maeda Y, Rogers D J, Song O, et al. Magnetic microstructures produced by compositional separation in CoCr based alloy thin films [J]. IEEE Trans. Magn., 1997, 33 (1): 879 ~ 884.

[9] Hirayama Y, Futamoto M, Kimoto K. Compositional microstructures of CoCr-alloy perpendicular magnetic recording media [J]. IEEE Trans. Magn., 1996, 32 (5): 3807 ~ 3809.

[10] Gong H, Rao M, Laughlin D E, et al. Highly oriented perpendicular Co-alloy media on Si (111) substrates [J]. J. Appl. Phys. 1999, 85 (8): 4699 ~ 4702.

[11] Duan S, Khan M R, Haefele J E, et al. Magnetic property and microstructure dependence of CoCrTa/Cr media on substrate temperature and bias [J]. IEEE Trans. Magn., 1992, 28 (5): 3258 ~ 3260.

[12] Sato H, Nakai J. Effects of Grain size and intergranular coupling on recording characteristics in CoCrTa media [J]. IEEE Trans. Magn. 1996, 32 (5): 3596 ~ 3598.

[13] Shen Y, Laughlin D E, Lambeth D N. Effects of substrate temperature on magnetic properties of CoCrTa/Cr films [J]. IEEE Trans. Magn. 1992, 28 (5): 3261 ~ 3263.

[14] Veldeman J, Jia H, Burgelman M, et al. Substrate effects in magnetron sputtering of Co-CrTa/Cr films on flexible substrate [J]. Surf. Sci., 2000, 454-456: 904 ~ 908.

[15] Kemner K M, Harris V G, Chakarian V, et al. The role of Ta and Pt in segregation within CoCrTa and CoCrPt thin film magnetic recording media [J]. J. Appl. Phys., 1996, 79 (8): 5345 ~ 5348.

[16] Shan Z S, Zeng H, Zhu C X, et al. Effects of layer thickness in orientation distribution and magnetic properties of CoCrTa/Cr films [J]. J. Appl. Phys, 1999, 85 (8): 4310 ~ 4313.

[17] Nolan T P, Sinclair R, Ranjan R, et al. Effect of microstructual features on media noise in longitudinal recording media [J]. J. Appl. Phys., 1993, 73 (10): 5566 ~ 5569.

[18] Uwazumi H, Shimatsu, Sakai Y, et al. Recording performance of CoCrPt-(Ta, B) /TiCr perpendicular recording media [J]. IEEE Trans. Magn., 2001, 37 (4): 1595 ~ 1598.

[19] Shimatsu T, Djayaprawira D D, Takahashi M, et al. Effect of Pt on the magnetic anisotropy and intergranular exchange coupling in $(Co_{86}Cr_{12}Ta_2)_{100-x}Pt_x$ and $(Co_{2.5}Ni_{30}Cr_{7.5})_{100-x}Pt_x$ thin film media [J]. J. Magn. Magn. Mater., 1996, 155: 246 ~ 249.

[20] Lu B, Klemmer T, Khizroev S, et al, CoCrPtTa/Ti Perpendicular media deposited at high sputtering rate [J]. IEEE Trans. Magn., 2001, 37 (4): 1319 ~ 1322.

[21] Lee I S, Kim D W. Magnetic properties and domain patterns of CoCrPtTa perpendicular films with Ta content [J]. Thin Solid Films, 2001, 388: 245 ~ 250.

[22] Malhotra S S, Stafford D C, Lal B B, et al. Magnetic and recording properties of CoCrPtTa thin film media with CrW underlayer [J]. J. Appl. Phys., 1999, 85 (8): 6157 ~ 6160.

[23] Kang K, Zhang Z G, Papusoi C, et al. Composite nanogranular films of FePt-MgO with (001) orientation onto glass substrates [J]. Appl. Phys. Lett., 2004, 84: 404~406.

[24] Saga H, Nemoto H, Sukeda H, et al. New recording method combining thermo-magnetic writing and fluxdetection [J]. Jpn. J. Appl. Phys., 1999, 38: 1839~1840.

[25] Heinonen O, Gao K Z. Extensions of perpendicular recording [J]. J. Magn. Magn. Mater., 2008, 320: 2885~2888.

[26] Wang J P. Magnetic Data Storage: Tilting for the top [J]. Nature Mater., 2005, 4: 191~192.

[27] Zhu Y, Cai J W. Low-temperature ordering of FePt thin films by a thin AuCu underlayer [J]. Appl. Phys. Lett., 2005, 87: 032504-1~032504-3.

[28] Xu Y F, Chen J S, Wang J P. In situ ordering of FePt thin films with face-centered-tetragonal (001) texture on $Cr_{100-x}Ru_x$ underlayer at low substrate temperature [J]. Appl. Phys. Lett., 2002, 80: 3325~3327.

[29] Li B H, Feng C, Yang T, et al. Effect of composition on L10 ordering in FePt and FePtCu thin films [J]. J. Phys. D: Appl. Phys., 2006, 39: 1018~1021.

[30] Luo C P, Sellmyer D J. Structural and magnetic properties of FePt: SiO_2 granular thin films [J]. Appl. Phys. Lett., 1999, 75: 3162~3164.

[31] Xu X H, Wu H S, Li X L, et al. Structure and magnetic properties of FePt and FePt/C thin films by post-annealing [J]. Phys. B, 2004, 348: 436~439.

[32] Huang Y, Okumura H, Hadjipanayis G C, et al. Perpendicularly oriented FePt nanoparticles sputtered on heated substrates [J]. J. Magn. Magn. Mater., 2002, 242-245: 317~320.

[33] Xu X H, Li X L, Wu H S. Effect of AlN layer thickness on structure and magnetic properties of FePt/AlN multilayers [J]. Vaccum, 2006, 80: 390~394.

[34] Victora R H, Shen X. Composite media for perpendicular magnetic recording [J]. IEEE Trans. Magn., 2005, 41: 537~542.

[35] Suess D, Schrefl T, Fähler S, et al. Exchange spring media for perpendicular recording [J]. Appl. Phys. Lett., 2005, 87: 012504-1~012504-3.

[36] Suess D. Multilayer exchange spring media for magnetic recording [J]. Appl. Phys. Lett., 2006, 89: 113105-1~113105-3.

[37] Goll D, Breitling A, Gu L, et al. Experimental realization of graded $L1_0$-FePt/Fe composite media with perpendicular magnetization [J]. J. Appl. Phys., 2008, 104: 083903-1~083903-4.

[38] Zhou T J, Lim B C, Liu B. Anisotropy graded FePt – TiO_2 nanocomposite thin films with small grain size [J]. Appl. Phys. Lett., 2009, 94: 152505-1~152505-3.

[39] Pandey K K M, Chen J S, Chow G M, et al. $L1_0$-CoPt/Ta_2O_5 exchange coupled multilayer media for magnetic recording [J]. Appl. Phys. Lett., 2009, 94: 232502-1~232502-3.

[40] Wang F, Xu X H, Liang Y, et al. FeAu/FePt exchange-spring media fabricated by magnetron sputtering and postannealing [J]. Appl. Phys. Lett., 2009, 95: 022516-1 ~ 022516-3.

[41] Zha C L, Dumass R K, Fang Y Y, et al. Continuously graded anisotropy in single $(Fe_{53}Pt_{47})_{100-x}Cu_x$ films [J]. Appl. Phys. Lett., 2010, 97: 182504-1 ~ 182504-3.

[42] Kündig A A, Gopalan R, Ohkubo T, et al. Coercivity enhancement in melt-spun $SmCo_5$ by Sn addition [J]. Scripta Mater., 2006, 54: 2047 ~ 2051.

[43] Yao Z, Xu Q, Jiang C B. Structural and magnetic properties of $SmCo_{5.6}Ti_{0.4}$ alloy [J]. J. Magn. Magn. Mater., 2008, 320: 1717 ~ 1721.

[44] Yue M, Zhang J X, Zhang D T, et al. Structure and magnetic properties of bulk nanocrystalline $SmCo_{6.6}Nb_{0.4}$ permanent magnets [J]. Appl. Phys. Lett., 2007, 90: 242506-1 ~ 242506-3.

[45] Luo J, Liang J K, Guo Y Q, et al. Crystal structure and magnetic properties of $SmCo_{5.85}Si_{0.90}$ compound [J]. Appl. Phys. Lett., 2004, 84: 3094 ~ 3097.

[46] Valiveti R S K, Ingmire A, Shield J E. Rapidly solidified Sm - Co - V nanocomposite permanent magnets [J]. J. Appl. Phys., 2009, 105: 07A727-1 ~ 07A727-3.

[47] Farber P, Okumura H, Zhang Y, et al. Formation of Sm - Co nanoparticles in a W matrix using multilayered precursors [J]. J. Appl. Phys., 2001, 90: 6397 ~ 6402.

[48] Kardelky S, Gebert A, Gutfleisch O, et al. Prediction of the oxidation behaviour of Sm-Co-based magnets [J]. J. Magn. Magn. Mater., 2005, 290: 1226 ~ 1229.

[49] Feng C, Zhang E, Yang M Y, et al. Synthesis of $L1_0$-FePt perpendicular films with controllable coercivity and intergranular exchange coupling by interfacial microstructure control [J]. J. Appl. Phys., 2010, 107: 123911-1 ~ 123911-4.

[50] Feng C, Li B H, Han G, et al. Low-temperature ordering and enhanced coercivity of $L1_0$-FePt thin film promoted by a Bi underlayer [J]. Appl. Phys. Lett., 2006, 88: 232109-1 ~ 232109-3.

[51] 都有为. 巨磁电阻效应 [J]. 自然杂志, 1996, 18 (2): 73 ~ 79.

[52] Sellimyer D J, Luo C P, Yan M L, et al. High anisotropy nanocomposite films for magnetic recording [J]. IEEE Tran. Magn., 2001, 37: 1286 ~ 1291.

[53] Shima T, Moriguchi T, Mitani S, et al. Low-temperature fabrication of $L1_0$ ordered FePt alloy by alternate monatomic layer deposition [J]. Appl. Phys. Lett., 2002, 80: 288 ~ 290.

[54] Feng C, Zhan Q, Li B H, et al. Magnetic properties and microstructure of FePt/Au multilayers with high perpendicular magnetocrystalline anisotropy [J]. Appl. Phys. Lett., 2008, 93: 152513-1 ~ 152513-3.

[55] Yu G H, Li M H, Zhu F W, et al. Interlayer segregation in magnetic multilayers and its influence on exchange coupling [J]. Appl. Phys. Lett., 2003, 82: 94 ~ 96.

[56] Kitakami O, Shimada Y, Oikawa K, et al. Low-temperature ordering of $L1_0$ - CoPt thin

films promoted by Sn, Pb, Sb and Bi additives [J]. Appl. Phys. Lett., 2001, 78: 1104 ~ 1106.

[57] Feng C, Mei X Z, Yang M Y, et al. Tuning perpendicular magnetic anisotropy and coercivity of $L1_0$-FePt nanocomposite film by interfacial manipulation [J]. J. Appl. Phys., 2011, 109: 063918 ~ 063924.

[58] Meiklejohn W H, Bean C P. New magnetic anisotropy [J]. Phys. Rev., 1956, 102: 1413 ~ 1414.

[59] Nogues J, Schuller I K. Exchange bias [J]. J. Magn. Magn. Mater., 1999, 192: 203 ~ 232.

[60] Meiklejohn W H, Bean C P. New magnetic anisotropy [J]. Phys. Rev., 1957, 105: 904 ~ 913.

[61] Stiles M D, McMichael R D. Coercivity in exchange-bias bilayers [J]. Phys. Rev. B, 2001, 63: 064405-1 ~ 064405-10.

[62] Sort J, Garcia F, Auffret S, et al. Using exchange bias to extend the temperature range of square loop behavior in [Pt/Co] multilayers with perpendicular anisotropy [J]. Appl. Phys. Lett., 2005, 87: 242504-1 ~ 242504-3.

[63] Skumryev V, Stoyanov S, Zhang Y, et al. Beating the superparamagnetic limit with exchange bias [J]. Nature, 2003, 423: 850 ~ 853.

[64] Svedberg E B. CoCr/Pt multilayers with perpendicular anisotropy and texture-controlled coercivity [J]. J. Appl. Phys., 2002, 92: 1024 ~ 1027.

[65] Feng C, Li B H, Teng J, et al. Influence of antiferromagnetic FeMn on magnetic properties of perpendicular magnetic thin films [J]. Thin solid films, 2009, 517: 2745 ~ 2748.

[66] Shan R, Du J, Zhang X X, et al. Antiferromagnetic coupling and perpendicular anisotropy in TbFeCo/NiO multilayers [J]. Appl. Phys. Lett., 2005, 87: 102508-1 ~ 102508-3.

[67] Kang K, Zhang Z G, Papusoi C, et al. (001) oriented FePt - Ag composite nanogranular films on amorphous substrate [J]. Appl. Phys. Lett., 2003, 82: 3284 ~ 3286.

[68] Lee W Y, Toney M F, Mauri D. High magnetoresistance in sputtered permalloy thin films through growth on seed layers of $(Ni_{0.81}Fe_{0.19})_{1-x}Cr_x$ [J]. IEEE Tran. Magn., 2000, 36: 381 ~ 385.

[69] Nakajima N, Koide T, Shidara T, et al. Perpendicular Magnetic Anisotropy caused by interfacial hybridization via enhanced orbital moment in Co/Pt multilayers: magnetic circular X-ray dichroism study [J]. Phys. Rev. Lett., 1998, 81: 5229 ~ 5232.

[70] Schulthess T C, Butler W H. Consequences of spin-flop coupling in exchange biased films [J]. Phys. Rev. Lett., 1998, 81: 4516 ~ 4519.

[71] Romanens F, Pizzini S, Sort J, et al. Magnetic relaxation measurements of exchange biased Pt/Co multilayers with perpendicular anisotropy [J]. Eur. Phys. J. B, 2005, 45: 185 ~ 190.

[72] Mauri D, Kay E, Scholl D, et al. Novel method for determining the anisotropy constant of

MnFe in a NiFe/MnFe sandwich [J]. J. Appl. Phys., 1987, 62: 2929 ~ 2932.

[73] Carcia P F. Perpendicualr mangetic anisotropy in Pd/Co and Pt/Co thin-film layered structures [J]. J. Appl. Phys., 1988, 63: 5066 ~ 5073.

[74] Srinivasan K, Piramanayagam S N, Sbiaa R. Antiferromagnetic iridium manganese based intermediate layers for perpendicular mangnetic recording media [J]. Appl. Phys. Lett., 2008, 93: 072503-1 ~ 072503-3.

[75] Chiang C C, Lai C H, Wu Y C. Low-temperature ordering of $L1_0$ FePt by PtMn underlayer [J]. Appl. Phys. Lett., 2006, 88: 152508-1 ~ 152508-3.

[76] Sort J, Nogues J, Surinach S, et al. Coercivity and squareness enhancement in ball-milled hard magnetic - antiferromagnetic composites [J]. Appl. Phys. Lett., 2001, 79: 1142 ~ 1144.

[77] Seifert M, Neu V, Schultz L. Epitaxial $SmCo_5$ thin films with perpendicular anisotropy [J]. Appl. Phys. Lett., 2009, 94 (2): 022501-1 ~ 022501-3.

[78] Rong C B, Zhang H W, Chen R. J, et al. Micromagnetic investigation on the coercivity mechanism of the $SmCo_5/Sm_2Co_{17}$ high-temperature magnets [J]. J. Appl. Phys., 2006, 100 (12): 123913-1 ~ 123913-6.

[79] Larson P, Mazin I I, Papaconstantopoulos D A. Calculation of magnetic anisotropy energy in $SmCo_5$ [J]. Phys. Rev. B, 2003, 67: 214405-1 ~ 214405-6.

[80] Signh A, Neu V, Tamm R, et al. Pulsed laser deposited epitaxial Sm-Co thin films with uniaxial magnetic texture [J]. J. Appl. Phys., 2006, 99 (8): 08E917-1 ~ 08E917-3.

[81] Signh A, Neu V, Tamm R, et al. Growth of epitaxial $SmCo_5$ films on Cr/MgO (100) [J]. Appl. Phys. Lett., 2005, 87 (7): 072505-1 ~ 072505-3.

[82] Hou Y, Xu Z, Peng S, et al. Facile Synthesis of $SmCo_5$ Magnets from Core/Shell Co/Sm_2O_3 Nanoparticles [J]. Adv. Mater., 2007, 19: 3349 ~ 3352.

[83] Andreescu R, O'Shea M J. Temperature dependence of coercivity and magnetic reversal in $SmCo_x$ thin films [J]. J. Appl. Phys., 2005, 97: 10F302-1 ~ 10F302-3

[84] Singh A, Neu V, Fähler S, et al. Mechanism of coercivity in epitaxial $SmCo_5$ thin films [J]. Phys. Rev. B, 2008, 77 (10): 104443-1 ~ 104443-6.

[85] Velu E M T, Lambeth D N. AFM structure and media noise of SmCo/Cr thin films and hard disks [J]. J. Appl. Phys., 1994, 75 (10): 6132 ~ 6134.

[86] Sayama J, Mizutani K, Asahi T, et al. Thin films of SmCo with very high perpendicular magnetic anisotropy [J]. Appl. Phys. Lett., 2004, 85: 5640 ~ 5642.

[87] Chen S, Kuo P L, Sun A C, et al. Granular FePt - Ag thin films with uniform FePt particle size for high-density magnetic [J]. Mater. Sci. Eng. B, 2002, 88: 91 ~ 97.

[88] Feng C, Li N, Li S, et al. Tunable interparticle exchange coupling of SmCo films with high thermal stability by controlling self phase transition [J]. Appl. Phys. A: Mater., Appl Phys A (2012) 106: 125 - 129.

[89] 李帅，冯春，李宁，等．SmCo 磁记录薄膜中磁耦合作用的研究［J］．中国稀土学报，2009，27：807～811.

[90] 霍乾名，李宝河，冯春，等．高钐 Sm 含量 SmCo 磁记录薄膜材料的研究［J］．中国稀土学报，2008，26（15）：636～639.

[91] Forker M, Müller S, Presa P de la. Perturbed angular correlation study of the magnetic phase transitions in the rare-earth cobalt Laves phases RCo_2 [J]. Phys. Rev. B, 2003, 68: 014409-1～014409-13.

[92] Campos M F de, Landgraf F J G, Saito N H, et al. Chemical composition and coercivity of $SmCo_5$ magnets [J]. J. Appl. Phys., 1998, 84: 368～373.

[93] Schrefl T, Forster H, Dittrich R, et al. Reversible magnetization processes and energy density product in Sm - CoFe and Sm - Co/Co bilayers [J]. J. Appl. Phys., 2003, 93: 6489～6491.

[94] Lee Z Y, Numata T, Sakurai Y. Sm-Co Amorphous Film with Perpendicular Anisotropy [J]. Jpn. J. Appl. Phys., 1983, 22 (9): L600～L601.

[95] Zhang J, Takahashi Y K, Gopalan R, et al. Microstructures and coercivities of $SmCo_x$ and $Sm(Co, Cu)_5$ films prepared by magnetron sputtering [J]. J. Magn. Magn. Mater., 2007, 310: 1～7.

冶金工业出版社部分图书推荐

书　　名	定价(元)
材料电子显微分析	19.00
薄膜材料制备原理、技术及应用（第2版）	28.00
贵州下寒武统含多金属元素黑色页岩系成因及应用矿物学研究	39.00
微生物应用技术	39.00
稀有金属真空熔铸技术及其设备设计	79.00
铌微合金化高性能结构钢	88.00
金属表面处理与防护技术	36.00
金属固态相变教程（第2版）	30.00
有色金属特种功能粉体材料制备技术及应用	45.00
电阻率测试理论与实践	32.00
精细化学品分析与应用	29.00
机电工程控制基础	29.00
中国行政改革概论	20.00
硼泥及其他含硼物料在烧结球团中的应用	56.00
健美图解	39.00
投资项目可行性分析与项目管理	29.00
80C51 单片机原理与应用技术	32.00
金精矿焙烧预处理冶炼技术	65.00
金属材料学（第2版）	52.00
金属材料热加工技术（高职高专）	37.00
矿物加工实验方法	33.00
选矿厂工艺设备安装与维修	62.00
球团矿生产技术问答（上）	49.00
球团矿生产技术问答（下）	42.00
小波神经网络在铁矿石检验中的应用	49.00
铁矿石检验结果的数据处理	42.00
复杂难处理矿石选矿技术	90.00
矿业经济学	15.00
选矿知识问答（第2版）	22.00
选矿概论	12.00